Göschens Lehrbücherei

1. Gruppe

Reine und angewandte Mathematik

Band 8

Algebra

Von

Professor Dr. Oskar Perron

I

Die Grundlagen

Walter de Gruyter & Co.

vormals G. J. Göschen'sche Verlagshandlung
J. Guttentag, Verlagsbuchhandlung — Georg
Reimer — Karl J. Trübner — Veit & Comp.

Berlin W 35

1951

Algebra

Von

Dr. Oskar Perron

o. ö. Professor der Mathematik
an der Universität München

I

Die Grundlagen

Dritte, verbesserte Auflage

Mit 4 Figuren

Walter de Gruyter & Co.

vormals G. J. Göschen'sche Verlagshandlung
J. Guttentag, Verlagsbuchhandlung — Georg
Reimer — Karl J. Trübner — Veit & Comp.

Berlin W 35

1951

Archiv-Nr. 12 05 51

Druck von Walter de Gruyter & Co., Berlin W 35

Vorwort zur zweiten Auflage.

Da der empfindliche Mangel an Algebrabüchern, der noch vor wenigen Jahren herrschte, naturgemäß nicht nur von mir empfunden wurde, ist es nicht zu verwundern, daß jedes der vier Jahre, die seit dem Erscheinen der ersten Auflage dieses Werkes in die Welt gegangen sind, eine oder zwei neue Darstellungen der Algebra gebracht hat. Aber Algebra kann man auf verschiedene Arten treiben, und so hat jedes der heute vorhandenen Bücher seine eigene Tendenz; jedes geht andere Wege und verfolgt andere Ziele und kann daher seine Existenzberechtigung mit seiner Eigenart begründen. Deshalb bedeutet die heutige Vielheit kein Zuviel, und deshalb habe ich auch keinen Augenblick gezögert, an die Bearbeitung der neuen Auflage heranzugehen. Dabei habe ich versucht, die Richtlinien, die ich bei der ersten Auflage im Auge hatte, noch ausgeprägter zur Geltung zu bringen. Sie mögen kurz skizziert sein.

Obwohl die Algebra auf der ersten Textseite als die Theorie der rationalen Funktionen bezeichnet wird, betrachte ich sie nicht als Teilgebiet der Funktionentheorie; die Unterschiede in Inhalt und Methode sollen dem Leser nachdrücklich zum Bewußtsein gebracht werden. In der Algebra gibt es nur die mit dem Körperbegriff gegebenen vier Grundrechnungsarten, es gibt aber kein Größer und Kleiner und es gibt keinen Grenzbegriff. Deshalb wird der Leser mit dem Körperbegriff von Anfang an vertraut gemacht. Aber es war meine Absicht, ein Lehrbuch zu schreiben, das, obwohl es auch dem Forscher durchaus nicht bloß Bekanntes sagt, doch in erster Linie für die Hand des Studierenden gedacht ist. Deshalb ist in der Auswahl des Stoffes den tatsächlichen Erfordernissen des Lernenden und in der Darstellung seiner Auffassungsgabe Rechnung getragen, selbstverständlich bei absoluter Strenge in den Beweisen. Auf eine ausführliche Körperaxiomatik wird verzichtet, und es werden in der Hauptsache nur konkret gegebene und konstruierte Körper betrachtet, bei denen auch der Anfänger eine klare Vorstellung hat. Die Darstellung ist aber immer so gehalten, daß sie auch für abstrakte Körper der Charakteristik 0 (d. h. solche, bei denen durch Addition von Einheiten niemals 0 entsteht) unverändert in Geltung bleibt. Wer Lust hat, kann von Anfang an sich einen solchen Körper denken. Wer aber das Abstrakte scheut und den realen Boden nicht verlassen möchte, der wird im ganzen Buch sich immer fest auf diesem Boden sehen. Und doch bin ich bemüht, gerade diesen Leser allmählich und schmerzlos dahin zu bringen, daß er auch den abstrakten

Körperbegriff in sich aufnimmt, und wenn er am Ende des ersten Bandes die absolute Irreduzibilität, wie ich hoffe, leicht begreift und für vernünftig hält, dann hat er ihn ganz unbemerkt schon längst geschluckt, weil es in Wahrheit gar nicht anders geht.

Heute liegt zunächst der erste Band, der die Grundlagen enthält, in neuer Bearbeitung vor. Das erste Kapitel ist vollständig umgearbeitet mit dem Ziel, die dargelegten Gesichtspunkte noch stärker zur Geltung zu bringen. Dabei wird jetzt auch der allgemeine abstrakte Körperbegriff erläutert, aber nur an konkreten Beispielen weiter verfolgt. Ebenso ist das letzte Kapitel neu gestaltet, teils aus denselben Gründen, teils, um es dem mittlerweile fortgeschrittenen Stand der Wissenschaft besser anzupassen. Hier ist vor allem der Beweis des sog. Fundamentalsatzes durch einen inzwischen bekannt gewordenen Beweis ersetzt, der wesentlich kürzer ist und sich der Tendenz des Buches besonders gut anpaßt. Ferner ist die Theorie der Gleichungssysteme mit größerer Vollständigkeit behandelt; es sind einige Sätze aufgenommen, die in den letzten Jahren Bedeutung gewonnen haben, und es ist beim Bézoutschen Theorem auch die Vielfachheit der Lösungen berücksichtigt. Weniger umfangreich sind die Änderungen in den mittleren Kapiteln; doch habe ich mich bemüht, auch da nach Kräften zu bessern und einige nicht ganz leichte Dinge verständlicher zu gestalten.

Für freundliche Hilfe bei der Korrektur bin ich den Herren Dr. Bochner und Dr. Aumann zu Dank verpflichtet. Besonders Herrn Dr. Bochner verdanke ich auch die Anregung zu einer Reihe sehr wesentlicher Verbesserungen.

München, Weihnachten 1931. **Oskar Perron.**

Vorwort zur dritten Auflage.

Die Zeitumstände lassen heute nur einen anastatischen Neudruck des seit Jahren vergriffenen Buches zu. Doch habe ich mich im Rahmen des Möglichen bemüht, noch zahlreiche kleine Änderungen und, wie ich hoffe, Besserungen anzubringen.

München, 1948 **Oskar Perron.**

Inhaltsverzeichnis.

Erstes Kapitel.
Grundbegriffe.

Zweites Kapitel.
Polynomischer und Taylorscher Satz.

Drittes Kapitel.
Determinanten.

Viertes Kapitel.

Symmetrische Funktionen.

Fünftes Kapitel.

Teilbarkeit.

Sechstes Kapitel.

Existenz der Wurzeln von Gleichungen und Gleichungssystemen.

Erstes Kapitel.

Grundbegriffe.

§ 1. Die reellen Zahlen.

I. Unter Algebra versteht man im wesentlichen die Theorie der rationalen Funktionen, die aber hier auf eine von der funktionentheoretischen Betrachtungsweise prinzipiell verschiedene Art aufgefaßt werden. Eine solche Funktion wird mit Hilfe der vier Grundrechnungsarten (Addition, Subtraktion, Multiplikation, Division) aus einer oder mehreren Variabeln und gewissen Koeffizienten aufgebaut. Als Koeffizienten kommen dabei in erster Linie Zahlen in Betracht, sowohl reelle als komplexe. Daher soll zunächst über die Zahlen einiges gesagt werden.

Was die reellen Zahlen anbelangt, so bieten insbesondere die irrationalen gewisse Schwierigkeiten dar. Doch wollen wir ihre Theorie hier als bekannt voraussetzen; es sei etwa auf des Verfassers Lehrbuch „Irrationalzahlen" verwiesen [1]). Die Theorie der komplexen Zahlen dagegen soll in den ersten paar Paragraphen vollständig entwickelt werden. Zur Vorbereitung seien zunächst die Gesetze für das Rechnen mit reellen Zahlen vorausgeschickt. Dabei bezeichnen wir reelle Zahlen, sofern es auf ihren speziellen Zahlenwert wie $0, 1, \sqrt{2}$ nicht ankommt, durch kleine griechische Buchstaben.

II. Das Rechnen mit reellen Zahlen vollzieht sich nach gewohnten Regeln, und solange man immer nur die Beziehung des Gleichseins $(=)$ oder Nichtgleichseins $(\neq)$, nie aber die Beziehung des Größer- oder Kleinerseins zum Ausdruck bringen will, beruht alles Rechnen auf den folgenden zwölf Gesetzen, wobei wir die Frage unerörtert lassen, ob diese etwa noch auf einfachere zurückgeführt werden können. Doch sei bemerkt, daß wir Unabhängigkeit weder angestrebt noch erreicht haben.

A. Summe.

I. Sind α, β reelle Zahlen, so ist auch $\alpha + \beta$ eine (durch α und β eindeutig bestimmte) reelle Zahl.

II. $$\alpha + \beta = \beta + \alpha \quad \text{(Kommutativgesetz).}$$

III. $$\alpha + (\beta + \gamma) = (\alpha + \beta) + \gamma \quad \text{(Assoziativgesetz).}$$

[1]) Göschens Lehrbücherei. Band 1 1921, 3. Aufl. 1947.

IV. Unter den reellen Zahlen gibt es eine spezielle — sie wird mit 0 bezeichnet —, für welche stets $\alpha + 0 = \alpha$ ist.

B. Differenz.

V. Sind α, β reelle Zahlen, so gibt es eine und nur eine reelle Zahl ξ, die der Forderung $\beta + \xi = \alpha$ Genüge leistet; man bezeichnet sie mit $\xi = \alpha - \beta$ so daß also die Formel gilt:

$$\beta + (\alpha - \beta) = \alpha.$$

Bemerkung. Statt $0 - \beta$ schreibt man auch kürzer $-\beta$.

C. Produkt.

VI. Sind α, β reelle Zahlen, so ist auch $\alpha\beta$ eine (durch α und β eindeutig bestimmte) reelle Zahl.

Bemerkung. Statt $\alpha\beta$ schreibt man auch $\alpha \cdot \beta$ oder $\alpha \times \beta$.

VII. $\alpha\beta = \beta\alpha$ (Kommutativgesetz).

VIII. $\alpha(\beta\gamma) = (\alpha\beta)\,\gamma$ (Assoziativgesetz).

IX. $(\alpha + \beta)\,\gamma = \alpha\gamma + \beta\gamma$ (Distributivgesetz).

X. Für die in IV erwähnte spezielle Zahl 0 ist stets $0 \cdot \alpha = 0$.

XI. Unter den reellen Zahlen gibt es eine spezielle — sie wird mit 1 bezeichnet —, für welche stets $1 \cdot \alpha = \alpha$ ist.

D. Quotient.

XII. Sind α, β reelle Zahlen, und zwar $\beta \neq 0$, so gibt es eine und nur eine reelle Zahl ξ, die der Forderung $\beta\xi = \alpha$ Genüge leistet; man bezeichnet sie mit $\xi = \frac{\alpha}{\beta}$ oder auch $\xi = \alpha : \beta$, so daß also die Formel gilt:

$$\beta \cdot \frac{\alpha}{\beta} = \beta \cdot (\alpha : \beta) = \alpha \qquad \text{für } \beta \neq 0.$$

Alle andern Regeln, die man beim Umformen irgendwelcher Ausdrücke ebenfalls anzuwenden von der Schule her gewohnt ist und die wir deshalb als bekannt voraussetzen, lassen sich aus diesen zwölf Gesetzen durch rein logische Schlüsse, wozu wir auch die Schlußweise der vollständigen Induktion rechnen wollen, herleiten. Das ist jedem Leser schon mehr oder weniger deutlich auf der Schule zum Bewußtsein gekommen, wo ja gerade die Gewinnung und Handhabung solcher Regeln eine wichtige Aufgabe ist. Die Herleitung dieser Regeln aus den obigen zwölf Gesetzen durch rein logische Schlüsse ist eine nützliche Übung; wir illustrieren sie an dem Beispiel der Formel

$$\alpha - (\beta + \gamma) = (\alpha - \beta) - \gamma.$$

Um diese aus den zwölf Gesetzen herzuleiten, setzen wir zur Abkürzung

$$\alpha - (\beta + \gamma) = \xi.$$

Dann ist nach V

$$(\beta + \gamma) + \xi = \alpha,$$

also nach III auch

$$\alpha = \beta + (\gamma + \xi).$$

Daher nach V

$$\gamma + \xi = \alpha - \beta,$$

und nochmals nach V

$$\xi = (\alpha - \beta) - \gamma.$$

Da aber ξ nur als Abkürzung für die Zahl $\alpha - (\beta + \gamma)$ eingeführt war, so ist damit unsere Formel bewiesen.

Die übliche Definition der Potenz α^n für ganzzahlige Exponenten sowie die Rechengesetze für Potenzen beruhen speziell auf den Gesetzen VI, VIII, XI, XII und werden hier natürlich ebenfalls als bekannt angesehen.

Einer der wichtigsten Sätze lautet:

Ein Produkt (von zwei oder mehr Faktoren) verschwindet dann und nur dann, wenn wenigstens einer der Faktoren verschwindet[1]).

Man sieht leicht, daß es genügt, diesen Satz für ein Produkt von zwei Faktoren zu beweisen, weil man bei mehr als zwei Faktoren einen Teil derselben durch eine Ordnungsklammer zusammenfassen und dadurch die Anzahl der Faktoren verringern kann, so daß die Schlußweise der vollständigen Induktion zum Ziel führt (daß die Ordnungsklammern ohne Einfluß sind, ist eine Folge von Gesetz VIII). Wenn dann der erste Faktor verschwindet, so verschwindet nach X auch das Produkt; wenn aber der zweite Faktor verschwindet, so bringt man ihn vermöge VII an die erste Stelle, worauf wieder X anwendbar ist. Wenn umgekehrt ein Produkt $\beta\xi = 0$ ist und etwa $\beta \neq 0$, so ist die Zahl ξ nach XII eindeutig bestimmt, und da nach VII und X

$$\beta \cdot 0 = 0 \cdot \beta = 0$$

ist, muß ξ die Zahl 0 sein.

§ 2. Körper.

I. Sind wieder $\alpha, \beta, \gamma, \ldots$ Zeichen für reelle Zahlen, so kann man mit ihnen auf Grund der Gesetze I bis XII des § 1 in gewohnter Weise rechnen, also z. B. die Formeln

$$\alpha - (\beta - \gamma) = (\alpha - \beta) + \gamma,$$
$$\alpha^3 - 8\beta^3 = (\alpha - 2\beta)(\alpha^2 + 2\alpha\beta + 4\beta^2)$$

und ähnliche aufstellen, wobei die bisher nichtbenutzten Zeichen $2, 3, 4, \cdots$ natürlich diejenigen speziellen Zahlen bedeuten, die auf Grund von Gesetz I durch die Summen

$$1 + 1 = 2, \quad 2 + 1 = 3, \quad 3 + 1 = 4, \ldots$$

[1]) Die Aussage, daß eine Zahl verschwindet, bedeutet, daß sie gleich 0 ist.

in üblicher Weise sukzessive gebildet werden. Bei der Durchführung solcher Rechnungen macht man immer nur von den zwölf Gesetzen und von einigen daraus abgeleiteten Gebrauch. Dagegen macht man von der Tatsache, daß die Zeichen $\alpha, \beta, \ldots$ eigentlich reelle Zahlen bedeuten, gar keinen Gebrauch oder doch nur insofern, als eben aus dieser Tatsache die zwölf Gesetze früher einmal hergeleitet worden sind. Man kann also die Rechnung genau so durchführen, wenn man von der Bedeutung der Zeichen völlig absieht. Die Zeichen könnten ebenso gut andere Dinge bedeuten, wenn nur für diese Dinge die zwölf Gesetze gelten. Von diesem Gedanken geleitet stellen wir jetzt die folgende Definition auf:

Allgemeine Körperdefinition. Eine Menge von mehreren[1]) Dingen (Elementen), für welche zwei Verknüpfungsoperationen, die wir Addition und Multiplikation nennen und durch $+$ und $\cdot$ bezeichnen wollen[2]), derart definiert sind, daß die zwölf Gesetze des § 1 gelten, heißt ein **Körper** oder **Rationalitätsbereich.** Dabei ist das Wort „reelle Zahl" in den zwölf Gesetzen durch „Element der Menge" zu ersetzen.

Wir werden aber in diesem Buche, um jederzeit einen festen Boden unter den Füßen zu haben, nie einen solchen abstrakt definierten Körper zugrunde legen, sondern immer nur konkret gegebene Körper betrachten oder solche Mengen wirklich konstruieren, die sich auf Grund der obigen Definition nachträglich als Körper erweisen. So bildet z. B. die Menge der reellen Zahlen, wenn wir die Begriffe Addition und Multiplikation im gewöhnlichen Sinne verstehen, einen Körper; denn es gelten ja die zwölf Gesetze. Es gibt aber auch kleinere Mengen von reellen Zahlen, die bereits Körper sind.

Nach der allgemeinen Körperdefinition wird nämlich eine Menge von reellen Zahlen dann und nur dann einen Körper bilden, wenn die Summe, die Differenz, das Produkt und der Quotient von je zwei (gleichen oder verschiedenen) Zahlen der Menge stets wieder der Menge angehören. Man spricht dann von einem **reellen Zahlenkörper.**

Die Summe ist nämlich erforderlich, weil das Gesetz I gelten soll, die Differenz wegen Gesetz V, das Produkt wegen Gesetz VI, der Quotient wegen Gesetz XII. Der Quotient kommt natürlich nur dann in Frage, wenn der Nenner nicht verschwindet. Differenz und Quotient verbürgen wegen der Formeln $\alpha - \alpha = 0$ und $\alpha : \alpha = 1$ zugleich die in den Gesetzen IV und XI geforderte Existenz der Elemente 0 und 1 im Körper.

---

[1]) Das Wort „mehrere" ist hier im strengen Sinne gemeint: „mehr als eins". Andernfalls wäre nach unserer Definition die Zahl 0 für sich allein als Körper anzusprechen, was wir ausschließen wollen.

[2]) Natürlich werden wir das Resultat dieser Operationen dann auch als Summe und Produkt bezeichnen und überhaupt alle die gewohnten Wörter, wie z. B. Summand, Differenz, verschwinden (d. h. gleich 0 sein), in entsprechendem Sinne gebrauchen.

Solange andere Körper als reelle Zahlenkörper nicht in Frage kommen — wir haben hier vorläufig keine andern —, kann man die allgemeine Körperdefinition ignorieren und den letzten gesperrt gedruckten Satz als Definition eines reellen Zahlenkörpers annehmen. Hiernach bildet beispielsweise die Menge aller rationalen Zahlen bereits einen Körper. Dagegen ist die Menge aller ganzen Zahlen kein Körper, weil z. B. 1 und 2 dieser Menge angehören, der Quotient $\frac{1}{2}$ aber nicht. Ebensowenig ist die Menge aller positiven Zahlen ein Körper, weil z. B. 1 und 2 dieser Menge angehören, die Differenz $1 - 2 = -1$ aber nicht.

Um weitere Beispiele von Zahlenkörpern zu erhalten, sei D irgend eine positive ganze Zahl, aber nicht das Quadrat einer solchen, also auch nicht das Quadrat einer rationalen Zahl, z. B. $D = 2$. Dann betrachten wir alle Zahlen der Form $a + b\sqrt{D}$, wo a und b beliebige rationale Zahlen sind. Daß auch diese einen Körper bilden, lehren die Formeln

$$(a + b\sqrt{D}) \pm (c + d\sqrt{D}) = (a \pm c) + (b \pm d)\sqrt{D},$$
$$(a + b\sqrt{D})(c + d\sqrt{D}) = (ac + bdD) + (ad + bc)\sqrt{D},$$
$$\frac{a + b\sqrt{D}}{c + d\sqrt{D}} = \frac{ac - bdD}{c^2 - d^2D} + \frac{bc - ad}{c^2 - d^2D}\sqrt{D}.$$

Zu der letzten dieser Formeln ist zu bemerken, daß die Brüche auf der rechten Seite wirklich einen Sinn haben, sofern der Bruch auf der linken Seite einen Sinn hat. Denn wenn der Nenner $c^2 - d^2D = 0$ wäre, ohne daß $d = 0$ und folglich auch $c = 0$ wäre, so müßte $D = \left(\frac{c}{d}\right)^2$, also D das Quadrat einer rationalen Zahl sein, was der Voraussetzung widerspricht.

Man sieht auch leicht, daß der soeben betrachtete Körper nicht etwa alle reellen Zahlen umfaßt, also von dem bereits erwähnten Körper aller reellen Zahlen verschieden ist. Denn wenn p eine nicht in D enthaltene Primzahl bedeutet, so gehört z. B. die reelle Zahl $\sqrt{p}$ dem Körper nicht an. Wäre nämlich

$$\sqrt{p} = a + b\sqrt{D},$$

so würde durch Quadrieren folgen:

$$p = a^2 + b^2 D + 2ab\sqrt{D},$$

und hieraus $ab = 0$, weil sonst $\sqrt{D}$ sich als rationale Zahl $\frac{p - a^2 - b^2D}{2ab}$ erweisen würde. Daher müßte von den rationalen Zahlen a und b wenigstens eine verschwinden. Aber aus $b = 0$ würde $p = a^2$ folgen, während doch p als Primzahl nicht das Quadrat einer rationalen Zahl ist. Und aus $a = 0$ würde $p = b^2D$ folgen, während doch $\frac{p}{D}$ auch nicht das Quadrat einer rationalen Zahl sein kann, weil die Primzahl p nicht in D enthalten sein soll.

II. Jeder konkret gegebene Körper hat außer den durch die zwölf Körpergesetze involvierten Eigenschaften, die ja allen Körpern gemeinsam sind, noch Individualeigenschaften, durch die er sich von andern Körpern unterscheidet. Z. B. hat der Körper aller reellen Zahlen die Eigenschaft, daß es in ihm eine Zahl gibt, deren Quadrat gleich 2 ($= 1 + 1$) ist; der Körper der rationalen Zahlen hat diese Eigenschaft nicht.

Wenn den Elementen eines Körpers $\mathfrak{k}_1$ sich umkehrbar eindeutig die Elemente eines Körpers $\mathfrak{k}_2$ so zuordnen lassen, daß der Summe von zwei Elementen aus $\mathfrak{k}_1$ stets die Summe der beiden zugeordneten Elemente aus $\mathfrak{k}_2$ zugeordnet ist, und wenn Entsprechendes auch für Differenz, Produkt, Quotient gilt [1]), so heißen die beiden Körper miteinander isomorph; sie sind durch die gedachte Zuordnung isomorph aufeinander bezogen. Die Zuordnung selbst heißt ein Isomorphismus.

Isomorphe Körper haben offenbar die gleichen Individualeigenschaften, so daß wir an Stelle irgendeines speziellen Körpers stets auch jeden isomorphen Körper betrachten können, ohne irgendeine Aussage über den Körper oder die Körperelemente ändern zu müssen. Wenn wir beispielsweise den reellen Zahlen in bekannter Weise die Punkte einer geraden Linie zuordnen und als „Summe zweier Punkte" (der Geraden) denjenigen Punkt definieren, der der Summe der zugeordneten Zahlen zugeordnet ist, und wenn wir entsprechend auch Differenz, Produkt und Quotient von zwei Punkten definieren, so bilden die Punkte der Geraden einen Körper, der zum Körper der reellen Zahlen isomorph ist. Daher wird jedem Satz über reelle Zahlen auch ein Satz über Punkte der Geraden entsprechen und umgekehrt, so daß es ganz gleichgültig ist, ob wir von Zahlen oder Punkten reden; diese Vorstellung ist ja auch jedem Leser längst vertraut.

Bei einem abstrakt definierten Körper, dessen Elemente keine Zahlen zu sein brauchen, kann man trotzdem den Zahlbegriff nicht ganz entbehren; denn z. B. bei einer Summe

$$\sum_{\nu=1}^{n} \alpha_\nu = \alpha_1 + \alpha_2 + \cdots + \alpha_n$$

braucht man den Begriff der Anzahl der Summanden (hier mit n bezeichnet); doch ist diese Anzahl dann kein Körperelement. Wir betrachten nun die Summen

$$\sum_{\nu=1}^{n} 1 = \underbrace{1 + 1 + \cdots + 1}_{n} \tag{1}$$

für alle natürlichen Zahlen n. In einem Zahlenkörper sind diese Summen alle voneinander verschieden, indem sie die im Körper vorhandenen und unter sich verschiedenen natürlichen Zahlen n vorstellen. Doch ist das keine Folgerung aus den zwölf Körpergesetzen, sondern eine Individualeigenschaft jedes Zahlenkörpers. Es gibt auch Körper, die diese Eigenschaft nicht haben. Beispielsweise bildet eine Menge von nur zwei Elementen, die wir mit den

---

[1]) Es würde genügen, die Forderung für Summe und Produkt zu stellen; für Differenz und Quotient ist sie dann auf Grund der Gesetze V und XII von selbst erfüllt.

Zeichen 0 und 1 bezeichnen, bereits einen Körper, wenn wir Summe und Produkt durch die folgenden Formeln definieren:

$$(2)\quad \begin{cases} 0+0=0, & 0+1=1, \quad 1+0=1, \quad 1+1=0, \\ 0\cdot 0=0, & 0\cdot 1=0, \quad 1\cdot 0=0, \quad 1\cdot 1=1. \end{cases}$$

Man verifiziert leicht, daß dann wirklich die zwölf Gesetze gelten; z. B. das Gesetz III ist hier die Zusammenfassung der folgenden acht unmittelbar aus (2) abzulesenden Formeln:

$$\begin{array}{ll} 0+(0+0)=(0+0)+0, & \text{nämlich } =0, \\ 1+(0+0)=(1+0)+0, & \quad\text{,,}\quad =1, \\ 0+(1+0)=(0+1)+0, & \quad\text{,,}\quad =1, \\ 0+(0+1)=(0+0)+1, & \quad\text{,,}\quad =1, \\ 0+(1+1)=(0+1)+1, & \quad\text{,,}\quad =0, \\ 1+(0+1)=(1+0)+1, & \quad\text{,,}\quad =0, \\ 1+(1+0)=(1+1)+0, & \quad\text{,,}\quad =0, \\ 1+(1+1)=(1+1)+1, & \quad\text{,,}\quad =1. \end{array}$$

Es liegt also ein Körper vor. In diesem Körper gibt es aber unter den Summen der Form (1) nur zwei verschiedene, weil es ja überhaupt nur zwei verschiedene Körperelemente gibt.

Allgemeiner wird ein mit den Anfangsgründen der Zahlentheorie vertrauter Leser sofort erkennen, daß, wenn p eine beliebige Primzahl ist, die p Restklassen nach dem Modul p einen Körper mit nur p verschiedenen Elementen bilden und daß unter den Summen der Form (1) nur p verschiedene sind. Der durch die Formeln (2) bestimmte Körper ist nichts anderes als dieser Restklassenkörper für den Fall $p = 2$, oder wenigstens mit ihm isomorph.

Die Individualeigenschaft eines Körpers, daß die Summen der Form (1) nicht alle voneinander verschieden sind, ist sehr einschneidend. Wir werden uns in diesem Buch mit solchen Körpern nicht befassen. Vielmehr wollen wir hier ein für allemal festlegen, daß unter einem Körper in diesem Buch immer nur ein solcher verstanden wird, in dem die Elemente 0 und 1 die wirklichen Zahlen 0 und 1 bedeuten, so daß die Summen der Form (1) die unendlich vielen unter sich verschiedenen natürlichen Zahlen n darstellen[1]).

III. Wir betrachten jetzt einen beliebigen Körper, wobei wir vorläufig aber nur an einen reellen Zahlenkörper denken können, weil wir andere Körper noch nicht kennen; doch gilt die Betrachtung ganz allgemein. Nach Gesetz XI enthält der Körper die Zahl 1. Sodann erweisen sich der Reihe nach die Summen

---

[1]) Die allgemeine Theorie der Körper wurde im Jahr 1910 von Steinitz begründet; der auch die soeben aus diesem Buch verbannten Körper eingehend studierte. Die im Journal für d. r. u. a. Mathematik Band 137 erschienene Steinitz'sche Arbeit hat den Titel „Algebraische Theorie der Körper" und ist in Buchform neu herausgegeben und mit Anmerkungen versehen von R. Baer und H. Hasse. Verlag Walter de Gruyter & Co. 1930.

$$1+1=2,$$
$$2+1=3,$$
$$\cdots\cdots$$

als zum Körper gehörig. Dieser enthält daher alle positiven ganzen Zahlen. Sind aber p, q zwei solche, so muß auch der Quotient $\frac{p}{q}$ dem Körper angehören; er enthält somit alle positiven rationalen Zahlen. Ist aber r eine solche, so müssen die Differenzen

$$r-r=0, \qquad 0-r=-r$$

ebenfalls dem Körper angehören, der also auch die Zahl 0 und alle negativen rationalen Zahlen enthält. Somit ergibt sich:

Ein Körper enthält alle rationalen Zahlen.

Umgekehrt bilden die rationalen Zahlen, wie bereits erwähnt, auch schon einen Körper, sie stellen also gewissermaßen den kleinsten Körper dar. Wir nennen ihn den Körper der rationalen Zahlen oder auch den natürlichen Rationalitätsbereich und bezeichnen ihn mit $\mathfrak{K}(1)$. Dadurch soll angedeutet werden, daß der Körper in der oben angegebenen Weise aus der Zahl 1 entsteht.

In analoger Weise bezeichnen wir mit $\mathfrak{K}(\gamma)$ den kleinsten Körper, der die Zahl γ enthält, und wir nennen ihn den „durch γ bestimmten Körper". Es ist das die Menge aller Zahlen, die in der Form

$$\frac{a_0+a_1\gamma+a_2\gamma^2+\cdots+a_n\gamma^n}{b_0+b_1\gamma+b_2\gamma^2+\cdots+b_m\gamma^m} \tag{3}$$

mit ganzzahligen a_ν, b_μ dargestellt werden können; denn jeder solche Bruch entsteht ja aus γ lediglich durch Anwendung der vier Grundrechnungsarten, und umgekehrt ist die Gesamtheit aller solchen Brüche bereits ein Körper, weil ja die Summe von zwei solchen Ausdrücken sich ebenfalls auf diese Gestalt bringen läßt, ebenso Differenz, Produkt, Quotient. Diese Form läßt sich unter Umständen sehr vereinfachen; z. B. ist der vorhin betrachtete Körper aller Zahlen der Form $a+b\sqrt{D}$, wo a und b rational sind, offenbar bereits der ganze Körper $\mathfrak{K}(\sqrt{D})$.

Noch allgemeiner werden wir mit $\mathfrak{K}(\gamma_1, \ldots, \gamma_n)$ den „durch $\gamma_1, \ldots, \gamma_n$ bestimmten Körper", d. h. den kleinsten Körper bezeichnen, der die Zahlen $\gamma_1, \ldots, \gamma_n$ sämtlich enthält. Es ist das die Menge aller Zahlen der Form

$$\frac{\Sigma a_{\nu_1\ldots\nu_n}\gamma_1^{\nu_1}\cdots\gamma_n^{\nu_n}}{\Sigma b_{\nu_1\ldots\nu_n}\gamma_1^{\nu_1}\cdots\gamma_n^{\nu_n}} \qquad (\nu_1 \geqq 0, \ldots, \nu_n \geqq 0), \tag{4}$$

wo die über $\nu_1, \ldots, \nu_n$ zu erstreckenden Summen endlich viele Glieder haben und die Koeffizienten $a_{\nu_1\ldots\nu_n}, b_{\nu_1\ldots\nu_n}$ beliebige ganze Zahlen sind. Übrigens ist diese Bezeichnung für einen Körper durchaus nicht eindeutig. Vielmehr kann jeder Körper, der überhaupt eine solche Bezeichnung zuläßt, auf unendlich viele Arten so bezeichnet werden. Beispielsweise sind die Körper $\mathfrak{K}(3)$, $\mathfrak{K}(\frac{1}{2}, 5)$ offenbar nichts anderes als der Körper $\mathfrak{K}(1)$. Ebenso ist etwa

$$\mathfrak{K}(\sqrt{2}, \sqrt{3}) = \mathfrak{K}(\sqrt{2}, \sqrt{2}, \sqrt{3}) = \mathfrak{K}(\sqrt{2}, \sqrt{6}) = \mathfrak{K}(3, \sqrt{6}, \sqrt{3}-\sqrt{6}) = \text{usw.}$$

Es wäre aber falsch, zu glauben, daß jeder Körper eine derartige Bezeichnung zuläßt; bei dem Körper aller reellen Zahlen ist das z. B. nicht der Fall [1]).

Ist $\mathfrak{k}$ irgendein Körper und γ eine Zahl, so gibt es einen kleinsten Körper, der alle Zahlen von $\mathfrak{k}$ und auch die Zahl γ enthält; es ist das die Menge aller Zahlen, die sich in der Form (3) darstellen lassen, wo die a_ν, b_μ beliebige Zahlen aus $\mathfrak{k}$ sind. Diesen „durch $\mathfrak{k}$ und γ bestimmten Körper" bezeichnen wir mit $\mathfrak{K}(\mathfrak{k}, \gamma)$. Wenn γ zufällig dem Körper $\mathfrak{k}$ angehört, so ist $\mathfrak{K}(\mathfrak{k}, \gamma)$ natürlich mit $\mathfrak{k}$ identisch. Wenn aber γ dem Körper $\mathfrak{k}$ nicht angehört, so ist der Körper $\mathfrak{K}(\mathfrak{k}, \gamma)$ umfassender als $\mathfrak{k}$. Wir sagen dann, er entsteht aus $\mathfrak{k}$ durch Adjunktion der Zahl γ oder, indem man zum Körper $\mathfrak{k}$ die Zahl γ adjungiert.

Ist $\mathfrak{k}$ ein bestimmt gegebener Körper, so kann der Körper $\mathfrak{K}(\mathfrak{k}, \gamma)$ oft auch einfacher bezeichnet werden. So entsteht beispielsweise aus dem Körper $\mathfrak{k} = \mathfrak{K}(1)$ durch Adjunktion von $\sqrt{2}$ der Körper $\mathfrak{K}(\sqrt{2})$. Diesem gehört die Zahl $\sqrt{3}$ nicht an (Beweis siehe Seite 5 für $D = 2$, $p = 3$); wenn man sie zu ihm adjungiert, so entsteht der Körper $\mathfrak{K}(\sqrt{2}, \sqrt{3})$.

Noch allgemeiner bezeichnen wir mit $\mathfrak{K}(\mathfrak{k}, \gamma_1, \ldots, \gamma_n)$ den kleinsten Körper, der alle Zahlen von $\mathfrak{k}$ und auch die Zahlen $\gamma_1, \ldots, \gamma_n$ enthält. Dieser „durch $\mathfrak{k}, \gamma_1, \ldots, \gamma_n$ bestimmte Körper" ist die Menge aller Zahlen der Form (4), wo aber jetzt die Koeffizienten $a_{\nu_1 \ldots \nu_n}$, $b_{\nu_1 \ldots \nu_n}$ beliebige Zahlen des Körpers $\mathfrak{k}$ sind. Wenn einige der γ_ν schon in $\mathfrak{k}$ enthalten sind, können sie in dem Zeichen $\mathfrak{K}(\mathfrak{k}, \gamma_1, \ldots, \gamma_n)$ natürlich unterdrückt werden. Wenn kein γ_ν in $\mathfrak{k}$ enthalten ist, so entsteht der neue Körper aus $\mathfrak{k}$ durch gleichzeitige Adjunktion der n Zahlen $\gamma_1, \ldots, \gamma_n$. Ferner wird, wenn $\mathfrak{k}_1, \ldots, \mathfrak{k}_m$ irgendwelche Körper sind, $\mathfrak{K}(\mathfrak{k}_1, \ldots, \mathfrak{k}_m)$ den kleinsten Körper bedeuten, der alle Zahlen aus den m Körpern $\mathfrak{k}_1, \ldots, \mathfrak{k}_m$ zugleich enthält. Dieser „durch $\mathfrak{k}_1, \ldots, \mathfrak{k}_m$ bestimmte Körper" ist die Menge aller Zahlen der Form

$$\frac{\Sigma a_{\nu_1} a_{\nu_2} \cdots a_{\nu_m}}{\Sigma b_{\nu_1} b_{\nu_2} \cdots b_{\nu_m}},$$

wo die über $\nu_1, \ldots, \nu_m$ zu erstreckenden Summen endlich viele Glieder haben und wo a_{ν_r}, b_{ν_r} beliebige Zahlen des Körpers $\mathfrak{k}_r$ sind. Für $m = 1$ ist natürlich $\mathfrak{K}(\mathfrak{k}_1) = \mathfrak{k}_1$. Schließlich wird $\mathfrak{K}(\mathfrak{k}_1, \ldots, \mathfrak{k}_m, \gamma_1, \ldots, \gamma_n)$ den kleinsten Körper bedeuten, der alle Zahlen aus den Körpern $\mathfrak{k}_1, \ldots, \mathfrak{k}_m$ und auch die Zahlen $\gamma_1, \ldots, \gamma_n$ enthält. Dieser „durch $\mathfrak{k}_1, \ldots, \mathfrak{k}_m, \gamma_1, \ldots, \gamma_n$ bestimmte Körper" ist die Menge aller Zahlen der Form (4), wo aber jetzt die Koeffizienten $a_{\nu_1 \ldots \nu_n}$, $b_{\nu_1 \ldots \nu_n}$ beliebige Zahlen aus $\mathfrak{K}(\mathfrak{k}_1 \ldots, \mathfrak{k}_m)$ sind.

Bei der eingeführten Bezeichnungsweise gelten offenbar Formeln wie

$$\mathfrak{K}(\mathfrak{K}(\mathfrak{k}, \gamma_1), \gamma_2) = \mathfrak{K}(\mathfrak{k}, \gamma_1, \gamma_2).$$

---

[1]) Wir werden von dieser Tatsache keinen Gebrauch machen. Wer aber mit dem Begriff „abzählbar" einigermaßen vertraut ist, kann sie leicht beweisen. Denn bekanntlich ist die Menge (d. i. der Körper) aller reellen Zahlen nicht abzählbar, während die Zahlen des Körpers $\mathfrak{K}(\gamma_1, \gamma_2, \ldots, \gamma_n)$, wie man leicht erkennt, stets eine abzählbare Menge bilden.

Wenn also zu einem Körper nacheinander mehrere Zahlen adjungiert werden, so ist der entstehende Körper identisch mit dem Körper, der durch gleichzeitige Adjunktion dieser Zahlen entsteht.

§ 3. Ringe.

I. Nicht minder wichtig als der Begriff des Körpers ist der des Ringes.

Allgemeine Ringdefinition. Eine Menge von mehreren (= mehr als eins) Elementen, für welche zwei Verknüpfungsoperationen, die wir Addition und Multiplikation nennen und durch $\cdot$ $+$ und bezeichnen wollen, derart definiert sind, daß wenigstens die Gesetze I bis X des § 1 gelten, heißt ein **Ring.** Dabei ist das Wort „reelle Zahl" in den Gesetzen durch „Element der Menge" zu ersetzen.

Wir werden uns immer nur mit konkret gegebenen oder konstruierten Ringen befassen. Jeder solche Ring hat außer den durch die zehn Ringgesetze involvierten Eigenschaften noch Individualeigenschaften, durch die er sich von andern Ringen unterscheidet. Wenn den Elementen eines Ringes $\mathfrak{r}_1$ sich umkehrbar eindeutig die Elemente eines Ringes $\mathfrak{r}_2$ so zuordnen lassen, daß der Summe von zwei Elementen aus $\mathfrak{r}_1$ stets die Summe der beiden zugeordneten Elemente aus $\mathfrak{r}_2$ zugeordnet ist, und wenn Entsprechendes auch für Differenz und Produkt gilt [1]), so heißen die beiden Ringe miteinander isomorph; sie sind durch die gedachte Zuordnung isomorph aufeinander bezogen. Die Zuordnung selbst heißt ein Isomorphismus. Isomorphe Ringe haben offenbar die gleichen Individualeigenschaften, so daß wir an Stelle irgend eines speziellen Ringes stets auch jeden isomorphen Ring betrachten können, genau wie bei Körpern.

Ist α ein von 0 verschiedenes Element eines Ringes, so brauchen die Summen

$$\sum_{\nu=1}^{n} \alpha = \underbrace{\alpha + \alpha \cdots + \alpha}_{n}$$

für alle natürlichen Zahlen n nicht alle voneinander verschieden zu sein. Es werden aber in diesem Buch nur Ringe vorkommen mit der Individualeigenschaft, daß diese Summen alle voneinander verschieden sind.

Vorläufig werden wir nur Ringe aus reellen Zahlen bilden. Nach der allgemeinen Ringdefinition wird eine Menge von reellen Zahlen dann und nur dann einen Ring bilden, wenn die Summe, die Differenz und das Produkt von je zwei (gleichen oder verschiedenen) Zahlen der Menge stets wieder der Menge angehören; man spricht dann von einem **reellen Zahlenring.**

---

[1]) Es wurde wieder genügen, die Forderung für Summe und Produkt zu stellen; für die Differenz ist sie dann auf Grund des Gesetzes V von selbst erfüllt.

Offenbar ist jeder Körper zugleich ein Ring; er hat die Individualeigenschaften, daß in ihm auch die Gesetze XI und XII gelten. Es gibt aber auch Ringe, die keine Körper sind. Beispielsweise ist die Menge aller geraden Zahlen ein solcher Ring, ebenso die Menge aller ganzen Zahlen oder etwa die Menge aller rationalen Zahlen der Form $\frac{a}{3^\nu}$, wo a eine beliebige ganze Zahl und $\nu \geqq 0$ ist. Die beiden letztgenannten Ringe haben die Individualeigenschaft, daß in ihnen auch das Gesetz XI gilt (nicht aber XII). In dem Ring der geraden Zahlen gilt dagegen auch das Gesetz XI nicht, weil die Zahl 1 nicht im Ring vorkommt und überhaupt keine gerade Zahl die Eigenschaft hat, die in XI von dem mit 1 bezeichneten Element gefordert wird.

II. Wenn ein Ring die Zahl γ enthält, so muß er auf Grund der Ringdefinition auch alle Zahlen der Form

$$a_1 \gamma + a_2 \gamma^2 + \cdots + a_n \gamma^n$$

enthalten, wo die a_ν beliebige ganze Zahlen sind. Offenbar bilden diese Zahlen auch bereits einen Ring. Diesen kleinsten Ring, der die Zahl γ enthält, nennen wir den „durch γ bestimmten Ring" und bezeichnen ihn mit $\mathfrak{R}(\gamma)$. So ist z. B. $\mathfrak{R}(1)$ der Ring aller ganzen Zahlen, $\mathfrak{R}(2)$ ist der Ring der geraden Zahlen, $\mathfrak{R}(\frac{1}{3})$ ist der vorhin erwähnte Ring der Zahlen der Form $\frac{a}{3^\nu}$. Allgemeiner bezeichnen wir mit $\mathfrak{R}(\gamma_1, \ldots, \gamma_n)$ den „durch $\gamma_1, \ldots, \gamma_n$ bestimmten Ring", d. h. den kleinsten Ring, der die Zahlen $\gamma_1, \ldots, \gamma_n$ alle enthält. Es ist das die Menge aller Zahlen, die sich aus endlich vielen Summanden der Form

$$a \gamma_1^{\nu_1} \ldots \gamma_n^{\nu_n} \tag{1}$$

zusammensetzen lassen, wo a eine beliebige ganze Zahl und die Exponenten $\nu_1, \ldots, \nu_n$ ganze nicht negative Zahlen bedeuten, die aber nicht alle verschwinden dürfen. Jeder Ring, der in solcher Weise bezeichnet werden kann, läßt sich wieder auf unendlich viele Arten so bezeichnen. Beispielsweise ist, wie leicht zu sehen:

$$\mathfrak{R}(\sqrt{2}) = \mathfrak{R}(\sqrt{2}, 4) = \mathfrak{R}(2 - \sqrt{2}) = \mathfrak{R}(4 - \sqrt{2}, 2) = \text{usw.}$$
$$\mathfrak{R}(\sqrt{2}, \sqrt{3}) = \mathfrak{R}(\sqrt{2} + \sqrt{3}, \sqrt{6}, \sqrt{2}) = \mathfrak{R}(\sqrt{2} - \sqrt{3}, 6, 1, \sqrt{2}) = \text{usw.}$$

Ist $\mathfrak{r}$ irgendein Ring (der speziell auch ein Körper sein kann) und γ eine Zahl, so werden wir mit $\mathfrak{R}(\mathfrak{r}, \gamma)$ den kleinsten Ring bezeichnen, der alle Zahlen aus $\mathfrak{r}$ und auch die Zahl γ enthält. Dieser „durch $\mathfrak{r}$ und γ bestimmte Ring" ist die Menge aller Zahlen der Form

$$a_0 + (a_1 + b_1)\gamma + \cdots + (a_n + b_n)\gamma^n, \tag{2}$$

wo die a_ν beliebige Zahlen aus $\mathfrak{r}$ und die b_ν beliebige ganze Zahlen sind. Man beachte hierzu, daß diejenigen Zahlen der Form (2), bei denen alle b_ν verschwinden, auch bereits einen Ring bilden. Dieser wird aber, wenn $\mathfrak{r}$ nicht die Zahl 1 enthält (z. B. Ring der geraden Zahlen), im allgemeinen gar nicht die Zahl γ enthalten, so daß es im allgemeinen nicht der Ring $\mathfrak{R}(\mathfrak{r}, \gamma)$ ist.

Ferner bezeichnen wir, wenn $\mathfrak{r}_1, \ldots, \mathfrak{r}_m$ irgendwelche Ringe sind, mit $\mathfrak{R}(\mathfrak{r}_1, \ldots, \mathfrak{r}_m)$ den kleinsten Ring, der alle Zahlen aus den m Ringen $\mathfrak{r}_1, \ldots, \mathfrak{r}_m$ zugleich enthält. Dieser „durch $\mathfrak{r}_1, \ldots, \mathfrak{r}_m$ bestimmte Ring" ist die Menge aller Zahlen, die sich als Summen von endlich vielen Gliedern der Form

$$\pm\, \varrho_1 \varrho_2 \cdots \varrho_m$$

darstellen lassen, wobei jeder einzelne Faktor ϱ_ν eine beliebige Zahl aus $\mathfrak{r}_\nu$ oder gleich 1 sein darf, jedoch, falls die Zahl 1 in keinem der Ringe $\mathfrak{r}_1, \ldots, \mathfrak{r}_m$ enthalten ist, mit Ausschluß der Kombination $\varrho_1 = 1, \ldots, \varrho_m = 1$. Für $m = 1$ ist natürlich $\mathfrak{R}(\mathfrak{r}_1) = \mathfrak{r}_1$.

Schließlich wird, wenn $\mathfrak{r}_1, \ldots, \mathfrak{r}_m$ beliebige Ringe und $\gamma_1, \ldots, \gamma_n$ beliebige Zahlen sind, $\mathfrak{R}(\mathfrak{r}_1, \ldots, \mathfrak{r}_m, \gamma_1, \ldots, \gamma_n)$ den kleinsten Ring bezeichnen, der alle Zahlen aus den Ringen $\mathfrak{r}_1, \ldots, \mathfrak{r}_m$ und auch die Zahlen $\gamma_1, \ldots, \gamma_n$ enthält. Dieser „durch $\mathfrak{r}_1, \ldots, \mathfrak{r}_m, \gamma_1, \ldots, \gamma_n$ bestimmte Ring" ist die Menge aller Zahlen, die sich aus endlich vielen Summanden der Form (1) zusammensetzen lassen, wobei die Exponenten $\nu_1, \ldots, \nu_n$ ganze nicht negative Zahlen bedeuten und der Koeffizient a eine beliebige Zahl des Ringes $\mathfrak{R}(\mathfrak{r}_1, \ldots, \mathfrak{r}_m)$, und mit Ausnahme des Falles, daß alle Exponenten verschwinden, auch jede in $\mathfrak{R}(\mathfrak{r}_1, \ldots, \mathfrak{r}_m)$ etwa nicht enthaltene ganze Zahl bedeuten darf.

III. Genau wie bei Körpern könnte man auch bei Ringen von Adjunktion reden und etwa sagen, daß aus einem Ring $\mathfrak{r}$ durch Adjunktion einer in ihm nicht enthaltenen Zahl γ der Ring $\mathfrak{R}(\mathfrak{r}, \gamma)$ entsteht. Dabei würde man aber, wenn $\mathfrak{r}$ etwa zufällig ein Körper ist, in Konflikt geraten mit der auf Seite 9 gegebenen Definition, nach welcher das durch Adjunktion entstehende Gebilde der Körper $\mathfrak{K}(\mathfrak{r}, \gamma)$ sein soll. Man müßte also für die modifizierte Adjunktion, um Mißverständnisse zu vermeiden, ein neues Wort einführen. Jedoch liegt dazu kaum ein Bedürfnis vor; es soll aber ausdrücklich hier festgestellt werden, daß wir die Wörter „Adjunktion" und „adjungieren" immer nur im Zusammenhang mit Körpern verwenden werden, wo sie dann eindeutig die auf Seite 9 angegebene Bedeutung haben.

§ 4. Die komplexen Zahlen.

I. Ein wichtiger und häufig auszuführender Prozeß ist die Erweiterung eines gegebenen Körpers zu einem neuen Körper durch Hinzufügen weiterer Elemente. Der neue Körper heißt dann ein Erweiterungskörper oder Oberkörper des gegebenen Körpers und dieser selbst heißt ein Unterkörper des neuen Körpers. So entsteht z. B. aus dem Körper $\mathfrak{K}(1)$ durch Hinzufügen aller Zahlen der Form

$$a + b\sqrt{2}, \quad \text{wo } a, b \text{ rational}, \quad b \neq 0,$$

der neue Körper $\mathfrak{K}(\sqrt{2})$, der also ein Oberkörper von $\mathfrak{K}(1)$ ist. Durch weiteres Hinzufügen aller noch nicht dem Körper $\mathfrak{K}(\sqrt{2})$ angehörenden Irrationalzahlen entsteht der Körper aller reellen Zahlen, der also ein Oberkörper von $\mathfrak{K}(1)$ und von $\mathfrak{K}(\sqrt{2})$ ist.

In diesen Beispielen haben wir die neu hinzugefügten Elemente aus einem uns schon vorher bekannten Vorrat von Elementen (nämlich den reellen Zahlen) entnommen. Häufig kommt man aber in die Lage, daß man einen Erweiterungskörper mit einer vorgeschriebenen Individualeigenschaft konstruieren soll, ohne daß ein passender Vorrat von Elementen bereits zur Verfügung steht. Die neuen Elemente müssen dann erst durch einen Schöpfungsakt gewonnen werden. Ein erstes Beispiel für einen solchen Erweiterungsprozeß ist die Theorie der komplexen Zahlen, der wir uns jetzt zuwenden wollen.

II. Bekanntlich ist das Quadrat jeder reellen Zahl positiv; es gibt also keine reelle Zahl ξ derart, daß $\xi^2 = -1$ ist[1]). Dadurch werden wir zu der Aufgabe geführt, den Körper der reellen Zahlen zu erweitern, und zwar müssen wir eine Menge konstruieren, die den folgenden drei Forderungen genügt:

Forderung 1. Die reellen Zahlen sollen als Elemente in der Menge enthalten sein.

Statt dessen würde es nach den Ausführungen auf Seite 6 auch genügen, wenn in der Menge eine Teilmenge enthalten ist, die ein zum Körper der reellen Zahlen isomorpher Körper ist. Doch wollen wir, um eine konkrete Vorstellung zu haben, den Körper der reellen Zahlen selbst und nicht nur einen isomorphen verlangen, weil wir sonst eigentlich nicht einen Erweiterungskörper der reellen Zahlen, sondern eben jenes isomorphen Körpers erhalten würden, was theoretisch freilich gleichgültig wäre[2]).

Forderung 2. Die Menge soll ein Körper sein, d. h. es sollen sich für je zwei Elemente der Menge die beiden Operationen Addition und Multiplikation so definieren lassen, daß die zwölf Körpergesetze gelten; diese Operationen sollen außerdem für diejenigen nach Forderung 1 in der Menge enthaltenen Elemente, welche reelle Zahlen sind, sich mit der gewöhnlichen Addition und Multiplikation reeller Zahlen decken.

Durch diese Forderung wird erreicht, daß wir mit den Elementen der Menge in gewohnter Weise rechnen dürfen, ohne im geringsten umlernen zu müssen.

Forderung 3. Unter den Elementen der Menge soll (mindestens) eines vorhanden sein, welches, für x eingesetzt, der Gleichung $x^2 = -1$ Genüge leistet (unter x^2 ist natürlich das nach Forderung 2 vorhandene Produkt xx zu verstehen).

---

[1]) Diese Tatsache ist natürlich jedem Leser bekannt; sie ist aber keine Folge aus den zwölf Körpergesetzen, sondern stellt eine Individualeigenschaft des Körpers der reellen Zahlen dar. Denn es gibt auch Körper ohne diese Eigenschaft, und unsere Aufgabe ist gerade, einen solchen Körper zu konstruieren.

[2]) Eigentlich ist das mehr eine Frage des Geschmacks. Es ist ja nicht einmal gesagt, daß alle Leser unter den reellen Zahlen dasselbe verstehen. Das ist auch gleichgültig; wesentlich ist aber, daß die verschiedenen Körper, welche die verschiedenen Leser als „Körper der reellen Zahlen" ansprechen können, alle miteinander isomorph sind. Man vgl. dazu § 18 des auf Seite 1 zitierten Buches „Irrationalzahlen".

Natürlich könnte man noch manche weitere Forderung stellen, beispielsweise, daß die Gleichung $y^2 + y + 1 = 0$ durch ein Element y der Menge erfüllt werde. Doch wird sich zeigen, daß alles, was man in dieser Richtung etwa noch verlangen könnte, als Gratisbeigabe von selbst erfüllt wird [1]); das ist der Inhalt des sog. Fundamentalsatzes der Algebra (§ 50)

III. Eine Menge, die unseren drei Forderungen genügt, läßt sich nun auf mannigfache Weise bilden, am einfachsten wohl nach W. R. Hamilton auf folgende Art, wobei wir reelle Zahlen wieder mit kleinen griechischen Buchstaben bezeichnen: Aus je zwei (gleichen oder verschiedenen) reellen Zahlen α, α' setzen wir ein Zahlenpaar in der Form (α, α') zusammen, wobei die Reihenfolge wesentlich sein soll, so daß die Zahlenpaare (α, α') und (α', α) nicht dasselbe bedeuten, wenn nicht $\alpha = \alpha'$ ist. Überhaupt sehen wir nur dann zwei Zahlenpaare (α, α') und (β, β') als einander gleich an und schreiben demgemäß: $(\alpha, \alpha') = (\beta, \beta')$, wenn sie identisch sind, wenn also $\alpha = \beta$ und $\alpha' = \beta'$ ist. Statt „Zahlenpaar" wollen wir auch „komplexe Zahl" sagen oder kurz „Zahl", weil sich eben zeigen wird, daß wir wie mit reellen Zahlen damit rechnen können. Zur Abkürzung bezeichnen wir komplexe Zahlen auch kurz durch kleine lateinische Buchstaben, setzen also etwa $(\alpha, \alpha') = a$; speziell der Buchstabe i soll stets die komplexe Zahl $(0, 1)$ bezeichnen, also

$$i = (0, 1).$$

Damit nun die so eingeführte Menge der komplexen Zahlen zunächst der Forderung 1 Genüge leistet, setzen wir fest, daß das Zahlenpaar $(\alpha, 0)$ lediglich ein anderes Zeichen für die reelle Zahl α sein soll, so daß jede reelle Zahl sich nach Bedarf auch als komplexe Zahl schreiben läßt. Insbesondere wird z. B. die reelle Zahl 0 durch die komplexe Zahl $(0, 0)$ bezeichnet. Dagegen bezeichnet die oben eingeführte komplexe Zahl i gewiß keine reelle Zahl.

Nunmehr gehen wir dazu über, nach Forderung 2 die Addition und Multiplikation komplexer Zahlen zu definieren und die Gültigkeit der zwölf Körpergesetze zu beweisen.

A. Summe.

Definition. Unter der Summe $a + b$ von zwei komplexen Zahlen $a = (\alpha, \alpha')$ und $b = (\beta, \beta')$ versteht man die komplexe Zahl $(\alpha + \beta, \alpha' + \beta')$, oder als Formel geschrieben:

$$(\alpha, \alpha') + (\beta, \beta') = (\alpha + \beta, \alpha' + \beta').$$

Sind α', β' beide gleich 0, so daß die komplexen Zahlen (α, α') und (β, β') nach unserer Festsetzung bloß andere Zeichen für die reellen Zahlen α und β

---

[1]) Was das spezielle Beispiel anbelangt, so sieht man leicht, wenn die Gleichung $x^2 = -1$ etwa durch das Element $x = i$ befriedigt wird, daß dann die Gleichung $y^2 + y + 1 = 0$ zum mindesten durch das Element

$$y = -\tfrac{1}{2} + \tfrac{1}{2}\sqrt{3}\,i$$

erfüllt wird (sofern man eben nach Forderung 2 mit den Elementen in gewohnter Weise rechnen kann).

sind, so führt diese Summendefinition offenbar, wie es nach Forderung 2 auch sein soll, auf die gewöhnliche Summe der zwei reellen Zahlen; wäre das nicht der Fall, so wäre die Definition unbrauchbar.

Auf Grund unserer Definition gilt nun augenscheinlich der Satz:

I. Sind a, b komplexe Zahlen, so ist auch $a + b$ eine (durch a und b eindeutig bestimmte) komplexe Zahl.

Außerdem erkennt man sofort die Gültigkeit der folgenden Gesetze, wobei a, b, c beliebige komplexe Zahlen bedeuten:

II. $a + b = b + a$ (Kommutativgesetz).

III. $a + (b + c) = (a + b) + c$ (Assoziativgesetz).

IV. $a + 0 = a$.

B. Differenz.

Sind $a = (\alpha, \alpha')$ und $b = (\beta, \beta')$ beliebige komplexe Zahlen, so wollen wir jetzt eine komplexe Zahl $x = (\xi, \xi')$ suchen, die der Forderung $b + x = a$ Genüge leistet. Nach der Summendefinition muß dann

$$\beta + \xi = \alpha, \qquad \beta' + \xi' = \alpha'$$

sein, also

$$\xi = \alpha - \beta, \qquad \xi' = \alpha' - \beta'.$$

Umgekehrt sieht man auch sofort, daß die so gefundene komplexe Zahl

$$x = (\xi, \xi') = (\alpha - \beta, \alpha' - \beta')$$

wirklich die Forderung $b + x = a$ erfüllt. Diese eindeutig bestimmte Zahl x heißt die Differenz von a und b. Bezeichnet man sie durch das Zeichen $a - b$, so ergibt sich der Satz:

V. Sind a, b komplexe Zahlen, so gibt es eine und nur eine komplexe Zahl x, die der Forderung $b + x = a$ Genüge leistet; man bezeichnet sie mit $x = a - b$, so daß also die Formel gilt:

$$b + (a - b) = a.$$

Bemerkung. Statt $(0, 0) - b$, d. h. also $0 - b$, schreibt man in Analogie mit der bei reellen Zahlen üblichen Schreibweise auch einfach $-b$.

C. Produkt.

Als Produkt von zwei komplexen Zahlen (α, α') und (β, β') würde man wohl am einfachsten die komplexe Zahl $(\alpha\beta, \alpha'\beta')$ definieren. Aber man sieht leicht, daß dann die Forderung 2 nicht erfüllt wäre, indem nämlich das Gesetz XI verlorenginge; in der Tat wäre dann

$$1 \cdot (\beta, \beta') = (1, 0) \cdot (\beta, \beta') = (1 \cdot \beta, 0 \cdot \beta') = (\beta, 0),$$

während doch das Gesetz XI, auf komplexe Zahlen übertragen, fordern würde, daß $1 \cdot (\beta, \beta') = (\beta, \beta')$ ist. So geht es also nicht. Um zu einer vernünftigen Produktdefinition zu gelangen, zeigen wir zunächst, daß jedenfalls, wenn der

Multiplikator [1]) eine positive ganze Zahl ν ist, die Definition folgende sein muß:

$$\nu \cdot (\beta, \beta') = (\nu, 0)\,(\beta, \beta') = (\nu\,\beta, \nu\,\beta').$$

In der Tat ist diese Formel für $\nu = 1$ ja gleichbedeutend damit, daß das Gesetz XI auch für komplexe Zahlen gilt. Allgemein ergibt sich der Sachverhalt durch den Schluß von ν auf $\nu + 1$. Denn wenn die Formel für eine gewisse positive ganze Zahl ν angenommen werden muß, so folgt, da ja auch das Gesetz IX sich auf komplexe Zahlen übertragen lassen soll:

$$\begin{aligned}\overline{\nu + 1} \cdot (\beta, \beta') &= \nu \cdot (\beta, \beta') + 1 \cdot (\beta, \beta') = (\nu\,\beta, \nu\,\beta') + (\beta, \beta') \\ &= (\nu\,\beta + \beta, \nu\beta' + \beta') = (\overline{\nu + 1} \cdot \beta, \overline{\nu + 1} \cdot \beta'),\end{aligned}$$

so daß die Formel also auch für den Multiplikator $\nu + 1$ angenommen werden muß.

Es wäre nun leicht zu zeigen, daß dieselbe Formel sogar für jeden rationalen Multiplikator angenommen werden muß. Ohne uns aber damit aufzuhalten, wollen wir, was ja eigentlich schon nahe genug liegt, gleich für jeden reellen Multiplikator α definieren:

$$\alpha \cdot (\beta, \beta') = (\alpha\,\beta, \alpha\,\beta').$$

Hiernach und nach der Summendefinition ist dann

$$(\alpha, \alpha') = (\alpha, 0) + (0, \alpha') = \alpha + \alpha'\,(0, 1) = \alpha + \alpha'\,i,$$

so daß man jede komplexe Zahl auf eine und, wie man durch Rückwärtslesen dieser Gleichungskette erkennt, nur eine Weise in die Summenform $\alpha + \alpha'\,i$ setzen kann. Man nennt α den reellen, $\alpha'\,i$ den imaginären Teil der Zahl $\alpha + \alpha'\,i$.

Um nun zu einer allgemeinen Produktdefinition zu gelangen, bemerken wir, daß nach Forderung 3 eine komplexe Zahl x vorhanden sein soll, für die $x^2 = -1$ ist. Wir werden daher einem von unseren komplexen Zahlzeichen diese Rolle zuweisen. Welches wir dazu auswählen, ist völlig gleichgültig; nur die Zeichen der Form $(\alpha, 0)$ sind ausgeschlossen, da diese ja reelle Zahlen bezeichnen. Am einfachsten gestalten sich die Formeln, wenn wir die Zahl $i = (0, 1)$ auswählen; wir verlangen also, daß

$$i^2 = (0, 1)^2 = -1$$

sein soll. Wenn wir nun der Forderung 2 entsprechend in gewohnter Weise rechnen wollen, so ergibt sich, da ja $(\alpha, \alpha') = \alpha + \alpha'\,i$ ist:

---

[1]) Multiplikator ist der erste Faktor, Multiplikand der zweite Faktor eines Produkts von zwei Faktoren. Die meisten Autoren bevorzugen allerdings gerade die umgekehrte Namengebung, und wenn das auch, weil schließlich der Produktwert sich von der Reihenfolge der Faktoren unabhängig erweist, von geringer Bedeutung ist, so muß doch festgestellt werden, daß die Produkte $3 \cdot 4$ und $4 \cdot 3$ begrifflich etwas verschiedenes bedeuten. Wenn man aber diese Bedeutung sich klarmacht, so ist es unerfindlich, wie man den ersten Faktor als Multiplikand bezeichnen kann. Denn man zählt doch: Einmal vier und noch einmal vier gibt zweimal vier; noch einmal vier dazu gibt dreimal vier. Unter „dreimal vier" oder „drei mal vier" oder in Zeichen „$3 \cdot 4$" ist also $4 + 4 + 4$ zu verstehen, und nicht, wie es in den meisten Büchern steht und wie man leider auf der Schule lernt, $3 + 3 + 3 + 3$.

$$(\alpha, \alpha')(\beta, \beta') = (\alpha + \alpha' i)(\beta + \beta' i) = \alpha\beta + \alpha\beta' i + \alpha'\beta\, i + \alpha'\beta' \cdot (-1)$$
$$= (\alpha\beta - \alpha'\beta') + (\alpha\beta' + \alpha'\beta)i = (\alpha\beta - \alpha'\beta', \alpha\beta' + \alpha'\beta).$$

Die Produktdefinition muß daher lauten:

$$(\alpha, \alpha')(\beta, \beta') = (\alpha\beta - \alpha'\beta', \alpha\beta' + \alpha'\beta).$$

Umgekehrt ist nun auch leicht zu sehen, daß bei dieser Definition, die wir jetzt annehmen wollen, die Rechengesetze sich tatsächlich übertragen. Zunächst können wir den Satz aufstellen:

VI. **Sind a, b komplexe Zahlen, so ist auch ab eine (durch a und b eindeutig bestimmte) komplexe Zahl.**

Bemerkung. Statt ab schreibt man auch $a \cdot b$ oder $a \times b$.

Sind α', β' beide gleich 0, so daß (α, α') und (β, β') bloß andere Zeichen für die reellen Zahlen α und β sind, so führt die Definition offenbar, wie es nach Forderung 2 auch sein soll, auf das gewöhnliche Produkt der zwei reellen Zahlen. Wir bemerken weiter, daß auf Grund der Definition insbesondere

$$(0, 1)(0, 1) = (-1, 0) = -1,$$

also in der Tat $i^2 = -1$ ist, womit die Forderung 3 erfüllt wird. Schließlich rechnet man leicht auch die Gültigkeit der folgenden Gesetze nach:

VII. $ab = ba$ (Kommutativgesetz).

VIII. $a(bc) = (ab)c$ (Assoziativgesetz).

IX. $(a + b)c = ac + bc$ (Distributivgesetz).

X. $0 \cdot a = 0$.

XI. $1 \cdot a = a$.

Um beispielsweise das Gesetz VIII zu beweisen (die Beweise der andern sind noch einfacher und können dem Leser überlassen bleiben), setzen wir

$$a = (\alpha, \alpha'), \qquad b = (\beta, \beta'), \qquad c = (\gamma, \gamma'),$$
$$bc = (\delta, \delta'), \qquad a(bc) = (\varepsilon, \varepsilon'),$$
$$ab = (\zeta, \zeta'), \qquad (ab)c = (\eta, \eta').$$

Dann muß gezeigt werden, daß $\varepsilon = \eta$ und $\varepsilon' = \eta'$ ist. Auf Grund der Produktdefinition ist aber

$$\delta = \beta\gamma - \beta'\gamma', \qquad \delta' = \beta\gamma' + \beta'\gamma,$$
$$\varepsilon = \alpha\delta - \alpha'\delta', \qquad \varepsilon' = \alpha\delta' + \alpha'\delta;$$

also schließlich

$$\varepsilon = \alpha(\beta\gamma - \beta'\gamma') - \alpha'(\beta\gamma' + \beta'\gamma),$$
$$\varepsilon' = \alpha(\beta\gamma' + \beta'\gamma) + \alpha'(\beta\gamma - \beta'\gamma').$$

Anderseits ist aber wieder nach der Produktdefinition

$$\zeta = \alpha\beta - \alpha'\beta', \qquad \zeta' = \alpha\beta' + \alpha'\beta,$$
$$\eta = \zeta\gamma - \zeta'\gamma', \qquad \eta' = \zeta\gamma' + \zeta'\gamma,$$

also auch

$$\eta = (\alpha\beta - \alpha'\beta')\gamma - (\alpha\beta' + \alpha'\beta)\gamma',$$
$$\eta' = (\alpha\beta - \alpha'\beta')\gamma' + (\alpha\beta' + \alpha'\beta)\gamma,$$

woraus man in der Tat ersieht, daß $\varepsilon = \eta$ und $\varepsilon' = \eta'$ ist.

D. Quotient.

Sind $a = (\alpha, \alpha')$ und $b = (\beta, \beta')$ beliebige komplexe Zahlen, so wollen wir jetzt eine komplexe Zahl $x = (\xi, \xi')$ suchen, die der Forderung $bx = a$ Genüge leistet. Wenn $b = 0$ ist, so ist das nach X nur möglich, wenn auch $a = 0$ ist, und zwar genügt dann jede komplexe Zahl x unserer Forderung. Wir wollen daher von diesem Fall absehen und also b von 0 verschieden annehmen. Die Forderung $bx = a$ besagt auf Grund der Produktdefinition soviel wie

$$(1) \qquad \beta\xi - \beta'\xi' = \alpha, \qquad \beta\xi' + \beta'\xi = \alpha'.$$

Aus diesen beiden Gleichungen folgt, indem man die erste mit β, die zweite mit β' multipliziert und dann beide Gleichungen addiert:

$$(\beta^2 + \beta'^2)\xi = \alpha\beta + \alpha'\beta'.$$

Analog, indem man die erste mit $-\beta'$, die zweite mit β multipliziert:

$$(\beta^2 + \beta'^2)\xi' = \alpha'\beta - \alpha\beta'.$$

Da nun b nicht gleich 0, so sind β und β' unmöglich alle beide 0, und folglich ist auch $\beta^2 + \beta'^2$ nicht 0, sondern größer als 0. Man kann daher die beiden letzten Gleichungen durch $\beta^2 + \beta'^2$ dividieren und erhält:

$$\xi = \frac{\alpha\beta + \alpha'\beta'}{\beta^2 + \beta'^2}, \qquad \xi' = \frac{\alpha'\beta - \alpha\beta'}{\beta^2 + \beta'^2}.$$

Umgekehrt verifiziert man sofort, daß diese beiden Werte ξ und ξ' auch wirklich die Gleichungen (1) befriedigen. Somit leistet die komplexe Zahl

$$x = \left(\frac{\alpha\beta + \alpha'\beta'}{\beta^2 + \beta'^2}, \quad \frac{\alpha'\beta - \alpha\beta'}{\beta^2 + \beta'^2}\right)$$

der Forderung $bx = a$ Genüge, und sie ist die einzige Zahl, die das tut. Sie heißt der Quotient von a und b und wird mit $\frac{a}{b}$ oder $a:b$ bezeichnet. Hiernach können wir den Satz aussprechen:

XII. Sind a, b komplexe Zahlen, und zwar $b \neq 0$, so gibt es eine und nur eine komplexe Zahl x, die der Forderung $bx = a$ Genüge leistet; man bezeichnet sie mit $x = \frac{a}{b}$ oder auch $x = a:b$, so daß also die Formel gilt:

$$b \cdot \frac{a}{b} = b \cdot (a:b) = a \qquad \text{für } b \neq 0.$$

Auf Quotienten mit dem Nenner 0 dagegen verzichten wir im Bereich der komplexen Zahlen ebenso wie im Bereich der reellen Zahlen.

§ 5. Fortsetzung. — Zahlenkörper und Zahlenringe. — Konjugierte Zahlen. — Absoluter Betrag.

I. Das im vorigen Paragraphen eingeführte System von „Zahlen" — das Beiwort „komplex" werden wir gewöhnlich weglassen, da wir ja keine andern Zahlen kennen — erfüllt die dort formulierten Forderungen 1, 2, 3. Insbesondere bilden also die Zahlen einen Körper, so daß wir in gewohnter Weise mit ihnen rechnen dürfen. Als eine Folgerung daraus notieren wir den wichtigen

Satz 1. *Ein Produkt von (zwei oder mehr) Zahlen verschwindet dann und nur dann, wenn wenigstens einer der Faktoren verschwindet.*

Der Beweis verläuft natürlich wörtlich wie auf S. 3 und braucht nicht wiederholt zu werden.

Die Potenzen mit ganzzahligen Exponenten werden genau wie bei reellen Zahlen definiert (speziell die Schreibweise a^2 für das Produkt aa haben wir gelegentlich schon angewandt), und es gelten die gleichen bekannten Gesetze wie z. B.

$$a^\nu \cdot a^\mu = a^{\nu+\mu}.$$

Statt zweite, dritte, vierte Potenz werden wir auch Quadrat, Kubus, Biquadrat sagen.

Da die Definitionsformeln für Produkt und Quotient verhältnismäßig kompliziert sind, wird man sie nicht so leicht auswendig behalten, wodurch das Rechnen sehr erschwert wird. Dieser Übelstand verschwindet aber, wenn man die komplexen Zahlen nicht als Zahlenpaare, sondern als Summe ihres reellen und imaginären Teiles schreibt, eine Darstellung, die ja unmittelbar aus der Darstellung als Zahlenpaar abgelesen werden kann (s. S. 16). Diese Schreibweise wollen wir daher durchweg anwenden und die Schreibweise als Zahlenpaar fallen lassen. So ergibt sich für das Produkt einfach durch Anwendung der Rechenregeln und der Formel $i^2 = -1$ sofort:

$$(\alpha + \alpha' i)(\beta + \beta' i) = (\alpha\beta - \alpha'\beta') + (\alpha\beta' + \alpha'\beta)i.$$

Den Quotienten $\frac{\alpha + \alpha' i}{\beta + \beta' i}$ ermittelt man am schnellsten, indem man den Bruch mit $\beta - \beta' i$ erweitert. So erhält man:

$$\frac{\alpha + \alpha' i}{\beta + \beta' i} = \frac{(\alpha + \alpha' i)(\beta - \beta' i)}{(\beta + \beta' i)(\beta - \beta' i)} = \frac{\alpha\beta + \alpha'\beta' + (\alpha'\beta - \alpha\beta')\,i}{\beta^2 + \beta'^2}$$
$$= \frac{\alpha\beta + \alpha'\beta'}{\beta^2 + \beta'^2} + \frac{\alpha'\beta - \alpha\beta'}{\beta^2 + \beta'^2}\,i.$$

II. Als Zahlenkörper bzw. Zahlenring werden wir jeden Körper bzw. Ring bezeichnen, dessen Elemente (komplexe) Zahlen sind. Die reellen Zahlenkörper bzw. -ringe fallen als Spezialfälle unter diesen Begriff. Alles in § 2 und § 3 über diese Spezialfälle Gesagte gilt aber, da wir nur die Rechengesetze für reelle Zahlen benutzt haben, die für komplexe Zahlen die gleichen sind, unverändert auch für die jetzt eingeführten allgemeinen Zahlenkörper und -ringe; es ist lediglich das Beiwort „reell" überall wegzulassen.

Daher wird eine Menge von Zahlen einen Ring bilden, wenn Summe, Differenz und Produkt von je zwei Zahlen der Menge wieder zur Menge gehören; sie wird einen Körper bilden, wenn außerdem auch der Quotient wieder zur Menge gehört. Auch die Schreibweise $\mathfrak{K}(\gamma)$ usw. überträgt sich unmittelbar. So entsteht aus dem Körper $\mathfrak{K}(1)$ durch Adjunktion der Zahl i der Körper $\mathfrak{K}(i)$, der, wie leicht zu sehen, aus allen Zahlen der Form $a + bi$ mit rationalen a, b besteht und gewiß *kein reeller* Zahlenkörper ist. Als Beispiel für Zahlenringe, die nicht reell und keine Körper sind, erwähnen wir etwa die Ringe $\mathfrak{R}(i)$ und $\mathfrak{R}(2i)$. Man sieht leicht, daß der erste aus allen Zahlen der Form $a + bi$ und der zweite aus allen Zahlen der Form $4a + 2bi$ besteht, wo a, b beidemal beliebige ganze Zahlen sind.

III. Von zwei Zahlen mit dem gleichen reellen Teil und mit entgegengesetzt gleichem imaginären Teil, also $\alpha + \alpha' i$ und $\alpha - \alpha' i$, heißt jede zur andern *konjugiert-komplex* oder einfach *konjugiert*. So hat jede komplexe Zahl eine (und *nur* eine) konjugierte, und die konjugierte zur konjugierten ist wieder die ursprüngliche Zahl. Insbesondere ist jede reelle Zahl ihrer konjugierten gleich, und umgekehrt, wenn eine Zahl ihrer konjugierten gleich ist, so ist sie reell.

Summe und Produkt von zwei konjugierten Zahlen sind reell, während die Differenz von zwei konjugierten Zahlen rein imaginär ist, wenn man unter einer *rein imaginären Zahl* eine komplexe Zahl mit verschwindendem reellen Teil versteht[1]). In der Tat ist ja

$$(\alpha + \alpha' i) + (\alpha - \alpha' i) = 2\alpha,$$
$$(\alpha + \alpha' i)\,(\alpha - \alpha' i) = \alpha^2 + \alpha'^2,$$
$$(\alpha + \alpha' i) - (\alpha - \alpha' i) = 2\alpha' i.$$

Sind a, $\bar{a}$ und b, $\bar{b}$ zwei Paare konjugiert-komplexer Zahlen, so sind auch

$$\begin{array}{ccc} a + b & \text{und} & \bar{a} + \bar{b}, \\ a - b & \text{und} & \bar{a} - \bar{b}, \\ a \cdot b & \text{und} & \bar{a} \cdot \bar{b}, \\ a : b & \text{und} & \bar{a} : \bar{b} \end{array}$$

lauter Paare von konjugiert-komplexen Zahlen; in der letzten Zeile muß natürlich $b \neq 0$ vorausgesetzt werden, worauf von selbst auch $\bar{b} \neq 0$ ist. Der Beweis ergibt sich einfach, indem man

$$a = \alpha + \alpha' i, \qquad b = \beta + \beta' i,$$

also

$$\bar{a} = \alpha - \alpha' i, \qquad \bar{b} = \beta - \beta' i$$

setzt; dann ist nämlich

$$a + b = (\alpha + \beta) + (\alpha' + \beta')i, \qquad \bar{a} + \bar{b} = (\alpha + \beta) - (\alpha' + \beta')i,$$
$$a - b = (\alpha - \beta) + (\alpha' - \beta')i, \qquad \bar{a} - \bar{b} = (\alpha - \beta) - (\alpha' - \beta')i,$$
$$a \cdot b = (\alpha\beta - \alpha'\beta') + (\alpha\beta' + \alpha'\beta)i, \qquad \bar{a} \cdot \bar{b} = (\alpha\beta - \alpha'\beta') - (\alpha\beta' + \alpha'\beta)i,$$
$$a : b = \frac{\alpha\beta + \alpha'\beta'}{\beta^2 + \beta'^2} + \frac{\alpha'\beta - \alpha\beta'}{\beta^2 + \beta'^2}\, i, \qquad \bar{a} : \bar{b} = \frac{\alpha\beta + \alpha'\beta'}{\beta^2 + \beta'^2} - \frac{\alpha'\beta - \alpha\beta'}{\beta^2 + \beta'^2}\, i.$$

---

[1]) Unter diese Definition fällt auch die Zahl 0, die wir also zugleich reell und rein imaginär nennen.

Durch wiederholte Anwendung erhält man so den allgemeinen

Satz 2. *Seien $a_1, a_2, \ldots, a_n$ irgendwelche Zahlen und $\bar{a}_1, \bar{a}_2, \ldots, \bar{a}_n$ die dazu konjugiert-komplexen. Wenn man dann aus $a_1, a_2, \ldots, a_n$ mittels der vier Grundrechnungsarten irgendeine Zahl*

$$R(a_1, a_2, \ldots, a_n)$$

herleitet und wenn man auf $\bar{a}_1, \bar{a}_2, \ldots, \bar{a}_n$ Schritt für Schritt dieselben Rechenoperationen anwendet, so ist die entstehende Zahl

$$R(\bar{a}_1, \bar{a}_2, \ldots, \bar{a}_n)$$

zu der ersten konjugiert-komplex.

Man kann das noch etwas anders ausdrücken. Wenn man nämlich jeder Zahl ihre konjugiert-komplexe zuordnet, so daß insbesondere jeder reellen Zahl sie selbst zugeordnet ist, so entsteht eine umkehrbar eindeutige Zuordnung der Elemente des Körpers aller Zahlen zu den Elementen desselben Körpers. Der Satz 2 besagt nun nicht mehr und nicht weniger als daß diese Zuordnung ein Isomorphismus ist. Da hier der Körper aller Zahlen isomorph auf sich selbst bezogen ist, spricht man auch von einem Automorphismus.

IV. Unter dem absoluten Betrag einer komplexen Zahl $a = \alpha + \alpha' i$, in Zeichen: $|a|$, versteht man die Quadratwurzel $\sqrt{\alpha^2 + \alpha'^2}$. Hiernach hat jede Zahl einen positiven absoluten Betrag, nur die Zahl 0 hat den absoluten Betrag 0. Zwei zueinander konjugierte Zahlen a und $\bar{a}$ haben denselben absoluten Betrag: $|a| = |\bar{a}|$.

Speziell für reelle Zahlen läuft unsere Definition des absoluten Betrages auf die im Reellen übliche hinaus. Auch die Rechengesetze für absolute Beträge bleiben die gleichen; es sind die folgenden:

1. $$|-a| = |a|,$$
2. $$|a \cdot b| = |a| \cdot |b|,$$
3. $$\left|\frac{a}{b}\right| = \frac{|a|}{|b|} \qquad b \neq 0.$$
4. $$|a \pm b| \leqq |a| + |b|,$$
5. $$|a \pm b| \geqq |a| - |b|.$$

Zu den beiden letzten beachte man, daß ja alle absoluten Beträge reelle Zahlen sind, so daß für sie auch die Beziehung des Größer- oder Kleinerseins einen Sinn hat [1]).

Das erste der fünf Gesetze ist nach der Definition des absoluten Betrages unmittelbar klar.. Zum Beweis des zweiten setzen wir

$$a = \alpha + \alpha' i, \qquad b = \beta + \beta' i.$$

---

[1]) Wir werden diese Beziehung außer mit Bezug auf ganze Zahlen nur an wenigen Stellen gebrauchen, nämlich nur da, wo wir gelegentlich die eigentliche Algebra verlassen und funktionentheoretische Überlegungen anstellen. Auch der Begriff des absoluten Betrages gehört eigentlich in die Funktionentheorie und wird ebenfalls nur an den erwähnten Stellen gebraucht werden.

Dann ist

$$a \cdot b = (\alpha\beta - \alpha'\beta') + (\alpha\beta' + \alpha'\beta)i,$$

also

$$|a \cdot b| = \sqrt{(\alpha\beta - \alpha'\beta')^2 + (\alpha\beta' + \alpha'\beta)^2} = \sqrt{(\alpha^2 + \alpha'^2)(\beta^2 + \beta'^2)}$$
$$= \sqrt{\alpha^2 + \alpha'^2} \cdot \sqrt{\beta^2 + \beta'^2} = |a| \cdot |b|.$$

Das dritte Gesetz folgt leicht aus dem zweiten; denn nach diesem ist

$$|a| = \left|\frac{a}{b} \cdot b\right| = \left|\frac{a}{b}\right| \cdot |b|,$$

also in der Tat $\left|\frac{a}{b}\right| = \frac{|a|}{|b|}$.

Zum Beweis des vierten Gesetzes setzen wir wieder $a = \alpha + \alpha' i$, $b = \beta + \beta' i$; dann ist

$$|a \pm b|^2 = |(\alpha \pm \beta) + (\alpha' \pm \beta')i|^2 = (\alpha \pm \beta)^2 + (\alpha' \pm \beta')^2$$
$$= \alpha^2 + \beta^2 + \alpha'^2 + \beta'^2 \pm 2(\alpha\beta + \alpha'\beta')$$
$$\leqq \alpha^2 + \beta^2 + \alpha'^2 + \beta'^2 + 2\sqrt{(\alpha\beta + \alpha'\beta')^2 + (\alpha\beta' - \alpha'\beta)^2}$$
$$= \alpha^2 + \alpha'^2 + \beta^2 + \beta'^2 + 2\sqrt{(\alpha^2 + \alpha'^2)(\beta^2 + \beta'^2)}$$
$$= (\sqrt{\alpha^2 + \alpha'^2} + \sqrt{\beta^2 + \beta'^2})^2 = (|a| + |b|)^2.$$

Daher in der Tat $|a \pm b| \leqq |a| + |b|$.

Endlich das fünfte Gesetz ist wieder eine Folge des vierten. Denn nach diesem ist

$$|a| = |(a \pm b) \mp b| \leqq |a \pm b| + |b|,$$

also wirklich $|a \pm b| \geqq |a| - |b|$.

Das zweite Gesetz besagt, daß der absolute Betrag eines Produktes von zwei Faktoren gleich dem Produkt der absoluten Beträge ist. Das gilt aber ebenso auch für ein Produkt von beliebig vielen Faktoren, wie man erkennt, indem man einen Teil der Faktoren durch eine Ordnungsklammer zusammenfaßt und so die Anzahl der Faktoren verringert, worauf die Schlußweise der vollständigen Induktion zum Ziel führt. Ebenso kann man das vierte Gesetz sofort auf beliebig viele Summanden ausdehnen und findet:

Der absolute Betrag einer Summe von zwei oder mehr Summanden ist kleiner oder gleich der Summe der absoluten Beträge.

§ 6. Geometrische Darstellung der komplexen Zahlen. — Historisch-Kritisches.

1. Wir nehmen in einer Ebene ein rechtwinkliges Koordinatensystem an und ordnen dann einer komplexen Zahl $\alpha + \alpha' i$ den Punkt mit der Abszisse α und der Ordinate α' zu (komplexe Zahlenebene). Auf diese Art ist jeder Zahl ein Punkt und umgekehrt auch jedem Punkt eine Zahl zugeordnet. Wo keine Verwechslungen zu befürchten sind, bezeichnen wir jeden Punkt mit demselben Zeichen wie die zugeordnete Zahl.

Den vier Grundrechnungsarten entsprechen dann bestimmte geometrische Konstruktionen. Die Summe $a + b$ ergibt sich einfach dadurch, daß man das Dreieck der drei Punkte 0, a, b zu einem Parallelogramm ergänzt, in dem a und b gegenüberliegende Ecken sind; die vierte Ecke c stellt dann die Summe $a + b$ dar (Fig. 1). Denn in der Tat ist ja augenscheinlich die Abszisse des Punktes c gleich der Summe der Abszissen von a und b, und Entsprechendes gilt auch für die Ordinate. Die Parallelogrammkonstruktion

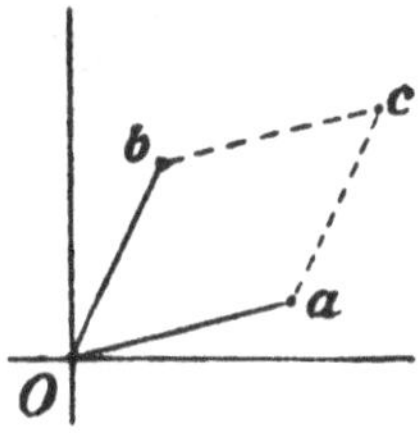

Figur 1.

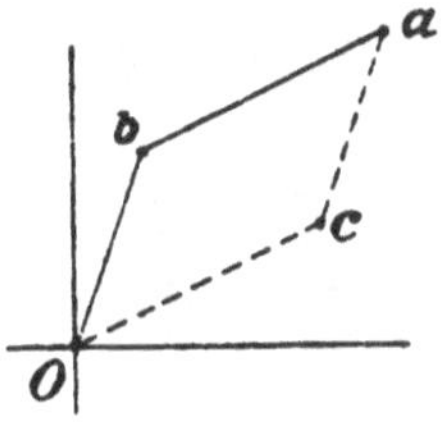

Figur 2.

versagt in dem Grenzfall, daß die drei Punkte 0, a, b in gerader Linie liegen. Man kann aber die Konstruktion offenbar auch so deuten, daß man an den Vektor $\overrightarrow{0a}$ den Vektor $\overrightarrow{0b}$ anträgt, und dann umfaßt sie auch den erwähnten Grenzfall.

Um die Differenz $a - b$ zu finden, hat man es so einzurichten, daß die Summe von b und $a - b$ den gegebenen Punkt a liefert. Das wird durch die Parallelogrammkonstruktion der Fig. 2 erreicht, wo $c = a - b$ ist. Man kann die Konstruktion auch so deuten, daß man an den Vektor $\overrightarrow{0a}$ den Vektor $\overrightarrow{b0}$ (nicht $\overrightarrow{0b}$) anträgt, und dann umfaßt sie auch den Grenzfall, daß die Punkte 0, a, b in gerader Linie liegen.

Das Produkt ab findet man, indem man ein zum Dreieck der drei Punkte 0, 1, b gleichsinnig ähnliches (also ohne Winkelumlegung) konstruiert, bei dem die zu 0 und 1 homologen Ecken 0 und a sind. Die dritte Ecke c stellt dann das Produkt ab dar (Fig. 3). Zum Beweis setzen wir

$$a = \alpha + \alpha' i, \qquad b = \beta + \beta' i, \qquad c = \gamma + \gamma' i.$$

Bezeichnen wir dann mit ϱ und σ die Länge der Vektoren $\overrightarrow{0a}$ und $\overrightarrow{0b}$, ferner mit φ und ψ die Winkel, die diese Vektoren mit der positiven Abszissenachse bilden, so ist augenscheinlich

$$\alpha = \varrho \cos \varphi, \qquad \alpha' = \varrho \sin \varphi,$$
$$\beta = \sigma \cos \psi, \qquad \beta' = \sigma \sin \psi.$$

Wegen der gleichsinnigen Ähnlichkeit der Dreiecke $0ac$ und $01b$ hat der Vektor $\overrightarrow{0c}$ die Länge $\varrho\sigma$ und bildet mit der positiven Abszissenachse den Winkel $\varphi + \psi$; es ist also

$$\gamma = \varrho\,\sigma \cos(\varphi + \psi), \qquad \gamma' = \varrho\,\sigma \sin(\varphi + \psi).$$

Daher nach dem Additionstheorem der trigonometrischen Funktionen:

$$\gamma = \varrho\,\sigma\,(\cos\varphi\cos\psi - \sin\varphi\sin\psi) = \alpha\,\beta - \alpha'\beta',$$
$$\gamma' = \varrho\,\sigma\,(\sin\varphi\cos\psi + \cos\varphi\sin\psi) = \alpha'\beta + \alpha\beta',$$

und somit in der Tat:

$$\gamma + \gamma' i = (\alpha\beta - \alpha'\beta') + (\alpha'\beta + \alpha\beta')\,i = (\alpha + \alpha' i)\,(\beta + \beta' i);$$

w. z. b. w.

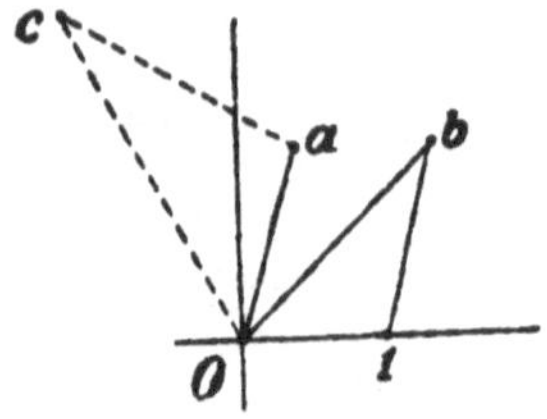

Figur 3.

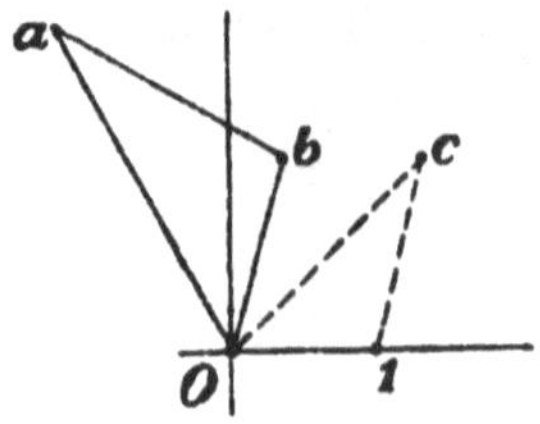

Figur 4.

Wenn b reell ist, so artet das Dreieck $0\,1\,b$ in ein uneigentliches mit zwei Winkeln von 0^0 und einem Winkel von 180^0 aus. Konstruktion und Beweis bleiben aber die gleichen, sofern man zwei ausgeartete Dreiecke dann als ähnlich bezeichnet, wenn entsprechende Seiten proportional sind.

Um den Quotienten $\frac{a}{b}$ zu finden, hat man es so einzurichten, daß das Produkt aus b und $\frac{a}{b}$ den gegebenen Punkt a liefert. Das wird durch die Konstruktion der Fig. 4 erreicht, wo die Punkte a und b gegeben sind und der Punkt $c = \frac{a}{b}$ mit Hilfe der zwei gleichsinnig ähnlichen Dreiecke $0\,b a$ und $0\,1 c$ konstruiert ist. Wenn die Punkte $0, a, b$ in gerader Linie liegen, artet das Dreieck $0\,b a$ in ein uneigentliches aus, was aber die Konstruktion wieder nicht wesentlich beeinträchtigt.

Der absolute Betrag von a wird geometrisch veranschaulicht durch die Maßzahl des Abstandes des Punktes a vom Nullpunkt; das ist eine unmittelbare Folge des Pythagoreischen Lehrsatzes. Besonders anschaulich ist der absolute Betrag einer Differenz $a - b$. Es ist das zunächst die Maßzahl des Abstandes des Punktes $a - b$ vom Nullpunkt; aber, wie man aus Fig. 2 abliest, ist dieser Abstand gleich dem Abstand der Punkte a und b voneinander. Der absolute Betrag einer Differenz $a - b$ wird also geometrisch veranschaulicht durch den Abstand der Punkte a und b voneinander.

II. Zur Einführung der komplexen Zahlen sind wir in § 4 durch die Bemerkung veranlaßt worden, daß die quadratische Gleichung $x^2 = -1$ keine Lösung im Körper der reellen Zahlen hat. Das entspricht auch dem historischen Gang. Denn daß diese Gleichung keine reelle Lösung zuläßt, wurde natürlich früh erkannt. Man suchte dann über die Schwierigkeit dadurch hinwegzukommen, daß man einfach die für positive γ gültige Auflösung der Gleichung $x^2 = \gamma$ in der Form $x = \sqrt{\gamma}$ ganz formal auf $\gamma = -1$

übertrug und die obige Gleichung also durch das Zeichen $\sqrt{-1}$ auflöste. Mit „Zahlen" der Form $\alpha + \beta\sqrt{-1}$ konnte man dann sogar jede quadratische Gleichung formal auflösen. Da man aber irgendeinen realen Sinn mit diesen „Zahlen" nicht verbinden konnte, so war man doch lange im Zweifel, ob der kühne Schritt zulässig ist, und die Namen „imaginäre Zahl" und „unmögliche Zahl", die man für sie gebrauchte, verraten deutlich das Unbehagen, das man beim Rechnen mit ihnen empfand. Insbesondere, wenn man ein Resultat über reelle Zahlen nur mit Benutzung imaginärer Zahlen beweisen konnte, schienen Zweifel an der Schlüssigkeit des Beweises sehr berechtigt. Erst Euler, der auch das Zeichen i für $\sqrt{-1}$ eingeführt hat, hat diese Scheu völlig überwunden und den komplexen Zahlen volles Bürgerrecht eingeräumt; doch wurde er dabei weniger von einer klaren Erkenntnis als von seinem sicheren mathematischen Gefühl geleitet. Dann war es vor allem Gauß, der wiederholt nachdrücklich ausgesprochen hat, zuerst schon 1799 in seiner Dissertation (Werke, Bd. 3, S. 1 ff., besonders S. 6), daß die komplexen Zahlen mit den reellen völlig gleichberechtigt sind; von ihm rührt auch der Name „komplexe Zahl" her. Aber auch er hat eine eigentliche Begründung dafür nirgends gegeben. Wir finden bei ihm nur gelegentlich, zuerst in einem Brief an Bessel vom 18. Dezember 1811 (Werke, Bd. 10_1, S. 365), dann in der Anzeige einer eigenen Arbeit über die biquadratischen Reste (Werke, Bd. 2, S. 169), daß die komplexen Zahlen sich durch die Punkte einer Ebene veranschaulichen lassen. Es ist das die oben auseinandergesetzte Darstellung, und man spricht daher auch von der Gaußschen Zahlenebene. Eine wirkliche Begründung für die Zulässigkeit der komplexen Zahlen kann aber darin nicht erblickt werden. Dazu wäre es notwendig gewesen, die den vier Grundrechnungsarten entsprechenden geometrischen Konstruktionen anzugeben oder, genauer gesagt, die vier Grundrechnungsarten durch diese Konstruktionen zu definieren und dann zu zeigen, daß auf Grund dieser Definitionen dieselben Rechengesetze gelten wie für reelle Zahlen. Doch findet sich darüber bei Gauß keinerlei Andeutung.

Dagegen ist die geometrische Theorie der komplexen Zahlen mit Einschluß der Konstruktionen schon früh von mehreren Autoren geliefert worden, die aber anfangs nur wenig oder gar keine Beachtung fanden; wir nennen Caspar Wessel (1799), J. R. Argand (1806), C. V. Mourey (1820)[1]. Am bekanntesten ist Argand; aber gerade er ist insofern nicht einwandfrei, als bei ihm die Konstruktionen mehr zur Interpretation oder Veranschaulichung der vier Grundrechnungsarten dienen, während Wessel und Mourey sie klar als Definitionen aufgefaßt und dann auf Grund

[1]) Die dänisch geschriebene Abhandlung von Wessel ist wieder abgedruckt im Archiv for Mathematik og Naturvidenskab, Bd. 18 (1896), und ist 1897 unter dem Titel „Essai sur la représentation analytique de la direction" auch in französischer Übersetzung in Kopenhagen herausgegeben worden. — Argand: Essai sur une manière de représenter les quantités imaginaires dans les constructions géométriques. Paris 1806. — Mourey: La vraie théorie des quantités négatives et des quantités prétendues imaginaires. Paris 1820.

dieser Definitionen die Rechengesetze bewiesen haben [1]). Modern ausgedrückt besagt das: Wessel und Mourey haben bewiesen, daß die Punkte einer Ebene, wenn man die Begriffe Summe und Produkt von Punkten durch geeignete geometrische Konstruktionen definiert, einen Körper bilden. Dieser Körper ist natürlich, da die definierenden Konstruktionen die oben angegebenen sind, mit unserem Körper der komplexen Zahlen isomorph; er leistet also dieselben Dienste (in der Funktionentheorie wegen seiner Anschaulichkeit sogar bessere Dienste), so daß durch Wessel und Mourey bereits eine exakte Theorie der komplexen Zahlen geschaffen war. Indessen läßt sich dagegen doch einwenden, daß sie sich auf die Geometrie und somit auf die Raumanschauung stützt. Dieser Einwand ist zwar insofern nicht stichhaltig, als wir heute glücklich so weit sind, daß wir die Geometrie ohne Raumanschauung, nur auf den Begriff der reellen Zahl uns stützend, aufbauen können; doch von solchen modernen Gedankengängen waren die erwähnten Autoren selbstverständlich weit entfernt. Aber wie man sich dazu auch stellen mag, der Weg über die Geometrie ist zum mindesten ein weiter Umweg, und für befriedigender wird man es halten, die komplexen Zahlen rein begrifflich ohne Geometrie zu begründen. Das hat zuerst W. R. Hamilton geleistet [2]), und seine Einführung in Form von Zahlenpaaren ist es, die wir in § 4 auseinandergesetzt haben.

§ 7. Variable. — Polynome einer Variabeln.

I. Wir legen jetzt unserer Betrachtung einen beliebigen Ring $\mathfrak{r}$ (Zahlenring) zugrunde. Seine Elemente (Zahlen) werden wie seither mit kleinen lateinischen Buchstaben bezeichnet. Jedoch sollen nur die ersten paar Buchstaben, etwa bis d, verwandt werden; speziell die Schlußbuchstaben x, y, z, gelegentlich auch t, u, v, w, werden wir für Variable reservieren. Wir wollen nämlich jetzt den Ring $\mathfrak{r}$ durch Einführung einer Variabeln erweitern. Unter einer Variabeln oder Unbestimmten versteht man ein Rechensymbol, das an und für sich gar keine Bedeutung hat, das aber eine gewisse Bedeutung gewinnt durch die Verabredung, daß wir mit ihm wie mit Zahlen, d. h. nach den zwölf Körpergesetzen oder vielleicht auch nur nach den zehn Ringgesetzen rechnen wollen [3]). Daß sich diese Verabredung widerspruchslos durchführen läßt, muß natürlich bewiesen werden.

[1]) Auch bei unserer oben befolgten Darstellung erscheinen die Konstruktionen nur als Veranschaulichung, nicht als Definition. Aber wir hatten eben die komplexen Zahlen und ihre Rechengesetze schon vorher auf andere Weise gewonnen. Wenn das, wie bei Argand, nicht der Fall ist, so sind die Dinge, die man veranschaulichen will, nämlich die komplexen Zahlen und die Rechenoperationen, in Wahrheit noch gar nicht vorhanden; darin liegt der logische Fehler.

[2]) Theory of conjugate functions or algebraic couples. Transactions of the royal Irish Academy, vol. 17 (1837), S. 293-422, besonders S. 403.

[3]) In der Funktionentheorie hat das Wort „Variable" eine andere Bedeutung. Kronecker, der den prinzipiellen Unterschied zwischen der algebraischen und der funktionentheoretischen Variabeln zuerst klar erkannte, hat deshalb für die algebraische Variable das Wort „Unbestimmte" eingeführt, das den Sinn wohl besser

Sei also x eine Variable. Wir bauen aus x und beliebigen in $\mathfrak{r}$ enthaltenen Zahlen $a_0, a_1, \ldots, a_n$ den Ausdruck auf:

$$a_0 + a_1 x + a_2 x^2 + \cdots + a_n x^n,$$

für den wir gelegentlich, wie das ja ebenso bei Zahlen üblich ist, auch

$$a_0 x^0 + a_1 x^1 + a_2 x^2 + \cdots + a_n x^n$$

oder zur Abkürzung

$$\sum_{\nu=0}^{n} a_\nu x^\nu$$

schreiben. Natürlich kann und soll dieser Ausdruck, da x keine Zahl ist, zunächst nicht die Bedeutung einer Summe haben, ebensowenig wie die einzelnen Glieder $a_\nu x^\nu$ oder die „Potenzen" x^ν die Bedeutung von Produkten; er ist vielmehr nur als formale Zeichenverbindung anzusehen. Ein solcher Ausdruck heißt Polynom von x. Die Zahlen $a_0, a_1, \ldots, a_n$ heißen die Koeffizienten des Polynoms. Zwei Polynome sehen wir dann und nur dann als einander gleich an, wenn sie identisch sind, wenn also gleiche Potenzen von x in beiden Polynomen dieselben Koeffizienten haben; jedoch soll es freistehen, Glieder mit dem Koeffizienten 0 nach Belieben wegzulassen oder hinzuzufügen. Durch solches Hinzufügen kann man erreichen, daß x in einem gegebenen Polynom bis zu einer gewissen höheren Potenz aufsteigt, so daß man von mehreren Polynomen nach Bedarf immer annehmen kann, die Variable x steige in ihnen bis zur gleichen Potenz auf.

Ein Polynom mit lauter verschwindenden Koeffizienten, also eines von der Form

$$0 + 0x + 0x^2 + \cdots + 0x^n,$$

reduziert sich, wenn man die Glieder vom zweiten an unterdrückt, was ja nach unserer Verabredung erlaubt ist, auf 0, muß also mit der Zahl 0 als gleichbedeutend angesehen werden; deshalb werden wir auch sagen, das Polynom verschwindet identisch[1]). Allgemeiner bedeutet das Polynom

$$a + 0x + 0x^2 + \cdots + 0x^n$$

einfach die Zahl a.

Ist x^n in einem Polynom die höchste Potenz, deren Koeffizient von 0 verschieden ist, so heißt n der Grad des Polynoms. Insbesondere ist hiernach unter einem Polynom nullten Grades eine von 0 verschiedene Zahl zu verstehen. Dagegen schreiben wir einem identisch verschwindenden Polynom überhaupt keinen Grad zu (Polynom ohne Grad).

Zur kürzeren Bezeichnung eines Polynoms werden wir uns vielfach der

ausdrückt, aber erst in neuerer Zeit sich einzubürgern beginnt. Wir werden das Wort „Variable" bevorzugen, weil Verwechslungen nicht zu befürchten sind und auch, damit wir gelegentlich leichter Anschluß an funktionentheoretische Gedankengänge gewinnen können.

[1]) Der Zusatz „identisch" erscheint in diesem Zusammenhang eigentlich überflüssig; wir werden aber später sehen, daß es doch zweckmäßiger ist, den Sachverhalt nicht einfach durch die Aussage „das Polynom verschwindet" auszudrücken.

Zeichen $f(x)$, $\varphi(x)$, $F(x)$ und ähnlicher bedienen. Eine Gleichung der Form

$$f(x) = a_0 + a_1 x + \cdots + a_n x^n$$

wird also immer den Sinn haben, daß das linksstehende Zeichen zur Abkürzung für das rechtsstehende Polynom gesetzt werden soll.

II. Nun kommen wir zu den Rechenoperationen und -gesetzen. Summe, Differenz und Produkt von zwei Polynomen müssen, da wir mit x (wenn möglich) rechnen wollen, als ob es eine Zahl wäre, offenbar in folgender Weise definiert werden: Sind

$$f(x) = a_0 + a_1 x + \cdots + a_n x^n,$$
$$g(x) = b_0 + b_1 x + \cdots + b_n x^n$$

zwei beliebige Polynome mit Koeffizienten aus $\mathfrak{r}$ (daß x in beiden bis zur gleichen Potenz aufsteigt, bringt nach unseren Ausführungen keine Beschränkung der Allgemeinheit mit sich), so versteht man unter der Summe $f(x) + g(x)$ das Polynom

$$(a_0 + b_0) + (a_1 + b_1) x + \cdots + (a_n + b_n) x^n,$$

unter der Differenz $f(x) - g(x)$ das Polynom

$$(a_0 - b_0) + (a_1 - b_1) x + \cdots + (a_n - b_n) x^n,$$

unter dem Produkt $f(x)\, g(x)$ oder $f(x) \cdot g(x)$ oder $f(x) \times g(x)$ das Polynom

$$a_0 b_0 + (a_0 b_1 + a_1 b_0) x + \cdots + (a_0 b_n + a_1 b_{n-1} + \cdots + a_n b_0) x^n + \cdots$$
$$+ (a_{n-1} b_n + a_n b_{n-1}) x^{2n-1} + a_n b_n x^{2n}.$$

Alle drei haben, da $\mathfrak{r}$ ein Ring ist, offenbar wieder Koeffizienten aus $\mathfrak{r}$. Statt $0 - g(x)$ schreibt man natürlich auch wieder kürzer $-g(x)$.

Auf Grund dieser Definitionen, die offenbar unabhängig davon sind, ob den Polynomen etwa noch beliebig viele Glieder mit verschwindenden Koeffizienten hinzugefügt werden, erkennt man leicht, daß die Gesetze I bis X des § 1 für unsere Polynome gelten und daß das Rechnen mit den speziellen Polynomen, welche nach S. 27 Zahlen bedeuten, auf das Rechnen mit diesen Zahlen hinausläuft. Die wirklich leichte Nachprüfung im einzelnen darf wohl dem Leser überlassen bleiben. **Die Polynome einer Variabeln x mit Koeffizienten aus einem Ring $\mathfrak{r}$ bilden also selbst einen Ring**; wir bezeichnen diesen **Polynomring** mit $\mathfrak{R}(\mathfrak{r} \mid x)$. Ist y eine zweite Variable, so sind die Ringe $\mathfrak{R}(\mathfrak{r} \mid x)$ und $\mathfrak{R}(\mathfrak{r} \mid y)$ offenbar isomorph aufeinander bezogen, wenn man dem Polynom von x

$$a_0 + a_1 x + \cdots + a_n x^n$$

das Polynom von y

$$a_0 + a_1 y + \cdots + a_n y^n$$

mit denselben Koeffizienten zuordnet. Wörter wie Summand, Faktor, addieren usw. werden wir selbstverständlich auch bei Polynomen in entsprechendem Sinne gebrauchen.

Weiter ergibt sich auf Grund unserer Definitionen auch sofort, daß das zunächst nur als formale Zeichenverbindung definierte Polynom

$$a_0 + a_1 x + \cdots + a_n x^n = \sum_{\nu=0}^{n} a_\nu x^\nu$$

wirklich die Summe seiner $n + 1$ Glieder ist, die ja selbst spezielle Polynome (Monome) darstellen. Daher steht es auf Grund der Additionsgesetze auch frei, die Summanden in anderer Reihenfolge zu schreiben, und wir werden später auch vielfach die umgekehrte Reihenfolge

$$a_n x^n + a_{n-1} x^{n-1} + \cdots + a_1 x + a_0$$

bevorzugen. Wenn der Ring $\mathfrak{r}$ die Zahl 1 enthält, also insbesondere, wenn er ein Körper ist, so hat, wie unmittelbar zu sehen, der Ring $\mathfrak{R}(\mathfrak{r} \mid x)$ die Individualeigenschaft, daß in ihm auch das Gesetz XI gilt. Für Polynomglieder der Form $1x^\nu$ schreibt man dann auch abkürzend x^ν, so daß die Variable x jetzt selbst ein Element des Ringes ist, nämlich $x = 1x$. Ein Polynomglied $a_\nu x^\nu$ erweist sich alsdann als Produkt von a_ν und noch ν Faktoren, die gleich x sind.

Aus der Festsetzung, daß zwei Polynome nur dann einander gleich sind, wenn sie identisch sind, folgt unmittelbar, daß ein Polynom nur dann gleich 0 ist, wenn alle Koeffizienten gleich 0 sind, wenn es also identisch verschwindet. Die Variable x genügt daher keiner algebraischen Gleichung

$$a_0 + a_1 x + \cdots + a_n x^n = 0$$

mit Koeffizienten aus $\mathfrak{r}$, ohne daß alle Koeffizienten verschwinden. Man nennt deshalb die durch eine Variable erzielte Erweiterung des Ringes $\mathfrak{r}$ eine transzendente Erweiterung. Im Gegensatz dazu war die in § 4 durchgeführte Erweiterung des Körpers der reellen Zahlen eine algebraische, weil die neu eingeführten Elemente sämtlich gewissen algebraischen Gleichungen mit Koeffizienten aus dem genannten Körper genügen. Z. B. die Zahl i genügt der Gleichung $1 + i^2 = 0$ und allgemein genügt die Zahl $\alpha + \alpha' i$ der Gleichung

$$\alpha^2 + \alpha'^2 - 2\alpha \cdot (\alpha + \alpha' i) + (\alpha + \alpha' i)^2 = 0.$$

III. Wir beweisen jetzt einige Sätze über Polynome. Eine unmittelbare Folge der für Summe, Differenz und Produkt gegebenen Definitionen ist

Satz 3. *Sind $c_1, \ldots, c_m$ die sämtlichen Koeffizienten der beiden Polynome $f(x)$ und $g(x)$, so gehören die Koeffizienten von $f(x) + g(x)$, $f(x) - g(x)$ und $f(x)\,g(x)$ stets dem Ring $\mathfrak{R}(c_1, \ldots, c_m)$, also erst recht dem Körper $\mathfrak{K}(c_1, \ldots, c_m)$ an.*

In dem Polynomring $\mathfrak{R}(\mathfrak{r} \mid x)$ gilt nie das Gesetz XII. Denn ist a eine von 0 verschiedene Zahl aus $\mathfrak{r}$, so ist ax ein von 0 verschiedenes Polynom aus $\mathfrak{R}(\mathfrak{r} \mid x)$; es gibt aber kein Polynom $f(x)$ derart, daß $ax \cdot f(x) = a$ wäre, weil ja in dem Produktpolynom $ax \cdot f(x)$ das von x freie Glied gleich 0 und nicht gleich a ist. Daher ist $\mathfrak{R}(\mathfrak{r} \mid x)$ kein Körper. Wohl aber gilt der

Satz 4. *Ein Produkt von (zwei oder mehr) Polynomen einer Variabeln x verschwindet dann und nur dann identisch, wenn mindestens einer der Faktoren identisch verschwindet.*

Die Forderung, daß die Koeffizienten einem Ring $\mathfrak{r}$ angehören sollen, ist hier als unwesentlich weggelassen worden und wird auch später meist weggelassen werden. Wenn $c_1, \ldots, c_m$ die sämtlichen vorkommenden Koeffizienten sind, so ist ja klar, daß sie einem Ring, z. B. dem Ring $\mathfrak{R}(c_1, \ldots, c_m)$ angehören. Da wir in § 1 beim Beweis des dem Satz 4 entsprechenden Satzes für Zahlen wesentlich von dem Gesetz XII Gebrauch gemacht haben, welches hier nicht gilt, müssen wir den Satz jetzt auf andere Art beweisen[1]). Wir dürfen uns aber offenbar wieder auf zwei Faktoren beschränken. Seien also $f(x)$ und $g(x)$ zwei Polynome. Wenn eines davon identisch verschwindet, so ist ohne weiteres klar, daß dasselbe vom Produkt $f(x)\,g(x)$ gilt. Wenn aber keines der beiden identisch verschwindet, so sei etwa n der Grad von $f(x)$ und m der Grad von $g(x)$, also

$$(1) \qquad \begin{cases} f(x) = a_0 x^0 + a_1 x^1 + \cdots + a_n x^n & (a_n \neq 0)\,, \\ g(x) = b_0 x^0 + b_1 x^1 + \cdots + b_m x^m & (b_m \neq 0)\,. \end{cases}$$

Dann ist das Produkt $f(x)\;g(x)$ gleich

$$a_0 b_0 x^0 + (a_0 b_1 + a_1 b_0)\, x^1 + \cdots + a_n b_m x^{n+m}.$$

Der Koeffizient von x^{n+m} ist $a_n b_m$, also $\neq 0$. Daher verschwindet auch $f(x)\;g(x)$ nicht identisch, und zugleich sieht man, daß $f(x)\;g(x)$ vom Grad $n+m$ ist. Damit ist unser Satz bewiesen, und darüber hinaus ergibt sich noch der weitere

Satz 5. *Der Grad eines Produktes von (zwei oder mehr) nicht identisch verschwindenden Polynomen einer Variabeln x ist gleich der Summe der Grade der einzelnen Polynome.*

In der Tat ist das soeben für zwei nicht identisch verschwindende Polynome bewiesen worden; durch vollständige Induktion ergibt es sich dann sofort für beliebig viele nicht identisch verschwindende Polynome.

Die Potenzen eines Polynoms $g(x)$:

$$g(x)^2,\; g(x)^3, \ldots$$

werden wie bei Zahlen durch wiederholte Produktbildung definiert; außerdem setzen wir auch $g(x)^1 = g(x)$, $g(x)^0 = 1$. Dann sind die Potenzgesetze für ganze nicht negative Exponenten natürlich dieselben wie bei Zahlen. Sind wieder $f(x)$, $g(x)$ die obigen Polynome (1) von den Graden n und m, so ist schließlich auch

$$f(g(x)) = a_0\, g(x)^0 + a_1\, g(x)^1 + a_2\, g(x)^2 + \cdots + a_n\, g(x)^n$$

ein Polynom, und zwar, wenn $m > 0$ ist, vom Grad nm. Der Koeffizient von x^{nm} ist dann, wie man sofort erkennt, gleich $a_n b_m^n$. Daraus folgt insbesondere

Satz 6. *Wenn $f(x)$ nicht identisch verschwindet und wenn der Grad von $g(x)$ größer als 0 ist, so ist auch $f(g[x])$ ein nicht identisch verschwindendes Polynom.*

---

[1]) Die Gültigkeit von Satz 4 ist eine Individualeigenschaft, die die Polynomringe mit den Zahlenringen gemein haben. Es gibt auch Ringe ohne diese Eigenschaft; doch kommen solche „Ringe mit Nullteilern" in diesem Buch nicht vor.

§ 8. Polynome von mehreren Variabeln.

I. Seien $x_1, x_2, \ldots, x_k$ irgendwelche voneinander verschiedene Variabeln. Wir bauen aus ihnen und gewissen aus einem Ring $\mathfrak{r}$ entnommenen Zahlen $a_{\nu_1 \nu_2 \ldots \nu_k}$, den Koeffizienten, ganz formal den folgenden Ausdruck auf, der als Polynom von $x_1, \ldots, x_k$ bezeichnet wird:

$$\sum_{\nu_1=0}^{n_1} \sum_{\nu_2=0}^{n_2} \cdots \sum_{\nu_k=0}^{n_k} a_{\nu_1 \nu_2 \ldots \nu_k} x_1^{\nu_1} x_2^{\nu_2} \cdots x_k^{\nu_k}.$$

Dabei sind die Summenzeichen rein formal zu verstehen und deuten an, daß die für die verschiedenen Wertsysteme $\nu_1, \nu_2, \ldots, \nu_k$ entstehenden Glieder durch $+$ Zeichen verbunden nebeneinander geschrieben werden sollen, wobei die Reihenfolge gleichgültig ist. Die Glieder selbst sind so zu bilden, daß statt x_λ^1 stets x_λ geschrieben wird, während x_λ^0 einfach weggelassen wird. Wir werden übrigens ein solches Polynom meist bequemer mit nur einem Summenzeichen schreiben:

$$\sum a_{\nu_1 \nu_2 \ldots \nu_k} x_1^{\nu_1} x_2^{\nu_2} \ldots x_k^{\nu_k}, \tag{1}$$

und jeweils, soweit es nötig ist, mit Worten beschreiben, über welche Werte der Indizes der Ausdruck zu erstrecken ist. Zwei solche Polynome sehen wir dann und nur dann als einander gleich an, wenn die Koeffizienten gleicher formaler Potenzprodukte einander gleich sind. Diese Festsetzung werden wir häufig noch dadurch unterstreichen, daß wir die Variabeln $x_1, \ldots, x_k$ als (voneinander) unabhängige Variabeln bezeichnen[1]). Jedoch verabreden wir wieder, daß Glieder mit verschwindenden Koeffizienten nach Belieben weggelassen oder hinzugefügt werden dürfen. Aus diesem Grund kann ein Polynom von weniger als k Variabeln nach Bedarf auch als Polynom von k Variabeln angesehen werden, indem man z. B. das Glied $0 x_1 x_2 \ldots x_k$ hinzufügt, in dem ja alle k Variabeln stehen. Ebenso können zwei Polynome, die zunächst von verschiedenen Variabelnreihen abhängen, immer auch als Polynome derselben Variabeln angesehen werden. Denn wenn ein Polynom der l Variabeln $y_1, y_2, \ldots, y_l$ und ein Polynom der m Variabeln $z_1, z_2, \ldots, z_m$ vorliegt, so lassen sich beide auch als Polynome der $l+m$ Variabeln

$$y_1, y_2, \ldots, y_l, \quad z_1, z_2, \ldots, z_m$$

ansehen; die Anzahl $l+m$ verringert sich natürlich entsprechend, wenn einige der Variabeln z_μ mit gewissen y_λ identisch sind. Wir werden in diesem Paragraphen die Variabeln aller auftretenden Polynome stets $x_1, x_2, \ldots, x_k$ nennen. Zur abkürzenden Bezeichnung von Polynomen werden wir uns der Zeichen $f(x_1, \ldots, x_k)$, $\varphi(x_1, \ldots, x_k)$ und ähnlicher bedienen und gelegentlich auch, wenn es auf die Variabeln nicht besonders ankommt, diese unterdrücken, also einfach f, φ usw. schreiben.

---

[1]) Die durch k unabhängige Variabeln erzielte Erweiterung des Ringes $\mathfrak{r}$ bezeichnet man als eine k-fach transzendente Erweiterung.

Ein Polynom mit lauter verschwindenden Koeffizienten muß wieder als mit der Zahl 0 identisch angesehen werden, weshalb wir auch wieder sagen werden, daß es identisch verschwindet. Ein Polynom mit nur einem von 0 verschiedenen Koeffizienten heißt auch Monom, eines mit zwei von 0 verschiedenen Koeffizienten heißt Binom.

Als Grad eines Monoms

$$a x_1^{\nu_1} x_2^{\nu_2} \ldots x_k^{\nu_k} \qquad (a \neq 0)$$

bezeichnet man die Summe $\nu_1 + \nu_2 + \cdots + \nu_k$. Unter dem Grad eines beliebigen Polynoms versteht man den größten unter den Graden seiner einzelnen Glieder, wobei Glieder mit verschwindenden Koeffizienten natürlich nicht mitzählen. Dagegen schreiben wir einem identisch verschwindenden Polynom wieder keinen Grad zu (Polynom ohne Grad). Ein Polynom ersten Grades heißt auch linear; ein solches hat einfach die Form

$$a_0 + a_1 x_1 + \cdots + a_k x_k,$$

wo die $a_0, a_1, \ldots, a_k$ Zahlen sind, von denen die k letzten nicht sämtlich verschwinden. Wenn alle Glieder eines Polynoms von gleichem Grad sind, so heißt es homogen. Ein homogenes Polynom n-ten Grades von k Variabeln $x_1, \ldots, x_k$ hat daher die Form

$$\sum a_{\nu_1 \nu_2 \ldots \nu_k} x_1^{\nu_1} x_2^{\nu_2} \ldots x_k^{\nu_k}, \tag{2}$$

wobei in jedem Glied

$$\begin{cases} \nu_1 + \nu_2 + \cdots + \nu_k = n, \\ \nu_1 \geqq 0, \nu_2 \geqq 0, \ldots, \nu_k \geqq 0 \end{cases} \tag{2a}$$

ist. Statt dessen verwendet man, wenn $n > 0$, oft mit Vorteil die Form

$$\sum b_{\lambda_1 \lambda_2 \ldots \lambda_n} x_{\lambda_1} x_{\lambda_2} \ldots x_{\lambda_n}, \tag{3}$$

wobei in jedem Glied

$$1 \leqq \lambda_1 \leqq \lambda_2 \leqq \cdots \leqq \lambda_n \leqq k \tag{3a}$$

ist. Die Überführbarkeit von (2) in (3) und umgekehrt folgt aus den unten in II eingeführten Rechenoperationen. Nach diesen kann ein Glied der Summe (2) sofort in ein Glied der Summe (3) umgeschrieben werden; es ist nur nötig, ν_1-mal den Faktor x_1, sodann ν_2-mal den Faktor x_2 usw., schließlich ν_k-mal den Faktor x_k nebeneinander zu schreiben; dann hat man n Faktoren x_λ nach wachsenden Indizes geordnet, wie es in (3) sein soll. Um umgekehrt ein Glied der Summe (3) in ein Glied der Summe (2) umzuschreiben, braucht man nur zu zählen, wie viele der Indizes $\lambda_1, \lambda_2, \ldots, \lambda_n$ gleich 1 sind, wie viele gleich 2 sind usw.; das ergibt die Exponenten $\nu_1, \nu_2, \ldots, \nu_k$.

II. Das Rechnen mit Polynomen ist ganz analog wie im vorigen Paragraphen, so daß wir uns kurz fassen können. Was man unter der Summe und der Differenz von zwei Polynomen zu verstehen haben wird, ist ohne weiteres klar; jedes Polynom erscheint dann selbst wieder als Summe seiner einzelnen Glieder. Unter dem Produkt von zwei Polynomen versteht man natürlich das Polynom, welches entsteht, indem man jedes Glied des ersten Faktors mit jedem Glied des zweiten Faktors formal multipliziert, die so entstehenden Glieder durch + Zeichen verbunden nebeneinander schreibt und Glieder mit gleichen Potenzprodukten unter Addition ihrer Koeffizienten zu einem Glied zusammenfaßt.

Daß nunmehr die Gesetze I bis X des § 1 sich auf die Polynome von $x_1, \ldots, x_k$ mit Koeffizienten aus $\mathfrak{r}$ übertragen, ist klar. Die Menge dieser Polynome bildet also einen Ring (Polynomring), den wir mit $\mathfrak{R}(\mathfrak{r} \mid x_1, \ldots, x_k)$ bezeichnen. Ein Polynom erweist sich jetzt als die wirkliche Summe seiner Glieder und jedes Glied, falls $\mathfrak{r}$ die Zahl 1 enthält, als Produkt aus dem Koeffizienten und wirklichen Potenzen der Variablen. Es gelten die Sätze:

Satz 7. *Sind $c_1, \ldots, c_m$ die sämtlichen Koeffizienten der beiden Polynome $f = f(x_1, \ldots, x_k)$ und $g = g(x_1, \ldots, x_k)$, so gehören die Koeffizienten von $f + g$, $f - g$ und fg stets dem Ring $\mathfrak{R}(c_1, \ldots, c_m)$, also erst recht dem Körper $\mathfrak{K}(c_1, \ldots, c_m)$ an.*

Satz 8. *Ein Produkt von (zwei oder mehr) Polynomen mehrerer Variabeln verschwindet dann und nur dann identisch, wenn mindestens einer der Faktoren identisch verschwindet.*

Der erste Satz ist evident. Ebenso vom zweiten Satz der Teil, der aussagt, daß ein Produkt, falls ein Faktor identisch verschwindet, ebenfalls identisch verschwindet. Daß es aber nur in diesem Fall identisch verschwindet, läßt sich folgendermaßen beweisen: Wenn man in einem nicht identisch verschwindenden Polynom unter den Gliedern höchsten Grades diejenigen auswählt, in denen der Exponent von x_1 seinen Maximalwert p_1 hat, wenn man dann unter den so ausgewählten Gliedern wieder diejenigen auswählt, in denen der Exponent von x_2 seinen Maximalwert p_2 hat, und wenn man in dieser Weise fortfährt, so erhält man ein ganz bestimmtes Glied

$$a x_1^{p_1} x_2^{p_2} \ldots x_k^{p_k} \qquad (a \neq 0);$$

es soll das Hauptglied des Polynoms heißen[1]). Natürlich ist $p_1 + p_2 + \cdots + p_k$ gleich dem Grad des Polynoms. Hat nun in einem Produkt von zwei nicht identisch verschwindenden Polynomen der eine Faktor das Hauptglied

$$a x_1^{p_1} x_2^{p_2} \ldots x_k^{p_k} \qquad (a \neq 0)$$

und der andere das Hauptglied

$$b x_1^{q_1} x_2^{q_2} \ldots x_k^{q_k} \qquad (b \neq 0),$$

so kommt beim Ausrechnen des Produktes das Glied vor:

$$ab x_1^{p_1+q_1} x_2^{p_2+q_2} \ldots x_k^{p_k+q_k},$$

---

[1]) Diese Definition ist übrigens von der Reihenfolge abhängig, in der die Variabeln $x_1, x_2, \ldots, x_k$ betrachtet werden. Bei anderer Anordnung der Variabeln wäre im allgemeinen ein anderes Glied als das Hauptglied anzusehen. Wir müssen daher, wenn wir später einmal vom Hauptglied eines Polynoms reden wollen, immer erst die Reihenfolge angeben, in der die Variabeln betrachtet werden sollen. Meistens, aber nicht immer, werden die Variabeln so wie oben mit Nummern $1, 2, \ldots, k$ versehen sein, und dann werden wir, ohne etwas weiteres zu bemerken, immer die durch diese Nummern vorgeschriebene Reihenfolge zugrunde legen.

und dieselbe Exponentenverbindung tritt kein zweites Mal mehr auf, so daß dieses Glied beim Zusammenfassen sich nicht wegheben kann. Es ist das Hauptglied des Produktes, so daß das Produkt vom Grad

$$(p_1 + q_1) + (p_2 + q_2) + \cdots + (p_k + q_k)$$
$$= (p_1 + p_2 + \cdots + p_k) + (q_1 + q_2 + \cdots + q_k)$$

ist. Diese Betrachtung überträgt sich sofort auf ein Produkt von beliebig vielen Faktoren, und damit ist nicht nur der behauptete Satz 8 bewiesen, sondern zugleich auch der folgende

Satz 9. *Der Grad eines Produktes von (zwei oder mehr) nicht identisch verschwindenden Polynomen mehrerer Variabeln ist gleich der Summe der Grade der einzelnen Polynome. Das Hauptglied des Produktes ist gleich dem Produkt der Hauptglieder.*

Hierzu kommt nun noch

Satz 10. *Ein Produkt von (zwei oder mehr) homogenen Polynomen ist selbst wieder ein homogenes Polynom. Umgekehrt ist ein Produkt von (zwei oder mehr) Polynomen auch nur dann homogen, wenn jeder Faktor homogen ist.*

Der erste Teil dieses Satzes ist ohne weiteres einleuchtend. Zum Beweis des zweiten nehmen wir an, daß nicht jeder Faktor homogen wäre. Dann spalten wir jeden inhomogenen Faktor in die Summe seiner homogenen Bestandteile auf. Das Produkt der homogenen Bestandteile höchsten Grades in jedem Faktor[1]) ist ein (nach Satz 8 nicht identisch verschwindendes) homogenes Polynom P, und das Produkt der homogenen Bestandteile niedersten Grades in jedem Faktor[1]) ist ein (nicht identisch verschwindendes) homogenes Polynom Q von geringerem Grad. P und Q sind aber Bestandteile des Gesamtproduktes, welches also nicht homogen sein könnte.

Man bemerke übrigens, daß diese Sätze auch dann gelten, wenn die einzelnen Faktoren Polynome von ganz verschiedenen Variabelnreihen sind. Denn nach einer oben gemachten Bemerkung kann man sie ja doch als Polynome derselben Variabeln ansehen.

Die Potenzen mit ganzen nicht negativen Exponenten werden auch für Polynome mehrerer Variabeln natürlich in der gleichen Weise wie für Zahlen definiert, und es gelten dann für sie dieselben Rechengesetze. Setzt man in einem Polynom an Stelle der Variabeln selbst wieder Polynome von einer oder mehreren Variabeln, so entsteht nach Ausführung der verlangten Multiplikationen und Potenzierungen ein Polynom von diesen neuen Variabeln. Man beachte aber, daß das neue Polynom sehr wohl identisch verschwinden kann, ohne daß eines der ursprünglichen Polynome identisch verschwindet, so daß der Satz 6 des vorigen Paragraphen nicht auf diesen Fall übertragen werden kann. Setzt man z. B. in dem Polynom $x^2 - y$ an Stelle der Variabeln x, y der Reihe nach die Polynome $u + v, u^2 + 2uv + v^2$, wo u, v zwei neue Variabeln sind (für die man übrigens

---

[1]) Bei einem **homogenen** Faktor ist dieser Bestandteil natürlich der **ganze** Faktor.

auch wieder x, y schreiben könnte), so entsteht augenscheinlich 0. Ebenso entsteht 0, wenn man in dem Polynom $x^2 + y^2 - z^2$ an Stelle der Variabeln x, y, z der Reihe nach die Polynome $u^2 - v^2, 2uv, u^2 + v^2$ setzt.

§ 9. Rationale Funktionen.

I. Die Erweiterung eines Ringes $\mathfrak{r}$ durch eine oder mehrere Variable hat zunächst nur zu einem Ring geführt, der kein Körper ist, selbst wenn $\mathfrak{r}$ ein Körper sein sollte. Wir werden aber jetzt diesen Ring durch Einführung neuer Elemente zu einem Körper erweitern, wobei wir voraussetzen wollen, daß der Ring $\mathfrak{r}$ die Zahl 1 enthält [1]). Diese Erweiterung ist in wörtlich gleicher Weise möglich bei jedem Ring mit den beiden Individualeigenschaften, daß das Gesetz XI gilt und daß ein Produkt nur verschwindet, wenn ein Faktor verschwindet (Ring mit 1-Element und ohne Nullteiler)[2]), und sie wird im Prinzip schon jedem Leser aus den Elementen bekannt sein. Denn die übliche Grundlegung der Theorie der rationalen Zahlen ist nichts anderes als die Erweiterung des Ringes der ganzen Zahlen zum Körper der rationalen Zahlen.

II. Sind f, g Polynome des Polynomringes $\mathfrak{R}(\mathfrak{r} \mid x)$ oder $\mathfrak{R}(\mathfrak{r} \mid x_1, \ldots, x_k)$, wobei der Ring $\mathfrak{r}$ und folglich auch der Polynomring die Zahl 1 enthalten soll, und ist speziell $g \neq 0$, d. h. verschwindet g nicht identisch, so bilden wir formal den Bruch $\frac{f}{g}$ und wollen nun versuchen, diesen zunächst bedeutungslosen Brüchen einen Sinn beizulegen derart, daß wir mit ihnen rechnen können wie mit Zahlen. Wenn das möglich sein soll, muß jedenfalls $\frac{f}{1} = f$ sein [3]), außerdem muß aus einer Gleichheit der Form

$$(1) \qquad \frac{f}{g} = \frac{f_1}{g_1},$$

indem man in gewohnter Weise mit den Nennern multipliziert, notwendig folgen:

$$(2) \qquad fg_1 = f_1 g,$$

und umgekehrt muß aus (2) auch wieder (1) folgen. Wir müssen und wollen daher festsetzen:

Erstens. Der Bruch $\frac{f}{1}$ soll das Polynom f bedeuten.

Zweitens. Für zwei Brüche $\frac{f}{g}$ und $\frac{f_1}{g_1}$ soll dann und nur dann die Gleichheit (1) bestehen, wenn zwischen den Polynomen f, g, f_1, g_1 die Beziehung (2) statthat.

---

[1]) Es ginge auch ohne diese Voraussetzung, jedoch formell nicht ganz so einfach. Wir werden aber den Fall, daß $\mathfrak{r}$ die Zahl 1 nicht enthält, niemals brauchen.

[2]) Auf die erste Individualeigenschaft könnte verzichtet werden. Vgl. die vorige Fußnote.

[3]) Man beachte dabei, daß der Nenner 1 nach Voraussetzung wirklich ein Element des Polynomringes ist.

Da wir Gleichheit hier nicht lediglich als Identität definiert haben, müssen wir zunächst fragen, ob dieser Gleichheitsbegriff in dem speziellen Fall, wenn die Brüche nach der ersten Festsetzung Polynome bedeuten, also für $g = 1, g_1 = 1$, wirklich auf die Gleichheit der betreffenden Polynome hinausläuft; man sieht sofort, daß dies der Fall ist. Wir müssen aber weiter zeigen, daß unser Gleichheitsbegriff auch die drei Eigenschaften hat, auf welchen allein das geläufige Operieren mit dem Gleichheitszeichen in der Mathematik beruht. Diese sind:

A. Die Reflexivität: $\frac{f}{g} = \frac{f}{g}$,

B. Die Symmetrie: Wenn $\frac{f}{g} = \frac{f_1}{g_1}$, so ist auch $\frac{f_1}{g_1} = \frac{f}{g}$,

C. Die Transitivität: Wenn $\frac{f}{g} = \frac{f_1}{g_1}$ und $\frac{f_1}{g_1} = \frac{f_2}{g_2}$, so ist auch $\frac{f}{g} = \frac{f_2}{g_2}$.

Daß unser Gleichheitsbegriff die ersten beiden Eigenschaften hat, ist evident. Zum Beweis der dritten beachte man, daß die Voraussetzungen definitionsgemäß soviel besagen wie:

$$fg_1 = f_1 g, \qquad f_1 g_2 = f_2 g_1.$$

Daraus folgt aber:

$$fg_1 g_2 = f_1 g g_2 = f_1 g_2 g = f_2 g_1 g,$$

also ist auch $fg_1 g_2 = f_2 g_1 g$, oder etwas anders geschrieben:

$$(fg_2 - f_2 g) g_1 = 0.$$

Das linksstehende Produktpolynom verschwindet also identisch. Da aber g_1 als Nenner eines Bruches nicht identisch verschwindet, so muß nach Satz 4 bzw. 8 das Polynom $fg_2 - f_2 g$ identisch verschwinden. Also ist $fg_2 = f_2 g$, was definitionsgemäß soviel besagt wie

$$\frac{f}{g} = \frac{f_2}{g_2}; \qquad \text{w. z. b. w.}$$

Die Brüche $\frac{f}{g}$ heißen **rationale Funktionen**[1]; die Polynome $\frac{f}{1} = f$ sind als Spezialfälle darin enthalten. Aber auch Brüche mit einem von 1 verschiedenen Nenner können unter Umständen Polynome sein; so ist z. B. auf Grund unserer Gleichheitsdefinition der Bruch $\frac{x^2 - 1}{x - 1}$ gleich dem Polynom $\frac{x + 1}{1} = x + 1$. Die Polynome bezeichnet man auch als **ganze rationale Funktionen**; daß es aber andrerseits auch **gebrochene rationale Funktionen** gibt, d. h. solche, die keine Polynome sind, lehrt das Beispiel $\frac{1}{x}$. Denn wäre etwa $\frac{1}{x} = \frac{f}{1}$, so müßte ja nach der Gleichheitsdefinition $1 = x \cdot f$ sein. Aber das ist unmöglich, wie schon Seite 29 unten festgestellt wurde.

Von endlich vielen rationalen Funktionen kann man nach Bedarf immer annehmen, daß sie den gleichen Nenner haben. Denn das läßt sich

[1]) Das Beiwort „rational" werden wir auch manchmal weglassen.

nötigenfalls auf Grund der Gleichheitsdefinition durch Erweitern erreichen, genau wie bei rationalen Zahlen, indem man als gemeinsamen Nenner das Produkt der ursprünglichen Nenner nimmt. Da diese nicht gleich 0 sind (Brüche mit dem Nenner 0 haben wir nicht eingeführt), ist nach Satz 4 bzw. 8 auch das Produkt nicht gleich 0. Die Erweiterung ist also möglich.

III. Die vier Grundrechnungsarten für rationale Funktionen definieren wir durch folgende Formeln:

$$\frac{f}{g} + \frac{\varphi}{\psi} = \frac{f\psi + \varphi g}{g\psi},$$

$$\frac{f}{g} - \frac{\varphi}{\psi} = \frac{f\psi - \varphi g}{g\psi},$$

$$\frac{f}{g}\,\frac{\varphi}{\psi}\left(\text{oder auch } \frac{f}{g}\cdot\frac{\varphi}{\psi} \text{ oder } \frac{f}{g}\times\frac{\varphi}{\psi}\right) = \frac{f\varphi}{g\psi},$$

$$\frac{\frac{f}{g}}{\frac{\varphi}{\psi}}\left(\text{oder auch } \frac{f}{g} : \frac{\varphi}{\psi}\right) = \frac{f\psi}{g\varphi}.$$

In allen Formeln ist natürlich $g \neq 0$, $\psi \neq 0$ vorauszusetzen, damit auf der linken Seite die Brüche überhaupt existieren; denn wir haben ja nur solche eingeführt, deren Nenner nicht 0 ist. In der letzten Formel ist außerdem noch $\varphi \neq 0$ vorauszusetzen; die Division erklären wir also wieder nur dann, wenn der Divisor nicht 0 ist [1]). Nach Satz 4 bzw. 8 sind dann auch auf der rechten Seite die Nenner nicht 0; die Brüche existieren also.

Die gegebenen Definitionen wären sinnlos, wenn sie nach Ersetzung der linksstehenden Brüche durch formal andere, aber definitionsgemäß gleiche, einmal zu einem anderen Resultat führen würden. Wir müssen daher zeigen, daß das nicht der Fall ist. Dabei beschränken wir uns auf Summe und Differenz; für Produkt und Quotient sind die Beweise noch einfacher und mögen dem Leser überlassen bleiben. Sei also

$$\frac{f}{g} = \frac{f_1}{g_1}, \quad \frac{\varphi}{\psi} = \frac{\varphi_1}{\psi_1}. \tag{3}$$

Dann ist definitionsgemäß

$$\frac{f}{g} \pm \frac{\varphi}{\psi} = \frac{f\psi \pm \varphi g}{g\psi}, \tag{4}$$

$$\frac{f_1}{g_1} \pm \frac{\varphi_1}{\psi_1} = \frac{f_1\psi_1 \pm \varphi_1 g_1}{g_1\psi_1}, \tag{5}$$

und wir müssen zeigen, daß die auf der rechten Seite von (4) und (5) stehenden Brüche einander gleich sind, oder also mit Rücksicht auf die Gleichheitsdefinition, daß

---

[1]) Man beachte, daß dann und nur dann $\frac{\varphi}{\psi} = 0$ ist, wenn $\varphi = 0$ ist. Denn die Gleichheit $\frac{\varphi}{\psi} = \frac{0}{1}$ besagt ja definitionsgemäß soviel wie:

$$\varphi \cdot 1 = 0 \cdot \psi = 0, \quad \text{also } \varphi = 0.$$

$$(f\psi \pm \varphi g) g_1 \psi_1 = (f_1 \psi_1 \pm \varphi_1 g_1) g \psi$$

ist. Nun besagen aber die Voraussetzungen (3) soviel wie:

$$f g_1 = f_1 g, \qquad \varphi \psi_1 = \varphi_1 \psi,$$

und hieraus folgt, indem man die erste Gleichung mit $\psi\psi_1$, die zweite mit gg_1 multipliziert und dann beide addiert bzw. subtrahiert:

$$f g_1 \psi \psi_1 \pm \varphi \psi_1 g g_1 = f_1 g \psi \psi_1 \pm \varphi_1 \psi g g_1,$$

oder also:

$$(f\psi \pm \varphi g) g_1 \psi_1 = (f_1 \psi_1 \pm \varphi_1 g_1) g \psi;$$

w. z. b. w.

Wenn die Nenner g und ψ gleich 1 sind, so daß die Brüche $\frac{f}{g}$ und $\frac{\varphi}{\psi}$ in Wahrheit die Polynome f und φ bedeuten, so ist sofort zu sehen, daß unsere Rechenoperationen auch wirklich auf die betreffenden Operationen für Polynome hinauslaufen, abgesehen von der Division, die wir ja für Polynome vorher noch gar nicht definiert hatten. Auch läßt sich auf Grund unserer Definitionen leicht beweisen, daß die Rechengesetze des § 1 sich unverändert auf das Rechnen mit rationalen Funktionen übertragen, und zwar diesmal wieder mit Einschluß des Gesetzes XII, so daß die rationalen Funktionen von einer oder mehreren Variabeln mit Koeffizienten aus einem die Zahl 1 enthaltenden Ring $\mathfrak{r}$ einen Körper bilden und wir also mit rationalen Funktionen genau so rechnen dürfen, wie wir es mit Zahlen gewohnt sind. Die Beweise sind sehr einfach und sollen hier nur am Beispiel des Gesetzes IX illustriert, im übrigen aber dem Leser überlassen werden. Das Gesetz IX lautet für unsere Brüche so:

$$\text{IX.} \qquad \left(\frac{f}{g} + \frac{f_1}{g_1}\right) \cdot \frac{\varphi}{\psi} = \frac{f}{g} \cdot \frac{\varphi}{\psi} + \frac{f_1}{g_1} \cdot \frac{\varphi}{\psi}.$$

Die linke Seite ist auf Grund der Summen- und Produktdefinition gleich

$$\frac{f g_1 + f_1 g}{g g_1} \cdot \frac{\varphi}{\psi} = \frac{(f g_1 + f_1 g)\varphi}{g g_1 \psi},$$

und die rechte Seite ist gleich

$$\frac{f\varphi}{g\psi} + \frac{f_1\varphi}{g_1\psi} = \frac{f\varphi g_1 \psi + f_1 \varphi g \psi}{g\psi g_1 \psi} = \frac{(f g_1 + f_1 g)\varphi\psi}{g\psi g_1 \psi}.$$

Beide Resultate sind auf Grund der Gleichheitsdefinition in der Tat einander gleich, womit das Gesetz IX bewiesen ist.

Die Potenzen einer rationalen Funktion mit ganzzahligen (auch negativen) Exponenten werden genau wie für Zahlen definiert, und natürlich gelten dann für sie auch die gleichen Rechengesetze. Schließlich kann man auch wieder Funktionen von Funktionen betrachten, indem man in einer rationalen Funktion die Variabeln selbst durch rationale Funktionen von irgendwelchen neuen Variabeln ersetzt. Dadurch entsteht eine rationale Funktion dieser neuen Variabeln, vorausgesetzt, daß man keinen identisch verschwindenden

Nenner bekommt, worauf man mit Rücksicht auf den letzten Absatz des vorigen Paragraphen besonders achten muß.

IV. Bei einem Polynom einer Variabeln x

$$a_0 + a_1 x + \cdots + a_n x^n$$

sind nach der Auffassung des § 7 die Koeffizienten a_ν Zahlen. Wir können aber ebensogut weitere Variable als Koeffizienten zulassen, so daß eigentlich ein Polynom von $n+2$ Variabeln vorliegt, das uns aber speziell in seiner Abhängigkeit von der einen Variabeln x interessiert; die Koeffizienten spielen dann nur eine sekundäre Rolle. Noch allgemeiner dürfen sogar beliebige rationale Funktionen von anderen Variabeln als Koeffizienten zugelassen werden. Ebenso brauchen bei einem Polynom von mehreren Variabeln die Koeffizienten keine Zahlen zu sein, sondern sie dürfen selbst wieder neue Variable oder auch Funktionen von solchen sein. Diese Bemerkung über Polynome überträgt sich sofort auch auf gebrochene rationale Funktionen, die ja Quotienten von Polynomen sind. Die Sätze 4, 5, 6 des § 7 und die Sätze 8, 9, 10 des § 8 bleiben, wenn die Koeffizienten der Polynome in diesem erweiterten Sinne aufgefaßt werden, offenbar richtig, und die Beweise sind wörtlich dieselben.

Auf der anderen Seite steht es aber auch frei, eine Funktion von mehreren Variabeln speziell in ihrer Abhängigkeit von nur einem Teil der Variabeln zu untersuchen; die anderen treten dann lediglich in den Koeffizienten auf und spielen eine sekundäre Rolle. So kann man beispielsweise die Funktion

$$\frac{3z^2 + xyz + 2x^2 y}{t}$$

als gebrochene rationale Funktion der vier Variabeln x, y, z, t betrachten, aber auch als Funktion von x allein $\left(\text{dann ist sie ein Polynom zweiten Grades mit den Koeffizienten } \frac{3z^2}{t}, \frac{yz}{t}, \frac{2y}{t}\right)$ oder als Funktion von y allein $\left(\text{dann ist sie ein Polynom ersten Grades mit den Koeffizienten } \frac{3z^2}{t}, \frac{xz + 2x^2}{t}\right)$ und noch auf mannigfache andere Weise.

Jede Funktion von Variabeln, die in dem hier erörterten Sinne eine sekundäre Rolle spielen, heißt eine Konstante. Insbesondere sind die Koeffizienten eines Polynoms Konstanten; auch alle Zahlen fallen unter diesen Begriff der Konstanten, da sie ja als Polynome (vom Grad 0 oder ohne Grad) von irgendwelchen Variabeln, die eine sekundäre Rolle spielen, angesehen werden können.

V. Jede Formel, in der irgendwelche Variabeln vorkommen, bleibt richtig, wenn man darin die Variabeln durch beliebige rationale Funktionen, insbesondere durch Polynome oder auch durch Konstanten ersetzt, vorausgesetzt, daß dann keiner der vorkommenden Nenner verschwindet. Denn eine Formel, in der etwa die Variabeln $x_1, x_2, \ldots, x_k$ und nur diese auftreten, erweist sich nach eventueller Beseitigung der Nenner (was nur Multiplikation mit nicht identisch verschwindenden Polynomen bedeutet) und nach Ausrechnung aller Klammern als gleichbedeutend mit einer Beziehung der Form

$$f(x_1, x_2, \ldots, x_k) = g(x_1, x_2, \ldots, x_k),$$

wo f und g Polynome sind. Da aber eine solche Gleichung definitionsgemäß nur besteht, wenn die Polynome f und g entsprechend gleiche Koeffizienten haben, so ist die Formel eine Identität und bleibt also richtig, wenn man für die Variabeln $x_1, x_2, \ldots, x_k$ irgendwelche anderen Dinge (Funktionen, Konstanten) einsetzt. Die so entstehende Formel erweist sich aber, da die Rechenregeln ja, solange kein Nenner verschwindet, in gleicher Weise angewandt werden können, als gleichbedeutend mit der Formel, die auch entsteht, wenn man in der ursprünglichen Formel die Variabeln durch jene anderen Dinge ersetzt.

Wir werden daher in Zukunft gewöhnlich mit Variabeln rechnen. In den erzielten Formeln dürfen dann aber statt der Variabeln ebensogut Zahlen oder Konstanten gesetzt werden oder Polynome oder auch beliebige rationale Funktionen, vorausgesetzt, daß dadurch keine verschwindenden Nenner auftreten. Wo es gleichgültig ist, ob von Variabeln oder von Zahlen usw. die Rede ist, werden wir auch den Sammelnamen „Größen" gebrauchen.

Wenn in einem Polynom oder allgemeiner in einer rationalen Funktion die Variabeln durch irgend welche spezielle Größen, z. B. Zahlen, ersetzt werden, so werden wir den entstehenden Ausdruck gelegentlich auch als das betreffende Polynom oder die rationale Funktion dieser speziellen Größen bezeichnen oder auch als den „Funktionswert für diese speziellen Größen". Natürlich ist dabei vorauszusetzen, daß der Nenner der rationalen Funktion auch nach Ersetzen der Variabeln durch die speziellen Größen nicht verschwindet.

§ 10. Funktionenkörper und Funktionenringe.

I. Als Funktionenkörper bzw. Funktionenring werden wir jeden Körper bzw. Ring bezeichnen, dessen Elemente rationale Funktionen sind. Die Zahlenkörper bzw. -ringe fallen als Spezialfälle unter diesen Begriff, da ja die Zahlen spezielle Funktionen sind (Polynome vom Grad 0 oder ohne Grad). Alles über diese Spezialfälle bereits Gesagte gilt aber, da wir nur die Rechengesetze für Zahlen benutzt haben, die für Funktionen die gleichen sind, unverändert auch für die allgemeinen Funktionenkörper und -ringe.

Daher wird eine Menge von rationalen Funktionen einen Ring bilden, wenn Summe, Differenz und Produkt von je zwei Funktionen der Menge wieder zur Menge gehören; sie wird einen Körper bilden, wenn außerdem auch der Quotient wieder zur Menge gehört. Sind die Funktionen eines Ringes lauter Polynome, so sagt man auch Polynomring; die in § 7 und § 8 betrachteten Polynomringe fallen als Spezialfälle unter diesen Begriff.

Einem Funktionenkörper gehören stets auch Zahlen an, insbesondere alle rationalen Zahlen (vgl. S. 8). Einem Funktionenring gehört stets die

Zahl 0 an (nach Gesetz IV); weitere Zahlen aber braucht ein Funktionenring nicht zu enthalten. Beispielsweise bilden die Polynome der Form

$$a_1 x + a_2 x^2 + \cdots + a_n x^n,$$

wo die a_ν beliebige Zahlen eines Ringes sind, einen derartigen Funktionenring.

II. Die Schreibweise $\mathfrak{K}(\gamma)$, $\mathfrak{K}(\mathfrak{k}, \gamma)$, $\mathfrak{R}(\mathfrak{r}, \gamma)$ usw. überträgt sich aus § 2 und § 3 sogleich auf Funktionenkörper und -ringe. Beispielsweise wird, wenn f eine ganze oder gebrochene Funktion von einer oder mehreren Variabeln ist, $\mathfrak{K}(\mathfrak{k}, f)$ den kleinsten Körper bedeuten, der alle Zahlen aus dem Körper $\mathfrak{k}$ und auch die Funktion f enthält; dieser „durch $\mathfrak{k}$ und f bestimmte Körper" ist die Menge aller Funktionen der Form

$$\frac{a_0 + a_1 f + \cdots + a_n f^n}{b_0 + b_1 f + \cdots + b_m f^m}, \tag{1}$$

wo die a_ν, b_μ Zahlen aus $\mathfrak{k}$ sind. Der „durch $\mathfrak{r}$ und f bestimmte Ring" $\mathfrak{R}(\mathfrak{r}, f)$ ist die Menge aller Funktionen der Form

$$a_0 + (a_1 + b_1) f + \cdots + (a_n + b_n) f^n, \tag{2}$$

wo die a_ν Zahlen aus $\mathfrak{r}$ und die b_ν ganze Zahlen sind. Man beachte, daß hiernach der Ring $\mathfrak{R}(\mathfrak{r}, x)$ von dem in § 7 eingeführten Ring $\mathfrak{R}(\mathfrak{r} \mid x)$ im allgemeinen verschieden ist; nur wenn der Ring $\mathfrak{r}$ die Zahl 1 enthält, stimmen beide überein. Analoges gilt auch für $\mathfrak{R}(\mathfrak{r}, x_1, \ldots, x_k)$ und $\mathfrak{R}(\mathfrak{r} \mid x_1, \ldots, x_k)$.

Die allgemeineren Bezeichnungen $\mathfrak{K}(\mathfrak{k}_1, \ldots, \mathfrak{k}_m, f_1, \ldots, f_n)$ und $\mathfrak{R}(\mathfrak{r}_1, \ldots, \mathfrak{r}_m, f_1, \ldots, f_n)$ bedürfen jetzt keiner Erläuterung mehr. Bei Körpern werden wir auch wieder von Adjunktion reden. Aus dem Körper $\mathfrak{k}$ entsteht durch Adjunktion der Funktion f der Körper $\mathfrak{K}(\mathfrak{k}, f)$, den man unter Umständen auch einfacher bezeichnen kann. So entsteht aus dem Körper $\mathfrak{K}(1)$, wenn man die Variable x adjungiert, einfach der Körper $\mathfrak{K}(x)$. Aus $\mathfrak{K}(\sqrt{2})$ entsteht, wenn man wieder x adjungiert, der Körper $\mathfrak{K}(\sqrt{2}, x)$; hieraus wieder durch Adjunktion der Funktion $2x^2y^2$ der Körper $\mathfrak{K}(\sqrt{2}, x, 2x^2y^2)$, der aber auch durch $\mathfrak{K}(\sqrt{2}, x, y^2)$ bezeichnet werden kann, da ja augenscheinlich $2x^2y^2$ eine Größe des Körpers $\mathfrak{K}(\sqrt{2}, x, y^2)$ und umgekehrt y^2 eine Größe des Körpers $\mathfrak{K}(\sqrt{2}, x, 2x^2y^2)$ ist.

III. Wenn späterhin in diesem Buch von einem Körper oder Ring die Rede ist, braucht der Leser nicht mehr wie bisher ausschließlich an einen Zahlenkörper oder -ring zu denken, sondern er darf, sofern nicht in einem speziellen Fall ausdrücklich etwas anderes gesagt ist, sich ebensogut einen Funktionenkörper oder -ring vorstellen. Jedoch ist darauf zu achten, daß, wenn von einer Funktion mit Koeffizienten aus einem Körper $\mathfrak{k}$ oder Ring $\mathfrak{r}$ die Rede ist, die Variabeln der Funktion stets ganz neue Größen darstellen, die nicht in $\mathfrak{k}$ oder $\mathfrak{r}$ enthalten sein dürfen. Auch jede Funktion der Variabeln, die keine Konstante ist, ist nie eine Größe aus $\mathfrak{k}$ oder $\mathfrak{r}$; das würde der Festsetzung widersprechen, daß ein Polynom nur verschwindet, wenn alle Koeffizienten verschwinden.

Bei dieser allgemeinen Auffassung ist dann z. B. unter $\mathfrak{K}(\mathfrak{k}, f)$ die Menge aller Funktionen der Form (1) zu verstehen, wo die a_ν beliebige Größen (nicht nur Zahlen) aus $\mathfrak{k}$ sind. Ebenso unter $\Re(\mathfrak{r}, f)$ die Menge aller Funktionen der Form (2), wo die a_ν beliebige Größen (nicht nur Zahlen) aus $\mathfrak{r}$ und die b_ν ganze Zahlen sind. In ähnlichem Sinne sind auch die Bezeichnungen $\Re(\mathfrak{r} \mid x)$ und $\Re(\mathfrak{r} \mid x_1, \ldots, x_k)$ jetzt allgemeiner als früher zu verstehen.

Auch die Sätze 3 und 7 bekommen jetzt einen erweiterten Inhalt, indem die Koeffizienten $c_1, \ldots, c_m$ dabei nicht nur Zahlen, sondern auch Variable oder Funktionen, also beliebige „Größen" sein dürfen. Nur müssen die Variabeln der Polynome natürlich wieder ganz neue Größen sein. Das „ganz neue" steckt dabei allemal in der Festsetzung, daß ein Polynom mit Koeffizienten aus einem ja immer schon vor Bildung des Polynoms vorhandenen Ring nur dann gleich 0 ist, wenn alle Koeffizienten gleich 0 sind.

Zweites Kapitel.

Polynomischer und Taylorscher Satz.

§ 11. Permutationen.

I. In der Algebra werden einige wenige Sätze aus der Kombinatorik gebraucht, die wir in diesem und dem folgenden Paragraphen entwickeln wollen. Irgend n Dinge (Elemente), die zu ihrer Unterscheidung mit den Nummern $1, 2, \ldots, n$ versehen sein mögen, lassen sich auf mehrere Arten anordnen. Diese verschiedenen Anordnungen heißen Permutationen. Die Anzahl der verschiedenen Permutationen hängt offenbar nicht von der Art der Elemente, sondern nur von ihrer Anzahl n ab. Denn jeder Permutation der n Elemente entspricht ja umkehrbar eindeutig eine Permutation ihrer n Nummern, also der Zahlen $1, 2, \ldots, n$. Wir werden daher meistens diese Zahlen selbst als Elemente nehmen. Die fragliche Anzahl wird mit $n!$ bezeichnet. Da die zwei Zahlen 1, 2 nur die zwei Anordnungen 1, 2 und 2, 1 zulassen, ist offenbar $2! = 2$. Um $n!$ allgemein zu berechnen, betrachten wir alle Permutationen, die mit einem bestimmten Element anfangen. Ihre Anzahl ist offenbar so groß wie die Anzahl der Permutationen der $n-1$ übrigen Elemente, also $(n-1)!$. Daher gibt es $(n-1)!$ Permutationen, die mit 1 anfangen, ebensoviele, die mit 2 anfangen usw., und schließlich ebensoviele, die mit n anfangen. Die Gesamtzahl $n!$ ist also gleich

$$(n-1)! + (n-1)! + \cdots + (n-1)! = n \cdot (n-1)!\,.$$

Da aber $2! = 2$ ist, ergibt sich hiernach:

$$3! = 3 \cdot 2! = 3 \cdot 2, \qquad 4! = 4 \cdot 3! = 4 \cdot 3 \cdot 2,$$

und allgemein

$$n! = n(n-1) \ldots 3 \cdot 2 = 1 \cdot 2 \cdot 3 \ldots n.$$

Somit ist bewiesen

Satz 11. *Die Anzahl der verschiedenen Permutationen von n Elementen ist* $n! = 1 \cdot 2 \cdot 3 \ldots n$.

Gelegentlich werden wir auch die Symbole $0!$, $1!$ gebrauchen, worunter wir die Zahlen

$$(1) \qquad 0! = 1, \qquad 1! = 1$$

verstehen. Dann gilt die Formel

$$(2) \qquad n! = n \cdot (n-1)!$$

schon von $n = 1$ an.

II. In der Permutation

$$(3) \qquad 1, 2, 3, \ldots, n$$

tritt jedes Paar von zwei Zahlen in der natürlichen Reihenfolge auf, d. h. die kleinere vor der größeren. Bei jeder anderen Permutation wird man aber mindestens ein Paar von Zahlen finden können, die nicht in der natürlichen Reihenfolge auftreten. Jedes solche Zahlenpaar heißt eine Inversion. Ist z. B. $n = 7$ und betrachten wir die Permutation

$$3, 5, 1, 7, 4, 2, 6,$$

so enthält diese 9 Inversionen, nämlich die Zahlenpaare

$$(3, 1), (3, 2), (5, 1), (5, 4), (5, 2), (7, 4), (7, 2), (7, 6), (4, 2).$$

Man nennt eine Permutation gerade oder ungerade, je nachdem die Anzahl der Inversionen gerade oder ungerade ist. Die Permutationen zerfallen sonach in zwei Klassen: die Klasse der geraden und die Klasse der ungeraden Permutationen; wir sagen auch kurz: die gerade und die ungerade Klasse. Insbesondere gehört die Permutation (3) zur geraden Klasse, die Anzahl ihrer Inversionen ist gleich 0. Nun beweisen wir die folgenden Sätze:

Satz 12. *Wenn man in einer Permutation zwei Elemente vertauscht, so entsteht eine Permutation der anderen Klasse.*

Satz 13. *Wenn man eine Permutation in eine neue Permutation dadurch überführt, daß man k-mal eine Vertauschung von zwei Elementen vornimmt, so gehören beide Permutationen zur gleichen Klasse oder zu verschiedenen Klassen, je nachdem k gerade oder ungerade ist.*

Satz 14. *Es gibt ebensoviel gerade wie ungerade Permutationen von n Elementen, also je $\frac{1}{2}n!$.*

Zunächst ist leicht zu sehen, daß durch Vertauschung von zwei benachbarten Elementen die Anzahl der Inversionen um 1 vermehrt oder vermindert wird. Denn sind λ, μ diese benachbarten Elemente, so sind alle Inversionen, bei denen λ und μ nicht beide beteiligt sind, vor und nach der Vertauschung die gleichen; nur aus dem Paar (λ, μ) ist (μ, λ) geworden. Je nachdem also $\lambda < \mu$ oder $\lambda > \mu$ ist, ist eine Inversion hinzugekommen oder weggefallen. Damit ist Satz 12 bereits für zwei benachbarte Elemente bewiesen. Wenn aber zwischen den zu vertauschenden Elementen λ, μ noch m andere stehen so daß man etwa die Anordnung hat:

$$\ldots, \lambda, \nu_1, \nu_2, \ldots, \nu_m, \mu, \ldots,$$

so kann man diese Permutation in die neue dadurch überführen, daß man zuerst λ mit seinem rechten Nachbar ν_1, sodann mit seinem neuen rechten Nachbar ν_2 vertauscht usw., bis es schließlich auch mit μ vertauscht wird. Nach diesen $m + 1$ Vertauschungen hat man dann die Anordnung

$$\ldots, \nu_1, \nu_2, \ldots, \nu_m, \mu, \lambda, \ldots.$$

Vertauscht man jetzt μ mit seinem linken Nachbar ν_m, dann mit seinem neuen linken Nachbar ν_{m-1} usw., bis es schließlich auch mit ν_1 vertauscht wird, so entsteht nach diesen m weiteren Vertauschungen die gewünschte Permutation

$$\ldots, \mu, \nu_1, \nu_2, \ldots, \nu_m, \lambda, \ldots .$$

Diese kann also aus der ursprünglichen gewonnen werden, indem man

$$(m + 1) + m = 2m + 1$$

mal nacheinander je zwei benachbarte Elemente vertauscht, also eine ungerade Anzahl von Malen. Jedesmal wird die Anzahl der Inversionen nach dem oben Bewiesenen um 1 vermehrt oder vermindert, so daß auch die Gesamtänderung ungerade sein muß. Die Anzahl ist also am Schluß ungerade oder gerade, je nachdem sie im Anfang gerade oder ungerade war, womit Satz 12 bewiesen ist.

Aus Satz 12 folgt unmittelbar auch Satz 13. Denn jede der k Vertauschungen, von denen in Satz 13 die Rede ist, bringt nach Satz 12 einen Wechsel der Klasse mit sich.

Zum Beweis von Satz 14 denke man sich alle geraden Permutationen aufgeschrieben. Vertauscht man dann bei jeder die zwei ersten Elemente, so entstehen lauter verschiedene, und zwar nach Satz 12 lauter ungerade Permutationen. Man gewinnt so aber auch alle ungeraden Permutationen; denn gäbe es noch eine weitere, so würde man durch Vertauschung ihrer zwei ersten Elemente auch eine weitere gerade finden. Die Anzahl der ungeraden Permutationen ist also ebensogroß wie die Anzahl der geraden. W. z. b. w.

Der Satz 13 gewinnt erhöhte Bedeutung durch den Umstand, daß man aus einer gegebenen Permutation jede andere dadurch herleiten kann, daß man einmal oder mehrmals nacheinander eine Vertauschung von zwei Elementen vornimmt. Zum Beispiel kann man ein Element, das noch nicht den gewünschten Platz einnimmt, mit dem diesen Platz einnehmenden Element vertauschen; wenn dann noch nicht die gewünschte Permutation erreicht ist, wird man ein weiteres Element, das den richtigen Platz noch nicht einnimmt, mit dem diesen Platz einnehmenden Element vertauschen usw. Ist n die Anzahl der Elemente, so werden nach höchstens $n - 1$ solchen Vertauschungen alle Elemente an den gewünschten Plätzen stehen. Man kann aber auch auf mannigfache andere Art vorgehen, und die Anzahl der ausgeführten Vertauschungen kann dabei sehr verschieden sein. Aus Satz 13 ergibt sich aber die wichtige Tatsache, daß sie entweder *immer* gerade oder *immer* ungerade ist.

Beispiel:	2, 5, 1, 4, 3	2, 5, 1, 4, 3
	2, 5, 4, 1, 3	2, 1, 5, 4, 3
	2, 1, 4, 5, 3	5, 1, 2, 4, 3
	3, 1, 4, 5, 2	3, 1, 2, 4, 5
		3, 1, 2, 5, 4
		3, 1, 4, 5, 2.

Hier ist die Permutation 3 1 4 5 2 aus 2 5 1 4 3 beidemal durch eine Reihe von Vertauschungen je zweier Elemente entstanden, und zwar zuerst durch 3, dann durch 5 Vertauschungen; die Anzahl ist beidemal ungerade.

Übrigens kann man die Überführung einer Permutation in eine andere auch immer so bewerkstelligen, daß man einmal oder mehrmals nacheinander zwei benachbarte Elemente vertauscht. Denn eine Vertauschung von zwei nicht benachbarten Elementen ist nach den Ausführungen beim Beweis von Satz 12 stets gleichbedeutend mit einer gewissen (ungeraden) Anzahl von nacheinander ausgeführten Vertauschungen zweier benachbarter Elemente.

III. Bisher war angenommen, daß die n Elemente alle verschieden sind. Man kann aber auch den Fall betrachten, daß sie in Gruppen von untereinander gleichen zerfallen. Wenn zunächst etwa die ν ersten Elemente als gleich angesehen werden, während die $n - \nu$ anderen von diesen und voneinander verschieden sind, so werden von den $n!$ Permutationen je $\nu!$ einander gleich, nämlich immer diejenigen, die sich nur durch die $\nu!$ möglichen Anordnungen der ν gleichen Elemente unterscheiden. Die Anzahl der verschiedenen Permutationen ist also nur noch $\frac{n!}{\nu!}$. Werden von den bisher als verschieden angesehenen $n - \nu$ Elementen noch μ einander gleich, so werden je $\mu!$ zuvor verschiedene Permutationen einander gleich; die Anzahl der verschiedenen ist also nur noch $\frac{n!}{\nu!\,\mu!}$. Fährt man in dieser Überlegung, die wegen $1! = 1$ auch für $\nu = 1$ und $\mu = 1$ in Kraft bleibt, fort, so ergibt sich schließlich

Satz 15. *Enthält eine Menge von n Elementen nur k voneinander verschiedene Elemente $a_1, a_2, \ldots, a_k$ und sind dabei ν_1 Elemente gleich a_1, ν_2 Elemente gleich $a_2, \ldots,$ schließlich ν_k Elemente gleich a_k (so daß also $\nu_1 + \nu_2 + \cdots + \nu_k = n$ ist), so ist die Anzahl der verschiedenen Permutationen der n Elemente gleich*

$$\frac{n!}{\nu_1!\,\nu_2!\ldots\nu_k!}$$

Man kann bei dieser Formulierung nachträglich sogar zulassen, daß die $\nu_\varkappa$ teilweise gleich 0 sind. Denn ist etwa $\nu_k = 0$, so heißt das eben, daß das Element a_k gar nicht vorkommt, daß also in Wahrheit nur $k - 1$ verschiedene Elemente vorhanden sind. Die Anzahl der Permutationen ist dann also

$$\frac{n!}{\nu_1!\,\nu_2!\ldots\nu_{k-1}!}.$$

Aber hier kann man im Nenner ohne weiteres noch den Faktor $\nu_k! = 0!$ hinzufügen, weil ja definitionsgemäß $0! = 1$ ist.

§ 12. Kombinationen.

I. Eine Menge von ν Elementen, die einer gegebenen Menge von n verschiedenen Elementen entnommen sind, bezeichnet man als eine Kombination[1]) der n Elemente zur ν-ten Klasse; dabei werden zwei Kombi-

[1]) Genauer: „Kombination ohne Wiederholung". Doch werden wir diesen Zu-

nationen, die sich nur durch die Anordnung ihrer ν Elemente unterscheiden, als gleich angesehen. Die Anzahl der verschiedenen Kombinationen von n Elementen zur ν-ten Klasse hängt natürlich nicht von der Art der Elemente, sondern nur von n und ν ab und wird mit $\binom{n}{\nu}$ bezeichnet; dabei muß naturgemäß ν eine der Zahlen $1, 2, \ldots, n$ sein. Offenbar ist

$$\binom{n}{1} = n, \qquad \binom{n}{n} = 1 .$$

Um $\binom{n}{\nu}$ allgemein zu berechnen, betrachten wir das Schema

$$\begin{array}{llll} 1, 2, \ldots, \nu, & \nu + 1, & \nu + 2, & \ldots, n \\ a, a, \ldots, a, & b, & b, & \ldots, b . \end{array}$$

Hier stehen in der ersten Zeile die n Elemente, deren Kombinationen zur ν-ten Klasse wir bilden wollen. In der zweiten Zeile stehen ν gleiche Elemente a und $n - \nu$ gleiche Elemente b. Man kann nun jeder Kombination der ersten Zeile umkehrbar eindeutig eine Permutation der zweiten Zeile zuordnen, indem man die ν Elemente a unter diejenigen ν Elemente der ersten Zeile setzt, welche in die betreffende Kombination eingehen, die $n - \nu$ Elemente b unter die anderen. Die Anzahl der ins Auge gefaßten Kombinationen ist also so groß wie die Anzahl der Permutationen der zweiten Zeile. Aus Satz 15 für $k = 2$ folgt daher zunächst für $\nu = 1, 2, \ldots, n - 1$:

Satz 16. *Die Anzahl der Kombinationen von n Elementen zur ν-ten Klasse ist*

$$\binom{n}{\nu} = \frac{n!}{\nu!\,(n-\nu)!} .$$

Doch sieht man ohne weiteres nachträglich, daß diese Formel auf Grund der Definition $0! = 1$ auch für $\nu = n$ gilt. Schließlich können wir ihre Gültigkeit noch für $\nu = 0$ erzwingen, indem wir das bisher noch gar nicht vorgekommene Symbol $\binom{n}{0}$ durch die Formel definieren:

$$\binom{n}{0} = \frac{n!}{0!\,n!} = 1.$$

II. Die in Satz 15 auftretenden Zahlen heißen aus einem später ersichtlich werdenden Grund Polynomialkoeffizienten; die als Spezialfall (nämlich für $k = 2$) darin enthaltenen Zahlen $\binom{n}{\nu}$ insbesondere Binomialkoeffizienten. Für letztere gelten einige bemerkenswerte Formeln. Zunächst folgt aus

$$(1) \qquad \binom{n}{\nu} = \frac{n!}{\nu!\,(n-\nu)!} \qquad (\nu = 0, 1, \ldots, n)$$

ohne weiteres

$$(2) \qquad \binom{n}{\nu} = \binom{n}{n-\nu} \qquad (\nu = 0, 1, \ldots, n).$$

---

satz stets weglassen, weil „Kombinationen mit Wiederholung" nirgends vorkommen werden.

Wenn man in Zähler und Nenner der Formel (1) den gemeinsamen Faktor $(n-\nu)!$ weghebt, ergibt sich

$$\binom{n}{\nu} = \frac{n(n-1)\ldots(n-\nu+1)}{1\cdot 2\ldots \nu} \qquad (\nu = 1, 2, \ldots, n). \tag{3}$$

Weiter erwähnen wir die vielgebrauchte Formel

$$\binom{n}{\nu} + \binom{n}{\nu+1} = \binom{n+1}{\nu+1} \qquad (\nu = 0, 1, \ldots, n-1), \tag{4}$$

die für $\nu = 0$ trivial ist und für $\nu > 0$ sofort mit Hilfe von (3) verifiziert wird.

Auf Formel (4) beruht das Pascalsche Dreieck

$$\begin{array}{ccccccccccccc}
 & & & & & 1 & & 1 & & & & & \\
 & & & & 1 & & 2 & & 1 & & & & \\
 & & & 1 & & 3 & & 3 & & 1 & & & \\
 & & 1 & & 4 & & 6 & & 4 & & 1 & & \\
 & 1 & & 5 & & 10 & & 10 & & 5 & & 1 & \\
1 & & 6 & & 15 & & 20 & & 15 & & 6 & & 1 \\
\cdot & \cdot & \cdot & \cdot & \cdot & \cdot & \cdot & \cdot & \cdot & \cdot & \cdot & \cdot & \cdot \; ,
\end{array}$$

welches eine bequeme Berechnung der Binomialkoeffizienten gestattet. Es stehen nämlich in der ersten Zeile die Zahlen $\binom{1}{0}$, $\binom{1}{1}$, in der zweiten die Zahlen $\binom{2}{0}$, $\binom{2}{1}$, $\binom{2}{2}$, und allgemein in der n-ten Zeile die Zahlen

$$\binom{n}{0}, \binom{n}{1}, \ldots, \binom{n}{n},$$

und die Bildungsweise ist einfach die, daß man in jeder Zeile vorn und hinten die Zahl 1 hinschreibt, während die anderen Zahlen auf Grund der Formel (4) stets durch Addition der beiden rechts und links darüberstehenden Zahlen gebildet werden. So kann man das Dreieck mit Leichtigkeit beliebig weit fortsetzen.

III. Während die Formel (1) nur einen Sinn hat, wenn n eine ganze Zahl $\geqq \nu$ ist, behält die rechte Seite der Formel (3) auch einen Sinn, wenn man für n eine beliebige Zahl oder auch eine Variable x oder sonstige Größe setzt. Wir definieren demgemäß auch

$$\left\{\begin{aligned} \binom{x}{\nu} &= \frac{x(x-1)\ldots(x-\nu+1)}{1\cdot 2\ldots \nu} \qquad (\nu = 1, 2, 3, \ldots), \\ \binom{x}{0} &= 1. \end{aligned}\right. \tag{3a}$$

Offenbar ist $\binom{x}{\nu}$ ein Polynom ν-ten Grades von x. Analog zu (4) gilt dann auch die Formel

$$\binom{x}{\nu} + \binom{x}{\nu+1} = \binom{x+1}{\nu+1} \qquad (\nu = 0, 1, 2, \ldots), \tag{4a}$$

während die Formel (2) sich natürlich nicht übertragen läßt, weil ja ihre rechte Seite gar keinen Sinn hat, wenn n durch eine Variable x ersetzt wird. Setzt man in (4 a) an Stelle der Variabeln x der Reihe nach die Zahlen $0, 1, 2, \ldots, m$, so erhält man durch Addition der so erhaltenen Formeln, wenn man gleiche Glieder auf beiden Seiten unterdrückt und beachtet, daß $\binom{0}{\nu+1} = 0$ ist:

$$(5) \qquad \binom{0}{\nu} + \binom{1}{\nu} + \cdots + \binom{m}{\nu} = \binom{m+1}{\nu+1} \qquad (\nu = 0, 1, 2, \ldots).$$

Natürlich hätte man hier die ersten ν Glieder auf der linken Seite auch weglassen können, weil sie nach der Definitionsformel (3a) im Zähler einen Faktor 0 haben, also verschwinden.

IV. Als Anwendung beweisen wir die folgenden nützlichen Sätze:

Satz 17. *Ist n eine ganze nicht negative Zahl, so ist die Anzahl der Lösungen der Ungleichung*

$$\nu_1 + \nu_2 + \cdots + \nu_k \leqq n$$

in ganzen nicht negativen Zahlen $\nu_1, \nu_2, \ldots, \nu_k$ *gleich* $\binom{n+k}{k}$.

Satz 18. *Ist n eine ganze nicht negative Zahl, so ist die Anzahl der Lösungen der Gleichung*

$$\nu_1 + \nu_2 + \cdots + \nu_k = n$$

in ganzen nicht negativen Zahlen $\nu_1, \nu_2, \ldots, \nu_k$ *gleich* $\binom{n+k-1}{k-1}$.

Satz 17 sagt mit Rücksicht auf Satz 16 aus, daß die Anzahl der fraglichen Lösungen so groß ist, wie die Anzahl der Kombinationen von $n+k$ Elementen

$$1, 2, 3, \ldots, n+k$$

zur k-ten Klasse. Er wird also bewiesen sein, wenn man jeder Lösung umkehrbar eindeutig eine solche Kombination zuordnen kann. Nun ist, wenn $\nu_1, \nu_2, \ldots, \nu_k$ eine Lösung ist,

$$0 < \nu_1 + 1 < \nu_1 + \nu_2 + 2 < \cdots < \nu_1 + \nu_2 + \cdots + \nu_k + k \leqq n + k,$$

und daher ist der Zahlenkomplex

$$\nu_1 + 1, \nu_1 + \nu_2 + 2, \ldots, \nu_1 + \nu_2 + \cdots + \nu_k + k$$

eine Kombination der $n+k$ Elemente zur k-ten Klasse. Indem wir diese der Lösung $\nu_1, \nu_2, \ldots, \nu_k$ zuordnen, ist auch umgekehrt jeder solchen Kombination eine und nur eine Lösung zugeordnet. Damit ist die gewünschte Zuordnung bereits geleistet und Satz 17 bewiesen.

Scheidet man von den $\binom{n+k}{k}$ Lösungen der Ungleichung

$$\nu_1 + \nu_2 + \cdots + \nu_k \leqq n$$

diejenigen $\binom{n-1+k}{k}$ Lösungen aus, für welche sogar

$$\nu_1 + \nu_2 + \cdots + \nu_k \leqq n - 1$$

ist, so bleiben die Lösungen der Gleichung

$$\nu_1 + \nu_2 + \cdots + \nu_k = n$$

übrig. Deren Anzahl ist also mit Benutzung der Formel (4) gleich

$$\binom{n+k}{k} - \binom{n-1+k}{k} = \binom{n-1+k}{k-1},$$

womit auch Satz 18 bewiesen ist.

V. Ein Polynom n-ten Grades von k Variabeln $x_1, x_2, \ldots, x_k$ hat die Form

$$\sum a_{\nu_1 \nu_2 \ldots \nu_k} x_1^{\nu_1} x_2^{\nu_2} \cdots x_k^{\nu_k}, \tag{6}$$

wobei in jedem Summanden

$$\nu_1 + \nu_2 + \cdots + \nu_k \leqq n \tag{7}$$

ist. Bei einem homogenen Polynom muß an Stelle des Zeichens $\leqq$ in (7) das Zeichen $=$ treten. Nennt man ein Polynom vollständig, wenn alle mit seinem Grad (und eventuell mit der Homogenität) verträglichen Glieder wirklich vorkommen, so ist die Anzahl der Glieder also so groß wie die Anzahl der Systeme $\nu_1, \nu_2, \ldots, \nu_k$, die der obigen Ungleichung (bzw. bei Homogenität Gleichung) genügen. Aus den Sätzen 17 und 18 ergibt sich somit

Satz 19. *Ein vollständiges Polynom n-ten Grades von k Variabeln hat* $\binom{n+k}{k}$ *Glieder. Ein vollständiges homogenes Polynom n-ten Grades von k Variabeln hat* $\binom{n+k-1}{k-1}$ *Glieder.*

Führt man in dem vollständigen Polynom (6) neue Variable ein, indem man

$$x_1 = \frac{y_1}{y_{k+1}}, \quad x_2 = \frac{y_2}{y_{k+1}}, \ldots, x_k = \frac{y_k}{y_{k+1}}$$

setzt, und multipliziert man dann mit y_{k+1}^n, so entsteht das vollständige homogene Polynom n-ten Grades von $k+1$ Variabeln

$$\sum a_{\nu_1 \nu_2 \ldots \nu_k} y_1^{\nu_1} y_2^{\nu_2} \cdots y_k^{\nu_k} y_{k+1}^{n-(\nu_1+\nu_2+\cdots+\nu_k)}.$$

Somit muß ein vollständiges Polynom n-ten Grades von k Variabeln genau so viel Glieder haben wie ein vollständiges homogenes Polynom n-ten Grades von $k+1$ Variabeln. In der Tat sind es auch nach Satz 19 in beiden Fällen $\binom{n+k}{k}$ Glieder.

§ 13. Der binomische und der polynomische Satz.

I. Die n-te Potenz des homogenen Polynoms (Binoms) ersten Grades $x+y$ muß nach den Sätzen 9 und 10 ein homogenes Polynom vom Grad n sein, also die Form haben

$$(x+y)^n = C_0^{(n)} x^n + C_1^{(n)} x^{n-1} y + \cdots + C_n^{(n)} y^n = \sum_{\nu=0}^{n} C_\nu^{(n)} x^{n-\nu} y^\nu, \tag{1}$$

und es entsteht die Aufgabe, die Koeffizienten $C_\nu^{(n)}$ zu berechnen. Offenbar ist

$$C_0^{(n)} = 1, \quad C_n^{(n)} = 1. \tag{2}$$

Ferner ergibt sich aus Gleichung (1), indem man n durch $n-1$ ersetzt:

$$(x+y)^{n-1} = C_0^{(n-1)} x^{n-1} + C_1^{(n-1)} x^{n-2} y + \cdots + C_{n-1}^{(n-1)} y^{n-1},$$

und indem man diese Gleichung mit $x + y$ multipliziert:

$$(x+y)^n = C_0^{(n-1)} x^n + [C_0^{(n-1)} + C_1^{(n-1)}] x^{n-1} y + [C_1^{(n-1)} + C_2^{(n-1)}] x^{n-2} y^2 + \cdots$$
$$+ [C_{n-2}^{(n-1)} + C_{n-1}^{(n-1)}] x y^{n-1} + C_{n-1}^{(n-1)} y^n.$$

Das so gewonnene Polynom muß mit dem Polynom (1) identisch sein, also die gleichen Koeffizienten haben; somit ist insbesondere

$$C_\nu^{(n)} = C_{\nu-1}^{(n-1)} + C_\nu^{(n-1)} \qquad (\nu = 1, 2, \ldots, n-1). \tag{3}$$

Bildet man also das Dreieck

$$\begin{array}{ccccccc} & & C_0^{(1)} & & C_1^{(1)} & & \\ & C_0^{(2)} & & C_1^{(2)} & & C_2^{(2)} & \\ C_0^{(3)} & & C_1^{(3)} & & C_2^{(3)} & & C_3^{(3)} \\ \cdot & \cdot & \cdot & \cdot & \cdot & \cdot & \cdot \end{array},$$

so steht nach (2) in jeder Zeile vorn und hinten die Zahl 1, während die anderen Zahlen auf Grund von (3) stets durch Addition der beiden rechts und links darüberstehenden Zahlen gebildet werden. Infolgedessen ist das Dreieck gerade das auf S. 48 betrachtete Pascalsche Dreieck, und also $C_\nu^{(n)} = \binom{n}{\nu}$. Setzt man das in (1) ein, so erhält man die wichtige Formel

$$(4) \quad \left\{ \begin{aligned} (x+y)^n &= x^n + \binom{n}{1} x^{n-1} y + \cdots + \binom{n}{n-1} x y^{n-1} + \binom{n}{n} y^n \\ &= \sum_{\nu=0}^{n} \binom{n}{\nu} x^{n-\nu} y^\nu, \end{aligned} \right.$$

die unter dem Namen „Binomischer Satz" bekannt ist. Daher heißen die Zahlen $\binom{n}{\nu}$ Binomialkoeffizienten. Fl. (4) gilt offenbar auch für $n = 0$.

Der für den binomischen Satz gegebene Beweis zeigt die Nützlichkeit des Begriffs Variable. Denn die bewiesene Formel (4) gilt zwar nach § 9 V auch, wenn nachträglich die Variabeln x, y durch irgendwelche andern Größen, z. B. bestimmte Zahlen ersetzt werden, und manchen mag vielleicht nur dieser Fall interessieren. Der Beweis würde aber versagen, wenn wir von vornherein unter x, y Zahlen verstehen wollten; denn wir haben z. B. die Tatsache benutzt, daß zwei Polynome von zwei Variabeln nur dann einander gleich sind, wenn sie gleiche Koeffizienten haben, was ja für Polynome von Zahlen keineswegs richtig wäre. Ähnliches gilt auch von unserem zweiten (nicht aber vom dritten) Beweis des binomischen Satzes und auch späterhin von vielen Beweisen in diesem Buch.

II. Wegen der Wichtigkeit des binomischen Satzes wollen wir für ihn noch zwei weitere Beweise mitteilen. Die n-te Potenz von $x + y + z$ muß ein homogenes Polynom vom n-ten Grad sein. Dabei läßt sich der Koeffizient von $x^{n-\nu} y^{\nu-\mu} z^\mu$ auf zweierlei Art berechnen. Ersetzt man nämlich in (1) y durch $y + z$, so kommt

$$(x+y+z)^n = \sum_{\nu=0}^{n} C_\nu^{(n)} x^{n-\nu} (y+z)^\nu,$$

und wenn man auf $(y+z)^\nu$ nochmals die Formel (1) anwendet:

$$(x+y+z)^n = \sum_{\nu=0}^{n}\sum_{\mu=0}^{\nu} C_\nu^{(n)} C_\mu^{(\nu)} x^{n-\nu} y^{\nu-\mu} z^\mu .$$

Der Koeffizient von $x^{n-\nu} y^{\nu-\mu} z^\mu$ ist also gleich $C_\nu^{(n)} C_\mu^{(\nu)}$.

Anderseits erhält man, wenn man in (1) x, y durch $x+y, z$ ersetzt:

$$(x+y+z)^n = \sum_{\mu=0}^{n} C_\mu^{(n)} (x+y)^{n-\mu} z^\mu = \sum_{\mu=0}^{n}\sum_{\nu=\mu}^{n} C_\mu^{(n)} C_{\nu-\mu}^{(n-\mu)} x^{n-\nu} y^{\nu-\mu} z^\mu .$$

Der Koeffizient von $x^{n-\nu} y^{\nu-\mu} z^\mu$ ist also auch $C_\mu^{(n)} C_{\nu-\mu}^{(n-\mu)}$, und durch Gleichsetzen mit dem vorigen Wert erhält man:

$$\text{(5)} \qquad C_\nu^{(n)} C_\mu^{(\nu)} = C_\mu^{(n)} C_{\nu-\mu}^{(n-\mu)} .$$

Nun folgt aus (2) und (3) für $\nu = 1$ sofort:

$$C_1^{(n)} = 1 + C_1^{(n-1)} = 2 + C_1^{(n-2)} = \cdots = n - 1 + C_1^{(1)} = n ,$$

und wenn man das in (5) mit $\mu = 1$ einsetzt, ergibt sich:

$$C_\nu^{(n)} \nu = n C_{\nu-1}^{(n-1)} ,$$

und folglich

$$C_\nu^{(n)} = \frac{n}{\nu} \cdot C_{\nu-1}^{(n-1)} = \frac{n}{\nu}\frac{n-1}{\nu-1} C_{\nu-2}^{(n-2)} = \cdots = \frac{n}{\nu}\frac{n-1}{\nu-1} \cdots \frac{n-\nu+1}{1} C_0^{(n-\nu)} ,$$

oder weil nach (2) ja $C_0^{(n-\nu)} = 1$ ist, für $\nu > 0$:

$$C_\nu^{(n)} = \frac{n(n-1)\cdots(n-\nu+1)}{1\cdot 2 \cdots \nu} = \binom{n}{\nu} ;$$

w. z. b. w.

Ein dritter Beweis des binomischen Satzes geht aus der Formel

$$\text{(6)} \qquad \begin{cases} (x+y_1)(x+y_2)\cdots(x+y_n) = x^n + x^{n-1}\Sigma y_\varkappa + x^{n-2}\Sigma y_\varkappa y_\lambda \\ \qquad + x^{n-3}\Sigma y_\varkappa y_\lambda y_\mu + \cdots + y_1 y_2 \cdots y_n \end{cases}$$

hervor, die sich unmittelbar aus den Rechenregeln für die Multiplikation ergibt. Dabei erstreckt sich die Summe $\Sigma y_\varkappa$ über alle $y_\varkappa$, sie enthält also n Glieder. Die Summe $\Sigma y_\varkappa y_\lambda$ erstreckt sich über alle als Produkte aufgefaßten Kombinationen der n Elemente $y_1, y_2, \ldots, y_n$ zur zweiten Klasse; ihre Gliederzahl ist daher so groß wie die Zahl dieser Kombinationen, also $\binom{n}{2}$. Die Summe $\Sigma y_\varkappa y_\lambda y_\mu$ erstreckt sich über alle als Produkte aufgefaßten Kombinationen der n Elemente $y_1, y_2, \ldots, y_n$ zur dritten Klasse; ihre Gliederzahl ist daher $\binom{n}{3}$. In analoger Weise sind die späteren nicht mehr hingeschriebenen Summen zu verstehen.

Nun muß die Formel (6) richtig bleiben, wenn man die Größen $y_1, y_2, \ldots, y_n$ alle gleich y setzt. Dann werden aber alle Glieder der Summe $\Sigma y_\varkappa$ gleich y, und da die Summe n Glieder hat, wird sie gleich $n\,y$. Ebenso werden alle Glieder der Summe $\Sigma y_\varkappa y_\lambda$ gleich y^2, und da die Summe $\binom{n}{2}$ Glieder hat, wird sie gleich $\binom{n}{2} y^2$. Analog ist es mit den folgenden Summen, und wenn man das alles in (6) einsetzt, erhält man wieder die Formel (4), die den binomischen Satz ausdrückt.

III. Eine Verallgemeinerung des binomischen Satzes ist der polynomische Satz. Die n-te Potenz des Polynoms

$$x_1 + x_2 + \cdots + x_k$$

ist nach den Sätzen 9 und 10 wieder ein homogenes Polynom, und zwar vom n-ten Grad.

Setzt man demgemäß

$$(x_1 + x_2 + \cdots + x_k)^n = \sum C_{\nu_1 \nu_2 \dots \nu_k} x_1^{\nu_1} x_2^{\nu_2} \cdots x_k^{\nu_k} \quad (\nu_1 + \nu_2 + \cdots + \nu_k = n),$$

so handelt es sich darum, die Koeffizienten $C_{\nu_1 \nu_2 \dots \nu_k}$ zu bestimmen. Das kann wieder auf mehrere Arten geschehen. Nach dem binomischen Satz ist

$$(x_1 + x_2 + \cdots + x_k)^n = \sum_{\nu_k=0}^{n} \binom{n}{\nu_k} (x_1 + \cdots + x_{k-1})^{n-\nu_k} x_k^{\nu_k},$$

$$(x_1 + \cdots + x_{k-1})^{n-\nu_k} = \sum_{\nu_{k-1}=0}^{n-\nu_k} \binom{n-\nu_k}{\nu_{k-1}} (x_1 + \cdots + x_{k-2})^{n-\nu_k-\nu_{k-1}} x_{k-1}^{\nu_{k-1}},$$

. . . .

$$(x_1 + x_2)^{n-\nu_k-\cdots-\nu_3} = \sum_{\nu_2=0}^{n-\nu_k-\cdots-\nu_3} \binom{n-\nu_k-\cdots-\nu_3}{\nu_2} x_1^{n-\nu_k-\cdots-\nu_3-\nu_2} x_2^{\nu_2}.$$

Setzt man diese Ausdrücke sukzessive in die rechte Seite der jeweils vorausgehenden Gleichung ein, so erhält man als Koeffizient von

$$x_1^{n-\nu_k-\cdots-\nu_2} x_2^{\nu_2} \dots x_k^{\nu_k} = x_1^{\nu_1} x_2^{\nu_2} \dots x_k^{\nu_k}$$

in dem entwickelten Polynom $(x_1 + x_2 + \cdots + x_k)^n$:

$$C_{\nu_1 \nu_2 \dots \nu_k} = \binom{n}{\nu_k} \binom{n-\nu_k}{\nu_{k-1}} \cdots \binom{n-\nu_k-\cdots-\nu_3}{\nu_2}$$
$$= \frac{n!}{\nu_k!\,(n-\nu_k)!} \, \frac{(n-\nu_k)!}{\nu_{k-1}!\,(n-\nu_k-\nu_{k-1})!} \cdots \frac{(n-\nu_k-\cdots-\nu_3)!}{\nu_2!\,(n-\nu_k-\cdots-\nu_2)!}$$
$$= \frac{n!}{\nu_1!\,\nu_2!\dots\nu_k!}.$$

Somit ergibt sich der „Polynomische Satz“:

$$(7) \qquad (x_1 + x_2 + \cdots + x_k)^n = \sum \frac{n!}{\nu_1!\,\nu_2!\cdots\nu_k!} x_1^{\nu_1} x_2^{\nu_2} \cdots x_k^{\nu_k} \quad \left(\sum_{\varkappa=1}^{k} \nu_\varkappa = n\right).$$

Wir wollen diese Formel noch auf eine zweite Art beweisen. Schreibt man die n-te Potenz als Produkt von n gleichen Faktoren

$$(x_1 + x_2 + \cdots + x_k)(x_1 + x_2 + \cdots + x_k) \cdots (x_1 + x_2 + \cdots + x_k),$$

so muß man nach den Rechenregeln für die Multiplikation aus jedem Faktor ein beliebiges Glied nehmen, diese n Glieder miteinander multiplizieren und dann alle so entstehenden Produkte, deren Anzahl k^n ist, addieren. Dadurch kommt:

$$(8)\quad (x_1 + x_2 + \cdots + x_k)^n = \sum_{\lambda_1=1}^{k}\sum_{\lambda_2=1}^{k}\cdots\sum_{\lambda_n=1}^{k} x_{\lambda_1} x_{\lambda_2} \ldots x_{\lambda_n}.$$

In dieser Summe von k^n Gliedern sind aber mehrere Glieder einander gleich und können vereinigt werden. Wir fragen, wie viele Glieder etwa gleich

$$x_1^{\nu_1} x_2^{\nu_2} \ldots x_k^{\nu_k} \quad (\nu_1 + \nu_2 + \cdots + \nu_k = n)$$

sind. Offenbar kommt dieses Glied immer dann und nur dann zum Vorschein, wenn in Formel (8) von den Indizes $\lambda_1, \lambda_2, \ldots, \lambda_n$ genau ν_1 den Wert 1, ν_2 den Wert 2 usw., schließlich ν_k den Wert k haben; die Indizes selbst können dabei in beliebiger Permutation auftreten. Die Anzahl dieser Permutationen ist aber nach Satz 15 und der daran geschlossenen Bemerkung gleich

$$(9)\quad \frac{n!}{\nu_1!\, \nu_2! \cdots \nu_k!}.$$

So oft wird also das Glied $x_1^{\nu_1} x_2^{\nu_2} \ldots x_k^{\nu_k}$ auf der rechten Seite von (8) vorkommen, und durch Zusammenfassen der gleichen Glieder ergibt sich daher wieder der polynomische Satz (7). Wegen dieses Zusammenhanges bezeichnet man die Zahlen (9) als Polynomialkoeffizienten. Die Bruchform ist natürlich nur scheinbar; denn diese Zahlen waren ja in § 11 als Anzahlen, also ganze Zahlen, definiert, und auch nach ihrer jetzigen Bedeutung ist die Ganzzahligkeit klar.

Beispiele:

$$(x_1 + x_2 + \cdots + x_k)^2 = \sum x_\varkappa^2 + 2 \sum x_\varkappa x_\lambda,$$
$$(x_1 + x_2 + \cdots + x_k)^3 = \sum x_\varkappa^3 + 3 \sum x_\varkappa^2 x_\lambda + 6 \sum x_\varkappa x_\lambda x_\mu,$$
$$(x_1 + x_2 + \cdots + x_k)^4 = \sum x_\varkappa^4 + 4 \sum x_\varkappa^3 x_\lambda + 6 \sum x_\varkappa^2 x_\lambda^2 + 12 \sum x_\varkappa^2 x_\lambda x_\mu + 24 \sum x_\varkappa x_\lambda x_\mu x_\nu.$$

Hier sind die unter einem Summenzeichen vorkommenden Indizes stets voneinander verschieden, und jede Summe ist zu erstrecken über alle möglichen Glieder der betreffenden Gestalt. Unter Umständen kommen einmal gar keine solchen Glieder vor, und die betreffende Summe fällt dann weg; ist beispielsweise $k = 3$, so kann in $(x_1 + x_2 + x_3)^4$ natürlich kein Glied der Form $x_\varkappa x_\lambda x_\mu x_\nu$ vorkommen, die letzte der obigen Summen fällt also für $k = 3$ fort.

§ 14. Differenzenrechnung. — Arithmetische Reihen.

I. Die Binomialkoeffizienten spielen auch in der Differenzenrechnung eine Rolle. Sei

$$c_0, c_1, c_2, \ldots$$

eine Reihe von Größen (Variabeln usw.; vgl. § 9 V) in unbeschränkter Zahl. Wir setzen dann

$$c_{k+1} - c_k = \Delta c_k \qquad (k = 0, 1, 2, \ldots),$$

as Zeichen Δ nur Operationssymbol sein soll, das eben die Differenz et, nicht etwa ein Faktor, und betrachten die Differenzenreihe

$$\Delta c_0, \Delta c_1, \Delta c_2, \ldots .$$

Von dieser kann man wieder die Differenzenreihe bilden, die dann die zweite Differenzenreihe der ursprünglichen genannt wird:

$$\Delta^2 c_0, \Delta^2 c_1, \Delta^2 c_2 \ldots ;$$

dabei hat $\Delta^2 c_k$ die Bedeutung

$$\Delta^2 c_k = \Delta(\Delta c_k) = \Delta c_{k+1} - \Delta c_k .$$

Durch Fortsetzung dieses Prozesses gelangt man allgemein zur n-ten Differenzenreihe

$$\Delta^n c_0, \Delta^n c_1, \Delta^n c_2, \ldots,$$

wobei die $\Delta^n c_k$ durch folgende Formel rekurrent definiert sind:

$$\Delta^n c_k = \Delta(\Delta^{n-1} c_k) = \Delta^{n-1} c_{k+1} - \Delta^{n-1} c_k ,$$

Natürlich bedeutet $\Delta^1 c_k$ einfach Δc_k, und der Vollständigkeit halber wollen wir auch das Symbol $\Delta^0 c_k$ einführen mit der Bedeutung: $\Delta^0 c_k = c_k$.

Augenscheinlich ist die m-te Differenzenreihe der n-ten Differenzenreihe die $(m+n)$-te Differenzenreihe der ursprünglichen Reihe. Das Operationssymbol Δ genügt also der Relation

$$(1) \qquad \Delta^m \Delta^n = \Delta^{m+n}.$$

Außerdem ist das Symbol auch distributiv, d. h. es gilt die Formel

$$(2) \qquad \Delta(\alpha c_k + \alpha' c_k') = \alpha \Delta c_k + \alpha' \Delta c_k',$$

und analog für mehr Summanden. Denn die linke Seite dieser Formel hat ja definitionsgemäß die Bedeutung

$$(\alpha c_{k+1} + \alpha' c_{k+1}') - (\alpha c_k + \alpha' c_k'),$$

und die rechte Seite hat die Bedeutung

$$\alpha(c_{k+1} - c_k) + \alpha' (c_{k+1}' - c_k'),$$

was dasselbe ist.

Diese Formeln gestatten, auch mit dem Operationssymbol Δ ähnlich wie mit Variabeln (oder Zahlen) zu rechnen. Ist

$$f(x) = a_0 + a_1 x + \cdots + a_n x^n$$

ein Polynom, so bezeichnen wir den Ausdruck

$$a_0 c_k + a_1 \Delta c_k + \cdots + a_n \Delta^n c_k$$

zur Abkürzung mit $f(\Delta) c_k$, setzen also symbolisch

$$a_0 \Delta^0 + a_1 \Delta^1 + \cdots + a_n \Delta^n = f(\Delta).$$

Hier darf nun genau so gerechnet werden wie sonst mit Polynomen. Ist nämlich

$$g(x) = b_0 + b_1 x + \cdots + b_m x^m$$

ein zweites Polynom, und setzt man $f(x) + g(x) = h(x)$, so gilt auch die symbolische Formel $f(\Delta) + g(\Delta) = h(\Delta)$, und entsprechend für die Differenz. Das ist ohne weiteres einleuchtend. Aber auch für ein Produkt gilt analoges: Setzt man $f(x)\, g(x) = F(x)$, so ist auch $f(\Delta)\, g(\Delta) = F(\Delta)$, oder etwas ausführlicher geschrieben:

$$f(\Delta)\,(g(\Delta)\,c_k) = F(\Delta)\,c_k.$$

In der Tat ist ja

$$g(\Delta)\,c_k = b_0 c_k + b_1 \Delta c_k + \cdots + b_m \Delta^m c_k,$$

also auch [1])

$$\Delta g(\Delta)\,c_k = b_0 \Delta c_k + b_1 \Delta^2 c_k + \cdots + b_m \Delta^{m+1} c_k,$$

$$\cdots\cdots\cdots\cdots\cdots$$

$$\Delta^n g(\Delta)\,c_k = b_0 \Delta^n c_k + b_1 \Delta^{n+1} c_k + \cdots + b_m \Delta^{n+m} c_k.$$

Daher, wenn man diese $n+1$ Gleichungen der Reihe nach mit $a_0, a_1, \ldots, a_n$ multipliziert und dann zueinander addiert:

$$f(\Delta)\,(g(\Delta)\,c_k) = a_0 b_0 c_k + (a_0 b_1 + a_1 b_0)\Delta c_k + (a_0 b_2 + a_1 b_1 + a_2 b_0)\Delta^2 c_k + \cdots + a_n b_m \Delta^{n+m} c_k.$$

Aber die rechte Seite ist nach der Produktformel für Polynome (S. 28) gerade gleich $F(\Delta)c_k$, womit unsere Behauptung bewiesen ist.

Durch wiederholte Anwendung erkennt man, daß auch für die Potenzierung Entsprechendes gilt. Ist also $[f(x)]^n = G(x)$, so ist auch $[f(\Delta)]^n = G(\Delta)$. Beispielsweise erhält man daher mit Anwendung des binomischen Satzes:

$$(3)\quad (1+\Delta)^n c_k = c_k + \binom{n}{1}\Delta c_k + \binom{n}{2}\Delta^2 c_k + \cdots + \binom{n}{n}\Delta^n c_k.$$

Nach der rekurrenten Definition von $\Delta^n c_k$ leuchtet ein, daß $\Delta^n c_k$ ein lineares homogenes Polynom von $c_k, c_{k+1}, \ldots, c_{k+n}$ ist. Seine explizite Darstellung ist

$$(4)\quad \Delta^n c_k = c_{k+n} - \binom{n}{1} c_{k+n-1} + \binom{n}{2} c_{k+n-2} - \cdots + (-1)^n \binom{n}{n} c_k,$$

und gewissermaßen die Umkehrung dieser Formel lautet:

$$(5)\quad c_{k+n} = c_k + \binom{n}{1}\Delta c_k + \binom{n}{2}\Delta^2 c_k + \cdots + \binom{n}{n}\Delta^n c_k.$$

Beide Formeln lassen sich leicht durch den Schluß von n auf $n+1$ beweisen, nachdem sie ja für $n = 1$ offenbar richtig sind. Wir kommen aber mit Hilfe unserer symbolischen Rechnung noch rascher zum Ziel. Es ist nämlich

$$c_{k+1} = c_k + \Delta c_k = (1+\Delta)\,c_k,$$

und wenn man hier k durch $k+1$ ersetzt:

$$c_{k+2} = (1+\Delta)\,c_{k+1} = (1+\Delta)\,(1+\Delta)\,c_k = (1+\Delta)^2 c_k.$$

Durch Wiederholung dieses Prozesses erhält man allgemein

$$(6)\quad c_{k+n} = (1+\Delta)^n c_k,$$

und durch Vergleich mit (3) entsteht hieraus bereits die zu beweisende Formel (5). Um auch Formel (4) zu beweisen, beachte man, daß ihre rechte Seite vermöge (6) sich folgendermaßen schreiben läßt:

---

[1]) Mit Benutzung von (2) und (1).

$$(1+\Delta)^n c_k - \binom{n}{1}(1+\Delta)^{n-1} c_k + \binom{n}{2}(1+\Delta)^{n-2} c_k - \cdots + (-1)^n \binom{n}{n} c_k$$
$$= ((1+\Delta)-1)^n c_k = \Delta^n c_k,$$

und damit ist Formel (4) schon bewiesen.

II. **Definition.** Unter einer arithmetischen Reihe l-ter Ordnung versteht man eine Reihe von Größen $c_0, c_1, c_2, \ldots$, deren l-te Differenzenreihe konstant, aber nicht 0 ist, d. h. für die

$$\Delta^l c_0 = \Delta^l c_1 = \Delta^l c_2 = \cdots \neq 0.$$

Bei einer arithmetischen Reihe l-ter Ordnung ist hiernach offenbar $\Delta^m c_k = 0$ für $m > l$. Aus (5) für $k = 0$ folgt aber:

$$c_n = c_0 + \binom{n}{1}\Delta c_0 + \binom{n}{2}\Delta^2 c_0 + \cdots + \binom{n}{n}\Delta^n c_0,$$

und da für $m > l$ stets $\Delta^m c_0 = 0$ und für $m > n$ stets $\binom{n}{m} = 0$ ist[1]), kann man sowohl für $n \geqq l$ als auch für $n < l$ einheitlich schreiben:

$$c_n = c_0 + \binom{n}{1}\Delta c_0 + \binom{n}{2}\Delta^2 c_0 + \cdots + \binom{n}{l}\Delta^l c_0. \tag{7}$$

Hieraus wollen wir die folgenden Sätze herleiten:

Satz 20. *Eine arithmetische Reihe l-ter Ordnung ist vollständig bestimmt, wenn man das Anfangsglied c_0 und die Differenzen $\Delta c_0, \Delta^2 c_0, \ldots, \Delta^l c_0$ kennt; das $(n+1)$-te Glied c_n ist dann durch Formel (7) bestimmt. Die $l+1$ Größen $c_0, \Delta c_0, \ldots, \Delta^l c_0$ dürfen dabei ganz willkürlich gegeben sein, sofern nur $\Delta^l c_0 \neq 0$ ist.*

Satz 21. *Eine arithmetische Reihe l-ter Ordnung ist vollständig bestimmt, wenn man ihre ersten $l+1$ Glieder $c_0, c_1, \ldots, c_l$ kennt, die der Nebenbedingung*

$$c_l - \binom{l}{1} c_{l-1} + \binom{l}{2} c_{l-2} - \cdots + (-1)^l \binom{l}{l} c_0 \neq 0$$

unterworfen sind und sonst ganz willkürlich sein dürfen.

Der erste Teil von Satz 20 ist bereits durch Formel (7) bewiesen. Zum Beweis des zweiten Teiles seien $\gamma_0, \gamma_1, \ldots, \gamma_l$ willkürlich gegebene Größen, nur sei $\gamma_l \neq 0$. Bildet man damit den Ausdruck

$$c_n = \gamma_0 + \binom{n}{1}\gamma_1 + \binom{n}{2}\gamma_2 + \cdots + \binom{n}{l}\gamma_l, \tag{8}$$

so wird der Satz bewiesen sein, wenn gezeigt ist, daß die so definierten Größen $c_0, c_1, c_2, \ldots$ eine arithmetische Reihe l-ter Ordnung bilden, für die

$$c_0 = \gamma_0, \quad \Delta c_0 = \gamma_1, \ldots, \quad \Delta^l c_0 = \gamma_l$$

ist. Nun folgt aber aus (8) sogleich $c_0 = \gamma_0$ und weiter

$$\Delta c_n = \Delta\binom{n}{1}\gamma_1 + \Delta\binom{n}{2}\gamma_2 + \cdots + \Delta\binom{n}{l}\gamma_l$$
$$= \left[\binom{n+1}{1} - \binom{n}{1}\right]\gamma_1 + \left[\binom{n+1}{2} - \binom{n}{2}\right]\gamma_2 + \cdots + \left[\binom{n+1}{l} - \binom{n}{l}\right]\gamma_l$$
$$= \gamma_1 + \binom{n}{1}\gamma_2 + \cdots + \binom{n}{l-1}\gamma_l \quad \text{(nach § 12, Fl. (4))},$$

[1]) Vgl. die Definitionsformel (3a) auf S. 48.

und durch Wiederholung dieses Prozesses:

$$\Delta^\nu c_n = \gamma_\nu + \binom{n}{1}\gamma_{\nu+1} + \cdots + \binom{n}{l-\nu}\gamma_l \qquad (\nu = 0, 1, \ldots, l).$$

Insbesondere ist daher $\Delta^\nu c_0 = \gamma_\nu$ für $\nu = 0, 1, \ldots, l$, und $\Delta^l c_n = \gamma_l$, womit alles bewiesen ist.

Zum Beweis von Satz 21 berechnen wir aus den willkürlich gegebenen Größen $c_0, c_1, \ldots, c_l$ nach Formel (4) die Differenzen

$$c_0,\ \Delta c_0,\ \Delta^2 c_0, \ldots,\ \Delta^l c_0.$$

Wegen der in Satz 21 geforderten Nebenbedingung ist dabei $\Delta^l c_0 \neq 0$. Sodann kann das allgemeine Glied c_n nur durch die Formel (7) bestimmt sein, und umgekehrt bilden die so bestimmten Größen c_n nach Satz 20 wirklich eine arithmetische Reihe n-ter Ordnung.

Satz 22. *Die Differenzenreihe einer arithmetischen Reihe l-ter Ordnung ist eine arithmetische Reihe $(l-1)$-ter Ordnung.*

Das folgt sogleich aus der Definition; denn bezeichnet man mit dem Symbol R die gegebene arithmetische Reihe l-ter Ordnung und mit R_1 ihre Differenzenreihe, so ist ja die $(l-1)$-te Differenzenreihe von R_1 einfach die l-te Differenzenreihe von R, also konstant, aber nicht 0. Definitionsgemäß ist daher R_1 eine arithmetische Reihe $(l-1)$-ter Ordnung.

III. Wir betrachten jetzt das Polynom einer Variabeln x

$$f(x) = c_0 + \binom{x}{1}\Delta c_0 + \binom{x}{2}\Delta^2 c_0 + \cdots + \binom{x}{l}\Delta^l c_0.$$

Wenn $\Delta^l c_0 \neq 0$, so ist das Polynom vom l-ten Grad; außerdem kann die Formel (7) so geschrieben werden: $c_n = f(n)$. Eine arithmetische Reihe l-ter Ordnung hat also die Form

$$(9) \qquad f(0),\ f(1),\ f(2), \ldots,$$

wo $f(x)$ ein Polynom l-ten Grades ist. Es gilt aber auch das Umgekehrte. In der Tat, ist $f(x)$ irgendein Polynom l-ten Grades, so kann man, da auch $\binom{x}{l}$ ein Polynom l-ten Grades ist, eine Konstante γ_l so bestimmen, daß in dem Polynom $f(x) - \gamma_l\binom{x}{l}$ die Potenz x^l herausfällt, und zwar ist $\gamma_l \neq 0$. Sodann kann man eine Konstante γ_{l-1} so bestimmen, daß in dem Polynom

$$f(x) - \gamma_l\binom{x}{l} - \gamma_{l-1}\binom{x}{l-1}$$

auch die Potenz x^{l-1} herausfällt (γ_{l-1} kann auch gleich 0 sein) usw. Schließlich wird in

$$f(x) - \gamma_l\binom{x}{l} - \gamma_{l-1}\binom{x}{l-1} - \cdots - \gamma_1\binom{x}{1}$$

bei geeigneter Wahl der Konstanten $\gamma_l, \gamma_{l-1}, \ldots, \gamma_1$ die Variable x ganz herausfallen, so daß bloß eine Konstante γ_0 übrigbleibt. Daher ist

$$(10) \qquad f(x) = \gamma_0 + \gamma_1\binom{x}{1} + \gamma_2\binom{x}{2} + \cdots + \gamma_l\binom{x}{l} \qquad (\gamma_l \neq 0).$$

Jedes Polynom l-ten Grades läßt sich also in diese Form setzen. Dabei ist, wie sich aus dem Beweis von Satz 20 ergibt,

$$\gamma_\nu = \Delta^\nu f(0);$$

die Darstellung (10) ist also eindeutig[1]), und außerdem bilden die Größen $f(0), f(1), f(2), \ldots$, wie sich ebenfalls aus dem Beweis von Satz 20 ergibt, eine arithmetische Reihe l-ter Ordnung. Wir fassen diese Ergebnisse zusammen in

Satz 23. *Ist $f(x)$ ein Polynom l-ten Grades, so bilden die Größen $f(0)$, $f(1), f(2), \ldots$ eine arithmetische Reihe l-ter Ordnung; und umgekehrt ist auch jede arithmetische Reihe l-ter Ordnung in dieser Form enthalten. Das Polynom $f(x)$ selbst läßt sich in der Gestalt darstellen:*

$$f(x) = f(0) + \binom{x}{1}\Delta f(0) + \binom{x}{2}\Delta^2 f(0) + \cdots + \binom{x}{l}\Delta^l f(0).$$

Insbesondere bilden hiernach die l-ten Potenzen

$$0^l,\ 1^l,\ 2^l,\ 3^l,\ 4^l, \ldots$$

eine arithmetische Reihe l-ter Ordnung.

IV. Um die Summe der ersten $m + 1$ Glieder einer arithmetischen Reihe l-ter Ordnung zu berechnen, setzen wir das allgemeine Glied in die Form (7). Dann ist

$$\sum_{n=0}^{m} c_n = (m+1)\,c_0 + \sum_{n=0}^{m}\binom{n}{1}\Delta c_0 + \sum_{n=0}^{m}\binom{n}{2}\Delta^2 c_0 + \cdots + \sum_{n=0}^{m}\binom{n}{l}\Delta^l c_0.$$

Die Summen auf der rechten Seite lassen sich aber nach der Formel (5) des § 12 auswerten, und man erhält:

$$(11)\quad \sum_{n=0}^{m} c_n = \binom{m+1}{1} c_0 + \binom{m+1}{2}\Delta c_0 + \binom{m+1}{3}\Delta^2 c_0 + \cdots + \binom{m+1}{l+1}\Delta^l c_0.$$

Das ist nun, weil

$$\binom{x}{1} c_0 + \binom{x}{2}\Delta c_0 + \cdots + \binom{x}{l+1}\Delta^l c_0$$

ein Polynom vom Grad $l + 1$ ist, nach Satz 23 das $(m + 2)$-te Glied einer arithmetischen Reihe $(l+1)$-ter Ordnung mit dem Anfangsglied 0, und folglich bildet die Summenreihe

$$0,\quad \sum_{n=0}^{0} c_n,\quad \sum_{n=0}^{1} c_n,\quad \sum_{n=0}^{2} c_n, \ldots$$

eine arithmetische Reihe $(l+1)$-ter Ordnung, was auch auf Grund von Satz 22 erwartet werden konnte, da ihre Differenzenreihe ja die gegebene arithmetische Reihe l-ter Ordnung ist.

Beispiel 1: Die Zahlen 0, 1, 2, 3, ... bilden eine arithmetische Reihe erster Ordnung. Dabei ist $c_0 = 0$, $\Delta c_0 = 1 - 0 = 1$. Unsere Summenformel (11) liefert also

[1]) Wie man übrigens auch leicht direkt erkennt.

$$\sum_{n=0}^{m} n = \binom{m+1}{2} \cdot 1 = \frac{m(m+1)}{2}.$$

Beispiel 2: Die Quadratzahlen 0, 1, 4, 9, ... bilden nach Satz 23 eine arithmetische Reihe zweiter Ordnung. Das Schema der Differenzenreihen ist dabei

$$\begin{array}{c} 0, \quad 1, \quad 4, \quad 9, \quad 16, \ldots \\ 1, \quad 3, \quad 5, \quad 7, \ldots \\ 2, \quad 2, \quad 2, \ldots . \end{array}$$

Daher ist $c_0 = 0$, $\Delta c_0 = 1$, $\Delta^2 c_0 = 2$; also nach der Summenformel

$$\sum_{n=0}^{m} n^2 = \binom{m+1}{2} \cdot 1 + \binom{m+1}{3} \cdot 2 = \frac{m(m+1)(2m+1)}{6}.$$

Beispiel 3: Die Kubikzahlen 0, 1, 8, 27, ... bilden eine arithmetische Reihe dritter Ordnung. Das Schema der Differenzenreihen ist

$$\begin{array}{c} 0, \quad 1, \quad 8, \quad 27, \ldots \\ 1, \quad 7, \quad 19, \ldots \\ 6, \quad 12, \ldots \\ 6, \ldots . \end{array}$$

Daher ist $c_0 = 0$, $\Delta c_0 = 1$, $\Delta^2 c_0 = 6$, $\Delta^3 c_0 = 6$; also nach der Summenformel

$$\sum_{n=0}^{m} n^3 = \binom{m+1}{2} \cdot 1 + \binom{m+1}{3} \cdot 6 + \binom{m+1}{4} \cdot 6 = \left[\frac{m(m+1)}{2}\right]^2.$$

Beispiel 4: Die Biquadratzahlen 0, 1, 16, 81, ... bilden eine arithmetische Reihe vierter Ordnung. Das Schema der Differenzenreihen ist

$$\begin{array}{c} 0, \quad 1, \quad 16, \quad 81, \quad 256, \ldots \\ 1, \quad 15, \quad 65, \quad 175, \ldots \\ 14, \quad 50, \quad 110, \ldots \\ 36, \quad 60, \ldots \\ 24, \ldots . \end{array}$$

Daher ist $c_0 = 0$, $\Delta c_0 = 1$, $\Delta^2 c_0 = 14$, $\Delta^3 c_0 = 36$, $\Delta^4 c_0 = 24$; also nach der Summenformel

$$\sum_{n=0}^{m} n^4 = \binom{m+1}{2} \cdot 1 + \binom{m+1}{3} \cdot 14 + \binom{m+1}{4} \cdot 36 + \binom{m+1}{5} \cdot 24$$
$$= \frac{m(m+1)(2m+1)(3m^2+3m-1)}{30}.$$

§ 15. Ableitungen und Taylorscher Satz.

I. Eine Verallgemeinerung des binomischen Satzes ist der Taylorsche Satz; für diesen benötigen wir den Begriff der Ableitung.

Definition. Ist

$$f(x) = a_0 x^m + a_1 x^{m-1} + \cdots + a_m$$

ein Polynom von x, so heißt das Polynom

$$f'(x) = ma_0 x^{m-1} + (m-1)\, a_1 x^{m-2} + \cdots + 1 \cdot a_{m-1}$$

die (erste) Ableitung[1]) von $f(x)$.

Offenbar ist diese Definition unabhängig davon, ob das Polynom etwa durch Glieder mit verschwindenden Koeffizienten ergänzt worden ist. Ist $f(x)$ eine Konstante, also ein Polynom vom Grad 0 oder ohne Grad, so hat unsere Definition der Ableitung überhaupt erst einen Sinn, wenn mindestens eine Potenz von x mit positivem Exponenten und dem Koeffizienten 0 hinzugefügt wird, und zwar ist die Ableitung gleich 0. Im übrigen aber ist die Ableitung eines Polynoms vom m-ten Grad, wenn $m > 0$ ist, stets ein Polynom vom $(m-1)$-ten Grad. Seine Koeffizienten gehören, wie aus der Definition unmittelbar ersichtlich ist, dem durch die Koeffizienten des ursprünglichen Polynoms bestimmten Ring an.

Es ist allgemein üblich, die Ableitung durch einen dem Funktionszeichen beigefügten Akzent zu bezeichnen (also $f'(x)$ = Ableitung von $f(x)$, $g'(x)$ = Ableitung von $g(x)$ usw.).

Die höheren Ableitungen eines Polynoms $f(x)$ werden rekurrent definiert. Die Ableitung der Ableitung $f'(x)$ heißt die zweite Ableitung von $f(x)$ und wird mit $f''(x)$ bezeichnet. Allgemein versteht man unter der λ-ten Ableitung von $f(x)$ die erste Ableitung der $(\lambda - 1)$-ten Ableitung von $f(x)$; man bezeichnet sie mit $f^{(\lambda)}(x)$. Der Gleichförmigkeit halber wird gelegentlich auch das Zeichen $f^{(0)}(x)$, die „nullte Ableitung", gebraucht, worunter die Funktion $f(x)$ selbst zu verstehen ist.

Auf Grund dieser Definitionen ist augenscheinlich die μ-te Ableitung der λ-ten Ableitung von $f(x)$ gleich der $(\lambda + \mu)$-ten Ableitung von $f(x)$. Die m-te Ableitung eines Polynoms m-ten Grades ist eine von 0 verschiedene Konstante, alle noch höheren Ableitungen sind 0.

Wir beweisen jetzt die einfachsten Rechenregeln für Ableitungen. Seien

$$f(x) = a_0 x^m + a_1 x^{m-1} + \cdots + a_m,$$
$$g(x) = b_0 x^m + b_1 x^{m-1} + \cdots + b_m$$

zwei beliebige Polynome; daß wir sie mit der gleichen Potenz x^m beginnen lassen, bedeutet nach § 7 I keine Einschränkung. Sind ferner α, β zwei Konstanten, so ist auch

$$\alpha f(x) + \beta g(x) = (\alpha a_0 + \beta b_0)\, x^m + (\alpha a_1 + \beta b_1)\, x^{m-1} + \cdots + (\alpha a_m + \beta b_m)$$

ein Polynom. Bildet man die Ableitung

$$m(\alpha a_0 + \beta b_0)\, x^{m-1} + (m-1)\, (\alpha a_1 + \beta b_1)\, x^{m-2} + \cdots + 1 \cdot (\alpha a_{m-1} + \beta b_{m-1}),$$

[1]) In der Differentialrechnung wird die Ableitung einer Funktion anders definiert, nämlich durch einen der Algebra fremden Grenzprozeß. Beide Definitionen laufen zwar im Ergebnis auf dasselbe hinaus, sind aber doch begrifflich ganz verschieden. Daher dürfen wir selbstverständlich die Rechenregeln für Ableitungen hier keineswegs der Differentialrechnung entlehnen, sondern müssen sie auf Grund unserer Definition erst beweisen.

so läßt sich diese auch so schreiben:

$$\alpha[ma_0x^{m-1}+(m-1)a_1x^{m-2}+\cdots+1\cdot a_{m-1}]$$
$$+\beta[mb_0x^{m-1}+(m-1)b_1x^{m-2}+\cdots+1\cdot b_{m-1}]=\alpha f'(x)+\beta g'(x).$$

Allgemeiner ist offenbar, wenn $f_1(x), f_2(x), \ldots, f_k(x)$ irgendwelche Polynome und $\alpha_1, \alpha_2, \ldots, \alpha_k$ ebensoviele Konstanten sind, auch

$$(1) \qquad F(x)=\alpha_1f_1(x)+\alpha_2f_2(x)+\cdots+\alpha_kf_k(x)$$

ein Polynom, und für seine Ableitung gilt die Formel

$$(1') \qquad F'(x)=\alpha_1f_1'(x)+\alpha_2f_2'(x)+\cdots+\alpha_kf_k'(x).$$

Indem man diese Regel λ-mal nacheinander anwendet, erhält man allgemein für die λ-te Ableitung die Formel

$$(1^{(\lambda)}) \qquad F^{(\lambda)}(x)=\alpha_1f_1^{(\lambda)}(x)+\alpha_2f_2^{(\lambda)}(x)+\cdots+\alpha_kf_k^{(\lambda)}(x).$$

II. Die sukzessiven Ableitungen der Potenz $f_n(x)=x^n$ sind

$$f_n'(x)=nx^{n-1},$$
$$f_n''(x)=n(n-1)x^{n-2},$$
$$\cdots\cdots\cdots\cdots\cdots\cdots$$
$$f_n^{(\lambda)}(x)=n(n-1)\cdots(n-\lambda+1)x^{n-\lambda},$$
$$\cdots\cdots\cdots\cdots\cdots\cdots,$$

wofür man offenbar auch schreiben kann:

$$\frac{1}{\lambda!}f_n^{(\lambda)}(x)=\binom{n}{\lambda}x^{n-\lambda},$$

und zwar gilt diese Formel auch noch für $\lambda>n$, in welchem Fall ja beide Seiten verschwinden, und auch noch für $\lambda=0$. Daher läßt sich der binomische Satz folgendermaßen schreiben:

$$f_n(x+y)=(x+y)^n=x^n+\binom{n}{1}x^{n-1}y+\binom{n}{2}x^{n-2}y^2+\cdots+\binom{n}{n}y^n$$
$$=f_n(x)+\frac{1}{1!}f_n'(x)y+\frac{1}{2!}f_n''(x)y^2+\cdots+\frac{1}{n!}f_n^{(n)}(x)y^n$$
$$=\sum_{\lambda=0}^{n}\frac{1}{\lambda!}f_n^{(\lambda)}(x)y^\lambda.$$

Oder auch, wenn $n\leqq m$ ist:

$$(2) \qquad f_n(x+y)=(x+y)^n=\sum_{\lambda=0}^{m}\frac{1}{\lambda!}f_n^{(\lambda)}(x)y^\lambda \quad (n\leqq m);$$

denn die zur vorigen Summe hier neu hinzugekommenen $m-n$ Glieder verschwinden ja, weil für $\lambda>n$ stets $f_n^{(\lambda)}(x)=0$ ist.

Ist nun

$$F(x)=a_0x^m+a_1x^{m-1}+\cdots+a_m$$
$$=a_0f_m(x)+a_1f_{m-1}(x)+\cdots+a_mf_0(x)$$

ein beliebiges Polynom, so ist mit Rücksicht auf (2)

$$F(x+y) = a_0 \sum_{\lambda=0}^{m} \frac{1}{\lambda!} f_m^{(\lambda)}(x)\, y^\lambda + a_1 \sum_{\lambda=0}^{m} \frac{1}{\lambda!} f_{m-1}^{(\lambda)}(x)\, y^\lambda + \cdots + a_m \sum_{\lambda=0}^{m} \frac{1}{\lambda!} f_0^{(\lambda)}(x)\, y^\lambda$$

$$= \sum_{\lambda=0}^{m} \frac{1}{\lambda!} \left[a_0 f_m^{(\lambda)}(x) + a_1 f_{m-1}^{(\lambda)}(x) + \cdots + a_m f_0^{(\lambda)}(x)\right] y^\lambda .$$

Da aber der Ausdruck in der eckigen Klammer nach der in den Formeln (1), ($1^{(\lambda)}$) ausgedrückten Regel gleich $F^{(\lambda)}(x)$ ist, so erhält man:

$$F(x+y) = \sum_{\lambda=0}^{m} \frac{1}{\lambda!} F^{(\lambda)}(x)\, y^\lambda . \tag{3}$$

Diese für jedes Polynom $F(x)$ gültige Formel heißt der **Taylorsche Satz;** dabei kann m jede ganze Zahl sein, die mindestens gleich dem Grad des Polynoms $F(x)$ ist[1]). Da die Ableitung $F^{(\lambda)}(x)$ identisch verschwindet, sobald λ größer ist als der Grad von $F(x)$, kann man auch einfach sagen, die Summe in Formel (3) ist so weit zu erstrecken, bis alle folgenden Glieder identisch verschwinden würden, für ein Polynom m-ten Grades also bis zu $\lambda = m$; nach Bedarf kann man sie aber auch weiter erstrecken, wodurch nur Nullen hinzukommen.

Man braucht den Taylorschen Satz auch häufig in der Form

$$F(x) = \sum_{\lambda=0}^{m} \frac{1}{\lambda!} F^{(\lambda)}(a)\, (x-a)^\lambda . \tag{4}$$

Diese entsteht aus (3) einfach, indem man die Größen x, y ersetzt durch $a, x-a$.

Die Taylorsche Formel (3) läßt sich folgendermaßen in Worte fassen:

Satz 24. *Ordnet man das Polynom der beiden Variabeln x, y: $F(x+y)$ nach Potenzen von y, so ist der Koeffizient von y^λ gleich $\frac{1}{\lambda!} F^{(\lambda)}(x)$.*

Eine nützliche Anwendung des Taylorschen Satzes ist

Satz 25. *Ist $F(x)$ ein Polynom m-ten Grades, wo $m \geqq 1$, und a eine von 0 verschiedene Konstante, so ist die Differenz $F(x+a) - F(x)$ ein Polynom vom $(m-1)$-ten Grad.*

In der Tat ist ja nach dem Taylorschen Satz

$$F(x+a) - F(x) = F'(x)\, a + \frac{1}{2} F''(x)\, a^2 + \cdots + \frac{1}{m!} F^{(m)}(x)\, a^m .$$

Hier ist nun das erste Glied auf der rechten Seite ein Polynom vom $(m-1)$-ten Grad, und die übrigen Glieder sind von geringerem Grad, woraus der Satz unmittelbar folgt.

Aus Satz 25 ergibt sich insbesondere, daß die Polynome $F(x)$ und $F(x+a)$, wenn ihr gemeinsamer Grad m mindestens gleich 1 ist, außer für $a = 0$ niemals miteinander identisch sein können.

---

[1]) Falls $F(x)$ gar keinen Grad hat, d. h. identisch verschwindet, darf m jede ganze nicht negative Zahl sein.

III. Aus Satz 24 ergeben sich weitere Rechenregeln für die Ableitungen. Ersetzt man in (3) die Variabeln x, y durch $ax + b, ay$, wo a, b Konstanten sind, so erhält man

$$F(a(x+y)+b) = \sum_{\lambda=0}^{m} \frac{1}{\lambda!} F^{(\lambda)}(ax+b) a^\lambda y^\lambda.$$

Der Koeffizient von y^λ ist also $\frac{1}{\lambda!} a^\lambda F^{(\lambda)}(ax+b)$; daraus folgt nach Satz 24 die Regel:

Die λ-te Ableitung von $F(ax+b)$ ist $a^\lambda F^{(\lambda)}(ax+b)$. Am häufigsten wird sie für $a = 1$ gebraucht:

Die λ-te Ableitung von $F(x+b)$ ist $F^{(\lambda)}(x+b)$.

Um die λ-te Ableitung eines Produktes von k Faktoren

$$(5) \qquad P(x) = f_1(x) f_2(x) \cdots f_k(x)$$

zu bilden, wählen wir eine ganze Zahl m so, daß jeder Faktor, der nicht identisch verschwindet, höchstens vom m-ten Grad ist. Dann gelten die k Gleichungen

$$f_1(x+y) = \sum_{\lambda_1=0}^{m} \frac{1}{\lambda_1!} f_1^{(\lambda_1)}(x) y^{\lambda_1},$$

$$\cdots\cdots\cdots\cdots\cdots$$

$$f_k(x+y) = \sum_{\lambda_k=0}^{m} \frac{1}{\lambda_k!} f_k^{(\lambda_k)}(x) y^{\lambda_k},$$

die wir miteinander multiplizieren müssen. In dem Produkt erscheint dann y^λ multipliziert mit dem Koeffizienten

$$\sum \frac{1}{\lambda_1!} f_1^{(\lambda_1)}(x) \frac{1}{\lambda_2!} f_2^{(\lambda_2)}(x) \ldots \frac{1}{\lambda_k!} f_k^{(\lambda_k)}(x)$$

$$= \frac{1}{\lambda!} \sum \frac{\lambda!}{\lambda_1!\,\lambda_2! \ldots \lambda_k!} f_1^{(\lambda_1)}(x) f_2^{(\lambda_2)}(x) \ldots f_k^{(\lambda_k)}(x),$$

wobei die Summe über all diejenigen ganzzahligen nichtnegativen Wertesysteme $\lambda_1, \lambda_2, \ldots, \lambda_k$ zu erstrecken ist, für welche $\lambda_1 + \lambda_2 + \cdots + \lambda_k = \lambda$ ist. Die λ-te Ableitung des Produktes (5) ist also mit Benutzung von Satz 24

$$(5^{(\lambda)}) \quad P^{(\lambda)}(x) = \sum_{\lambda_1, \lambda_2, \ldots, \lambda_k} \frac{\lambda!}{\lambda_1!\,\lambda_2! \ldots \lambda_k!} f_1^{(\lambda_1)}(x) f_2^{(\lambda_2)}(x) \ldots f_k^{(\lambda_k)}(x) \quad \Bigl(\sum_{\varkappa=1}^{k} \lambda_\varkappa = \lambda\Bigr).$$

Die hier auftretenden Brüche sind in Wahrheit ganze Zahlen, nämlich die Polynomialkoeffizienten für den Exponenten λ, so daß wir die Formel wegen ihres Anklangs an den polynomischen Satz (S. 53 unten) auch folgendermaßen symbolisch schreiben können:

$$(5\text{a}) \qquad (f_1 f_2 \ldots f_k)^{(\lambda)} = (f_1 + f_2 + \cdots + f_k)^\lambda.$$

Wir heben zwei Spezialfälle hervor.

Erster Spezialfall: $k = 2$. Die Polynomialkoeffizienten sind in diesem Fall Binomialkoeffizienten. Setzt man $f_1(x) = f(x), f_2(x) = g(x)$, so ergibt sich als λ-te Ableitung des Produktes $f(x)\,g(x)$ das Polynom

$$\sum_{\nu=0}^{\lambda}\binom{\lambda}{\nu} f^{(\nu)}(x)\,g^{(\lambda-\nu)}(x).$$

Insbesondere die erste Ableitung ist gleich $f(x)\,g'(x) + f'(x)\,g(x)$.

Zweiter Spezialfall: $\lambda = 1$. Für diesen Fall besagt die Formel $(5^{(\lambda)})$:

$$\text{(5b)}\qquad \begin{aligned} P'(x) = f_1'(x)\,f_2(x)\cdots f_k(x) + f_1(x)\,f_2'(x)\,f_3(x)\cdots f_k(x) + \cdots \\ + f_1(x)\cdots f_{k-1}(x)\,f_k'(x). \end{aligned}$$

Die Formel wird übersichtlicher, wenn man sie durch $P(x)$ dividiert; dann erhält man

$$\text{(5c)}\qquad \frac{P'(x)}{P(x)} = \frac{f_1'(x)}{f_1(x)} + \frac{f_2'(x)}{f_2(x)} + \cdots + \frac{f_k'(x)}{f_k(x)}.$$

Sind insbesondere die k Faktoren $f_1(x), f_2(x), \ldots, f_k(x)$ alle gleich ein und demselben Polynom $g(x)$, so ergibt sich als Ableitung der k-ten Potenz $[g(x)]^k$ das Polynom

$$k\,[g(x)]^{k-1}\,g'(x).$$

Sind $f(x)$, $g(x)$ Polynome, so ist auch $\Phi(x) = f(g(x))$ ein Polynom. Um seine Ableitung zu finden, müssen wir nach Satz 24 das Polynom $\Phi(x + y) = f(g(x + y))$ nach Potenzen von y ordnen und den Koeffizienten der ersten Potenz von y ermitteln. Nun ist nach dem Taylorschen Satz zunächst

$$\text{(6)}\qquad g(x + y) = g(x) + v,$$

wobei, wenn n der Grad von $g(x)$ ist,

$$\text{(7)}\qquad v = g'(x)\,y + \frac{1}{2!}\,g''(x)\,y^2 + \cdots + \frac{1}{n!}\,g^{(n)}(x)\,y^n.$$

Daher ist wieder nach dem Taylorschen Satz

$$\text{(8)}\quad f(g(x+y)) = f(g(x)+v) = f(g(x)) + f'(g(x))\,v + \cdots + \frac{1}{m!}\,f^{(m)}(g(x))\,v^m,$$

wobei m den Grad von $f(x)$ bedeutet. Hier sind nun die Potenzen $v, v^2, \ldots, v^m$ aus (7) mit Hilfe des polynomischen Satzes zu berechnen. Man sieht aber sogleich, daß die erste Potenz von y in $v^2, \ldots, v^m$ gar nicht vorkommt, und in v selbst hat sie den Koeffizienten $g'(x)$. Wenn man also die rechte Seite von (8) nach Potenzen von y ordnet, so erhält die erste Potenz von y den Koeffizienten $f'(g(x)) \cdot g'(x)$. Somit ergibt sich nach Satz 24 die sogenannte

Kettenregel: Sind $f(x)$, $g(x)$ Polynome, so hat das Polynom $\Phi(x) = f(g(x))$ die Ableitung $\Phi'(x) = f'(g(x)) \cdot g'(x)$.

Insbesondere ergibt sich hieraus, da die Ableitung von $f(x) = x^k$ gleich kx^{k-1} ist, für die Potenz $\Phi(x) = [g(x)]^k$ die Ableitung

$$\Phi'(x) = k\,[g(x)]^{k-1}\,g'(x),$$

wie wir auch schon oben auf anderem Wege fanden.

IV. Wenn das Produkt $f(x)\,g(x)$ gleich $\varphi(x)$ gesetzt wird, so ist der Quotient $\dfrac{\varphi(x)}{f(x)}$ ebenfalls ein Polynom, nämlich $g(x)$; wir wollen seine Ableitung berechnen. Nun ist nach der Produktregel

$$\varphi'(x) = f(x)\, g'(x) + f'(x)\, g(x).$$

Wenn man diese Gleichung mit $f(x)$ multipliziert und beachtet, daß $f(x)\, g(x) = \varphi(x)$ ist, so erhält man

$$f(x)\, \varphi'(x) = f(x)^2\, g'(x) + f'(x)\, \varphi(x).$$

Durch Auflösung nach $g'(x)$ ergibt sich hieraus die Ableitung des Quotienten $g(x) = \frac{\varphi(x)}{f(x)}$ in der Form

$$\text{(9)} \qquad \frac{f(x)\, \varphi'(x) - \varphi(x)\, f'(x)}{f(x)^2}.$$

Diese Regel legt es nahe, auch für **gebrochene** rationale Funktionen den Begriff der Ableitung einzuführen und ihn in folgender Weise zu definieren:

Definition. Sind $\varphi(x)$, $f(x)$ Polynome, so bezeichnet man als Ableitung der rationalen Funktion $\frac{\varphi(x)}{f(x)}$ die rationale Funktion (9).

Für den Fall, daß $\frac{\varphi(x)}{f(x)}$ zufällig sich auf ein Polynom reduziert, läuft ja diese Definition nach der soeben bewiesenen Regel auf die frühere hinaus. Um aber zu zeigen, daß die Definition auch im allgemeinen Fall wirklich sinnvoll ist, muß noch bewiesen werden, daß aus der Gleichheit

$$\text{(10)} \qquad \frac{\varphi(x)}{f(x)} = \frac{\varphi_1(x)}{f_1(x)}$$

(die Gleichheitsdefinition siehe S. 35) stets auch die Gleichheit

$$\text{(11)} \qquad \frac{f(x)\, \varphi'(x) - \varphi(x)\, f'(x)}{f(x)^2} = \frac{f_1(x)\, \varphi_1'(x) - \varphi_1(x)\, f_1'(x)}{f_1(x)^2}$$

folgt. Das ist nun in der Tat der Fall. Der Beweis dafür sowie die Übertragung der Rechenregeln für Ableitungen auf solche gebrochener Funktionen ist nicht schwer und wird dem Leser als Übung empfohlen. Wir werden aber Ableitungen gebrochener Funktionen nirgends benötigen.

§ 16. Partielle Ableitungen und Taylorscher Satz für Polynome von mehreren Variabeln.

I. Ist $f(x_1, x_2, \ldots, x_k)$ ein Polynom von k Variabeln, so kann man es speziell als Funktion von x_1 betrachten und den anderen Variabeln eine sekundäre Rolle zuweisen. Dann lassen sich auch Ableitungen bilden; man nennt sie partielle Ableitungen nach x_1 und bezeichnet sie durch

$$f'_{x_1}(x_1, x_2, \ldots, x_k), \quad f''_{x_1 x_1}(x_1, x_2, \ldots, x_k), \ldots$$

Ebenso lassen sich partielle Ableitungen nach irgendeiner anderen Variabeln x_ν bilden, die dann durch

$$f'_{x_\nu}(x_1, x_2, \ldots, x_k), \quad f''_{x_\nu x_\nu}(x_1, x_2, \ldots, x_k), \ldots$$

zu bezeichnen sind. Man kann aber auch gemischte partielle Ableitungen bilden, indem man etwa zuerst die Ableitung nach x_ν bildet, von dieser dann die Ableitung nach x_μ, von dieser wieder die Ableitung nach irgendeiner Variabeln usw. So bekommt man partielle Ableitungen wie etwa die folgenden:

$$f'_{x_\nu}(x_1, x_2, \ldots, x_k),\ f''_{x_\nu x_\mu}(x_1, x_2, \ldots, x_k),\ f^{(6)}_{x_1 x_1 x_3 x_3 x_2 x_3}(x_1, x_2, \ldots, x_k),$$

deren Bedeutung ohne weiteres klar ist. Wir werden statt dessen auch häufig die in der Differentialrechnung übliche Bezeichnung anwenden:

$$\frac{\partial f(x_1, x_2, \ldots, x_k)}{\partial x_\nu},\quad \frac{\partial^2 f(x_1, x_2, \ldots, x_k)}{\partial x_\nu \partial x_\mu},\quad \frac{\partial^6 f(x_1, x_2, \ldots, x_k)}{\partial x_1^2 \partial x_2 \partial x_3^3}.$$

Von größter Wichtigkeit ist nun der Vertauschungssatz, der aussagt, daß die Reihenfolge in der die verschiedenen Ableitungsprozesse durchgeführt werden, auf das Endresultat ohne Einfluß ist. Dieser Satz ist zunächst evident für ein Potenzprodukt

$$x_1^{n_1} x_2^{n_2} \cdots x_k^{n_k}.$$

Denn wenn man hier λ_1-mal nach x_1, λ_2-mal nach $x_2, \ldots, \lambda_k$-mal nach x_k ableitet, wobei die λ_ν auch teilweise 0 sein dürfen, so erhält man, in welcher Reihenfolge die verschiedenen Ableitungsprozesse auch durchgeführt werden mögen, stets

$$\lambda_1!\binom{n_1}{\lambda_1}\lambda_2!\binom{n_2}{\lambda_2}\cdots\lambda_k!\binom{n_k}{\lambda_k} x_1^{n_1-\lambda_1} x_2^{n_2-\lambda_2}\cdots x_k^{n_k-\lambda_k}.$$

Daraus ergibt sich aber der Vertauschungssatz sogleich auch für ein beliebiges Polynom

$$\sum a_{n_1 n_2 \ldots n_k} x_1^{n_1} x_2^{n_2} \cdots x_k^{n_k},$$

indem man auf diese Summe für jeden der nacheinander auszuführenden Ableitungsprozesse die in den Formeln (1), (1′) des § 15 ausgedrückte Regel anwendet.

Auch auf gebrochene rationale Funktionen läßt sich der Begriff der partiellen Ableitung übertragen und dann der Vertauschungssatz zunächst für zwei unmittelbar nacheinander ausgeführte Ableitungsprozesse beweisen. Da jede beliebige Vertauschung (Permutation) nach einer auf S. 46 gemachten Bemerkung dadurch erreicht werden kann, daß man mehrmals nacheinander immer nur zwei benachbarte Elemente (d. h. in unserem Fall zwei unmittelbar nacheinander ausgeführte Ableitungsprozesse) vertauscht, ist dann auch der allgemeine Vertauschungssatz sichergestellt. Jedoch soll hier von der Durchführung des Beweises abgesehen werden, weil wir Ableitungen gebrochener Funktionen nirgends gebrauchen werden.

II. Der Taylorsche Satz läßt sich auf Polynome von mehreren Variabeln ausdehnen. Er drückt sich dann aus in der Formel

$$(1)\quad \begin{cases} F(x_1 + y_1, x_2 + y_2, \ldots, x_k + y_k) \\ = \sum \dfrac{1}{\lambda_1!\lambda_2!\cdots\lambda_k!}\dfrac{\partial^{\lambda_1+\lambda_2+\cdots+\lambda_k} F(x_1, x_2, \ldots, x_k)}{\partial x_1^{\lambda_1}\partial x_2^{\lambda_2}\ldots\partial x_k^{\lambda_k}} y_1^{\lambda_1} y_2^{\lambda_2}\cdots y_k^{\lambda_k}, \end{cases}$$

wobei die Summation zu erstrecken ist über alle Systeme von ganzen nicht negativen Zahlen $\lambda_1, \lambda_2, \ldots, \lambda_k$, deren Summe $\lambda_1 + \lambda_2 + \cdots + \lambda_k$ höchstens gleich dem Grad des Polynoms F ist (man könnte auch noch größere Werte dieser Summe zulassen, die betreffenden Glieder würden ja identisch verschwinden).

Es genügt, den Satz für ein Monom

$$F(x_1, x_2, \ldots, x_k) = a x_1^{n_1} x_2^{n_2} \ldots x_k^{n_k}$$

zu beweisen; für ein beliebiges Polynom folgt er dann sofort, indem man ihn auf die einzelnen Glieder anwendet und die betreffenden Formeln addiert. Nun ist nach dem binomischen Satz

$$\begin{aligned} a(x_1 + y_1)^{n_1} & (x_2 + y_2)^{n_2} \cdots (x_k + y_k)^{n_k} \\ &= a \sum_{\lambda_1=0}^{n_1} \binom{n_1}{\lambda_1} x_1^{n_1-\lambda_1} y_1^{\lambda_1} \cdot \sum_{\lambda_2=0}^{n_2} \binom{n_2}{\lambda_2} x_2^{n_2-\lambda_2} y_2^{\lambda_2} \ldots \sum_{\lambda_k=0}^{n_k} \binom{n_k}{\lambda_k} x_k^{n_k-\lambda_k} y_k^{\lambda_k} \\ &= \sum_{\lambda_1 \lambda_2 \ldots \lambda_k} a \binom{n_1}{\lambda_1}\binom{n_2}{\lambda_2} \cdots \binom{n_k}{\lambda_k} x_1^{n_1-\lambda_1} x_2^{n_2-\lambda_2} \ldots x_k^{n_k-\lambda_k} y_1^{\lambda_1} y_2^{\lambda_2} \ldots y_k^{\lambda_k} \\ &= \sum_{\lambda_1 \lambda_2 \ldots \lambda_k} \frac{1}{\lambda_1!\, \lambda_2! \ldots \lambda_k!} \frac{\partial^{\lambda_1+\lambda_2+\cdots+\lambda_k} (a x_1^{n_1} x_2^{n_2} \ldots x_k^{n_k})}{\partial x_1^{\lambda_1} \partial x_2^{\lambda_2} \ldots \partial x_k^{\lambda_k}} y_1^{\lambda_1} y_2^{\lambda_2} \ldots y_k^{\lambda_k}, \end{aligned}$$

und das ist in der Tat die zu beweisende Formel.

Der Taylorsche Satz läßt sich folgendermaßen in Worte fassen:

Satz 26. *Ordnet man das Polynom* $F(x_1 + y_1, x_2 + y_2, \ldots, x_k + y_k)$ *nach Potenzen der Variabeln* $y_1, y_2, \ldots, y_k$, *so hat das Potenzprodukt* $y_1^{\lambda_1} y_2^{\lambda_2} \ldots y_k^{\lambda_k}$ *den Koeffizienten*

$$\frac{1}{\lambda_1!\, \lambda_2! \ldots \lambda_k!} \frac{\partial^{\lambda_1+\lambda_2+\cdots+\lambda_k} F(x_1, x_2, \ldots, x_k)}{\partial x_1^{\lambda_1} \partial x_2^{\lambda_2} \ldots \partial x_k^{\lambda_k}}.$$

Man kann der Formel (1) auch die folgende Gestalt geben:

$$(2)\quad \begin{cases} F(x_1 + y_1, x_2 + y_2, \ldots, x_k + y_k) \\ \quad = \displaystyle\sum_{n=0}^{m} \frac{1}{n!} \sum_{\lambda_1 \lambda_2 \ldots \lambda_k} \frac{n!}{\lambda_1!\, \lambda_2! \ldots \lambda_k!} \frac{\partial^n F(x_1, x_2, \ldots, x_k)}{\partial x_1^{\lambda_1} \partial x_2^{\lambda_2} \ldots \partial x_k^{\lambda_k}} y_1^{\lambda_1} y_2^{\lambda_2} \ldots y_k^{\lambda_k}; \end{cases}$$

dabei ist m der Grad des Polynoms $F(x_1, x_2, \ldots, x_k)$ (oder nach Belieben auch eine größere Zahl, da die dadurch neu hinzukommenden Glieder identisch verschwinden), und die innere Summe ist über alle ganzzahligen nicht negativen $\lambda_1, \lambda_2, \ldots, \lambda_k$ zu erstrecken, für welche $\lambda_1 + \lambda_2 + \ldots + \lambda_k = n$ ist. Die Zahlen $\dfrac{n!}{\lambda_1!\, \lambda_2! \ldots \lambda_k!}$ sind Polynomialkoeffizienten, und daher kann man der Formel (2) auf Grund des polynomischen Satzes auch die folgende symbolische Form geben:

$$(2\text{a})\quad \begin{cases} F(x_1 + y_1, x_2 + y_2, \ldots, x_k + y_k) \\ \quad = \displaystyle\sum_{n=0}^{m} \frac{1}{n!} \left(y_1 \frac{\partial}{\partial x_1} + y_2 \frac{\partial}{\partial x_2} + \cdots + y_k \frac{\partial}{\partial x_k}\right)^n F(x_1, x_2, \ldots, x_k). \end{cases}$$

III. Aus dem Taylorschen Satz ergibt sich leicht eine Verallgemeinerung der Kettenregel des vorigen Paragraphen. Ersetzt man in dem Polynom $f(x_1, x_2, \ldots, x_k)$ die Variabeln durch Polynome einer neuen Variabeln x:

(3) $$x_1 = g_1(x), \quad x_2 = g_2(x), \ldots, \quad x_k = g_k(x),$$
so entsteht wieder ein Polynom von x:

(4) $$\Phi(x) = f(g_1(x), g_2(x), \ldots, g_k(x)).$$

Um die Ableitung $\Phi'(x)$ zu berechnen, müssen wir nach Satz 24 $\Phi(x+y)$ nach Potenzen von y entwickeln und den Koeffizienten von y bestimmen. Nun ist, wenn eine ganze Zahl m so gewählt wird, daß alle nicht identisch verschwindenden $g_\lambda(x)$ höchstens vom m-ten Grad sind, nach dem Taylorschen Satz für Polynome einer Variabeln

(5) $$g_\lambda(x+y) = g_\lambda(x) + v_\lambda \qquad (\lambda = 1, 2, \ldots, k),$$
wobei

(6) $$v_\lambda = \sum_{\nu=1}^{m} \frac{1}{\nu!} g_\lambda^{(\nu)}(x) y^\nu \qquad (\lambda = 1, 2, \ldots, k).$$

Anderseits ist nach dem Taylorschen Satz für Polynome mehrerer Variabeln

$$\begin{aligned}\Phi(x+y) &= f(g_1(x) + v_1, g_2(x) + v_2, \ldots, g_k(x) + v_k)\\ &= f(g_1(x), g_2(x), \ldots, g_k(x)) + \sum_{\lambda=1}^{k} f'_{x_\lambda}(g_1(x), g_2(x), \ldots, g_k(x))\, v_\lambda + \cdots,\end{aligned}$$

wobei die nicht mehr angeschriebenen Glieder in bezug auf $v_1, v_2, \ldots, v_k$ von höherem als dem ersten Grad sind[1]). Setzt man nun für v_λ die obigen Summen (6) ein und ordnet nach Potenzen von y, so sieht man, daß die erste Potenz von y in den nicht mehr angeschriebenen Gliedern gar nicht vorkommen kann, und man erhält:

$$\begin{aligned}\Phi(x+y) &= f(g_1(x), g_2(x), \ldots, g_k(x))\\ &\quad + \sum_{\lambda=1}^{k} f'_{x_\lambda}(g_1(x), g_2(x), \ldots, g_k(x)) \cdot g'_\lambda(x)\, y + \cdots,\end{aligned}$$

wo durch die letzten Punkte nur Glieder angedeutet sind, die eine höhere als die erste Potenz von y enthalten. Aus dieser Formel kann man den Koeffizienten von y ablesen, und da dieser nach Satz 24 gleich $\Phi'(x)$ sein muß, ergibt sich:

(4a) $$\Phi'(x) = \sum_{\lambda=1}^{k} f'_{x_\lambda}(g_1(x), g_2(x), \ldots, g_k(x)) \cdot g'_\lambda(x).$$

Diese Formel, in der $\Phi(x)$ das durch (4) definierte Polynom von x bedeutet, ist die gesuchte Verallgemeinerung der Kettenregel; diese ist für $k = 1$ darin enthalten.

IV. Wir beweisen jetzt noch einen wichtigen Satz von Euler. Sei

(7) $$f(x_1, \ldots, x_k) = \sum a_{\nu_1 \ldots \nu_k} x_1^{\nu_1} \ldots x_k^{\nu_k}$$

irgendein Polynom von $x_1, \ldots, x_k$; dann ist

$$\frac{\partial f}{\partial x_1} = \sum \nu_1 a_{\nu_1 \ldots \nu_k} x_1^{\nu_1 - 1} x_2^{\nu_2} \ldots x_k^{\nu_k},$$

---

[1]) Unter $f'_{x_\lambda}(g_1(x), g_2(x), \ldots, g_k(x))$ ist natürlich dasjenige Polynom von x zu verstehen, das entsteht, wenn man in der partiellen Ableitung $f'_{x_\lambda}(x_1, x_2, \ldots, x_k)$ die Variabeln durch die Polynome (3) ersetzt.

also nach Multiplikation mit x_1:

$$x_1 \frac{\partial f}{\partial x_1} = \sum \nu_1 a_{\nu_1 \ldots \nu_k} x_1^{\nu_1} \ldots x_k^{\nu_k}.$$

Entsprechend ist auch

$$x_2 \frac{\partial f}{\partial x_2} = \sum \nu_2 a_{\nu_1 \ldots \nu_k} x_1^{\nu_1} \ldots x_k^{\nu_k},$$

$$\cdots\cdots\cdots\cdots$$

$$x_k \frac{\partial f}{\partial x_k} = \sum \nu_k a_{\nu_1 \ldots \nu_k} x_1^{\nu_1} \ldots x_k^{\nu_k},$$

und durch Addition all dieser Formeln ergibt sich

$$x_1 \frac{\partial f}{\partial x_1} + \cdots + x_k \frac{\partial f}{\partial x_k} = \sum (\nu_1 + \cdots + \nu_k)\, a_{\nu_1 \ldots \nu_k} x_1^{\nu_1} \ldots x_k^{\nu_k}.$$

Anderseits ist auch, wenn m eine beliebige Zahl bedeutet,

$$mf = m \Sigma a_{\nu_1 \ldots \nu_k} x_1^{\nu_1} \ldots x_k^{\nu_k} = \Sigma m a_{\nu_1 \ldots \nu_k} x_1^{\nu_1} \ldots x_k^{\nu_k},$$

und durch Subtraktion von der vorigen Formel ergibt sich:

$$(8) \quad x_1 \frac{\partial f}{\partial x_1} + \cdots + x_k \frac{\partial f}{\partial x_k} - mf = \sum (\nu_1 + \cdots + \nu_k - m)\, a_{\nu_1 \ldots \nu_k} x_1^{\nu_1} \cdots x_k^{\nu_k}.$$

Wenn nun f etwa ein homogenes Polynom vom Grad m ist, so ist in allen Gliedern die Exponentensumme $\nu_1 + \cdots + \nu_k$ gleich m, und aus (8) folgt:

$$(9) \qquad x_1 \frac{\partial f}{\partial x_1} + \cdots + x_k \frac{\partial f}{\partial x_k} - mf = 0.$$

Wenn umgekehrt für das Polynom f die Identität (9) besteht, so muß nach (8) das Polynom

$$\Sigma(\nu_1 + \cdots + \nu_k - m)\, a_{\nu_1 \ldots \nu_k} x_1^{\nu_1} \cdots x_k^{\nu_k}$$

identisch verschwinden. Für alle nicht verschwindenden Koeffizienten $a_{\nu_1 \ldots \nu_k}$ muß also $\nu_1 + \cdots + \nu_k = m$ sein, d. h. das Polynom f ist, wenn nicht alle seine Koeffizienten verschwinden, homogen und vom Grad m. Somit ergibt sich der angekündigte Satz von Euler:

Satz 27. *Ist $f(x_1, \ldots, x_k)$ ein homogenes Polynom vom Grad m, so besteht die Identität*

$$\sum_{\lambda=1}^{k} x_\lambda \frac{\partial f}{\partial x_\lambda} = mf.$$

Wenn umgekehrt für ein Polynom $f(x_1, \ldots, x_k)$ diese Identität besteht, so verschwindet es entweder identisch oder es ist homogen und vom Grad m.

§ 17. Steigungen. — Die Newtonsche und die Lagrangesche Interpolationsformel.

I. Wir bezeichnen mit $(x_1, x_2, \ldots, x_k)^n$ dasjenige vollständige homogene Polynom n-ten Grades der Variabeln $x_1, x_2, \ldots, x_k$, dessen sämtliche Koeffizienten gleich 1 sind. Es ist also

$$(1) \quad (x_1, x_2, \ldots, x_k)^n = \Sigma x_1^{\nu_1} x_2^{\nu_2} \cdots x_k^{\nu_k} \quad (\nu_1 + \nu_2 + \cdots + \nu_k = n).$$

Offenbar ist $(x_1)^n$ gleich der Potenz x_1^n, und für $k > 1$ ist das Polynom $(x_1, \ldots, x_k)^n$ eine symmetrische Funktion, d. h. es bleibt dasselbe, wenn man die Variabeln $x_1, x_2, \ldots, x_k$ irgendwie permutiert. Speziell ist

$$(x_1, x_2, \ldots, x_k)^1 = x_1 + x_2 + \cdots + x_k,$$
$$(x_1, x_2, \ldots, x_k)^0 = 1.$$

Nach Satz 19 hat die auf der rechten Seite von (1) stehende Summe $\binom{n+k-1}{k-1}$ Glieder; wenn alle Variabeln gleich ein und derselben Variabeln x gesetzt werden, erhält man daher:

$$(2) \qquad \underbrace{(x, x, \ldots, x)}_{k}^n = \binom{n+k-1}{k-1} x^n.$$

Schreibt man $k+1$ statt k und faßt in dem Polynom $(x_1, \ldots, x_{k+1})^n$ alle Glieder, die den Faktor x_{k+1} enthalten, zusammen, so erhält man unmittelbar die Identität:

$$(3) \qquad (x_1, \ldots, x_{k+1})^n = x_{k+1}(x_1, \ldots, x_{k+1})^{n-1} + (x_1, \ldots, x_k)^n.$$

Wenn man hier x_k mit x_{k+1} vertauscht, bleibt die linke Seite als symmetrische Funktion ungeändert, ebenso das erste Klammersymbol der rechten Seite. Indem man daher die entstehende Formel von (3) subtrahiert, erhält man die wichtige Identität:

$$(4) \qquad \begin{aligned} &(x_1, \ldots, x_{k-1}, x_{k+1})^n - (x_1, \ldots, x_{k-1}, x_k)^n \\ &= (x_{k+1} - x_k)\,(x_1, \ldots, x_k, x_{k+1})^{n-1}. \end{aligned}$$

Insbesondere für $k = 1$ besagt diese:

$$(5) \qquad x_2^n - x_1^n = (x_2 - x_1)\,(x_1, x_2)^{n-1},$$

oder ausführlicher:

$$(5a) \qquad x_2^n - x_1^n = (x_2 - x_1)\,(x_2^{n-1} + x_2^{n-2} x_1 + x_2^{n-3} x_1^2 + \cdots + x_1^{n-1}).$$

Nun sei

$$(6) \qquad f(x) = \sum_{n=0}^{m} a_n x^{m-n} = \sum_{n=0}^{m} a_{m-n} x^n$$

ein beliebiges Polynom[1]). Daraus leiten wir die folgenden Polynome her:

$$(7) \qquad \begin{cases} f^{(\lambda)}(x_1, x_2, \ldots, x_{\lambda+1}) = \displaystyle\sum_{n=0}^{m-\lambda} a_n (x_1, x_2, \ldots, x_{\lambda+1})^{m-\lambda-n} \\ \qquad = \displaystyle\sum_{n=0}^{m-\lambda} a_{m-\lambda-n} (x_1, x_2, \ldots, x_{\lambda+1})^n \quad \text{für } 1 \leqq \lambda \leqq m, \\ f^{(\lambda)}(x_1, x_2, \ldots, x_{\lambda+1}) = 0 \qquad \text{für } \lambda > m. \end{cases}$$

Diese heißen die Steigungen von $f(x)$, und zwar $f^{(\lambda)}(x_1, x_2, \ldots, x_{\lambda+1})$ die λ-te Steigung; statt $f^{(1)}, f^{(2)}$ schreiben wir wie bei Ableitungen einfacher f', f''. Die Definition der Steigungen ist natürlich unabhängig davon, ob das Poly-

---

[1]) Die beiden Summen bedeuten offenbar dasselbe, nur mit entgegengesetzter Anordnung der Glieder; ebenso in der nächsten Zeile.

nom $f(x)$ etwa durch Glieder mit verschwindenden Koeffizienten ergänzt worden ist. Offenbar sind auch die Steigungen symmetrische Funktionen der darin auftretenden Variabeln. Die m-te Steigung eines Polynoms m-ten Grades ist eine von 0 verschiedene Konstante, die höheren Steigungen sind gleich 0.

Die λ-te Steigung ist eine Verallgemeinerung der λ-ten Ableitung und geht, von einem Zahlenfaktor abgesehen, in diese über, wenn alle Variabeln einander gleich gesetzt werden. In der Tat ist das, wenn λ größer als der Grad m des Polynoms ist, selbstverständlich, weil dann Steigung und Ableitung beide verschwinden; für $\lambda \leqq m$ aber ist mit Rücksicht auf (2)

$$f^{(\lambda)}\underbrace{(x, x, \ldots, x)}_{\lambda+1} = \sum_{n=0}^{m-\lambda} a_n \binom{m-n}{\lambda} x^{m-n-\lambda},$$

oder also

$$f^{(\lambda)}\underbrace{(x, x, \ldots, x)}_{\lambda+1} = \frac{1}{\lambda!} f^{(\lambda)}(x). \tag{8}$$

Zwischen den Steigungen eines Polynoms bestehen einige bemerkenswerte Relationen. Zunächst folgt aus der Formel (5), indem man sie mit a_{m-n} multipliziert und dann nach n summiert:

$$f(x_2) - f(x_1) = (x_2 - x_1) f'(x_1, x_2). \tag{9}$$

Allgemeiner ergibt sich aus (4), indem man mit $a_{m+1-k-n}$ multipliziert und nach n summiert, zunächst für $k-1 < m$:

$$\begin{aligned} f^{(k-1)}(x_1, \ldots, x_{k-1}, x_{k+1}) - f^{(k-1)}(x_1, \ldots, x_{k-1}, x_k) \\ = (x_{k+1} - x_k) f^{(k)}(x_1, \ldots, x_k, x_{k+1}). \end{aligned} \tag{10}$$

Diese Formel erweist sich aber nachträglich auch für $k-1 \geqq m$ als gültig, weil dann beide Seiten identisch verschwinden.

II. Die Steigungen lassen sich, wenn die darin vorkommenden Größen x_ν alle voneinander verschieden sind, noch auf eine zweite Art darstellen. Zunächst folgt aus (9) (rückwärts gelesen):

$$f'(x_1, x_2) = \frac{f(x_1)}{x_1 - x_2} + \frac{f(x_2)}{x_2 - x_1}. \tag{11}$$

Sodann aus (10) (rückwärts gelesen) für $k = 2$:

$$\begin{aligned} f''(x_1, x_2, x_3) &= \frac{f'(x_1, x_3) - f'(x_1, x_2)}{x_3 - x_2} \\ &= \frac{1}{x_3 - x_2}\left[\frac{f(x_1)}{x_1 - x_3} + \frac{f(x_3)}{x_3 - x_1} - \frac{f(x_1)}{x_1 - x_2} - \frac{f(x_2)}{x_2 - x_1}\right], \end{aligned}$$

oder nach leichter Umformung:

$$\left\{ \begin{aligned} f''(x_1, x_2, x_3) &= \frac{f(x_1)}{(x_1 - x_2)(x_1 - x_3)} \\ &\quad + \frac{f(x_2)}{(x_2 - x_1)(x_2 - x_3)} + \frac{f(x_3)}{(x_3 - x_1)(x_3 - x_2)}. \end{aligned} \right. \tag{12}$$

Allgemein ist

$$(13)\quad \begin{cases} f^{(k)}(x_1, \ldots, x_{k+1}) = \dfrac{f(x_1)}{(x_1 - x_2) \ldots (x_1 - x_{k+1})} \\ \qquad + \dfrac{f(x_2)}{(x_2 - x_1)(x_2 - x_3) \ldots (x_2 - x_{k+1})} + \cdots \\ \qquad + \dfrac{f(x_{k+1})}{(x_{k+1} - x_1) \ldots (x_{k+1} - x_k)}. \end{cases}$$

In der Tat, für $k = 2$ ist das soeben bewiesen worden; wenn die Formel aber für kleinere Werte von k richtig ist, so folgt aus (10) (rückwärts gelesen):

$$f^{(k)}(x_1, \ldots, x_{k+1}) = \frac{f^{(k-1)}(x_1, \ldots, x_{k-1}, x_{k+1}) - f^{(k-1)}(x_1, \ldots, x_{k-1}, x_k)}{x_{k+1} - x_k}$$

$$= \frac{1}{x_{k+1} - x_k}\Bigg[\frac{f(x_1)}{(x_1 - x_2) \ldots (x_1 - x_{k-1})(x_1 - x_{k+1})} + \cdots$$

$$+ \frac{f(x_{k-1})}{(x_{k-1} - x_1) \ldots (x_{k-1} - x_{k-2})(x_{k-1} - x_{k+1})}$$

$$+ \frac{f(x_{k+1})}{(x_{k+1} - x_1) \ldots (x_{k+1} - x_{k-1})} - \frac{f(x_1)}{(x_1 - x_2) \ldots (x_1 - x_k)} - \cdots$$

$$- \frac{f(x_{k-1})}{(x_{k-1} - x_1) \ldots (x_{k-1} - x_{k-2})(x_{k-1} - x_k)} - \frac{f(x_k)}{(x_k - x_1) \ldots (x_k - x_{k-1})}\Bigg].$$

Daraus geht aber durch eine leichte Umformung gerade die Formel (13) hervor, deren Allgemeingültigkeit damit bewiesen ist.

Besonders bemerkenswert ist die Formel (13), wenn darin

$$x_1 = n, \quad x_2 = n + 1, \ldots, \quad x_{k+1} = n + k$$

gesetzt wird, unter n eine der Zahlen $0, 1, 2, \ldots$ verstanden. Dann ergibt sich nämlich, wenn man die Summanden rechts in umgekehrter Reihenfolge anordnet:

$$f^{(k)}(n, n+1, \ldots, n+k) = \frac{f(n+k)}{k!} - \frac{f(n+k-1)}{(k-1)!\,1!}$$

$$+ \frac{f(n+k-2)}{(k-2)!\,2!} - \cdots + (-1)^k \frac{f(n)}{0!\,k!};$$

dafür kann man aber kürzer schreiben (nach § 14, Formel (4), wo nur die Zahlen n, k durch k, n zu ersetzen sind):

$$(14)\qquad f^{(k)}(n, n+1, \ldots, n+k) = \frac{1}{k!}\Delta^k f(n).$$

III. Seien $x_1, x_2, \ldots, x_m$ irgendwelche v o n e i n a n d e r v e r s c h i e d e n e Größen, ferner $y_1, y_2, \ldots, y_m$ beliebige Größen, die auch (teilweise oder sämtlich) einander gleich sein können. Nun stellen wir uns die folgende

Interpolationsaufgabe: E s s o l l e i n P o l y n o m $f(x)$ v o n g e r i n g e r e m a l s d e m m-t e n G r a d [1]) b e s t i m m t w e r d e n d e r a r t, d a ß d i e

[1]) Unter den Begriff „Polynom von geringerem als dem m-ten Grad" oder „Polynom höchstens $(m - 1)$-ten Grades" subsumieren wir hier und auch in Zukunft stets das Polynom 0, welches überhaupt keinen Grad hat.

Gleichungen gelten:

$$(15)\qquad f(x_1) = y_1,\quad f(x_2) = y_2, \ldots,\quad f(x_m) = y_m.$$

Wir werden sehen, daß es ein und nur ein solches Polynom gibt und seine Koeffizienten dem Körper $\mathfrak{K}(x_1, \ldots, x_m, y_1, \ldots, y_m)$ angehören. Zunächst erkennt man sofort, daß jedes Polynom von geringerem als dem m-ten Grad sich in die Gestalt

$$(16)\qquad \gamma_0 + \gamma_1 (x - x_1) + \gamma_2 (x - x_1)(x - x_2) + \cdots + \gamma_{m-1} (x - x_1)(x - x_2) \ldots (x - x_{m-1})$$

setzen läßt, wo die γ_ν Konstanten sind; der Beweis dafür verläuft genau wie auf S. 58 der Beweis der Formel (10). Man darf also auch das gesuchte Polynom $f(x)$ in dieser Form annehmen. Die geforderten Bedingungen (15) liefern dann der Reihe nach die Gleichungen

$$\begin{aligned}
y_1 &= \gamma_0,\\
y_2 &= \gamma_0 + \gamma_1 (x_2 - x_1),\\
y_3 &= \gamma_0 + \gamma_1 (x_3 - x_1) + \gamma_2 (x_3 - x_1)(x_3 - x_2),\\
&\ldots\ldots\ldots\ldots\ldots\ldots\ldots\ldots\\
y_m &= \gamma_0 + \gamma_1 (x_m - x_1) + \cdots + \gamma_{m-1} (x_m - x_1)(x_m - x_2) \cdots (x_m - x_{m-1}),
\end{aligned}$$

und aus diesen lassen sich, weil die x_ν alle voneinander verschieden sind, nacheinander die unbekannten Koeffizienten $\gamma_0, \gamma_1, \ldots, \gamma_{m-1}$ in eindeutiger Weise berechnen; offenbar gehören sie dem Körper $\mathfrak{K}(x_1, \ldots, x_m, y_1, \ldots, y_m)$ an, und damit ist unsere Behauptung bewiesen.

Man kann die Koeffizienten γ_k auch in expliziter Form angeben. Zunächst folgt nämlich aus der Formel (9) und aus (10) für $k = 2, 3, 4, \ldots$ mit leichter Änderung der Bezeichnung:

$$\begin{aligned}
f(x) &= f(x_1) + (x - x_1) f'(x_1, x),\\
f'(x_1, x) &= f'(x_1, x_2) + (x - x_2) f''(x_1, x_2, x),\\
f''(x_1, x_2, x) &= f''(x_1, x_2, x_3) + (x - x_3) f'''(x_1, x_2, x_3, x),\\
&\ldots\ldots\ldots\ldots\ldots\ldots
\end{aligned}$$

Dieses Gleichungssystem denken wir uns solange fortgesetzt, bis die späteren Steigungen identisch verschwinden. Wenn man dann die Gleichungen der Reihe nach mit

$$1,\quad x - x_1,\quad (x - x_1)(x - x_2),\quad (x - x_1)(x - x_2)(x - x_3), \ldots$$

multipliziert und zueinander addiert, erhält man nach Unterdrückung der sich beiderseits aufhebenden Terme die Formel:

$$(17)\quad f(x) = f(x_1) + (x - x_1) f'(x_1, x_2) + (x - x_1)(x - x_2) f''(x_1, x_2, x_3) + \cdots.$$

Dabei dürfen die x_ν auch (alle oder zum Teil) einander gleich sein, und die Summe auf der rechten Seite muß so weit fortgesetzt werden, bis alle folgenden Glieder identisch verschwinden würden. Die Gleichung (17) heißt die Newtonsche Interpolationsformel. Sie gibt die Lösung unserer Interpolationsaufgabe; denn der Vergleich mit dem Ansatz (16) lehrt, daß

$$\gamma_0 = f(x_1), \qquad \gamma_1 = f'(x_1, x_2), \qquad \gamma_2 = f''(x_1, x_2, x_3), \ldots$$

ist. Setzt man hier für die Steigungen die in (11) und (13) angegebenen Ausdrücke ein und beachtet die Forderungen (15), so findet man:

$$\gamma_0 = y_1,$$

$$\gamma_1 = \frac{y_1}{x_1 - x_2} + \frac{y_2}{x_2 - x_1},$$

und allgemein für $k = 2, 3, \ldots, m-1$:

$$\gamma_k = \frac{y_1}{(x_1 - x_2)\ldots(x_1 - x_{k+1})} + \frac{y_2}{(x_2 - x_1)(x_2 - x_3)\ldots(x_2 - x_{k+1})} + \cdots$$
$$+ \frac{y_{k+1}}{(x_{k+1} - x_1)\ldots(x_{k+1} - x_k)}.$$

Damit ist die explizite Bestimmung der γ_k geleistet.

In der Newtonschen Interpolationsformel (17) ist auch der Taylorsche Satz als Spezialfall enthalten. Wenn nämlich alle darin vorkommenden Größen $x_1, x_2, \ldots$, mit Ausnahme der Variabeln x, einander gleich, etwa gleich a, gesetzt werden, ergibt sich mit Benutzung von (8):

$$f(x) = f(a) + (x-a) f'(a) + \frac{(x-a)^2}{2!} f''(a) + \frac{(x-a)^3}{3!} f'''(a) + \cdots,$$

und das ist gerade die Formel des Taylorschen Satzes (§ 15, Fl. (4)).

Ein weiterer bemerkenswerter Spezialfall der Formel (17) entsteht für

$$x_1 = 0, \; x_2 = 1, \; x_3 = 2, \ldots.$$

Mit Benutzung von (14) erhält man dann nämlich die Formel

$$f(x) = f(0) + \frac{x}{1} \Delta f(0) + \frac{x(x-1)}{1 \cdot 2} \Delta^2 f(0) + \frac{x(x-1)(x-2)}{1 \cdot 2 \cdot 3} \Delta^3 f(0) + \cdots,$$

der wir früher schon in anderem Zusammenhang begegnet sind (vgl. Satz 23).

IV. Die oben formulierte Interpolationsaufgabe läßt sich noch auf eine zweite Art lösen. Für jedes Polynom von geringerem als dem m-ten Grad gilt nämlich die Identität:

$$(18) \quad \begin{cases} f(x) = f(x_1) \dfrac{(x - x_2)\ldots(x - x_m)}{(x_1 - x_2)\ldots(x_1 - x_m)} \\ \qquad + f(x_2) \dfrac{(x - x_1)(x - x_3)\cdots(x - x_m)}{(x_2 - x_1)(x_2 - x_3)\ldots(x_2 - x_m)} + \cdots \\ \qquad + f(x_m) \dfrac{(x - x_1)\ldots(x - x_{m-1})}{(x_m - x_1)\ldots(x_m - x_{m-1})}, \end{cases}$$

die als Lagrangesche Interpolationsformel bezeichnet wird. In der Tat ist die rechte Seite ein Polynom der Variabeln x von geringerem als dem m-ten Grad. Bezeichnet man es zunächst mit $\varphi(x)$, so ist offenbar

$$\varphi(x_1) = f(x_1), \qquad \varphi(x_2) = f(x_2), \ldots, \qquad \varphi(x_m) = f(x_m).$$

Da wir schon gesehen haben, daß es nur ein Polynom von geringerem als dem m-ten Grad gibt, das für $x = x_1, x_2, \ldots, x_m$ in m vorgegebene Größen $f(x_1)$, $f(x_2), \ldots, f(x_m)$ übergeht, und da anderseits die Polynome $f(x)$ und $\varphi(x)$ beide diese Eigenschaft haben, so müssen sie miteinander identisch sein, und damit ist Formel (18) bewiesen.

Mit Formel (18) ist unsere Interpolationsaufgabe wieder gelöst; man hat nur nötig, auf der rechten Seite für $f(x_1), \ldots, f(x_m)$ die vorgeschriebenen Größen $y_1, \ldots, y_m$ einzusetzen.

Der Formel (18) kann man noch eine bequemere Gestalt geben; wenn man zur Abkürzung

$$(x - x_1)(x - x_2)\ldots(x - x_m) = \Omega(x)$$

setzt. Dann ist nach Fl. (5) und (5 b) des § 15

$$\Omega'(x_1) = (x_1 - x_2)(x_1 - x_3)\ldots(x_1 - x_m),$$

so daß der erste Summand in (18) gleich

$$\frac{f(x_1)}{\Omega'(x_1)} \frac{\Omega(x)}{x - x_1}$$

ist. In entsprechender Weise können die folgenden Summanden geschrieben werden, wodurch die Formel (18) übergeht in

$$\text{(18a)} \quad \begin{cases} f(x) = \sum_{\mu=1}^{m} \frac{f(x_\mu)}{\Omega'(x_\mu)} \frac{\Omega(x)}{x - x_\mu}, \\ \text{wobei } \Omega(x) = (x - x_1)(x - x_2)\ldots(x - x_m). \end{cases}$$

Wir wollen aus Formel (18) noch eine bemerkenswerte Folgerung ziehen. Ordnet man die rechte Seite nach Potenzen von x, so erhält x^{m-1} den Koeffizienten

$$\frac{f(x_1)}{(x_1 - x_2)\ldots(x_1 - x_m)} + \frac{f(x_2)}{(x_2 - x_1)(x_2 - x_3)\ldots(x_2 - x_m)} + \cdots + \frac{f(x_m)}{(x_m - x_1)\ldots(x_m - x_{m-1})}.$$

Wenn nun das Polynom $f(x)$, welches von geringerem als dem m-ten Grad sein mußte, sogar höchstens vom Grad $m - 2$ ist, so kommt die Potenz x^{m-1} nicht darin vor, hat also den Koeffizienten 0. Somit ergibt sich die Formel:

$$\text{(19)} \quad \begin{cases} \frac{f(x_1)}{(x_1 - x_2)\ldots(x_1 - x_m)} + \frac{f(x_2)}{(x_2 - x_1)(x_2 - x_3)\ldots(x_2 - x_m)} + \cdots \\ \qquad + \frac{f(x_m)}{(x_m - x_1)\ldots(x_m - x_{m-1})} = 0 \\ \text{für jedes Polynom } f(x), \text{ dessen Grad höchstens } m - 2 \text{ ist.} \end{cases}$$

In dem Polynom $f(x) = x^{m-1}$ dagegen hat x^{m-1} den Koeffizienten 1, und man erhält somit die weitere Formel:

$$\text{(20)} \quad \begin{cases} \frac{x_1^{m-1}}{(x_1 - x_2)\ldots(x_1 - x_m)} + \frac{x_2^{m-1}}{(x_2 - x_1)(x_2 - x_3)\ldots(x_2 - x_m)} + \cdots \\ \qquad + \frac{x_m^{m-1}}{(x_m - x_1)\ldots(x_m - x_{m-1})} = 1. \end{cases}$$

Die Formel (19) folgt übrigens auch aus (13), indem man $k + 1 = m$ setzt und beachtet, daß die k-te Steigung eines Polynoms von geringerem als dem k-ten Grad identisch verschwindet. Ebenso folgt auch (20) aus (13), da ja die $(m - 1)$-te Steigung von x^{m-1} gleich 1 ist.

§ 18. Einige bemerkenswerte Eigenschaften rationaler Funktionen.

I. Aus der Lagrangeschen Interpolationsformel (18) des vorigen Paragraphen folgt leicht

Satz 28. *Ist $f(x)$ ein Polynom und sind m voneinander verschiedene Größen $x_1, x_2, \ldots, x_m$ bekannt derart, daß*

$$f(x_1) = 0, \quad f(x_2) = 0, \ldots, \quad f(x_m) = 0,$$

dann ist das Polynom $f(x)$ mindestens vom m-ten Grad oder es verschwindet identisch.

Denn wenn $f(x)$ von geringerem als dem m-ten Grad ist, so gilt ja die genannte Formel (18), aus der man dann $f(x) = 0$ abliest.

Ob es bei einem Polynom m-ten oder höheren Grades wirklich solche Größen $x_1, \ldots, x_m$ gibt, wird erst im sechsten Kapitel untersucht werden. Hier ziehen wir aus Satz 28 nur die Folgerung, daß es bei jedem nicht identisch verschwindenden Polynom $f(x)$ in einer gegebenen unendlichen Menge M von Größen jedenfalls unendlich viele Größen λ gibt, für die $f(\lambda) \neq 0$ ist; denn wenn $f(x)$ etwa vom n-ten Grad ist, so hat nach Satz 28 unter je $n + 1$ Größen schon mindestens eine diese Eigenschaft. Nimmt man für M die Menge der ganzen Zahlen, so sieht man insbesondere, daß es unendlich viele ganze Zahlen λ gibt, für die $f(\lambda) \neq 0$ ist. Nunmehr beweisen wir gleich den allgemeineren

Satz 29. *Sind*

$$f_1(x_1, x_2, \ldots, x_k), \quad f_2(x_1, x_2, \ldots, x_k), \ldots, \quad f_n(x_1, x_2, \ldots, x_k)$$

irgendwelche nicht identisch verschwindende Polynome und ist M irgendeine unendliche Menge von Größen, z. B. die Menge der ganzen Zahlen, so kann man für die Variabeln $x_1, x_2, \ldots, x_k$ auf unendlich viele Arten solche Größen $\lambda_1, \lambda_2, \ldots, \lambda_k$ der Menge M setzen, daß

$$f_\nu(\lambda_1, \lambda_2, \ldots, \lambda_k) \neq 0 \quad \text{für} \quad \nu = 1, 2, \ldots, n.$$

Nach Satz 8 ist das Produkt

$$f_1 f_2 \ldots f_n = F(x_1, x_2, \ldots, x_k)$$

ein nicht identisch verschwindendes Polynom. Es genügt zu zeigen, daß es unendlich viele Systeme von k Größen $\lambda_1, \ldots, \lambda_k$ der Menge M gibt, für welche

$$F(\lambda_1, \lambda_2, \ldots, \lambda_k) \neq 0$$

ist; dann ist nämlich von selbst auch

$$f_\nu(\lambda_1, \lambda_2, \ldots, \lambda_k) \neq 0 \quad \text{für} \quad \nu = 1, 2, \ldots, n.$$

Wenn nun die Variabelnzahl $k = 1$ ist, so kann man nach dem oben

Bemerkten für x_1 unendlich viele Größen λ_1 der Menge M setzen, so daß $F(\lambda_1) \neq 0$, womit der Satz für $k = 1$ bewiesen ist. Allgemein ergibt er sich nun durch den Schluß von $k-1$ auf k. Nehmen wir also an, für $k-1$ Variable sei der Satz bereits als richtig erkannt. Das Polynom $F(x_1, \ldots, x_k)$ sei in bezug auf x_k vom m-ten Grad, also

$$F(x_1, \ldots, x_k) = g_0(x_1, \ldots, x_{k-1})\, x_k^m + \cdots + g_m(x_1, \ldots, x_{k-1}),$$

wo jedenfalls $g_0(x_1, \ldots, x_{k-1})$ nicht identisch verschwindet. Da der Satz für $k-1$ Variable bereits gelten soll, kann man gewisse Größen $\lambda_1, \ldots, \lambda_{k-1}$ der Menge M angeben, so daß

$$g_0(\lambda_1, \ldots, \lambda_{k-1}) \neq 0.$$

Dann ist aber $F(\lambda_1, \ldots, \lambda_{k-1}, x_k)$ ein nicht identisch verschwindendes Polynom der einen Variabeln x_k, und folglich gibt es in der Menge M unendlich viele Größen λ_k derart, daß

$$F(\lambda_1, \ldots, \lambda_{k-1}, \lambda_k) \neq 0$$

ist; w. z. b. w.

Als Anwendung beweisen wir die Formel

$$\sum_{\nu=0}^{n} \binom{x}{\nu}\binom{y}{n-\nu} = \binom{x+y}{n} \qquad (n = 0, 1, 2, \ldots). \tag{1}$$

Die Differenz der linken und rechten Seite ist nämlich ein Polynom $f(x, y)$, und wenn dieses nicht identisch verschwinden würde, so gäbe es nach Satz 29 unter den unendlich vielen positiven ganzen Zahlen, die größer als n sind, auch solche λ, μ, für die $f(\lambda, \mu) \neq 0$ wäre. Solche λ, μ gibt es aber in Wahrheit nicht. Denn, unter z eine Variable verstehend, hat man die Formel

$$(1+z)^\lambda (1+z)^\mu = (1+z)^{\lambda+\mu},$$

oder mit Anwendung des binomischen Satzes

$$\left[\binom{\lambda}{0} + \binom{\lambda}{1}z + \cdots + \binom{\lambda}{\lambda}z^\lambda\right]\left[\binom{\mu}{0} + \binom{\mu}{1}z + \cdots + \binom{\mu}{\mu}z^\mu\right]$$
$$= \binom{\lambda+\mu}{0} + \binom{\lambda+\mu}{1}z + \cdots + \binom{\lambda+\mu}{\lambda+\mu}z^{\lambda+\mu}.$$

Multipliziert man links aus und setzt dann die Koeffizienten von z^n links und rechts einander gleich, so ergibt sich:

$$\sum_{\nu=0}^{n} \binom{\lambda}{\nu}\binom{\mu}{n-\nu} = \binom{\lambda+\mu}{n},$$

oder also $f(\lambda, \mu) = 0$.

II. Eine rationale Funktion läßt sich auf Grund der Gleichheitsdefinition des § 9 auf mehrere verschiedene Arten als Quotient von Polynomen darstellen. Hier gilt nun der folgende wichtige Satz:

Satz 30. *Kann man eine rationale Funktion von k Variabeln $x_1, \ldots, x_k$ so darstellen, daß x_1 nicht vorkommt, kann man sie außerdem auch so darstellen, daß x_2 nicht vorkommt (wohl aber vielleicht x_1) usw., kann man sie schließlich* *auch so darstellen, daß x_k nicht vorkommt, so ist sie eine Konstante des durch die Koeffizienten dieser verschiedenen Darstellungen bestimmten Körpers*[1]).

Beweis. Sei $R(x_1, \ldots, x_k)$ die rationale Funktion und $\mathfrak{k}$ der erwähnte Körper. Für $k = 1$ ist der Satz trivial; wir wollen daher wieder den Schluß von $k - 1$ auf k anwenden und also bereits als richtig annehmen, die Funktion sei, als Funktion von $x_1, \ldots, x_{k-1}$ allein betrachtet, eine Konstante des Körpers $\mathfrak{K}(\mathfrak{k}, x_k)$. Sei also

$$R(x_1, \ldots, x_k) = \frac{f(x_k)}{g(x_k)}, \tag{2}$$

wo f, g Polynome mit Koeffizienten aus $\mathfrak{k}$ sind. Nach Voraussetzung ist aber auch eine von x_k freie Darstellung mit Koeffizienten aus $\mathfrak{k}$ möglich, etwa

$$R(x_1, \ldots, x_k) = \frac{\varphi(x_1, \ldots, x_{k-1})}{\psi(x_1, \ldots, x_{k-1})}. \tag{3}$$

Die hiernach bestehende Identität

$$\frac{f(x_k)}{g(x_k)} = \frac{\varphi(x_1, \ldots, x_{k-1})}{\psi(x_1, \ldots, x_{k-1})} \tag{4}$$

muß richtigbleiben, wenn man für die Variable x_k irgendeine andere Größe einsetzt, sofern dann kein Nenner verschwindet. Nun kann man aber nach Satz 29 für x_k eine ganze Zahl λ setzen, so daß $g(\lambda)$ nicht verschwindet. Aus (4) folgt dann:

$$\frac{f(\lambda)}{g(\lambda)} = \frac{\varphi(x_1, \ldots, x_{k-1})}{\psi(x_1, \ldots, x_{k-1})}. \tag{5}$$

Durch Vergleich von (3) und (5) erhält man aber:

$$R(x_1, \ldots, x_k) = \frac{f(\lambda)}{g(\lambda)},$$

und das ist in der Tat eine Konstante des Körpers $\mathfrak{k}$.

Von ähnlichem Charakter wie Satz 30 ist auch

Satz 31. *Kann eine rationale Funktion von k Variabeln $x_1, \ldots, x_k$ so als Quotient von Polynomen dargestellt werden, daß x_1 nicht im Nenner auftritt, und auch so, daß x_2 nicht im Nenner auftritt (wohl aber vielleicht x_1) usw., und schließlich auch so, daß x_k nicht im Nenner auftritt, und ist $\mathfrak{k}$ der durch die Koeffizienten dieser verschiedenen Darstellungen bestimmte Körper, so ist die Funktion ein* Polynom *mit Koeffizienten aus dem Körper $\mathfrak{k}$.*

---

[1]) Würde man den Satz so formulieren: „Wenn eine rationale Funktion von x_1 unabhängig ist, wenn sie auch von x_2 unabhängig ist usw., wenn sie schließlich auch von x_k unabhängig ist, so ist sie von $x_1, x_2, \ldots, x_k$ unabhängig", so erschiene er als triviale Tautologie und keines Beweises bedürftig. Es wäre aber doch ein grober, lediglich durch die nicht einwandfreie sprachliche Formulierung hervorgerufener Gedankenfehler, wenn man ihn für selbstverständlich halten wollte. Aber hier führt die falsche Sprache wenigstens nicht zu einem falschen Satz, wie das in der Analysis vielfach der Fall ist, wo z. B. der als ebensolche Tautologie erscheinende Satz „Wenn $f(x, y)$ eine stetige Funktion von x ist und wenn $f(x, y)$ auch eine stetige Funktion von y ist, so ist $f(x, y)$ eine stetige Funktion von x und y" bekanntlich nicht nur nicht selbstverständlich, sondern sogar falsch ist.

Zum Beweis sei $R(x_1, \ldots, x_k)$ die rationale Funktion. Für $k = 1$ ist der Satz trivial. Wir wollen daher wieder den Schluß von $k-1$ auf k anwenden und also bereits als richtig annehmen, die Funktion sei als Funktion der $k-1$ Variabeln $x_1, \ldots, x_{k-1}$ ein Polynom mit Koeffizienten aus dem Körper $\mathfrak{K}(\mathfrak{k}, x_k)$; diese Koeffizienten denken wir auf gemeinsamen Nenner $G(x_k)$ gebracht, wo $G(x_k)$ ein Polynom mit Koeffizienten aus $\mathfrak{k}$ ist (vgl. den Schlußabsatz von § 9 II). Dann ist also

$$R(x_1, \ldots, x_k) = \frac{F(x_1, \ldots, x_k)}{G(x_k)}, \tag{6}$$

wo F, G Polynome mit Koeffizienten aus $\mathfrak{k}$ sind. Anderseits gibt es aber nach Voraussetzung auch eine Darstellung

$$R(x_1, \ldots, x_k) = \frac{P(x_1, \ldots, x_k)}{Q(x_1, \ldots, x_{k-1})}, \tag{7}$$

wo P, Q Polynome mit Koeffizienten aus $\mathfrak{k}$ sind. Die hiernach bestehende Identität

$$P(x_1, \ldots, x_{k-1}, x_k) = \frac{F(x_1, \ldots, x_{k-1}, x_k)\, Q(x_1, \ldots, x_{k-1})}{G(x_k)} \tag{8}$$

muß richtig bleiben, wenn man für x_k irgendeine spezielle Größe setzt, für die $G(x_k)$ nicht verschwindet. Nach Satz 29 sind für x_k z. B. unendlich viele ganze Zahlen zulässig. Nun ist $P(x_1, \ldots, x_k)$ in bezug auf x_k von einem gewissen Grad. Ist m eine ganze Zahl, die größer ist als dieser Grad, so wollen wir für x_k der Reihe nach m zulässige ganze Zahlen $\lambda_1, \ldots, \lambda_m$ wählen. Nach der Lagrangeschen Interpolationsformel (18) des § 17, angewandt auf $P(x_1, \ldots, x_k)$ als Polynom von x_k, ist dann

$$\begin{aligned} P(x_1, \ldots, x_{k-1}, x_k) = P(x_1, \ldots, x_{k-1}, \lambda_1) \frac{(x_k - \lambda_2) \ldots (x_k - \lambda_m)}{(\lambda_1 - \lambda_2) \ldots (\lambda_1 - \lambda_m)} + \cdots \\ + P(x_1, \ldots, x_{k-1}, \lambda_m) \frac{(x_k - \lambda_1) \ldots (x_k - \lambda_{m-1})}{(\lambda_m - \lambda_1) \ldots (\lambda_m - \lambda_{m-1})}. \end{aligned}$$

Setzt man hier für P auf der rechten Seite den aus (8) hervorgehenden Ausdruck, so bekommen alle Glieder den gemeinsamen Faktor $Q(x_1, \ldots, x_{k-1})$; indem man durch diesen dividiert, entsteht nach (7) auf der linken Seite $R(x_1, \ldots, x_k)$, und man erhält:

$$\begin{aligned} R(x_1, \ldots, x_k) = \frac{F(x_1, \ldots, x_{k-1}, \lambda_1)}{G(\lambda_1)} \frac{(x_k - \lambda_2) \ldots (x_k - \lambda_m)}{(\lambda_1 - \lambda_2) \ldots (\lambda_1 - \lambda_m)} + \cdots \\ + \frac{F(x_1, \ldots, x_{k-1}, \lambda_m)}{G(\lambda_m)} \frac{(x_k - \lambda_1) \ldots (x_k - \lambda_{m-1})}{(\lambda_m - \lambda_1) \cdots (\lambda_m - \lambda_{m-1})}, \end{aligned}$$

also in der Tat ein Polynom mit Koeffizienten aus $\mathfrak{k}$.

Drittes Kapitel.

Determinanten.

§ 19. Definition und einfachste Eigenschaften der Determinanten.

I. Eine besonders wichtige Klasse von Polynomen mehrerer Variabeln sind die Determinanten. Sie wurden von Cramer in die Mathematik eingeführt, der auf dem knappen Raum von drei Seiten ihr Bildungsgesetz klar beschrieben und die Auflösung linearer Gleichungen in der Formulierung, die wir in Satz 43 geben werden, gelehrt hat. Mangels einer zweckmäßigen Bezeichnungsweise machte aber unter Vandermonde u. a. die Theorie zunächst nur geringe Fortschritte. Erst Cauchy hat im wesentlichen die heutige Bezeichnungsweise eingeführt und die Determinanten systematisch untersucht. Dann hat namentlich Jacobi ihre Theorie weiter entwickelt, die heute zum unentbehrlichsten Rüstzeug nicht nur der Algebra, sondern der gesamten Mathematik gehört [1]). Hier sollen in der Hauptsache nur die Sätze entwickelt werden, die wir für den Aufbau der Algebra unmittelbar brauchen; für weiteres muß auf die Speziallehrbücher verwiesen werden [2]).

Wir denken uns n^2 Größen ($n \geqq 2$) in ein quadratisches Schema von n Zeilen und n Spalten geordnet:

$$\left\{\begin{array}{llll} a_{11} & a_{12} & \ldots & a_{1n} \\ a_{21} & a_{22} & \ldots & a_{2n} \\ \cdot & \cdot & \cdot & \cdot \\ a_{n1} & a_{n2} & \ldots & a_{nn}. \end{array}\right. \tag{1}$$

---

[1]) Gabriel Cramer, Introduction à l'analyse des lignes courbes algébriques. Genf 1750. S. 657—659. — Vandermonde, Mémoire sur la résolution des équations (Histoire de l'académie des sciences avec les mémoires de mathématique et de physique 1771, S. 389 ff.). Mémoire sur l'élimination (Ibid. 1772, S. 516—532). — A. Cauchy, Mémoire sur les fonctions qui ne peuvent obtenir que deux valeurs egales et de signes contraires par suite des transpositions opérées entre les variables qu'elles renferment (Journal de l'école polytechnique X, 1815, S. 29—112; im Institut de France gelesen 1812). — C. G. J. Jacobi, De formatione et proprietatibus determinantium (Crelles Journal 22, 1841, S. 285—318 = Werke Bd. 3); de determinantibus functionalibus (Crelles Journal 22, 1841, S. 319—352 = Werke Bd. 3).

[2]) Genannt sei: Gerhard Kowalewski, Einführung in die Determinantentheorie einschließlich der Fredholmschen Determinanten. Zweite Aufl. Berlin und Leipzig 1925.

Ist $k_1, k_2, \ldots, k_n$ irgendeine Permutation der Zahlen $1, 2, \ldots, n$, so bilden wir das Produkt

$$(-1)^{\varkappa} a_{1k_1} a_{2k_2} \ldots a_{nk_n},$$

wo $\varkappa$ gleich 0 oder 1 sein soll, je nachdem die Permutation eine gerade oder ungerade ist; da eine gerade (ungerade) Permutation eine gerade (ungerade) Zahl von Inversionen hat, kann man unter $\varkappa$ auch die Anzahl der Inversionen verstehen (vgl. § 11 II). Entsprechend den $n!$ Permutationen erhält man $n!$ solche Produkte; jedes Produkt enthält aus jeder Zeile des Schemas (1) genau einen Faktor und ebenso aus jeder Spalte. Die Summe dieser $n!$ Produkte

$$(2) \qquad \sum_{k_1 \ldots k_n} (-1)^{\varkappa} a_{1k_1} a_{2k_2} \ldots a_{nk_n}$$

heißt die Determinante des Größenschemas (1) und wird mit

$$\begin{vmatrix} a_{11} & a_{12} \ldots a_{1n} \\ a_{21} & a_{22} \ldots a_{2n} \\ \cdot & \cdot \quad \cdot \quad \cdot \\ a_{n1} & a_{n2} \ldots a_{nn} \end{vmatrix}$$

bezeichnet (n-reihige Determinante); die $a_{\lambda\mu}$ heißen die Elemente der Determinante. Diese gehört nach ihrer Bildungsweise dem durch ihre Elemente bestimmten Ring an; insbesondere ist sie, wenn die n^2 Elemente unabhängige Variable sind, ein homogenes Polynom n-ten Grades dieser Variabeln. Da das Vorzeichen $(-1)^{\varkappa}$ gleich $+1$ oder -1 ist, je nachdem die Permutation eine gerade oder ungerade ist, so hat nach Satz 14 genau die Hälfte der Determinantenglieder das positive und die Hälfte das negative Vorzeichen.

Wir hatten $n \geqq 2$ angenommen; doch werden wir gelegentlich auch von einer einreihigen Determinante $|a|$ reden, worunter dann die Größe a selbst zu verstehen ist: $|a| = a$. Wenn die Größe a eine Zahl ist, kann die Schreibweise $|a|$ allerdings zur Verwechslung mit dem absoluten Betrag Veranlassung geben. Doch wird das nach dem Zusammenhang stets ausgeschlossen sein.

Für $n = 2, 3$ ergibt sich, wenn die Elemente etwas einfacher bezeichnet werden:

$$\begin{vmatrix} a & b \\ c & d \end{vmatrix} = ad - bc,$$

$$\begin{vmatrix} a_1 & a_2 & a_3 \\ b_1 & b_2 & b_3 \\ c_1 & c_2 & c_3 \end{vmatrix} = a_1 b_2 c_3 - a_1 b_3 c_2 - a_2 b_1 c_3 + a_2 b_3 c_1 + a_3 b_1 c_2 - a_3 b_2 c_1.$$

II. Aus der Definition der Determinante ergeben sich leicht ihre wichtigsten Eigenschaften:

Satz 32. *Eine Determinante bleibt unverändert, wenn man die Spalten zu Zeilen macht:*

$$\begin{vmatrix} a_{11} & a_{21} \dots a_{n1} \\ a_{12} & a_{22} \dots a_{n2} \\ \cdot & \cdot \quad \cdot \quad \cdot \\ a_{1n} & a_{2n} \dots a_{nn} \end{vmatrix} = \begin{vmatrix} a_{11} & a_{12} \dots a_{1n} \\ a_{21} & a_{22} \dots a_{2n} \\ \cdot & \cdot \quad \cdot \quad \cdot \\ a_{n1} & a_{n2} \dots a_{nn} \end{vmatrix}.$$

In der Tat, die rechtsstehende Determinante ist nach Definition gleich der Summe (2). Nun läßt sich aber das allgemeine Glied dieser Summe durch Umstellen der Faktoren auf die Form bringen:

$$(-1)^{\varkappa} a_{l_1 1} a_{l_2 2} \dots a_{l_n n}.$$

Dabei durchläuft die Permutation $l_1, \dots, l_n$, wenn $k_1, \dots, k_n$ alle $n!$ Permutationen durchläuft, offenbar lauter verschiedene, also ebenfalls alle $n!$ Permutationen. Außerdem ist aber $l_1, \dots, l_n$ gleichzeitig mit $k_1, \dots, k_n$ gerade oder ungerade. Denn wenn $k_1, \dots, k_n$ gerade (ungerade) ist, so kann die Umstellung der Faktoren dadurch bewirkt werden, daß man eine gerade (ungerade) Anzahl von Malen je zwei Faktoren vertauscht (S. 45). Dadurch werden jedesmal auch zwei vordere Indizes vertauscht, so daß die Permutation der vorderen Indizes nach Satz 12 jedesmal ihre Klasse wechselt. Da zu Anfang die gerade Permutation $1, 2, \dots, n$ vorlag, wird die Schlußpermutation $l_1, \dots, l_n$ gerade (ungerade) sein. Die rechtsstehende Determinante in Satz 32 ist also auch gleich

$$\sum_{l_1 \dots l_n} (-1)^{\varkappa} a_{l_1 1} a_{l_2 2} \dots a_{l_n n},$$

wobei $\varkappa = 0$ oder 1 ist, je nachdem die Permutation $l_1, l_2, \dots, l_n$ gerade oder ungerade ist. Dieselbe Summe ist aber auf Grund der Determinantendefinition auch gleich der in Satz 32 linksstehenden Determinante.

Satz 33. *Wenn in einer Determinante zwei Zeilen oder zwei Spalten vertauscht werden, so multipliziert sie sich mit* -1.

Wegen Satz 32 genügt es, den Beweis für die Zeilen zu führen. Wir wollen etwa die λ-te und die μ-te Zeile vertauschen, wo $\lambda < \mu$ sein mag. Vor der Vertauschung ist die Determinante gleich

$$(3) \qquad \sum_{k_1 \dots k_n} (-1)^{\varkappa} a_{1k_1} \dots a_{\lambda k_\lambda} \dots a_{\mu k_\mu} \dots a_{nk_n};$$

nach der Vertauschung aber:

$$(4) \qquad \sum_{k_1 \dots k_n} (-1)^{\varkappa'} a_{1k_1} \dots a_{\mu k_\mu} \dots a_{\lambda k_\lambda} \dots a_{nk_n}.$$

Dabei ist $\varkappa = 0$ oder 1, je nachdem die Permutation

$$(5) \qquad k_1, \dots, k_\lambda, \dots, k_\mu, \dots, k_n$$

gerade oder ungerade ist, und es ist $\varkappa' = 0$ oder 1, je nachdem die Permutation

$$(6) \qquad k_1, \dots, k_\mu, \dots, k_\lambda, \dots, k_n$$

gerade oder ungerade ist. Nach Satz 12 gehören aber die beiden Permutationen (5) und (6) verschiedenen Klassen an; also ist stets $\varkappa' = 0$ oder 1, je nachdem $\varkappa = 1$ oder 0 ist. Die Summe in (4) entsteht also aus der Summe in (3) durch Multiplikation mit -1.

Satz 34. *Eine Determinante mit zwei gleichen Zeilen oder Spalten ist gleich* 0.

Bezeichnet man sie nämlich mit A, so muß sie bei Vertauschung der zwei gleichen Zeilen oder Spalten einerseits unverändert bleiben, anderseits nach Satz 33 in $-$ A übergehen. Daher ist A $= -$ A, oder also 2 A $= 0$ und folglich A $= 0$.

Satz 35. *Wenn in einer Determinante die Elemente einer Zeile oder Spalte mit einem Faktor* c *multipliziert werden, so multipliziert sich die ganze Determinante mit* c.

Das folgt ohne weiteres aus der Determinantendefinition, weil ja jedes einzelne Glied der Summe (2) mit c multipliziert wird. Da insbesondere auch $c = 0$ sein darf, so folgt weiter

Satz 36. *Wenn in einer Determinante alle Elemente einer Zeile oder einer Spalte gleich* 0 *sind, so ist die Determinante gleich* 0.

Ferner beweisen wir

Satz 37. *Eine Determinante bleibt unverändert, wenn man zu den Elementen einer Zeile oder Spalte die mit einem beliebigen Faktor* c *multiplizierten gleichstelligen Elemente einer anderen Zeile oder Spalte addiert, ebenso, wenn man sie davon subtrahiert.*

Es genugt wieder, den Satz für die Zeilen zu beweisen. Addiert man aber zu den Elementen der λ-ten Zeile die mit c multiplizierten gleichstelligen Elemente der μ-ten Zeile oder subtrahiert sie davon, ersetzt man also $a_{\lambda k}$ durch $a_{\lambda k} \pm c a_{\mu k}$, so geht die Determinante über in:

$$\sum_{k_1 \ldots k_n} (-1)^\varkappa a_{1k_1} \ldots (a_{\lambda k_\lambda} \pm c a_{\mu k_\lambda}) \ldots a_{nk_n}$$
$$= \sum_{k_1 \ldots k_n} (-1)^\varkappa a_{1k_1} \ldots a_{\lambda k_\lambda} \ldots a_{nk_n} \pm c \sum_{k_1 \ldots k_n} (-1)^\varkappa a_{1k_1} \ldots a_{\mu k_\lambda} \ldots a_{nk_n}.$$

Dabei ist aber die erste Summe der rechten Seite gerade die ursprüngliche Determinante, und die zweite Summe ist eine Determinante, deren λ-te Zeile mit der μ-ten übereinstimmt, nach Satz 34 also gleich 0.

Fur viele Zwecke ist auch die Regel nützlich, die sich in folgender Formel ausdruckt:

$$(7) \qquad \begin{vmatrix} a_{11} & a_{12} & \ldots & a_{1n} \\ \cdot & \cdot & \cdot & \cdot \\ a_{n-1,1} & a_{n-1,2} & \ldots & a_{n-1,n} \\ \sum\limits_\mu b_{\mu 1} & \sum\limits_\mu b_{\mu 2} & \ldots & \sum\limits_\mu b_{\mu n} \end{vmatrix} = \sum_\mu \begin{vmatrix} a_{11} & a_{12} & \ldots & a_{1n} \\ \cdot & \cdot & \cdot & \cdot \\ a_{n-1,1} & a_{n-1,2} & \ldots & a_{n-1,n} \\ b_{\mu 1} & b_{\mu 2} & \ldots & b_{\mu n} \end{vmatrix}.$$

Diese folgt sogleich aus der Determinantendefinition, wonach die linke Seite von (7) gleich

$$\sum_{k_1 \ldots k_n} (-1)^\varkappa a_{1k_1} \ldots a_{n-1,k_{n-1}} \sum_\mu b_{\mu k_n} = \sum_\mu \sum_{k_1 \ldots k_n} (-1)^\varkappa a_{1k_1} \ldots a_{n-1,k_{n-1}} b_{\mu k_n}$$

ist. In dem letzten Ausdruck ist nun die innere Summe gleich der Determinante, die auf der rechten Seite der Formel (7) steht, womit diese Formel bewiesen ist.

Indem man die Spalten zu Zeilen macht (Satz 32), ergibt sich mit leichter Änderung der Bezeichnung aus (7) die weitere Formel:

$$(8)\qquad \begin{vmatrix} a_{11} \dots a_{1,n-1} \sum\limits_{\mu} b_{1\mu} \\ \dots\dots\dots \\ a_{n1} \dots a_{n,n-1} \sum\limits_{\mu} b_{n\mu} \end{vmatrix} = \sum_{\mu} \begin{vmatrix} a_{11} \dots a_{1,n-1} \; b_{1\mu} \\ \dots\dots\dots \\ a_{n1} \dots a_{n,n-1} \; b_{n\mu} \end{vmatrix}.$$

Analoge Formeln erhält man, wenn man die Summen $\sum\limits_{\mu} b_{\mu\lambda}$ bzw. $\sum\limits_{\mu} b_{\lambda\mu}$ nicht in die letzte, sondern in eine beliebige Zeile bzw. Spalte einsetzt. Ebenso kann man die Elemente von mehreren Zeilen oder Spalten gleichzeitig durch Summen ersetzen und gewinnt dann die folgenden allgemeinen Formeln:

$$(9)\qquad \begin{vmatrix} \sum\limits_{\mu_1} a_{\mu_1 1} \dots \sum\limits_{\mu_1} a_{\mu_1 n} \\ \dots\dots\dots \\ \sum\limits_{\mu_n} a_{\mu_n 1} \dots \sum\limits_{\mu_n} a_{\mu_n n} \end{vmatrix} = \sum_{\mu_1} \dots \sum_{\mu_n} \begin{vmatrix} a_{\mu_1 1} \dots a_{\mu_1 n} \\ \dots\dots\dots \\ a_{\mu_n 1} \dots a_{\mu_n n} \end{vmatrix},$$

$$(10)\qquad \begin{vmatrix} \sum\limits_{\mu_1} a_{1 1\mu_1} \dots \sum\limits_{\mu_n} a_{1n\mu_n} \\ \dots\dots\dots \\ \sum\limits_{\mu_1} a_{n1\mu_1} \dots \sum\limits_{\mu_n} a_{nn\mu_n} \end{vmatrix} = \sum_{\mu_1} \dots \sum_{\mu_n} \begin{vmatrix} a_{11\mu_1} \dots a_{1n\mu_n} \\ \dots\dots\dots \\ a_{n1\mu_1} \dots a_{nn\mu_n} \end{vmatrix}.$$

Auf der linken Seite konnte man natürlich, da nur lauter einfache Summen vorkommen, alle Summationsindizes $\mu_1, \dots, \mu_n$ durch den gleichen Buchstaben μ ersetzen. Bei den n-fachen Summen der rechten Seite ist das aber nicht statthaft.

§ 20. Entwicklung nach den Elementen einer Zeile oder Spalte.

I. In der ausgerechneten Determinante

$$(1)\qquad \mathsf{A} = \begin{vmatrix} a_{11} \; a_{12} \dots a_{1n} \\ \dots\dots\dots \\ a_{n1} \; a_{n2} \dots a_{nn} \end{vmatrix} = \sum_{k_1 \dots k_n} (-1)^{\varkappa} a_{1k_1} \dots a_{\lambda k_\lambda} \dots a_{nk_n}$$

enthalt, wenn λ eine der Zahlen $1, 2, \dots, n$ ist, jedes Glied genau einen Faktor der λ-ten Zeile. Die Determinantenglieder zerfallen daher in n Sorten, wobei die erste Sorte die Glieder mit dem Faktor $a_{\lambda 1}$ umfaßt, die zweite Sorte die Glieder mit dem Faktor $a_{\lambda 2}$ usw., schließlich die n-te Sorte die Glieder mit dem Faktor $a_{\lambda n}$. Demgemäß kann man setzen:

$$(2)\qquad \mathsf{A} = A_{\lambda 1} a_{\lambda 1} + A_{\lambda 2} a_{\lambda 2} + \dots + A_{\lambda n} a_{\lambda n},$$

und es kommt jetzt darauf an, die $A_{\lambda\mu}$ zu berechnen. Dabei ist es vorteilhaft, die n^2 Elemente als unabhängige Variable anzusehen, so daß die Determinante A sowie die $A_{\lambda\mu}$ Polynome dieser Variabeln sind. Jedenfalls kommt, weil jedes Determinantenglied nur einen Faktor aus der λ-ten Zeile enthält, die Variable $a_{\lambda\mu}$ in $A_{\lambda 1}, A_{\lambda 2}, \ldots, A_{\lambda n}$ nicht vor, so daß aus (2) zunächst einmal folgt:

$$A_{\lambda\mu} = \frac{\partial \mathsf{A}}{\partial a_{\lambda\mu}}. \tag{3}$$

Ebenso enthält jedes Determinantenglied auch genau einen Faktor aus der μ-ten Spalte, und analog zu (2) kann man daher setzen:

$$\mathsf{A} = A'_{1\mu} a_{1\mu} + A'_{2\mu} a_{2\mu} + \cdots + A'_{n\mu} a_{n\mu}. \tag{4}$$

Dabei stellt sowohl $A_{\lambda\mu} a_{\lambda\mu}$ als auch $A'_{\lambda\mu} a_{\lambda\mu}$ die Summe derjenigen Determinantenglieder dar, die den Faktor $a_{\lambda\mu}$ haben; also ist $A'_{\lambda\mu} = A_{\lambda\mu}$.

Insbesondere ist $A_{nn} a_{nn}$ die Summe derjenigen Determinantenglieder, die den Faktor a_{nn} haben; also ist nach (1)

$$A_{nn} a_{nn} = \sum_{k_1 \ldots k_{n-1}} (-1)^{\varkappa} a_{1k_1} \ldots a_{n-1, k_{n-1}} a_{nn}, \tag{5}$$

wobei die Summe über alle $(n-1)!$ Permutationen

$$k_1, k_2, \ldots, k_{n-1}, n \tag{6}$$

zu erstrecken ist, und $\varkappa$ jedesmal die Anzahl der Inversionen bedeutet; da aber die Zahl n bei keiner Inversion beteiligt ist, so ist die Anzahl der Inversionen in (6) genau so groß wie in der Permutation $k_1, k_2, \ldots, k_{n-1}$; das ist aber eine Permutation der $n-1$ Zahlen $1, 2, \ldots, n-1$. Hiernach läßt sich die Formel (5) nach Unterdrückung des Faktors a_{nn} auch so schreiben:

$$A_{nn} = \begin{vmatrix} a_{11} & a_{12} & \ldots a_{1,n-1} \\ \cdot & \cdot & \cdot \\ a_{n-1,1} & a_{n-1,2} & \ldots a_{n-1,n-1} \end{vmatrix}. \tag{7}$$

A_{nn} ist also diejenige $(n-1)$-reihige Determinante, die aus der ursprünglichen Determinante A entsteht, indem man die n-te Zeile und die n-te Spalte wegläßt. Das gilt offenbar auch noch für $n-1=1$.

Um allgemein $A_{\lambda\mu}$ zu berechnen, vertauschen wir in der Determinante A die λ-te Zeile mit der folgenden, dann wieder mit der jetzt folgenden usw., bis die ursprünglich λ-te Zeile die letzte geworden ist. Alsdann machen wir in analoger Weise die μ-te Spalte zur letzten. So gewinnen wir die Determinante

$$\begin{vmatrix} a_{11} & \ldots & a_{1,\mu-1} & a_{1,\mu+1} & \ldots & a_{1n} & a_{1\mu} \\ \cdot & \cdot & \cdot & \cdot & \cdot & \cdot & \cdot \\ a_{\lambda-1,1} & \ldots & a_{\lambda-1,\mu-1} & a_{\lambda-1,\mu+1} & \ldots & a_{\lambda-1,n} & a_{\lambda-1,\mu} \\ a_{\lambda+1,1} & \ldots & a_{\lambda+1,\mu-1} & a_{\lambda+1,\mu+1} & \ldots & a_{\lambda+1,n} & a_{\lambda+1,\mu} \\ \cdot & \cdot & \cdot & \cdot & \cdot & \cdot & \cdot \\ a_{n1} & \ldots & a_{n,\mu-1} & a_{n,\mu+1} & \ldots & a_{nn} & a_{n\mu} \\ a_{\lambda 1} & \ldots & a_{\lambda,\mu-1} & a_{\lambda,\mu+1} & \ldots & a_{\lambda n} & a_{\lambda\mu} \end{vmatrix} \tag{8}$$

mit leicht ersichtlicher Modifikation, wenn λ oder μ eine der Zahlen 1 oder n sein sollte. Da bei diesem Prozeß $n-\lambda$ Zeilenvertauschungen und $n-\mu$ Spaltenvertauschungen vorgenommen wurden, so ist die Determinante (8) nach Satz 33 gleich

$$(-1)^{n-\lambda+n-\mu} \mathsf{A} = (-1)^{\lambda+\mu} \mathsf{A}.$$

In ihr wird also $a_{\lambda\mu}$ multipliziert sein mit $(-1)^{\lambda+\mu} A_{\lambda\mu}$. Daher ist, wenn man das über A_{nn} bereits Bewiesene auf die Determinante (8) anwendet, $(-1)^{\lambda+\mu} A_{\lambda\mu}$ gleich der $(n-1)$-reihigen Determinante, die aus (8) entsteht, wenn man die letzte Zeile und die letzte Spalte wegläßt; oder also gleich der $(n-1)$-reihigen Determinante, die man aus der ursprünglichen Determinante A erhält, wenn man die λ-te Zeile und die μ-te Spalte wegläßt. Man nennt $A_{\lambda\mu}$ den zum Element $a_{\lambda\mu}$ gehörigen Minor [1]). Somit ergibt sich

Satz 38. *Die Determinante*

$$\mathsf{A} = \begin{vmatrix} a_{11} & a_{12} \dots & a_{1n} \\ \cdot & \cdot \quad \cdot & \cdot \\ a_{n1} & a_{n2} \dots & a_{nn} \end{vmatrix}$$

läßt sich nach den Elementen der λ-ten Zeile und ebenso nach den Elementen der μ-ten Spalte entwickeln:

$$\mathsf{A} = A_{\lambda 1} a_{\lambda 1} + A_{\lambda 2} a_{\lambda 2} + \dots + A_{\lambda n} a_{\lambda n},$$

$$\mathsf{A} = A_{1\mu} a_{1\mu} + A_{2\mu} a_{2\mu} + \dots + A_{n\mu} a_{n\mu}.$$

Dabei ist allgemein $A_{\lambda\mu}$ der zum Element $a_{\lambda\mu}$ gehörige Minor, d. h. die mit $(-1)^{\lambda+\mu}$ multiplizierte $(n-1)$-reihige Determinante, die aus A durch Wegstreichen der λ-ten Zeile und der μ-ten Spalte entsteht. Es ist $A_{\lambda\mu} = \frac{\partial \mathsf{A}}{\partial a_{\lambda\mu}}$.

II. In der Determinante

$$\begin{vmatrix} a_{11} & \dots & a_{1n} \\ \cdot & \cdot \quad \cdot & \cdot \\ a_{n1} & \dots & a_{nn} \end{vmatrix}$$

heißt die von links oben nach rechts unten ziehende Diagonale die **Hauptdiagonale**; sie enthält die Elemente $a_{11}, a_{22}, \dots, a_{nn}$. Die andere Diagonale heißt die **Nebendiagonale**; sie enthält die Elemente $a_{\lambda\mu}$, für die $\lambda + \mu = n + 1$ ist.

Satz 39. *Wenn in einer n-reihigen Determinante alle Elemente oberhalb der Hauptdiagonale verschwinden, ebenso wenn alle Elemente unterhalb der Hauptdiagonale verschwinden, ist die Determinante gleich dem Produkt der Hauptdiagonalelemente.*

Wenn in einer n-reihigen Determinante alle Elemente oberhalb der Nebendiagonale verschwinden, ebenso wenn alle Elemente unterhalb der Nebendiagonale verschwinden, ist die Determinante gleich dem mit $(-1)^{\frac{n(n-1)}{2}}$ multiplizierten Produkt der Nebendiagonalelemente.

---

[1]) Man sagt auch „Unterdeterminante", „Adjunkte", „algebraisches Komplement". Die Benennung ist in der Literatur nicht einheitlich. Insbesondere wird vielfach die $(n-1)$-reihige Determinante $(-1)^{\lambda+\mu} A_{\lambda\mu}$ als Minor bezeichnet, $A_{\lambda\mu}$ selbst aber als algebraisches Komplement von $a_{\lambda\mu}$.

Dieser Satz ist für einreihige Determinanten gegenstandslos und für zweireihige evident. Wir beweisen ihn durch den Schluß von $n-1$ auf n. Er sei also für $(n-1)$-reihige Determinanten bereits als richtig erkannt. Wenn nun alle Elemente oberhalb (unterhalb) der **Hauptdiagonale** verschwinden, so ergibt sich aus Satz 38 durch Entwicklung nach den Elementen der letzten Spalte (Zeile):

$$\mathsf{A} = A_{nn} a_{nn}.$$

In der $(n-1)$-reihigen Determinante A_{nn} verschwinden aber ebenfalls alle Elemente oberhalb (unterhalb) der Hauptdiagonale; daher ist, weil der Satz für $(n-1)$-reihige Determinanten bereits gelten soll, $A_{nn} = a_{11} \cdots a_{n-1,n-1}$ und also

$$\mathsf{A} = a_{11} \cdots a_{n-1,n-1} a_{nn};$$

w. z. b. w.

Wenn aber alle Elemente oberhalb (unterhalb) der **Nebendiagonale** verschwinden, so ergibt sich durch Entwicklung nach den Elementen der ersten Zeile (letzten Spalte):

$$\mathsf{A} = A_{1n} a_{1n}.$$

Dabei ist A_{1n} die mit $(-1)^{1+n}$ multiplizierte Determinante, die aus A durch Streichen der ersten Zeile und letzten Spalte entsteht. In ihr verschwinden ebenfalls alle Elemente oberhalb (unterhalb) der Nebendiagonale, und folglich ist, da der Satz für $(n-1)$-reihige Determinanten bereits gelten soll:

$$A_{1n} = (-1)^{1+n}(-1)^{\frac{(n-1)(n-2)}{2}} a_{n1} a_{n-1,2} \cdots a_{2,n-1}$$
$$= (-1)^{\frac{n(n-1)}{2}} a_{n1} a_{n-1,2} \cdots a_{2,n-1},$$

und also

$$\mathsf{A} = (-1)^{\frac{n(n-1)}{2}} a_{n1} a_{n-1,2} \cdots a_{2,n-1} a_{1n};$$

w. z. b. w.

III. Wir wollen den ersten Teil von Satz 39 noch etwas verallgemeinern. Ist $1 \leqq l < n$ und hat eine n-reihige Determinante die Form

$$(9) \qquad \begin{vmatrix} a_{11} & \cdots & a_{1l} & & & \\ \cdot & \cdot & \cdot & & & \\ a_{l1} & \cdots & a_{ll} & & & \\ & & & a_{l+1,l+1} & \cdots & a_{l+1,n} \\ & & & \cdot & \cdot & \cdot \\ & & & a_{n,l+1} & \cdots & a_{nn} \end{vmatrix},$$

wo (mindestens) eines der leergelassenen Rechtecke mit lauter Nullen besetzt ist, so ist die Determinante gleich dem Produkt

$$(10) \qquad \begin{vmatrix} a_{11} & \cdots & a_{1l} \\ \cdot & \cdot & \cdot \\ a_{l1} & \cdots & a_{ll} \end{vmatrix} \cdot \begin{vmatrix} a_{l+1,l+1} & \cdots & a_{l+1,n} \\ \cdot & \cdot & \cdot \\ a_{n,l+1} & \cdots & a_{nn} \end{vmatrix}.$$

In der Tat lehrt die Determinantendefinition sofort, daß jedes Glied des ausgerechneten Produktes auch ein Glied der Determinante (9) ist, und außerdem, daß jedes andere Glied der Determinante (9) mindestens ein Element aus jedem der leergelassenen Rechtecke enthält, also verschwindet. Die Verallgemeinerung, die wir von Satz 39 geben wollen, ist nun

Satz 40. *Sind $A_1, A_2, \ldots, A_m$ abkürzende Zeichen für die quadratischen Elementenschemata von m Determinanten $\mathsf{A}_1, \mathsf{A}_2, \ldots, \mathsf{A}_m$, so ist die Determinante*

$$\begin{vmatrix} A_1 & & & \\ & A_2 & & \\ & & \cdot & \\ & & & A_m \end{vmatrix},$$

wenn oberhalb oder unterhalb der angeschriebenen Elemente lauter Nullen stehen, gleich dem Produkt $\mathsf{A}_1 \mathsf{A}_2 \cdots \mathsf{A}_m$.

Für $m = 2$ ist der Satz soeben bewiesen worden. Danach wird die fragliche Determinante zunächst gleich dem Produkt

$$\begin{vmatrix} A_1 & & & \\ & \cdot & & \\ & & \cdot & \\ & & & A_{m-1} \end{vmatrix} \cdot \mathsf{A}_m \tag{11}$$

sein. Nun können wir aber wieder den Schluß von $m-1$ auf m anwenden und also bereits als bewiesen annehmen, daß der erste Faktor in (11) gleich $\mathsf{A}_1\mathsf{A}_2 \ldots \mathsf{A}_{m-1}$ ist. Die ursprüngliche Determinante ist dann gleich $\mathsf{A}_1\mathsf{A}_2 \ldots \mathsf{A}_m$.

IV. Die gewonnenen Sätze benutzt man, um numerisch gegebene Determinanten rasch auszurechnen, was reine Übungssache ist. Man geht dabei darauf aus, die Determinante so umzuformen, daß in einer Zeile oder Spalte möglichst viele Nullen vorkommen, damit die Entwicklung nach den Elementen dieser Zeile oder Spalte möglichst kurz wird.

Beispiel:

$$\mathsf{A} = \begin{vmatrix} 2 & 3 & -1 & 4 \\ 5 & 7 & -6 & 4 \\ 2 & 1 & 0 & 3 \\ 0 & -4 & 8 & -2 \end{vmatrix}$$

Hier haben die Elemente der letzten Zeile den gemeinsamen Faktor 2; nach Satz 35 kann man ihn herausziehen und erhält:

$$\mathsf{A} = 2 \cdot \begin{vmatrix} 2 & 3 & -1 & 4 \\ 5 & 7 & -6 & 4 \\ 2 & 1 & 0 & 3 \\ 0 & -2 & 4 & -1 \end{vmatrix}$$

Jetzt kann man auf Grund von Satz 37 etwa die mit 2 multiplizierten Elemente der letzten Spalte von den Elementen der zweiten Spalte subtrahieren.

ebenso die mit 4 multiplizierten Elemente der letzten Spalte zu denen der dritten addieren; so erhält man:

$$A = 2 \cdot \begin{vmatrix} 2 & -5 & 15 & 4 \\ 5 & -1 & 10 & 4 \\ 2 & -5 & 12 & 3 \\ 0 & 0 & 0 & -1 \end{vmatrix} = -2 \cdot \begin{vmatrix} 2 & -5 & 15 \\ 5 & -1 & 10 \\ 2 & -5 & 12 \end{vmatrix},$$

wobei wir bereits von der Entwicklung der vierreihigen Determinante nach den Elementen der letzten Zeile Gebrauch gemacht haben. Wenn man nun noch die Elemente der letzten Zeile von denen der ersten subtrahiert, erhält man:

$$A = -2 \cdot \begin{vmatrix} 0 & 0 & 3 \\ 5 & -1 & 10 \\ 2 & -5 & 12 \end{vmatrix} = -2 \cdot 3 \cdot \begin{vmatrix} 5 & -1 \\ 2 & -5 \end{vmatrix},$$

wobei gleich nach den Elementen der ersten Zeile entwickelt worden ist. Für die zweireihige Determinante aber erhält man durch direkte Ausrechnung den Wert: $-5 \cdot 5 + 2 \cdot 1 = -23$. Also ist

$$A = 2 \cdot 3 \cdot 23 = 138.$$

§ 21. Die Ableitungen einer Determinante.

I. Wenn die Elemente einer Determinante Polynome einer Variabeln x sind, so wird die Determinante selbst ein Polynom von x; etwa

$$\begin{vmatrix} f_{11}(x) \dots f_{1n}(x) \\ \cdot \quad \cdot \quad \cdot \quad \cdot \quad \cdot \quad \cdot \\ f_{n1}(x) \dots f_{nn}(x) \end{vmatrix} = F(x). \tag{1}$$

Um die Ableitung $F'(x)$ zu bilden, schreiben wir $F(x)$ ausführlich:

$$F(x) = \sum_{k_1 \dots k_n} (-1)^{\varkappa} f_{1k_1}(x) f_{2k_2}(x) \dots f_{nk_n}(x). \tag{2}$$

Hier ist nun jedes Glied ein Produkt, und seine Ableitung kann nach Formel (5b) des § 15 III gebildet werden. Hiernach ist

$$F'(x) = \sum_{k_1 \dots k_n} (-1)^{\varkappa} [f'_{1k_1}(x) f_{2k_2}(x) \dots f_{nk_n}(x) + f_{1k_1}(x) f'_{2k_2}(x) \dots f_{nk_n}(x) + \cdots$$
$$+ f_{1k_1}(x) f_{2k_2}(x) \dots f'_{nk_n}(x)],$$

wofür man auch schreiben kann:

$$\begin{aligned} F'(x) = & \sum_{k_1 \dots k_n} (-1)^{\varkappa} f'_{1k_1}(x) f_{2k_2}(x) \dots f_{nk_n}(x) \\ & + \sum_{k_1 \dots k_n} (-1)^{\varkappa} f_{1k_1}(x) f'_{2k_2}(x) \dots f_{nk_n}(x) \\ & + \cdot \quad \cdot \quad \cdot \quad \cdot \quad \cdot \quad \cdot \quad \cdot \quad \cdot \quad \cdot \quad \cdot \quad \cdot \quad \cdot \quad \cdot \\ & + \sum_{k_1 \dots k_n} (-1)^{\varkappa} f_{1k_1}(x) f_{2k_2}(x) \dots f'_{nk_n}(x). \end{aligned}$$

Hier ist aber die erste Summe gleich einer Determinante, die aus der ursprünglichen hervorgeht, wenn man die Polynome der ersten Zeile durch ihre

Ableitungen ersetzt; ebenso ist die zweite Summe gleich einer Determinante, die aus der ursprünglichen hervorgeht, wenn man die Polynome der zweiten Zeile durch ihre Ableitungen ersetzt usw. Sonach ergibt sich

Satz 41. *Sind die Elemente einer n-reihigen Determinante Polynome einer Variabeln x, so läßt sich die Ableitung der Determinante auf folgende Weise gewinnen: Man bilde für jede der Zahlen $\mu = 1, 2, \ldots, n$ die Determinante, die aus der ursprünglichen hervorgeht, indem man die Polynome der μ-ten Zeile durch ihre Ableitungen ersetzt. Die Summe der so entstehenden n Determinanten ist dann die Ableitung der ursprünglichen Determinante.*

Wegen Satz 32 könnte man statt der μ-ten Zeile auch die μ-te Spalte nehmen.

II. In ähnlicher Weise läßt sich auch die λ-te Ableitung bilden. Mit Benutzung von Formel $(5^{(\lambda)})$ des § 15 III erhält man aus (2):

$$F^{(\lambda)}(x) = \sum_{k_1 \ldots k_n} (-1)^{\varkappa} \sum_{\lambda_1 \ldots \lambda_n} \frac{\lambda!}{\lambda_1!\, \lambda_2! \cdots \lambda_n!} f_{1k_1}^{(\lambda_1)}(x) \cdots f_{nk_n}^{(\lambda_n)}(x)$$
$$(\lambda_1 + \lambda_2 + \cdots + \lambda_n = \lambda),$$

wofür man auch schreiben kann:

$$F^{(\lambda)}(x) = \sum_{\lambda_1 \ldots \lambda_n} \frac{\lambda!}{\lambda_1!\, \lambda_2! \cdots \lambda_n!} \sum_{k_1 \ldots k_n} (-1)^{\varkappa} f_{1k_1}^{(\lambda_1)}(x) \cdots f_{nk_n}^{(\lambda_n)}(x)$$
$$(\lambda_1 + \lambda_2 + \cdots + \lambda_n = \lambda).$$

Hier ist aber die innere Summe gleich einer Determinante, die aus der ursprünglichen hervorgeht, wenn man die Polynome der ersten Zeile durch ihre λ_1-ten Ableitungen, die der zweiten Zeile durch ihre λ_2-ten Ableitungen usw. ersetzt. Man erhält also die Formel:

$$(3)\qquad F^{(\lambda)}(x) = \sum_{\lambda_1 \ldots \lambda_n} \frac{\lambda!}{\lambda_1!\, \lambda_2! \ldots \lambda_n!} \begin{vmatrix} f_{11}^{(\lambda_1)}(x) \ldots f_{1n}^{(\lambda_1)}(x) \\ f_{21}^{(\lambda_2)}(x) \ldots f_{2n}^{(\lambda_2)}(x) \\ \cdot \quad \cdot \quad \cdot \quad \cdot \quad \cdot \quad \cdot \\ f_{n1}^{(\lambda_n)}(x) \ldots f_{nn}^{(\lambda_n)}(x) \end{vmatrix}$$
$$(\lambda_1 + \lambda_2 + \cdots + \lambda_n = \lambda),$$

und eine ähnliche würde man gewinnen, wenn man die Zeilen und Spalten ihre Rollen tauschen ließe.

Sind die Elemente $f_{\lambda\mu}(x)$ insbesondere Polynome vom höchstens ersten Grad [1]), so ist die Determinante $F(x)$ ein Polynom vom höchstens n-ten Grad [1]). Daher muß $F^{(\lambda)}(x)$ für $\lambda > n$ identisch verschwinden; in der Tat muß auch in Formel (3) wegen $\lambda_1 + \cdots + \lambda_n = \lambda > n$ mindestens eine der Zahlen λ_ν größer als 1 sein; dann verschwinden aber in der betreffenden Determinante die Elemente der ν-ten Zeile, so daß jede Determinante in (3) verschwindet. Für $\lambda \leqq n$ aber beachte man, daß in (3) wieder all die Determinanten verschwinden, für die ein λ_ν größer als 1 ist. Man braucht also bloß die Determinanten beizubehalten, wo alle λ_ν gleich 0 oder 1 sind; somit ergibt sich aus Formel (3) die folgende Regel:

---

[1]) Dazu beachte man die Fußnote auf S. 73.

Satz 42. *Sind die Elemente einer n-reihigen Determinante Polynome höchstens ersten Grades einer Variabeln x, so läßt sich die λ-te Ableitung ($\lambda \leqq n$) der Determinante auf folgende Weise bilden: Man greife aus den n Zeilen (oder Spalten) auf alle möglichen Arten λ Zeilen (Spalten) heraus und ersetze die Elemente dieser λ Zeilen (Spalten) durch ihre ersten Ableitungen. Die Summe der so entstehenden Determinanten ergibt, mit $\lambda!$ multipliziert, die gewünschte λ-te Ableitung.*

Die Anzahl dieser Determinanten ist nach Satz 16 gleich $\binom{n}{\lambda}$.

§ 22. Ausrechnung einiger bemerkenswerter Determinanten.

I. Für die Algebra besonders wichtig ist die sog. Vandermondesche Determinante

$$\begin{vmatrix} 1 & x_1 & x_1^2 & \ldots & x_1^{n-1} \\ 1 & x_2 & x_2^2 & \ldots & x_2^{n-1} \\ \cdot & \cdot & \cdot & \cdot & \cdot \\ 1 & x_n & x_n^2 & \ldots & x_n^{n-1} \end{vmatrix}.$$

Denkt man sie nach den Elementen der letzten Zeile entwickelt und betrachtet die x_ν als unabhängige Variable [1]), so erkennt man, daß sie als Funktion von x_n ein Polynom vom höchstens $(n-1)$-ten Grad ist. Bezeichnet man sie daher mit $f(x_n)$, so ist offenbar

$$f(x_\nu) = \begin{vmatrix} 1 & x_1 & x_1^2 & \ldots & x_1^{n-1} \\ \cdot & \cdot & \cdot & \cdot & \cdot \\ 1 & x_{n-1} & x_{n-1}^2 & \ldots & x_{n-1}^{n-1} \\ 1 & x_\nu & x_\nu^2 & \ldots & x_\nu^{n-1} \end{vmatrix} = 0 \quad \text{für} \quad \nu = 1, 2, \ldots, n-1,$$

weil diese Determinanten zwei gleiche Zeilen haben. Die Lagrangesche Interpolationsformel (18) des § 17 IV lehrt dann, wenn man darin

$$x, \ m, \ x_1, \ldots, x_{m-1}, \ x_m$$

durch

$$x_n, \ n, \ x_1, \ldots, x_{n-1}, \ 0$$

ersetzt:

$$f(x_n) = f(0)\,\frac{(x_n - x_1)(x_n - x_2)\ldots(x_n - x_{n-1})}{(0 - x_1)(0 - x_2)\ldots(0 - x_{n-1})}.$$

Nun ist aber

$$f(0) = \begin{vmatrix} 1 & x_1 & \ldots & x_1^{n-1} \\ \cdot & \cdot & \cdot & \cdot \\ 1 & x_{n-1} & \ldots & x_{n-1}^{n-1} \\ 1 & 0 & \ldots & 0 \end{vmatrix} = (-1)^{n-1} \begin{vmatrix} x_1 & \ldots & x_1^{n-1} \\ \cdot & \cdot & \cdot \\ x_{n-1} & \ldots & x_{n-1}^{n-1} \end{vmatrix}$$

$$= (-1)^{n-1} x_1 x_2 \ldots x_{n-1} \begin{vmatrix} 1 & x_1 & \ldots & x_1^{n-2} \\ \cdot & \cdot & \cdot & \cdot \\ 1 & x_{n-1} & \ldots & x_{n-1}^{n-2} \end{vmatrix}.$$

---

[1]) Nur zur Durchführung der Rechnung; das Endresultat gilt dann auch für spezialisierte x_ν (vgl. § 9 V).

und wenn man das einsetzt, erhält man:

$$f(x_n) = \begin{vmatrix} 1 & x_1 & \dots & x_1^{n-2} \\ \cdot & \cdot & \cdot & \cdot \\ 1 & x_{n-1} & \dots & x_{n-1}^{n-2} \end{vmatrix} \times (x_n - x_1)(x_n - x_2) \dots (x_n - x_{n-1}) .$$

Die hier auftretende Determinante ist nun von derselben Bauart wie die ursprüngliche, aber von geringerer Zeilenzahl. Wendet man auf sie die gewonnene Formel nochmals an usw., so ergibt sich schließlich:

$$\begin{vmatrix} 1 & x_1 & x_1^2 & \dots & x_1^{n-1} \\ 1 & x_2 & x_2^2 & \dots & x_2^{n-1} \\ \cdot & \cdot & \cdot & \cdot & \cdot \\ 1 & x_n & x_n^2 & \dots & x_n^{n-1} \end{vmatrix} = \prod_{\lambda > \mu}^{1,n} (x_\lambda - x_\mu) .$$

Das Produkt enthält $\binom{n}{2}$ Faktoren.

II. Eine Verallgemeinerung der soeben gewonnenen Formel ist die folgende:

$$\begin{vmatrix} 1 & x_1 & \dots & x_1^{n-2} & f(x_1) \\ 1 & x_2 & \dots & x_2^{n-2} & f(x_2) \\ \cdot & \cdot & \cdot & \cdot & \cdot \\ 1 & x_n & \dots & x_n^{n-2} & f(x_n) \end{vmatrix} = f^{(n-1)}(x_1, \dots, x_n) \cdot \prod_{\lambda > \mu}^{1,n} (x_\lambda - x_\mu) ;$$

dabei bedeutet $f(x)$ ein beliebiges Polynom und $f^{(n-1)}(x_1, \dots, x_n)$ seine $(n-1)$-te Steigung. Zum Beweis entwickle man die linke Seite nach den Elementen der letzten Spalte und dividiere dann jedes Glied durch das rechts stehende Produkt. Dann erhält man eine Summe, deren erster Summand der folgende ist:

$$(-1)^{n-1} f(x_1) \begin{vmatrix} 1 & x_2 & \dots & x_2^{n-2} \\ \cdot & \cdot & \cdot & \cdot \\ 1 & x_n & \dots & x_n^{n-2} \end{vmatrix} : \prod_{\lambda > \mu}^{1,n} (x_\lambda - x_\mu)$$

$$= (-1)^{n-1} f(x_1) \prod_{\lambda > \mu}^{2,n} (x_\lambda - x_\mu) : \prod_{\lambda > \mu}^{1,n} (x_\lambda - x_\mu)$$

$$= \frac{(-1)^{n-1} f(x_1)}{(x_2 - x_1) \cdots (x_n - x_1)} = \frac{f(x_1)}{(x_1 - x_2) \cdots (x_1 - x_n)} .$$

Entsprechend sehen auch die anderen Summanden aus, so daß die Summe nach § 17 Formel (13) gleich $f^{(n-1)}(x_1, \dots, x_n)$ ist; w. z. b. w.

III. Um die Determinante

$$F(x) = \begin{vmatrix} a_{11} + x & a_{12} + x & \dots & a_{1n} + x \\ a_{21} + x & a_{22} + x & \dots & a_{2n} + x \\ \cdot & \cdot & \cdot & \cdot \\ a_{n1} + x & a_{n2} + x & \dots & a_{nn} + x \end{vmatrix}$$

zu berechnen, setzen wir wie in § 20 I

$$\begin{vmatrix} a_{11} & \dots & a_{1n} \\ \cdot & \cdot & \cdot \\ a_{n1} & \dots & a_{nn} \end{vmatrix} = \mathsf{A}, \quad \frac{\partial \mathsf{A}}{\partial a_{\lambda\mu}} = A_{\lambda\mu} .$$

Offenbar ist $F(x)$ ein Polynom vom höchstens n-ten Grad. Bildet man aber die zweite Ableitung $F''(x)$ nach der Vorschrift von Satz 42, so setzt sich $F''(x)$ aus $\binom{n}{2}$ Determinanten zusammen, deren jede zwei gleiche Zeilen (nämlich zwei Zeilen mit lauter Einsern) enthält und also verschwindet; daher ist $F''(x) = 0$, und somit $F(x)$ höchstens vom ersten Grad [1]. Nach dem Taylorschen Satz ist dann

$$F(x) = F(0) + xF'(0) = \mathsf{A} + xF'(0).$$

Für $F'(0)$ ergibt sich aber nach Satz 41 der Ausdruck

$$F'(0) = \begin{vmatrix} 1 & \dots & 1 \\ a_{21} & \dots & a_{2n} \\ . & . & . \\ a_{n1} & \dots & a_{nn} \end{vmatrix} + \begin{vmatrix} a_{11} & \dots & a_{1n} \\ 1 & \dots & 1 \\ . & . & . \\ a_{n1} & \dots & a_{nn} \end{vmatrix} + \dots + \begin{vmatrix} a_{11} & \dots & a_{1n} \\ a_{21} & \dots & a_{2n} \\ . & . & . \\ 1 & \dots & 1 \end{vmatrix}$$

Entwickelt man von diesen Determinanten die λ-te nach den Elementen der λ-ten Zeile, so findet man, daß sie gleich $A_{\lambda 1} + A_{\lambda 2} + \dots + A_{\lambda n}$ ist. Folglich ist

$$F'(0) = \sum_{\lambda=1}^{n} \sum_{\mu=1}^{n} A_{\lambda\mu}$$

und also schließlich

$$F(x) = \mathsf{A} + x \sum_{\lambda=1}^{n} \sum_{\mu=1}^{n} A_{\lambda\mu}.$$

Auch mittels der Formel (9) oder (10) des § 19 würde sich die Determinante $F(x)$ berechnen lassen; man würde leicht zur gleichen Endformel gelangen.

IV. Ähnlich läßt sich auch die Determinante

$$G(x) = \begin{vmatrix} a_{11} + x & a_{12} & \dots & a_{1n} \\ a_{21} & a_{22} + x & \dots & a_{2n} \\ . & . & . & . \\ a_{n1} & a_{n2} & \dots & a_{nn} + x \end{vmatrix}$$

berechnen, die offenbar wieder ein Polynom vom höchstens n-ten Grad ist. Zunächst lehrt der Taylorsche Satz:

$$G(x) = G(0) + G'(0)\,x + \frac{1}{2!}G''(0)\,x^2 + \dots + \frac{1}{n!}G^{(n)}(0)\,x^n.$$

Dabei ist augenscheinlich

$$(1) \qquad G(0) = \begin{vmatrix} a_{11} & \dots & a_{1n} \\ . & . & . \\ a_{n1} & \dots & a_{nn} \end{vmatrix} = \mathsf{A}.$$

Ferner ist $\frac{1}{\lambda!}G^{(\lambda)}(0)$ nach Satz 42 die Summe von $\binom{n}{\lambda}$ Determinanten, deren erste, wenn $\lambda < n$ ist, so aussieht:

[1] Diese Schlußweise setzt $n \geqq 2$ voraus. Aber für $n = 1$ ist die Sache trivial.

$$(2)\qquad \begin{vmatrix} 1 & 0 & \dots 0 & 0 & \dots 0 \\ 0 & 1 & \dots 0 & 0 & \dots 0 \\ \cdot & \cdot & \cdot & \cdot & \cdot \\ 0 & 0 & \dots 1 & 0 & \dots 0 \\ a_{\lambda+1,1} & a_{\lambda+1,2} & \dots a_{\lambda+1,\lambda} & a_{\lambda+1,\lambda+1} & \dots a_{\lambda+1,n} \\ \cdot & \cdot & \cdot & \cdot & \cdot \\ a_{n1} & a_{n2} & \dots a_{n\lambda} & a_{n,\lambda+1} & \dots a_{nn} \end{vmatrix}$$

Wenn man diese Determinante nach den Elementen der ersten Zeile entwickelt, erhält man nur ein Glied; dieses kann man wieder nach den Elementen seiner ersten Zeile entwickeln usw. Schließlich erweist sich die Determinante (2) gleich (was übrigens auch sofort aus Satz 40 folgt):

$$\begin{vmatrix} a_{\lambda+1,\lambda+1} & \dots a_{\lambda+1,n} \\ \cdot & \cdot \\ a_{n,\lambda+1} & \dots a_{nn} \end{vmatrix}.$$

Ähnlich sehen auch alle übrigen der $\binom{n}{\lambda}$ Determinanten aus, aus denen sich $\frac{1}{\lambda!}G^{(\lambda)}(0)$ zusammensetzt. Sie gehen einfach aus der Determinante A hervor, indem man irgendwelche λ Zeilen und die λ Spalten mit den gleichen Nummern unterdrückt. Bezeichnet man eine solche Determinante als eine Hauptunterdeterminante von A, so gibt es $\binom{n}{\lambda}$ $(n-\lambda)$-reihige Hauptunterdeterminanten, und $\frac{1}{\lambda!}G^{(\lambda)}(0)$ ist einfach ihre Summe. Für $\lambda = n$, was bisher ausgeschlossen war, lehrt Satz 42, daß $\frac{1}{n!}G^{(n)}(0)$ eine Determinante ist, die in der Hauptdiagonale lauter Einser und sonst lauter Nullen enthält, und die also gleich 1 ist. Man sieht aber auch direkt, daß x^n in $G(x)$ den Koeffizienten 1 hat. Somit ergibt sich:

$$G(x) = \mathsf{A} + x\sum_{\nu=1}^{n} \mathsf{A}_\nu^{(n-1)} + x^2 \sum_{\nu=1}^{\binom{n}{2}} \mathsf{A}_\nu^{(n-2)} + \cdots + x^{n-1} \sum_{\nu=1}^{\binom{n}{n-1}} \mathsf{A}_\nu^{(1)} + x^n$$

$$= x^n + x^{n-1} \sum_{\nu=1}^{\binom{n}{1}} \mathsf{A}_\nu^{(1)} + x^{n-2} \sum_{\nu=1}^{\binom{n}{2}} \mathsf{A}_\nu^{(2)} + \cdots + x \sum_{\nu=1}^{\binom{n}{n-1}} \mathsf{A}_\nu^{(n-1)} + \mathsf{A},$$

wenn mit $\mathsf{A}_\nu^{(\lambda)}$ die λ-reihigen Hauptunterdeterminanten von A bezeichnet werden.

V. Die Determinante

$$\Delta_n(x) = \begin{vmatrix} x & a & a & \dots & a \\ a & x & a & \dots & a \\ \cdot & \cdot & \cdot & \cdot & \cdot \\ a & a & a & \dots & x \end{vmatrix},$$

deren Zeilenzahl gleich n sei, ist von der soeben betrachteten Art. Sie läßt sich aber schneller berechnen. Wenn man zu den Elementen der ersten Spalte die gleichstelligen Elemente aller folgenden Spalten addiert, werden die Elemente der ersten Spalte alle gleich $x + (n - 1)\,a$, so daß man den Faktor $x + (n - 1)\,a$ herausziehen kann; man erhält so:

$$\Delta_n(x) = (x + na - a)\begin{vmatrix} 1 & a & a & \ldots & a \\ 1 & x & a & \ldots & a \\ . & . & . & . & . \\ 1 & a & a & \ldots & x \end{vmatrix}.$$

Wenn man hier die mit a multiplizierten Elemente der ersten Spalte von den gleichstelligen Elementen in jeder anderen Spalte subtrahiert, ergeben sich oberhalb der Hauptdiagonale lauter Nullen, während in der Hauptdiagonale das erste Glied gleich 1 und alle anderen gleich $x - a$ werden; sonach ist

$$\Delta_n(x) = (x + na - a)\,(x - a)^{n-1}.$$

VI. Wir bezeichnen die Minoren der Determinante

$$(3) \qquad \begin{vmatrix} a_{11} & \ldots & a_{1n} \\ . & . & . \\ a_{n1} & \ldots & a_{nn} \end{vmatrix} = \mathsf{A}$$

wieder mit $\dfrac{\partial \mathsf{A}}{\partial a_{\lambda\mu}} = A_{\lambda\mu}$ und bilden jetzt aus A durch „Ränderung" die $(n + 1)$-reihige Determinante

$$(4) \qquad \begin{vmatrix} a_{11} & \ldots & a_{1n} & x_1 \\ . & . & . & . \\ a_{n1} & \ldots & a_{nn} & x_n \\ y_1 & \ldots & y_n & 0 \end{vmatrix}.$$

Um diese zu berechnen, entwickeln wir sie nach den Elementen der letzten Spalte; dann ist der Faktor von x_λ die mit $(-1)^{\lambda+n+1}$ multiplizierte Determinante, die aus (4) hervorgeht, wenn man die λ-te Zeile und die letzte Spalte streicht. Entwickelt man aber diese Determinante wieder nach den Elementen der letzten Zeile, so ist der Faktor von y_μ die mit $(-1)^{n+\mu}$ multiplizierte Determinante, die entsteht, wenn man auch noch die letzte Zeile und die μ-te Spalte streicht. Diese letztere Determinante ist aber offenbar dieselbe, die aus A entsteht, wenn man die λ-te Zeile und die μ-te Spalte streicht, also gleich $(-1)^{\lambda+\mu} A_{\lambda\mu}$. Somit erscheint in (4) $x_\lambda y_\mu$ multipliziert mit

$$(-1)^{\lambda+n+1}\,(-1)^{n+\mu}\,(-1)^{\lambda+\mu}\,A_{\lambda\mu} = -A_{\lambda\mu},$$

und folglich ist die „geänderte" Determinante (4) gleich

$$-\sum_{\lambda=1}^{n}\sum_{\mu=1}^{n} A_{\lambda\mu}\,x_\lambda\,y_\mu.$$

§ 23. Lineare Gleichungen. Einfachster Fall.

I. Wir nehmen die Bezeichnung des § 20 wieder auf, setzen also

$$(1)\qquad \begin{vmatrix} a_{11} & \dots & a_{1n} \\ \cdot & \cdot & \cdot \\ a_{n1} & \dots & a_{nn} \end{vmatrix} = \mathsf{A}$$

und bezeichnen mit $A_{\lambda\mu}$ den zum Element $a_{\lambda\mu}$ gehörigen Minor. Dann gelten die Formeln

$$(2)\qquad a_{\mu 1} A_{\lambda 1} + a_{\mu 2} A_{\lambda 2} + \cdots + a_{\mu n} A_{\lambda n} = \begin{cases} \mathsf{A} \text{ für } \mu = \lambda \\ 0 \text{ für } \mu \neq \lambda, \end{cases}$$

$$(3)\qquad a_{1\lambda} A_{1\mu} + a_{2\lambda} A_{2\mu} + \cdots + a_{n\lambda} A_{n\mu} = \begin{cases} \mathsf{A} \text{ für } \lambda = \mu \\ 0 \text{ für } \lambda \neq \mu. \end{cases}$$

In der Tat, die Formel (2) steht für $\mu = \lambda$ in Satz 38. Wenn man dann in dieser Formel die Elemente $a_{\lambda 1}, a_{\lambda 2}, \ldots, a_{\lambda n}$ ersetzt durch $a_{\mu 1}, a_{\mu 2}, \ldots, a_{\mu n}$ und alle anderen Elemente ungeändert läßt, so entsteht aus A eine Determinante mit zwei gleichen Zeilen, die also gleich 0 ist. Die Minoren $A_{\lambda 1}, \ldots, A_{\lambda n}$ bleiben dabei ungeändert, weil in ihnen die Elemente der λ-ten Zeile gar nicht vorkommen, und somit erhält man gerade die Formel (2) für $\mu \neq \lambda$.

Ebenso steht die Formel (3) für $\lambda = \mu$ in Satz 38. Ersetzt man aber in dieser Formel die Elemente $a_{1\mu}, a_{2\mu}, \ldots, a_{n\mu}$ durch $a_{1\lambda}, a_{2\lambda}, \ldots, a_{n\lambda}$, so entsteht aus A eine Determinante mit zwei gleichen Spalten, die also gleich 0 ist, und man erhält die Formel (3) für $\lambda \neq \mu$.

II. Wir betrachten jetzt das System von n linearen Gleichungen

$$(4)\qquad \begin{cases} a_{11} x_1 + a_{12} x_2 + \cdots + a_{1n} x_n = c_1, \\ a_{21} x_1 + a_{22} x_2 + \cdots + a_{2n} x_n = c_2, \\ \cdot\ \cdot\ \cdot\ \cdot\ \cdot\ \cdot\ \cdot\ \cdot\ \cdot\ \cdot\ \cdot\ \cdot \\ a_{n1} x_1 + a_{n2} x_2 + \cdots + a_{nn} x_n = c_n, \end{cases}$$

wobei wir die $a_{\lambda\mu}$ und c_λ als gegebene Größen ansehen und die x_μ als Unbekannte, die so bestimmt werden sollen, daß die Gleichungen (4) erfüllt sind. Die $a_{\lambda\mu}$ und c_λ heißen die Koeffizienten, A heißt die Determinante des Gleichungssystems.

Multipliziert man die erste der Gleichungen (4) mit $A_{1\mu}$, die zweite mit $A_{2\mu}, \ldots$, die n-te mit $A_{n\mu}$ und addiert dann alle Gleichungen, so erhält man mit Rücksicht auf (3):

$$(5)\qquad \mathsf{A} x_\mu = c_1 A_{1\mu} + c_2 A_{2\mu} + \cdots + c_n A_{n\mu}.$$

Ist $\mathsf{A} \neq 0$, so folgt hieraus:

$$(6)\qquad x_\mu = \frac{c_1 A_{1\mu} + c_2 A_{2\mu} + \cdots + c_n A_{n\mu}}{\mathsf{A}} \qquad (\mu = 1, 2, \ldots, n).$$

Wenn es also Größen x_μ gibt, die den Gleichungen (4) genügen, so können es nur die Größen (6) sein. Umgekehrt genügen diese aber auch wirklich den Gleichungen (4). Denn durch Einsetzen der Größen (6) in die linke Seite der λ-ten der Gleichungen (4) erhält man mit Rücksicht auf (2):

$$\begin{aligned}a_{\lambda 1}x_1 + \cdots + a_{\lambda n}x_n = \frac{1}{A}\,[c_1(a_{\lambda 1}A_{11} + \cdots + a_{\lambda n}A_{1n}) \\ + c_2(a_{\lambda 1}A_{21} + \cdots + a_{\lambda n}A_{2n}) + \cdots \\ + c_n(a_{\lambda 1}A_{n1} + \cdots + a_{\lambda n}A_{nn})] \\ = \frac{1}{A}\,(c_1 \cdot 0 + \cdots + c_\lambda \cdot A + \cdots + c_n \cdot 0) = c_\lambda,\end{aligned}$$

wie es sein soll. In der somit eindeutig bestimmten Lösung (6) läßt sich der Zähler ebenfalls als n-reihige Determinante schreiben; es ist nämlich augenscheinlich die Determinante, die aus A hervorgeht, wenn man die Elemente der μ-ten Spalte durch $c_1, c_2, \ldots, c_n$ ersetzt. Somit ergibt sich der Satz von Cramer:

Satz 43. *Ist die Determinante des Gleichungssystems* (4) *von* 0 *verschieden, so hat das System eine und nur eine Lösung $x_1, x_2, \ldots, x_n$. Sie gehört dem durch die Koeffizienten bestimmten Körper an, und zwar ist x_μ gleich einem Bruch, dessen Nenner die Determinante A des Systems ist und dessen Zähler die Determinante ist, die aus A dadurch entsteht, daß man die Elemente der μ-ten Spalte durch $c_1, c_2, \ldots, c_n$ ersetzt*[1]).

Ist $A = 0$, so kann nach (5) eine Lösung jedenfalls nicht vorhanden sein, wenn die n Größen

$$c_1 A_{1\mu} + c_2 A_{2\mu} + \cdots + c_n A_{n\mu} \qquad (\mu = 1, 2, \ldots, n)$$

nicht alle verschwinden. Verschwinden sie aber, so bleibt die Frage nach der Existenz von Lösungen zunächst offen; sie wird durch die allgemeinere Untersuchung des nächsten Paragraphen ihre Erledigung finden (Satz 49).

III. Eine sehr nützliche Folgerung aus Satz 43 ist

Satz 44. *Bestehen zwischen n^2 Größen $a_{\lambda\mu}$ und n Größen U_μ die n Gleichungen*

$$\begin{aligned}a_{11}U_1 + a_{12}U_2 + \cdots + a_{1n}U_n = 0, \\ \cdots\cdots\cdots\cdots \\ a_{n1}U_1 + a_{n2}U_2 + \cdots + a_{nn}U_n = 0,\end{aligned}$$

und sind dabei nicht alle U_μ gleich 0, *so ist die Determinante*

$$\begin{vmatrix} a_{11} & a_{12} & \ldots & a_{1n} \\ \cdot & \cdot & \cdot & \cdot \\ a_{n1} & a_{n2} & \ldots & a_{nn} \end{vmatrix}$$

gleich 0.

Wäre sie nämlich von 0 verschieden, so hätte das Gleichungssystem

$$\begin{aligned}a_{11}x_1 + a_{12}x_2 + \cdots + a_{1n}x_n = 0, \\ \cdots\cdots\cdots\cdots \\ a_{n1}x_1 + a_{n2}x_2 + \cdots + a_{nn}x_n = 0\end{aligned}$$

nach Satz 43 nur die eine Lösung

---

[1]) Der Satz gilt augenscheinlich auch in dem trivialen Fall $n = 1$, der bei unserm Beweis stillschweigend bei Seite gelassen war.

$$x_1 = 0,\ x_2 = 0, \ldots, x_n = 0,$$

während doch nach Voraussetzung auch die davon verschiedene Lösung

$$x_1 = U_1,\ x_2 = U_2, \ldots, x_n = U_n$$

vorhanden ist.

§ 24. Lineare Gleichungen. Der allgemeine Fall.

I. Wir betrachten jetzt ein lineares Gleichungssystem, bei dem die von den Unbekannten freien Glieder verschwinden; ein solches System heißt homogen. Im Gegensatz zum vorigen Paragraphen verlangen wir aber nicht, daß die Anzahl der Gleichungen gleich ist der Anzahl der Unbekannten. Es mögen etwa l Gleichungen mit k Unbekannten sein:

$$(1) \qquad \begin{cases} a_{11}x_1 + a_{12}x_2 + \cdots + a_{1k}x_k = 0, \\ \cdot\ \cdot\ \cdot\ \cdot\ \cdot\ \cdot\ \cdot\ \cdot\ \cdot\ \cdot\ \cdot\ \cdot \\ a_{l1}x_1 + a_{l2}x_2 + \cdots + a_{lk}x_k = 0. \end{cases}$$

Hier ist zunächst die triviale Lösung

$$x_1 = 0,\ x_2 = 0, \ldots, x_k = 0$$

vorhanden. Jede andere Lösung, falls es eine gibt, heißt nichttrivial.

Um die Existenz nichttrivialer Lösungen zu prüfen und zugleich alle Lösungen zu finden, schreiben wir das System der Koeffizienten $a_{\lambda\varkappa}$ in der Anordnung, wie sie in den Gleichungen (1) vorliegen, an:

$$(2) \qquad \left\| \begin{matrix} a_{11} & a_{12} & \ldots & a_{1k} \\ a_{21} & a_{22} & \ldots & a_{2k} \\ \cdot & \cdot & \cdot & \cdot \\ a_{l1} & a_{l2} & \ldots & a_{lk} \end{matrix} \right\|.$$

Ein solches rechteckiges System heißt Matrix. Ist n eine positive ganze Zahl, die nicht größer als k und nicht größer als l ist, so kann man aus der Matrix (2) auf $\binom{k}{n}$ Arten je n Spalten und auf $\binom{l}{n}$ Arten je n Zeilen herausgreifen; man kann also $\binom{k}{n}\binom{l}{n}$ n-reihige Determinanten bilden. Wenn alle n-reihigen Determinanten der Matrix gleich 0 sind, so sind die $(n+1)$-reihigen (falls es solche gibt) auch gleich 0, ebenso dann die $(n+2)$-reihigen usw. Zum Beweis braucht man ja nur eine $(n+1)$-reihige Determinante nach den Elementen einer Zeile zu entwickeln; die dabei auftretenden Koeffizienten sind dann n-reihige Determinanten, also gleich 0. Wenn daher nicht alle Gleichungskoeffizienten $a_{\lambda\varkappa}$ gleich 0 sind, so daß zum mindesten die einreihigen Determinanten nicht alle verschwinden, so gibt es eine eindeutig bestimmte positive ganze Zahl n derart, daß die Matrix (2) mindestens eine n-reihige nicht verschwindende Determinante enthält, aber keine $(n+1)$-reihige nicht verschwindende Determinante. Diese Zahl n, die offenbar $\leqq k$ und $\leqq l$ ist, heißt der Rang der Matrix (2) oder auch der Rang des

Gleichungssystems (1). Falls alle Gleichungskoeffizienten $a_{\lambda\varkappa}$ verschwinden, setzt man den Rang n gleich 0.

Wir nehmen jetzt an, der Rang n sei > 0. Dann gibt es in der Matrix (2) eine nichtverschwindende n-reihige Determinante; wir können ohne Beschränkung der Allgemeinheit annehmen, daß insbesondere die aus den ersten n Zeilen und den ersten n Spalten gebildete Determinante nicht verschwindet; denn das läßt sich nötigenfalls dadurch erreichen, daß man die Gleichungen in anderer Reihenfolge anschreibt und daß man die Unbekannten anders numeriert. Sei also

$$(3) \qquad \mathsf{A} = \begin{vmatrix} a_{11} & \dots & a_{1n} \\ \cdot & \cdot & \cdot \\ a_{n1} & \dots & a_{nn} \end{vmatrix} \neq 0.$$

Wir betrachten jetzt, unter $u_1, u_2, \dots, u_k$ unabhängige Variable verstehend, die l linearen Polynome

$$(4) \quad f_\lambda(u_1, u_2, \dots, u_k) = a_{\lambda 1} u_1 + a_{\lambda 2} u_2 + \dots + a_{\lambda k} u_k \quad (\lambda = 1, 2, \dots, l).$$

Sei zunächst $n < l$ und sei s eine ganze Zahl des Intervalles $n < s \leqq l$. Dann ist unter Benutzung der Formel (8) des § 19 und Satz 35:

$$(5) \quad \begin{vmatrix} a_{11} & \dots & a_{1n} & f_1(u_1, \dots, u_k) \\ \cdot & \cdot & \cdot & \cdot \\ a_{n1} & \dots & a_{nn} & f_n(u_1, \dots, u_k) \\ a_{s1} & \dots & a_{sn} & f_s(u_1, \dots, u_k) \end{vmatrix} = \sum_{\varkappa=1}^{k} \begin{vmatrix} a_{11} & \dots & a_{1n} & a_{1\varkappa} \\ \cdot & \cdot & \cdot & \cdot \\ a_{n1} & \dots & a_{nn} & a_{n\varkappa} \\ a_{s1} & \dots & a_{sn} & a_{s\varkappa} \end{vmatrix} u_\varkappa.$$

Die Determinanten unter dem Summenzeichen sind aber alle gleich 0; denn teils sind sie $(n+1)$-reihige Determinanten der Martix (2) (nämlich für $\varkappa > n$), teils sind sie Determinanten mit zwei gleichen Spalten (nämlich für $\varkappa \leqq n$). Daher ist auch die linke Determinante in (5) gleich 0, und indem man sie nach den Elementen der letzten Spalte entwickelt, erhält man die Identität:

$$(6) \quad \mathsf{B}_{s1} f_1(u_1, \dots, u_k) + \dots + \mathsf{B}_{sn} f_n(u_1, \dots, u_k) + \mathsf{A} f_s(u_1, \dots, u_k) = 0,$$

wo die $\mathsf{B}_{s\nu}$, vom Vorzeichen abgesehen, gewisse n-reihige Determinanten der Matrix (2) sind. Da aber $\mathsf{A} \neq 0$, so ergibt sich aus (6), wenn man $\frac{\mathsf{B}_{s\nu}}{\mathsf{A}} = -c_{s\nu}$ setzt und für $f_\lambda(u_1, \dots, u_k)$ die Ausdrücke (4) einsetzt:

$$(7) \quad \begin{cases} a_{s1} u_1 + \dots + a_{sk} u_k \\ = c_{s1}(a_{11} u_1 + \dots + a_{1k} u_k) + \dots + c_{sn}(a_{n1} u_1 + \dots + a_{nk} u_k). \end{cases}$$

Denkt man sich in diese Identität für die Variabeln $u_1, \dots, u_k$ solche Größen $x_1, \dots, x_k$ eingesetzt, für die die n Gleichungen

$$a_{\nu 1} x_1 + \dots + a_{\nu k} x_k = 0 \qquad (\nu = 1, 2, \dots, n)$$

gelten, so lehrt die Identität, daß von selbst auch

$$a_{s1} x_1 + \dots + a_{sk} x_k = 0$$

wird. Das besagt aber, daß, wenn die Unbekannten $x_1, \dots, x_k$ die ersten n Gleichungen des Systems (1) befriedigen, die $l - n$ übrigen Gleichungen von selbst erfüllt sind; denn s darf ja jede der Zahlen $n+1, n+2, \ldots, l$ bedeuten. Wir brauchen uns also nur noch um die ersten n Gleichungen zu kümmern. Daß das im Fall $n = l$ auch zutrifft, versteht sich von selbst; wir dürfen und wollen daher die Annahme $n < l$ jetzt wieder fallen lassen.

Die ersten n Gleichungen schreiben wir in der Form:

$$(8)\quad \begin{cases} a_{11}x_1 + \cdots + a_{1n}x_n = -(a_{1,n+1}x_{n+1} + \cdots + a_{1k}x_k), \\ \dots\dots\dots\dots\dots\dots\dots\dots \\ a_{n1}x_1 + \cdots + a_{nn}x_n = -(a_{n,n+1}x_{n+1} + \cdots + a_{nk}x_k), \end{cases}$$

wobei die rechten Seiten, falls $n = k$ sein sollte, durch 0 zu ersetzen sind. Für $n = k$ lehrt dann Satz 43, daß das System (8) nur die eine Lösung

$$x_1 = 0,\quad x_2 = 0, \ldots, x_k = 0$$

hat, also keine nichttriviale Lösung. Für $n < k$ dagegen darf man die $k - n$ Unbekannten $x_{n+1}, \ldots, x_k$ ganz willkürlich annehmen, worauf sich $x_1, \ldots, x_n$ nach Satz 43 eindeutig aus (8) bestimmen lassen. Beide Fälle zusammenfassend erhält man so den

Satz 45. *Ist n der Rang eines homogenen linearen Gleichungssystems mit k Unbekannten, so bleiben $k - n$ der Unbekannten ganz willkürlich; die n anderen sind dann durch diese eindeutig bestimmt. Wählt man die willkürlich bleibenden Unbekannten als Größen eines gewissen Körpers, dem auch die Koeffizienten des Gleichungssystems angehören, so sind die übrigen Unbekannten ebenfalls Größen dieses Körpers. — Für $n = k$ gibt es keine nichttrivialen Lösungen.*

Das gilt übrigens auch in dem bisher ausgeschlossenen Fall $n = 0$; der Satz ist dann selbstverständlich.

Man beachte aber, daß nicht $k - n$ beliebige der Unbekannten willkürlich angenommen werden dürfen, sondern unter Umständen nur $k - n$ passend ausgewählte. Zum Beispiel ist das Gleichungssystem

$$\begin{gathered} x + y + z = 0, \\ 3x + 2y + 2z = 0 \end{gathered}$$

mit der Matrix $\left\|\begin{matrix} 1 & 1 & 1 \\ 3 & 2 & 2 \end{matrix}\right\|$ vom Rang 2. Also wird eine Unbekannte willkürlich bleiben, und zwar darf man z willkürlich annehmen. Aus den Gleichungen

$$\begin{gathered} x + y = -z \\ 3x + 2y = -2z \end{gathered}$$

folgt dann: $x = 0, y = -z$. Man hätte auch y willkürlich annehmen dürfen, nicht aber x, weil ja x in jeder Lösung gleich 0 ist.

Nach Satz 45 gibt es nichttriviale Lösungen dann und nur dann, wenn der Rang kleiner ist als die Zahl der Unbekannten. Da das insbesondere dann eintritt, wenn die Zahl l der Gleichungen kleiner ist als die Zahl k der Unbekannten, so erhalten wir den

Satz 46. *Wenn ein homogenes lineares Gleichungssystem mehr Unbekannte als Gleichungen enthält, so gibt es immer nichttriviale Lösungen und*

insbesondere auch solche, die dem durch die Gleichungskoeffizienten bestimmten Körper angehören.

II. Unser Ergebnis über die Lösungen des Gleichungssystems (1) läßt sich noch etwas anders darstellen. Wenn

$$x_1 = \xi_1, \quad x_2 = \xi_2, \ldots, x_k = \xi_k$$

eine Lösung ist, so ist, wie unmittelbar zu sehen,

$$x_1 = C\xi_1, \quad x_2 = C\xi_2, \ldots, x_k = C\xi_k$$

mit willkürlichem Faktor C ebenfalls eine Lösung. Und allgemeiner, wenn

$$(9) \qquad x_1 = \xi_{1\nu}, \quad x_2 = \xi_{2\nu}, \ldots, x_k = \xi_{k\nu} \qquad (\nu = 1, 2, \ldots, s)$$

s Lösungen sind, so ist

$$(10) \qquad x_1 = \sum_{\nu=1}^{s} C_\nu \xi_{1\nu}, \quad x_2 = \sum_{\nu=1}^{s} C_\nu \xi_{2\nu}, \ldots, x_k = \sum_{\nu=1}^{s} C_\nu \xi_{k\nu}$$

mit willkürlichen $C_1, \ldots, C_s$ ebenfalls eine Lösung. Denn aus

$$a_{\lambda 1}\xi_{1\nu} + a_{\lambda 2}\xi_{2\nu} + \cdots + a_{\lambda k}\xi_{k\nu} = 0 \qquad (\nu = 1, 2, \ldots s)$$

folgt ja sofort:

$$a_{\lambda 1}\sum_{\nu=1}^{s} C_\nu \xi_{1\nu} + a_{\lambda 2}\sum_{\nu=1}^{s} C_\nu \xi_{2\nu} + \cdots + a_{\lambda k}\sum_{\nu=1}^{s} C_\nu \xi_{k\nu}$$
$$= \sum_{\nu=1}^{s} C_\nu (a_{\lambda 1}\xi_{1\nu} + a_{\lambda 2}\xi_{2\nu} + \cdots + a_{\lambda k}\xi_{k\nu}) = 0.$$

Die Lösungen (9) heißen (voneinander) abhängig, wenn sich eine von ihnen, etwa die s-te, aus den $s - 1$ anderen linear zusammensetzen läßt in der Form

$$\xi_{1s} = \sum_{\nu=1}^{s-1} c_\nu \xi_{1\nu}, \quad \xi_{2s} = \sum_{\nu=1}^{s-1} c_\nu \xi_{2\nu}, \ldots, \quad \xi_{ks} = \sum_{\nu=1}^{s-1} c_\nu \xi_{k\nu},$$

oder, was dasselbe ist: wenn es gewisse Größen $b_1, b_2, \ldots, b_s$ gibt, die nicht alle verschwinden und die so beschaffen sind, daß

$$\sum_{\nu=1}^{s} b_\nu \xi_{1\nu} = 0, \qquad \sum_{\nu=1}^{s} b_\nu \xi_{2\nu} = 0, \ldots, \qquad \sum_{\nu=1}^{s} b_\nu \xi_{k\nu} = 0.$$

Andernfalls heißen die Lösungen (9) (voneinander) unabhängig. Sind sie voneinander abhängig, so kann man die Lösung (10) schon aus $s - 1$ Lösungen linear zusammensetzen.

Für die Unabhängigkeit der Lösungen (9) gibt es folgendes Kriterium:

Satz 47. *Die s Lösungen (9) sind voneinander unabhängig, wenn der Rang der Matrix*

$$\left\| \begin{matrix} \xi_{11} & \xi_{21} & \cdots & \xi_{k1} \\ \cdot & \cdot & \cdot & \cdot \\ \xi_{1s} & \xi_{2s} & \cdots & \xi_{ks} \end{matrix} \right\|$$

gleich s ist; sie sind voneinander abhängig, wenn dieser Rang kleiner als s ist[1]).

---

[1]) Größer als s kann er natürlich nicht sein, weil die Matrix nur s Zeilen hat.

Zum Beweis beachte man, daß der Rang einer Matrix offenbar unverändert bleibt, wenn man die Spalten zu Zeilen macht; denn dabei bleiben ja alle Determinanten unverändert. Man kann also statt der Matrix des Satzes 47 auch die folgende betrachten:

$$(11) \qquad \left\| \begin{matrix} \xi_{11}\, \xi_{12} \dots \xi_{1s} \\ \cdot \quad \cdot \quad \cdot \quad \cdot \\ \xi_{k1}\, \xi_{k2} \dots \xi_{ks} \end{matrix} \right\|.$$

Nun ist die Abhängigkeit der Lösungen (9) definitionsgemäß gleichbedeutend damit, daß die Gleichungen

$$\begin{gathered} \xi_{11} b_1 + \xi_{12} b_2 + \cdots + \xi_{1s} b_s = 0, \\ \cdot \quad \cdot \quad \cdot \quad \cdot \quad \cdot \quad \cdot \quad \cdot \\ \xi_{k1} b_1 + \xi_{k2} b_2 + \cdots + \xi_{ks} b_s = 0 \end{gathered}$$

für gewisse b_ν, die nicht alle verschwinden, richtig sind. Solche b_ν gibt es aber nach Satz 45 dann und nur dann, wenn der Rang der Matrix (11) kleiner als s ist. Damit ist Satz 47 bewiesen.

Eine Anzahl von unabhängigen Lösungen (9), aus denen sich alle anderen Lösungen in der Form (10) zusammensetzen lassen, heißt ein Fundamentalsystem von Lösungen. Wir beweisen jetzt, daß es, wenn $k > n$ ist, Fundamentalsysteme gibt und daß jedes Fundamentalsystem aus genau $k - n$ Lösungen besteht.

Da, wie wir gesehen haben, bei geeigneter Numerierung die Unbekannten $x_{n+1}, \dots, x_k$ willkürlich bleiben und die n übrigen Unbekannten durch diese eindeutig bestimmt sind, so gibt es genau eine Lösung, für die

$$x_{n+1} = 1,\ x_{n+2} = 0, \dots, x_k = 0$$

ist. Ebenso gibt es genau eine Lösung, für die

$$x_{n+1} = 0,\ x_{n+2} = 1,\ x_{n+3} = 0, \dots, x_k = 0$$

ist usw. Schließlich gibt es auch genau eine Lösung, für die

$$x_{n+1} = 0, \dots, x_{k-1} = 0,\ x_k = 1$$

ist. Von diesen $k - n$ Lösungen bezeichnen wir die ν-te mit

$$\xi_{1\nu}, \xi_{2\nu}, \dots, \xi_{k\nu} \qquad (\nu = 1, 2, \dots, k - n).$$

Ihre Matrix ist dann

$$(12) \qquad \left\| \begin{matrix} \xi_{11} & \dots \xi_{n1} & \xi_{n+1,1} & \dots \xi_{k1} \\ \xi_{12} & \dots \xi_{n2} & \xi_{n+1,2} & \dots \xi_{k2} \\ \cdot & \cdot & \cdot & \cdot \\ \xi_{1,k-n} & \dots \xi_{n,k-n} & \xi_{n+1,k-n} & \dots \xi_{k,k-n} \end{matrix} \right\| = \left\| \begin{matrix} \xi_{11} & \dots \xi_{n1} & 1\,0 \dots 0 \\ \xi_{12} & \dots \xi_{n2} & 0\,1 \dots 0 \\ \cdot & \cdot & \cdot \\ \xi_{1,k-n} & \dots \xi_{n,k-n} & 0\,0 \dots 1 \end{matrix} \right\|;$$

sie ist vom Rang $k - n$, weil insbesondere die aus den letzten $k - n$ Spalten gebildete Determinante nicht verschwindet. Diese Lösungen, die offenbar dem durch die Koeffizienten des Gleichungssystems bestimmten Körper angehören, sind also nach Satz 47 voneinander unabhängig. Wir wollen zeigen, daß sie ein Fundamentalsystem bilden, daß also alle Lösungen in der Form enthalten sind:

$$(13) \qquad x_1 = \sum_{\nu=1}^{k-n} C_\nu \xi_{1\nu}, \dots, x_k = \sum_{\nu=1}^{k-n} C_\nu \xi_{k\nu}.$$

Nach dem Beweis von Satz 45 erhält man aber bereits alle Lösungen, wenn man $x_{n+1}, \ldots, x_k$ willkürlich annimmt; es muß also nur gezeigt werden, daß in (13) bei passender Wahl von C_ν willkürliche Größen für $x_{n+1}, \ldots, x_k$ herauskommen. Nun ist aber in (13) mit Rücksicht auf (12)

$$x_{n+1} = C_1, \quad x_{n+2} = C_2, \ldots, x_k = C_{k-n},$$

also in der Tat willkürlich.

III. Hiermit ist bereits ein Fundamentalsystem gefunden; es besteht aus $k - n$ Lösungen. Nun seien

$$(14) \qquad \begin{Bmatrix} \xi'_{11} & \xi'_{21} \ldots \xi'_{k1} \\ \cdot & \cdot \quad \cdot \quad \cdot \\ \xi'_{1s} & \xi'_{2s} \ldots \xi'_{ks} \end{Bmatrix} \quad \text{und} \quad \begin{Bmatrix} \xi''_{11} & \xi''_{21} \ldots \xi''_{k1} \\ \cdot & \cdot \quad \cdot \quad \cdot \\ \xi''_{1t} & \xi''_{2t} \ldots \xi''_{kt} \end{Bmatrix}$$

zwei Lösungssysteme, das erste mit s, das zweite mit t Lösungen, und zwar sei das erste ein Fundamentalsystem. Dann kann man die Lösungen des zweiten Systems linear daraus zusammensetzen:

$$(15) \qquad \begin{cases} \xi''_{\varkappa 1} = C_{11}\xi'_{\varkappa 1} + C_{21}\xi'_{\varkappa 2} + \cdots + C_{s1}\xi'_{\varkappa s} & (\varkappa = 1, 2, \ldots, k), \\ \xi''_{\varkappa 2} = C_{12}\xi'_{\varkappa 1} + C_{22}\xi'_{\varkappa 2} + \cdots + C_{s2}\xi'_{\varkappa s} & (\varkappa = 1, 2, \ldots, k), \\ \cdot \quad \cdot \quad \cdot \quad \cdot \quad \cdot \quad \cdot \quad \cdot \quad \cdot \quad \cdot \quad \cdot & \\ \xi''_{\varkappa t} = C_{1t}\xi'_{\varkappa 1} + C_{2t}\xi'_{\varkappa 2} + \cdots + C_{st}\xi'_{\varkappa s} & (\varkappa = 1, 2, \ldots, k). \end{cases}$$

Ist der Rang der Matrix

$$(16) \qquad \begin{Vmatrix} C_{11} & C_{21} \ldots C_{s1} \\ \cdot & \cdot \quad \cdot \quad \cdot \\ C_{1t} & C_{2t} \ldots C_{st} \end{Vmatrix}$$

kleiner als t, so gibt es, weil der Rang unverändert bleibt, wenn man die Spalten zu Zeilen macht, nach Satz 45 gewisse Größen $\gamma_1, \gamma_2, \ldots, \gamma_t$, die nicht alle verschwinden und die so beschaffen sind, daß

$$(17) \qquad \begin{cases} C_{11}\gamma_1 + C_{12}\gamma_2 + \cdots + C_{1t}\gamma_t = 0, \\ \cdot \quad \cdot \quad \cdot \quad \cdot \quad \cdot \quad \cdot \quad \cdot \\ C_{s1}\gamma_1 + C_{s2}\gamma_2 + \cdots + C_{st}\gamma_t = 0 \end{cases}$$

ist. Dann ist aber nach (15) auch

$$(18) \qquad \gamma_1\xi''_{\varkappa 1} + \gamma_2\xi''_{\varkappa 2} + \cdots + \gamma_t\xi''_{\varkappa t} = 0 \qquad (\varkappa = 1, 2, \ldots, k),$$

d. h., die Lösungen des zweiten Systems (14) sind voneinander abhängig. Ist dagegen der Rang der Matrix (16) gleich t, so sind die Lösungen des zweiten Systems (14) voneinander unabhängig. Denn wenn eine Gleichung der Form (18) bestehen würde, wo nicht alle γ_ν verschwinden, so würden aus (15) und (18), weil die Lösungen $\xi'_{\varkappa\mu}$ unabhängig sind, die Gleichungen (17) folgen, die aber nach dem Schlußsatz von Satz 45 nicht bestehen können, wenn der Rang der Matrix (16) gleich t ist.

Daraus ziehen wir einige Folgerungen. Zunächst ist, wenn $t > s$, der Rang von (16) gewiß kleiner als t, also sind die Lösungen des zweiten Systems (14) voneinander abhängig. Mehr als s Lösungen sind daher stets voneinander abhängig, und folglich ist s gleich der Maximalzahl unabhängiger

Lösungen. Da aber das Fundamentalsystem (14) ein ganz beliebiges sein darf, so schließen wir, daß für jedes Fundamentalsystem die Anzahl s der Lösungen dieselbe ist, und zwar ist $s = k - n$, da wir bereits ein Fundamentalsystem von $k - n$ Lösungen kennen. Anderseits bilden aber $k - n$ unabhängige Lösungen stets ein Fundamentalsystem. Denn wenn irgendeine Lösung sich nicht aus ihnen linear zusammensetzen ließe, so würde sie zusammen mit den $k - n$ Lösungen, wie man leicht sieht, ein System von $k - n + 1$ unabhängigen Lösungen bilden, während doch $k - n$ die Maximalzahl ist.

Wir untersuchen jetzt noch, wann auch das zweite System (14) ein Fundamentalsystem ist. Nach dem Bewiesenen muß dann $t = s\ (= k - n)$ sein und der Rang der Matrix (16) gleich $t\ (= s)$, also

$$\begin{vmatrix} C_{11} \dots C_{s1} \\ \cdot \quad \cdot \quad \cdot \quad \cdot \\ C_{1s} \dots C_{ss} \end{vmatrix} \neq 0.$$

se Bedingung ist aber auch hinreichend. Denn wenn sie erfüllt ist, sind zunächst die Lösungen des zweiten Systems (14) nach dem Bewiesenen voneinander unabhängig. Außerdem kann man nach Satz 43 die Gleichungen (15) nach $\xi'_{\varkappa 1}, \dots, \xi'_{\varkappa s}$ auflösen, und zwar derart, daß die $\xi'_{\varkappa\mu}$ und folglich alle Lösungen des Systems (1) sich aus $\xi''_{\varkappa 1}, \dots, \xi''_{\varkappa s}$ linear zusammensetzen. Diese Ergebnisse fassen wir zusammen in

Satz 48. *Bei einem homogenen linearen Gleichungssystem vom Rang n mit k Unbekannten sind $k - n + 1$ Lösungen stets voneinander abhängig. Dagegen gibt es Lösungssysteme von $k - n$ unabhängigen Lösungen, und jedes derartige Lösungssystem ist ein Fundamentalsystem: insbesondere gibt es auch Fundamentalsysteme, die dem durch die Gleichungskoeffizienten bestimmten Korper angehören. Bilden die $k - n$ Lösungen*

$$\xi'_{\varkappa 1} \qquad (\varkappa = 1, 2, \dots, k),$$
$$\cdot \quad \cdot \quad \cdot \quad \cdot \quad \cdot \quad \cdot \quad \cdot$$
$$\xi'_{\varkappa, k-n} \qquad (\varkappa = 1, 2, \dots, k),$$

ein Fundamentalsystem, so bilden die $k - n$ Lösungen

$$\xi''_{\varkappa 1} = C_{11}\xi'_{\varkappa 1} + C_{21}\xi'_{\varkappa 2} + \dots + C_{k-n,1}\xi'_{\varkappa,k-n} \qquad (\varkappa = 1, 2, \dots, k),$$
$$\cdot \quad \cdot \quad \cdot \quad \cdot \quad \cdot \quad \cdot \quad \cdot \quad \cdot \quad \cdot \quad \cdot$$
$$\xi''_{\varkappa,k-n} = C_{1,k-n}\xi'_{\varkappa 1} + C_{2,k-n}\xi'_{\varkappa 2} + \dots + C_{k-n,k-n}\xi'_{\varkappa,k-n} \qquad (\varkappa = 1, 2, \dots, k)$$

dann und nur dann ebenfalls ein Fundamentalsystem, wenn die aus den $C_{\varkappa\mu}$ gebildete $(k - n)$-reihige Determinante nicht gleich 0 ist.

Liegen insbesondere n Gleichungen mit $n + 1$ Unbekannten vor:

$$a_{11}x_1 + \dots + a_{1n}x_n + a_{1,n+1}x_{n+1} = 0,$$
$$\cdot \quad \cdot \quad \cdot \quad \cdot \quad \cdot \quad \cdot \quad \cdot \quad \cdot$$
$$a_{n1}x_1 + \dots + a_{nn}x_n + a_{n,n+1}x_{n+1} = 0,$$

und ist der Rang der Matrix

$$(19)\qquad \begin{Vmatrix} a_{11} \dots a_{1n} & a_{1,n+1} \\ \cdot \quad \cdot \quad \cdot & \cdot \\ a_{n1} \dots a_{nn} & a_{n,n+1} \end{Vmatrix}$$

gleich n, so enthält ein Fundamentalsystem nur eine Lösung, und die allgemeinste Lösung geht aus ihr durch Multiplikation mit einem willkürlichen Faktor hervor. Der Lösung läßt sich in diesem Fall eine bemerkenswert einfache Form geben: Bezeichnet man nämlich die n-reihige Determinante, die aus der Matrix (19) durch Weglassen der ν-ten Spalte entsteht, mit A_ν, so verschwinden nicht alle A_ν (weil ja der Rang gleich n sein soll), und die allgemeinste Lösung ist

$$x_1 = CA_1,\ x_2 = -CA_2, \dots, x_{n+1} = (-1)^n CA_{n+1},$$

wo C willkürlich. In der Tat ist ja für $\nu = 1, 2, \dots, n$:

$$a_{\nu 1} A_1 - a_{\nu 2} A_2 + \cdots + (-1)^n a_{\nu, n+1} A_{n+1} = \begin{vmatrix} a_{\nu 1} & a_{\nu 2} \dots a_{\nu n} & a_{\nu, n+1} \\ a_{11} & a_{12} \dots a_{1n} & a_{1,n+1} \\ \cdot & \cdot \quad \cdot & \cdot \\ a_{n1} & a_{n2} \dots a_{nn} & a_{n,n+1} \end{vmatrix} = 0,$$

weil diese Determinante zwei gleiche Zeilen hat.

IV. Wir wenden uns jetzt zu inhomogenen Gleichungssystemen. Sei

$$(20)\qquad \begin{cases} a_{11} x_1 + a_{12} x_2 + \cdots + a_{1k} x_k = c_1, \\ \cdot \quad \cdot \quad \cdot \quad \cdot \quad \cdot \\ a_{l1} x_1 + a_{l2} x_2 + \cdots + a_{lk} x_k = c_l \end{cases}$$

ein solches. Betrachten wir daneben das homogene System

$$(21)\qquad \begin{cases} a_{11} x_1 + a_{12} x_2 + \cdots + a_{1k} x_k + c_1 x_{k+1} = 0, \\ \cdot \quad \cdot \quad \cdot \quad \cdot \quad \cdot \\ a_{l1} x_1 + a_{l2} x_2 + \cdots + a_{lk} x_k + c_l x_{k+1} = 0, \end{cases}$$

so ist klar, daß die Lösungen von (20) sich decken mit denjenigen Lösungen von (21), für welche $x_{k+1} = -1$ ist. Da wir aber die Lösungen eines homogenen Systems alle angeben können, so können wir damit auch das inhomogene System (20) vollständig lösen.

Es kann vorkommen, daß das System (21) nur solche Lösungen hat, für die $x_{k+1} = 0$ ist; dann kann niemals $x_{k+1} = -1$ sein, und das System (20) hat daher keine Lösung. Wenn dagegen das System (21) eine Lösung zuläßt, bei der $x_{k+1} \neq 0$ ist, so erhält man durch Multiplikation mit einem Faktor auch eine Lösung, bei der $x_{k+1} = -1$ ist, und somit eine Lösung von (20). Ein anderes Kriterium für die Existenz von Lösungen ist folgendes:

Satz 49. *Das System von inhomogenen Gleichungen* (20) *hat dann und nur dann Lösungen, wenn die beiden Matrizes*

$$\begin{Vmatrix} a_{11} & a_{12} \dots a_{1k} \\ \cdot & \cdot \quad \cdot \\ a_{l1} & a_{l2} \dots a_{lk} \end{Vmatrix} \quad \text{und} \quad \begin{Vmatrix} a_{11} & a_{12} \dots a_{1k} & c_1 \\ \cdot & \cdot \quad \cdot & \cdot \\ a_{l1} & a_{l2} \dots a_{lk} & c_l \end{Vmatrix}$$

gleichen Rang haben, und zwar gibt es dann stets auch solche Lösungen, die dem durch die Koeffizienten $a_{\lambda\varkappa}$ *und* c_λ *bestimmten Körper angehören.*

Beweis. Ist n der Rang der ersten Matrix, so enthält sie eine n-reihige nicht verschwindende Determinante; da das aber auch eine Determinante der zweiten Matrix ist, so ist deren Rang mindestens gleich n. Wenn nun eine Lösung des Systems (20) vorhanden ist, etwa $\xi_1, \ldots, \xi_k$, so läßt sich die zweite Matrix folgendermaßen schreiben:

$$\left\| \begin{matrix} a_{11} \ldots a_{1k} & a_{11}\xi_1 + \cdots + a_{1k}\xi_k \\ \cdot \quad \cdot \quad \cdot \quad \cdot & \cdot \quad \cdot \quad \cdot \quad \cdot \quad \cdot \quad \cdot \\ a_{l1} \ldots a_{lk} & a_{l1}\xi_1 + \cdots + a_{lk}\xi_k \end{matrix} \right\|.$$

Daher ist jede etwa in ihr enthaltene $(n+1)$-reihige Determinante entweder selbst eine Determinante der ersten Matrix, oder (wenn die letzte Spalte dabei beteiligt ist) man kann sie mittels der Formel (8) des § 19 und Satz 35 linear aus Determinanten der ersten Matrix und aus Determinanten mit zwei gleichen Spalten zusammensetzen. Da aber alle $(n+1)$-reihigen Determinanten der ersten Matrix verschwinden, so verschwinden also auch alle $(n+1)$-reihigen Determinanten der zweiten Matrix. Letztere kann also keinen größeren Rang haben, und folglich haben beide gleichen Rang.

Umgekehrt, wenn beide Matrizes den gleichen Rang n haben, so ist gewiß $n \leqq k$. Wie auf S. 100 kann man es wieder so einrichten, daß

$$\begin{vmatrix} a_{11} & \ldots & a_{1n} \\ \cdot & \cdot & \cdot \\ a_{n1} & \ldots & a_{nn} \end{vmatrix} \neq 0$$

ist. Dann hat aber das homogene System (21), wie der Beweis von Satz 45 zeigt, eine Lösung, bei der $x_{n+1}, \ldots, x_k, x_{k+1}$ willkürlich bleiben. Insbesondere kann man $x_{k+1} = -1$ und, falls $n < k$ ist, $x_{n+1}, \ldots, x_k$ als Größen des in Satz 49 genannten Körpers wählen; dann gehören auch $x_1, \ldots, x_n$ diesem Körper an, und damit ist eine Lösung des inhomogenen Systems (20) innerhalb dieses Körpers nachgewiesen.

Aus Satz 49 folgt leicht noch

Satz 50. *Das lineare Gleichungssystem*

$$a_{\lambda 1}x_1 + \cdots + a_{\lambda k}x_k = c_\lambda \qquad (\lambda = 1, 2, \ldots, l)$$

ist dann und nur dann bei jeder Wahl der Größen $c_1, \ldots, c_l$ *auflösbar, wenn der Rang der Matrix*

$$\left\| \begin{matrix} a_{11} \ldots a_{1k} \\ \cdot \quad \cdot \quad \cdot \quad \cdot \\ a_{l1} \ldots a_{lk} \end{matrix} \right\|$$

gleich l *ist.*

Wenn nämlich der Rang gleich l ist, so hat die zweite Matrix in Satz 49 ebenfalls den Rang l, womit dieser Fall bereits erledigt ist. Wenn aber der Rang gleich n ist und $n < l$, so enthält die Matrix eine n-reihige nicht verschwindende Determinante[1]). Wir können bei geeigneter Numerierung der Gleichungen und Unbekannten etwa annehmen, daß

$$\begin{vmatrix} a_{11} & \dots & a_{1n} \\ \cdot & \cdot & \cdot \\ a_{n1} & \dots & a_{nn} \end{vmatrix} \neq 0$$

ist. Dann enthält aber die Matrix

$$\begin{Vmatrix} a_{11} & \dots & a_{1k} & c_1 \\ \cdot & \cdot & \cdot & \cdot \\ a_{l1} & \dots & a_{lk} & c_l \end{Vmatrix}$$

die $(n+1)$-reihige Determinante

$$\begin{vmatrix} a_{11} & \dots & a_{1n} & c_1 \\ \cdot & \cdot & \cdot & \cdot \\ a_{n1} & \dots & a_{nn} & c_n \\ a_{n+1,1} & \dots & a_{n+1,n} & c_{n+1} \end{vmatrix},$$

die zum mindesten bei der Wahl $c_1 = \cdots = c_n = 0$, $c_{n+1} = 1$ nicht verschwindet. Ihr Rang ist dann also größer als n, und nach Satz 49 hat daher das Gleichungssystem keine Lösung.

§ 25. Lineare Transformation.

I. Wenn in dem Gleichungssystem

$$(1) \qquad \begin{cases} x_1 = a_{11} y_1 + \cdots + a_{1n} y_n, \\ \cdot \quad \cdot \quad \cdot \quad \cdot \quad \cdot \quad \cdot \\ x_n = a_{n1} y_1 + \cdots + a_{nn} y_n \end{cases}$$

die Determinante

$$(2) \qquad \mathsf{A} = \begin{vmatrix} a_{11} & \dots & a_{1n} \\ \cdot & \cdot & \cdot \\ a_{n1} & \dots & a_{nn} \end{vmatrix}$$

von Null verschieden ist, so läßt sich das System bei willkürlich gegebenen $x_1, \dots, x_n$ eindeutig nach $y_1, \dots, y_n$ auflösen in der Form

$$(3) \qquad \begin{cases} y_1 = \alpha_{11} x_1 + \cdots + \alpha_{1n} x_n, \\ \cdot \quad \cdot \quad \cdot \quad \cdot \quad \cdot \quad \cdot \\ y_n = \alpha_{n1} x_1 + \cdots + \alpha_{nn} x_n, \end{cases}$$

und zwar ist nach § 23 II

$$\alpha_{\mu\lambda} = \frac{A_{\lambda\mu}}{\mathsf{A}},$$

[1]) Der hierbei nicht berücksichtigte Fall $n = 0$ ist trivial. Denn in diesem Fall verschwinden alle $a_{\lambda\varkappa}$ und das Gleichungssystem hat z. B. bei der Wahl $c_\lambda = 1$ keine Lösung.

wobei $A_{\lambda\mu}$ den Minor des Elements $a_{\lambda\mu}$ in der Determinante A bedeutet. Umgekehrt läßt sich aber auch das System (3) bei willkürlich gegebenen $y_1, \ldots, y_n$ auflösen nach $x_1, \ldots, x_n$; denn die durch (1) definierten Größen $x_1, \ldots, x_n$ sind eine Lösung von (3), weil ja die Gleichungen (1) wegen der Eindeutigkeit ihrer Auflösung notwendig die Gleichungen (3) nach sich ziehen [1]). Nach Satz 50 hat daher die Determinante des Systems (3) den Rang n; d. h. sie ist von 0 verschieden, und folglich hat auch das System (3) nur eine Auflösung, die, wie schon erwähnt, durch (1) gegeben ist.

Man nennt das Formelsystem (1) mit der Nebenbedingung $A \neq 0$ eine lineare Transformation. Mittels ihr geht man von irgend einem Größensystem $x_1, \ldots, x_n$ (z. B. Variabeln oder Unbekannten eines Gleichungssystems) zu einem neuen Größensystem $y_1, \ldots, y_n$ über. Man kann dann stets auch rückwärts von den neuen Größen $y_1, \ldots, y_n$ wieder zu den alten $x_1, \ldots, x_n$ übergehen; das geschieht mittels der Formeln (3), die, weil die Determinante der $\alpha_{\mu\lambda}$ von Null verschieden ist, ebenfalls eine lineare Transformation darstellen. Die Transformation (3) heißt die inverse Transformation von (1) und umgekehrt ist dann auch (1) die inverse von (3).

II. Wir wollen nun von einem Größensystem $x_1, \ldots, x_n$ mittels einer linearen Transformation zu einem zweiten System $y_1, \ldots, y_n$ übergehen und von diesem mittels einer weiteren linearen Transformation zu einem dritten System $z_1, \ldots, z_n$; also ausführlich geschrieben:

$$(4)\quad \begin{cases} x_1 = a_{11}\,y_1 + \cdots + a_{1n}\,y_n\,, \\ \cdot\ \cdot\ \cdot\ \cdot\ \cdot\ \cdot\ \cdot\ \cdot\ \cdot\ \cdot\ \cdot \\ x_n = a_{n1}\,y_1 + \cdots + a_{nn}\,y_n\,, \end{cases} \qquad \begin{vmatrix} a_{11} & \ldots & a_{1n} \\ \cdot & \cdot & \cdot \\ a_{n1} & \ldots & a_{nn} \end{vmatrix} \neq 0\,,$$

$$(5)\quad \begin{cases} y_1 = b_{11}\,z_1 + \cdots + b_{1n}\,z_n\,, \\ \cdot\ \cdot\ \cdot\ \cdot\ \cdot\ \cdot\ \cdot\ \cdot\ \cdot\ \cdot\ \cdot \\ y_n = b_{n1}\,z_1 + \cdots + b_{nn}\,z_n\,, \end{cases} \qquad \begin{vmatrix} b_{11} & \ldots & b_{1n} \\ \cdot & \cdot & \cdot \\ b_{n1} & \ldots & b_{nn} \end{vmatrix} \neq 0\,.$$

Dadurch wird ein Übergang des ersten Systems zum dritten vermittelt, und zwar ist

$$x_\lambda = \sum_{\mu=1}^{n} a_{\lambda\mu}\,y_\mu = \sum_{\mu=1}^{n}\sum_{\nu=1}^{n} a_{\lambda\mu}\,b_{\mu\nu}\,z_\nu = \sum_{\nu=1}^{n}\left(\sum_{\mu=1}^{n} a_{\lambda\mu}\,b_{\mu\nu}\right) z_\nu\,.$$

Ausführlicher geschrieben besagt das

$$(6)\quad \begin{cases} x_1 = c_{11}\,z_1 + \cdots + c_{1n}\,z_n\,, \\ \cdot\ \cdot\ \cdot\ \cdot\ \cdot\ \cdot\ \cdot\ \cdot\ \cdot\ \cdot\ \cdot \\ x_n = c_{n1}\,z_1 + \cdots + c_{nn}\,z_n\,, \end{cases}$$

wobei

$$(7)\qquad c_{\lambda\nu} = \sum_{\mu=1}^{n} a_{\lambda\mu}\,b_{\mu\nu} = a_{\lambda1}\,b_{1\nu} + a_{\lambda2}\,b_{2\nu} + \cdots + a_{\lambda n}\,b_{n\nu}$$

[1]) Übrigens kann man das auch sofort durch Rechnung verifizieren, indem man die Größen (1) in die rechte Seite der Gleichungen (3) einsetzt und die Formeln (3) des § 23 beachtet.

ist. Wir zeigen jetzt, daß auch die Determinante der $c_{\lambda\nu}$ von 0 verschieden ist. Dazu wird es nach Satz 50 genügen, wenn wir zeigen können, daß sich das System (6) bei willkürlichen $x_1, \ldots, x_n$ stets nach $z_1, \ldots, z_n$ auflösen läßt. Aber wenn man bei gegebenen $x_1, \ldots, x_n$ aus (4) die Größen $y_1, \ldots, y_n$ und dann aus (5) die Größen $z_1, \ldots, z_n$ berechnet, so genügen ja diese dem System (6), womit bereits alles bewiesen ist.

Hiernach stellen die Gleichungen (6) auch wieder eine lineare Transformation dar. Man nennt sie die aus (4) und (5) zusammengesetzte Transformation.

§ 26. Produkt zweier Determinanten und Matrizes.

I. Wir betrachten die beiden n-reihigen Determinanten

$$(1)\qquad \begin{vmatrix} a_{11} & \ldots & a_{1n} \\ \cdot & \cdot & \cdot \\ a_{n1} & \ldots & a_{nn} \end{vmatrix} = \mathsf{A}, \qquad \begin{vmatrix} b_{11} & \ldots & b_{1n} \\ \cdot & \cdot & \cdot \\ b_{n1} & \ldots & b_{nn} \end{vmatrix} = \mathsf{B}.$$

Sodann setzen wir wie bei Formel (7) des vorigen Paragraphen

$$(2)\qquad a_{\lambda 1} b_{1\nu} + a_{\lambda 2} b_{2\nu} + \cdots + a_{\lambda n} b_{n\nu} = c_{\lambda\nu}$$

und bilden die weitere Determinante

$$(3)\qquad \begin{vmatrix} c_{11} & \ldots & c_{1n} \\ \cdot & \cdot & \cdot \\ c_{n1} & \ldots & c_{nn} \end{vmatrix} = \Gamma.$$

Wenn $\mathsf{A} \neq 0$, $\mathsf{B} \neq 0$, so kann man die $a_{\lambda\nu}$ und ebenso die $b_{\lambda\nu}$ als Koeffizienten je einer linearen Transformation wählen:

$$(4)\qquad \begin{cases} x_1 = a_{11} y_1 + \cdots + a_{1n} y_n, \\ \cdot\ \cdot\ \cdot\ \cdot\ \cdot\ \cdot\ \cdot\ \cdot\ \cdot \\ x_n = a_{n1} y_1 + \cdots + a_{nn} y_n, \end{cases}$$

$$(5)\qquad \begin{cases} y_1 = b_{11} z_1 + \cdots + b_{1n} z_n, \\ \cdot\ \cdot\ \cdot\ \cdot\ \cdot\ \cdot\ \cdot\ \cdot\ \cdot \\ y_n = b_{n1} z_1 + \cdots + b_{nn} z_n. \end{cases}$$

Nach § 25 II sind dann die durch (2) definierten Größen $c_{\lambda\nu}$ die Koeffizienten der aus (4) und (5) zusammengesetzten Transformation:

$$(6)\qquad \begin{cases} x_1 = c_{11} z_1 + \cdots + c_{1n} z_n, \\ \cdot\ \cdot\ \cdot\ \cdot\ \cdot\ \cdot\ \cdot\ \cdot\ \cdot \\ x_n = c_{n1} z_1 + \cdots + c_{nn} z_n, \end{cases}$$

so daß auch $\Gamma \neq 0$ ist. Somit kann Γ nie verschwinden, wenn A und B nicht verschwinden. Da auch das Produkt AB die gleiche Eigenschaft hat, so liegt die Vermutung nahe, daß Γ irgendwie mit dem Produkt zusammenhängt. In der Tat gilt die wichtige Produktformel

$$(7)\qquad \Gamma = \mathsf{AB}.$$

Zum Beweis seien die $a_{\lambda\nu}$, $b_{\lambda\nu}$ unabhängige Variable, so daß A, B zwei nicht identisch verschwindende Polynome dieser Variabeln sind. Auch

$\mathsf{\Gamma}$ ist ein Polynom dieser Variabeln, das, weil A, B nicht identisch verschwinden, nach obigem ebenfalls nicht identisch verschwinden kann. Wir denken uns ferner in den Formeln (4) die x_μ als n weitere unabhängige Variable. Die y_λ, z_ν sind dann lineare Polynome der Variabeln x_μ, die sich durch Auflösung der Formeln (4) bzw. (6) ergeben, und zwar ist

$$y_\lambda = \frac{1}{\mathsf{A}} \sum_{\mu=1}^{n} A_{\mu\lambda} x_\mu, \tag{8}$$

$$z_\nu = \frac{1}{\mathsf{\Gamma}} \sum_{\mu=1}^{n} C_{\mu\nu} x_\mu, \tag{9}$$

wobei mit $A_{\mu\lambda}$, $C_{\mu\nu}$ die zu den Elementen $a_{\mu\lambda}$, $c_{\mu\nu}$ gehörigen Minoren der Determinanten $\mathsf{A}, \mathsf{\Gamma}$ bezeichnet sind. Setzt man (9) in (5) ein, so kommt

$$y_\lambda = \sum_{\nu=1}^{n} b_{\lambda\nu} z_\nu = \sum_{\nu=1}^{n} b_{\lambda\nu} \frac{1}{\mathsf{\Gamma}} \sum_{\mu=1}^{n} C_{\mu\nu} x_\mu$$

$$= \sum_{\mu=1}^{n} \left(\frac{1}{\mathsf{\Gamma}} \sum_{\nu=1}^{n} b_{\lambda\nu} C_{\mu\nu} \right) x_\mu .$$

Durch Vergleich mit (8) ergibt sich, da die x_μ unabhängige Variable sind,

$$\frac{1}{\mathsf{A}} A_{\mu\lambda} = \frac{1}{\mathsf{\Gamma}} \sum_{\nu=1}^{n} b_{\lambda\nu} C_{\mu\nu},$$

oder also

$$\frac{\mathsf{\Gamma}}{\mathsf{A}} = \frac{1}{A_{\mu\lambda}} \sum_{\nu=1}^{n} b_{\lambda\nu} C_{\mu\nu} \qquad (\lambda, \mu = 1, 2, \ldots, n). \tag{10}$$

Durch diese Formel ist die rationale Funktion $\frac{\mathsf{\Gamma}}{\mathsf{A}}$ so als Quotient von Polynomen dargestellt, daß der Nenner speziell die Variable $a_{\mu\lambda}$ nicht enthält; denn der Minor $A_{\mu\lambda}$ ist ja frei von $a_{\mu\lambda}$. Da man für jedes Indexpaar μ, λ eine solche Darstellung hat, so ist $\frac{\mathsf{\Gamma}}{\mathsf{A}}$ nach Satz 31 ein Polynom aller Variabeln $a_{\varkappa\nu}$. Weil aber der Nenner A und der Zähler $\mathsf{\Gamma}$ als Polynome aller $a_{\varkappa\nu}$ offenbar vom Grad n sind, so ist das Quotientenpolynom $\frac{\mathsf{\Gamma}}{\mathsf{A}}$ vom Grad $n - n = 0$, also eine Konstante [1]). Um sie zu berechnen, setzen wir für die $a_{\varkappa\nu}$ gewisse Spezialwerte ein, und zwar

$$a_{\varkappa\nu} = \begin{cases} 1 & \text{für} \quad \varkappa = \nu \\ 0 & \text{für} \quad \varkappa \neq \nu . \end{cases}$$

Dann wird $\mathsf{A} = 1$, $c_{\lambda\nu} = b_{\lambda\nu}$, also $\mathsf{\Gamma} = \mathsf{B}$. Der Wert der Konstanten $\frac{\mathsf{\Gamma}}{\mathsf{A}}$ ist daher gleich $\frac{\mathsf{B}}{1}$. Also ist $\mathsf{\Gamma} = \mathsf{AB}$.

---

[1]) Eigentlich ein Polynom der Variabeln $b_{\lambda\nu}$, die aber augenblicklich eine sekundäre Rolle spielen.

Damit ist die Formel (7) bewiesen. Wir hatten zwar beim Beweis die $a_{\lambda\nu}$ und $b_{\lambda\nu}$ als unabhängige Variable angenommen. Die Endformel (7) gilt dann aber auch für beliebig spezialisierte $a_{\lambda\nu}$, $b_{\lambda\nu}$ (vgl. § 9 V).

II. Wir wollen für die Formel (7) noch einen zweiten Beweis geben. Nach (2) ist

$$c_{\lambda\nu} = \sum_{\mu=1}^{n} a_{\lambda\mu} b_{\mu\nu},$$

und folglich kann die Determinante Γ folgendermaßen geschrieben werden:

$$\Gamma = \begin{vmatrix} \sum\limits_{\mu_1=1}^{n} a_{1\mu_1} b_{\mu_1 1} \cdots \sum\limits_{\mu_n=1}^{n} a_{1\mu_n} b_{\mu_n n} \\ \cdot \quad \cdot \quad \cdot \quad \cdot \quad \cdot \quad \cdot \quad \cdot \quad \cdot \quad \cdot \\ \sum\limits_{\mu_1=1}^{n} a_{n\mu_1} b_{\mu_1 1} \cdots \sum\limits_{\mu_n=1}^{n} a_{n\mu_n} b_{\mu_n n} \end{vmatrix}.$$

Daraus folgt mit Benutzung der Formel (10) des § 19 und Satz 35:

$$\Gamma = \sum_{\mu_1,\ldots,\mu_n} \begin{vmatrix} a_{1\mu_1} b_{\mu_1 1} \ldots a_{1\mu_n} b_{\mu_n n} \\ \cdot \quad \cdot \quad \cdot \quad \cdot \quad \cdot \quad \cdot \\ a_{n\mu_1} b_{\mu_1 1} \ldots a_{n\mu_n} b_{\mu_n n} \end{vmatrix} = \sum_{\mu_1,\ldots,\mu_n} b_{\mu_1 1} \cdots b_{\mu_n n} \begin{vmatrix} a_{1\mu_1} \ldots a_{1\mu_n} \\ \cdot \quad \cdot \quad \cdot \quad \cdot \\ a_{n\mu_1} \ldots a_{n\mu_n} \end{vmatrix}.$$

Nun ist aber die Determinante

$$\begin{vmatrix} a_{1\mu_1} \ldots a_{1\mu_n} \\ \cdot \quad \cdot \quad \cdot \quad \cdot \\ a_{n\mu_1} \ldots a_{n\mu_n} \end{vmatrix}$$

gleich 0, sooft zwei der Indizes $\mu_1, \ldots, \mu_n$ einander gleich sind. Andernfalls ist sie gleich

$$(-1)^{\varkappa} \begin{vmatrix} a_{11} \ldots a_{1n} \\ \cdot \quad \cdot \quad \cdot \quad \cdot \\ a_{n1} \ldots a_{nn} \end{vmatrix} = (-1)^{\varkappa} \mathsf{A},$$

wo $\varkappa$ die Anzahl der Inversionen in der Permutation $\mu_1, \ldots, \mu_n$ ist. Daher ist

$$\Gamma = \Sigma\, (-1)^{\varkappa} b_{\mu_1 1} \cdots b_{\mu_n n} \mathsf{A} = \mathsf{A}\, \Sigma\, (-1)^{\varkappa} b_{\mu_1 1} \cdots b_{\mu_n n},$$

wo nur noch über die $n!$ Permutationen $\mu_1, \ldots, \mu_n$ zu summieren ist. Nach der Determinantendefinition ist aber die letzte Summe gleich der Determinante B, also ist $\Gamma = \mathsf{AB}$; w. z. b. w.

Die $c_{\lambda\nu}$ in (2) sind so gebildet, daß die Elemente einer Zeile von A mit den Elementen einer Spalte von B kombiniert sind. Da aber die Determinanten A und B unverändert bleiben, wenn man die Zeilen zu Spalten macht, hat man noch drei andere Möglichkeiten und gewinnt so drei weitere Produktformeln. Setzt man nämlich

$$(11) \qquad a_{\lambda 1} b_{\nu 1} + a_{\lambda 2} b_{\nu 2} + \cdots + a_{\lambda n} b_{\nu n} = d_{\lambda\nu},$$

$$(12) \qquad a_{1\lambda} b_{1\nu} + a_{2\lambda} b_{2\nu} + \cdots + a_{n\lambda} b_{n\nu} = e_{\lambda\nu},$$

$$(13) \qquad a_{1\lambda} b_{\nu 1} + a_{2\lambda} b_{\nu 2} + \cdots + a_{n\lambda} b_{\nu n} = f_{\lambda\nu},$$

so sind die Determinanten

$$(14)\qquad \begin{vmatrix} d_{11} \dots d_{1n} \\ \cdot\ \cdot\ \cdot\ \cdot\ \cdot \\ d_{n1} \dots d_{nn} \end{vmatrix}, \quad \begin{vmatrix} e_{11} \dots e_{1n} \\ \cdot\ \cdot\ \cdot\ \cdot\ \cdot \\ e_{n1} \dots e_{nn} \end{vmatrix}, \quad \begin{vmatrix} f_{11} \dots f_{1n} \\ \cdot\ \cdot\ \cdot\ \cdot\ \cdot \\ f_{n1} \dots f_{nn} \end{vmatrix}$$

ebenfalls gleich dem Produkt AB.

III. Um jetzt gleich eine hübsche Anwendung der Produktformel zu erhalten, bezeichnen wir wie in § 20 und 23 die Minoren der Determinante

$$(15)\qquad \mathsf{A} = \begin{vmatrix} a_{11} \dots a_{1n} \\ \cdot\ \cdot\ \cdot\ \cdot\ \cdot \\ a_{n1} \dots a_{nn} \end{vmatrix}$$

mit $A_{\lambda\mu} = \frac{\partial \mathsf{A}}{\partial a_{\lambda\mu}}$; dann ist (vgl. § 23, Formel (2)):

$$a_{\lambda 1} A_{\nu 1} + a_{\lambda 2} A_{\nu 2} + \dots + a_{\lambda n} A_{\nu n} = \begin{cases} \mathsf{A} \text{ für } \lambda = \nu \\ 0 \text{ für } \lambda \neq \nu. \end{cases}$$

Daher lehrt die Produktformel, wenn man Zeilen mit Zeilen kombiniert:

$$\begin{vmatrix} a_{11} \dots a_{1n} \\ \cdot\ \cdot\ \cdot\ \cdot\ \cdot\ \cdot \\ a_{n1} \dots a_{nn} \end{vmatrix} \times \begin{vmatrix} A_{11} \dots A_{1n} \\ \cdot\ \cdot\ \cdot\ \cdot\ \cdot\ \cdot\ \cdot \\ A_{n1} \dots A_{nn} \end{vmatrix} = \begin{vmatrix} \mathsf{A}\ 0 \dots 0 \\ \cdot\ \cdot\ \cdot\ \cdot\ \cdot\ \cdot \\ 0\ 0 \dots \mathsf{A} \end{vmatrix} = \mathsf{A}^n,$$

oder, indem man durch A dividiert:

$$(16)\qquad \begin{vmatrix} A_{11} \dots A_{1n} \\ \cdot\ \cdot\ \cdot\ \cdot\ \cdot\ \cdot \\ A_{n1} \dots A_{nn} \end{vmatrix} = \mathsf{A}^{n-1}.$$

Beim Beweis dieser bemerkenswerten Formel muß natürlich $\mathsf{A} \neq 0$ vorausgesetzt werden, weil durch A dividiert wird. Doch darf man diese Voraussetzung nachträglich wieder fallen lassen (vgl. § 9 V).

Sind die $a_{\lambda\mu}$ die Koeffizienten einer linearen Transformation, so hat die inverse Transformation die Koeffizienten

$$\alpha_{\lambda\mu} = \frac{A_{\mu\lambda}}{\mathsf{A}}.$$

Ihre Determinante ist nach (16) gleich $\frac{\mathsf{A}^{n-1}}{\mathsf{A}^n} = \frac{1}{\mathsf{A}}$. Somit erkennt man, daß die Determinanten von zwei inversen linearen Transformationen zueinander reziprok sind.

IV. Die Produktformel, bei der Zeilen mit Zeilen kombiniert sind, läßt sich wesentlich verallgemeinern. Dazu betrachten wir die beiden Matrizes

$$(17)\qquad A = \left\| \begin{matrix} a_{11}\ a_{12} \dots a_{1k} \\ \cdot\ \cdot\ \cdot\ \cdot\ \cdot\ \cdot\ \cdot \\ a_{l1}\ a_{l2} \dots a_{lk} \end{matrix} \right\|, \quad B = \left\| \begin{matrix} b_{11}\ b_{12} \dots b_{1k} \\ \cdot\ \cdot\ \cdot\ \cdot\ \cdot\ \cdot\ \cdot \\ b_{l1}\ b_{l2} \dots b_{lk} \end{matrix} \right\|$$

mit k Spalten und l Zeilen; die $2kl$ Elemente $a_{\lambda\varkappa}$, $b_{\lambda\varkappa}$ seien zunächst wieder unabhängige Variable. Wird dann analog zu (11)

$$(18)\qquad a_{\lambda 1} b_{\nu 1} + a_{\lambda 2} b_{\nu 2} + \dots + a_{\lambda k} b_{\nu k} = d_{\lambda\nu} \qquad (\lambda, \nu = 1, 2, \dots, l)$$

gesetzt, so heißt die Determinante

$$(19)\qquad \begin{vmatrix} d_{11} \dots d_{1l} \\ \cdot \quad \cdot \quad \cdot \quad \cdot \\ d_{l1} \dots d_{ll} \end{vmatrix}$$

das **symbolische Produkt** der beiden Matrizes A und B. Wir wollen sie berechnen.

Ist $k = l$, so ist die Determinante (19) nach dem Bewiesenen gleich dem Produkt der beiden l-reihigen Determinanten, die aus den Matrizes A und B gebildet werden können. Ist $k < l$, so betrachten wir die beiden l-reihigen Determinanten

$$(20)\qquad \begin{vmatrix} a_{11} \dots a_{1k} & 0 \dots 0 \\ \cdot \quad \cdot \quad \cdot \quad \cdot & \cdot \quad \cdot \quad \cdot \\ a_{l1} \dots a_{lk} & 0 \dots 0 \end{vmatrix}, \qquad \begin{vmatrix} b_{11} \dots b_{1k} & 0 \dots 0 \\ \cdot \quad \cdot \quad \cdot \quad \cdot & \cdot \quad \cdot \quad \cdot \\ b_{l1} \dots b_{lk} & 0 \cdots 0 \end{vmatrix},$$

deren letzte $l - k$ Spalten mit Nullen besetzt sind. Bildet man das Produkt dieser beiden Determinanten nach der in Formel (11) ausgedrückten Regel, so ergibt sich gerade die Determinante (19). Da aber die Determinanten (20) verschwinden, muß auch ihr Produkt verschwinden, und man findet:

Für $k < l$ ist die Determinante (19) gleich 0.

Schwieriger ist der Fall $k > l$. Jedenfalls ist dann die Determinante (19) in bezug auf die kl Variabeln $b_{\lambda\varkappa}$ ein homogenes Polynom vom l-ten Grad[1]); wir setzen daher

$$(21)\qquad \begin{vmatrix} d_{11} \dots d_{1l} \\ \cdot \quad \cdot \quad \cdot \quad \cdot \\ d_{l1} \dots d_{ll} \end{vmatrix} = \varphi(b_{11}, b_{12}, \dots, b_{lk}).$$

Werden die Variabeln $b_{\nu\mu}$ für $\mu > l$ durch 0 ersetzt, so geht die durch (18) definierte Größe $d_{\lambda\nu}$ über in

$$d'_{\lambda\nu} = a_{\lambda 1}\, b_{\nu 1} + a_{\lambda 2}\, b_{\nu 2} + \cdots + a_{\lambda l}\, b_{\nu l},$$

und daher geht die Determinante (21) in eine Determinante über, die nach dem Bewiesenen gleich dem Produkt

$$(22)\qquad \begin{vmatrix} a_{11} \dots a_{1l} \\ \cdot \quad \cdot \quad \cdot \quad \cdot \\ a_{l1} \cdots a_{ll} \end{vmatrix} \times \begin{vmatrix} b_{11} \dots b_{1l} \\ \cdot \quad \cdot \quad \cdot \quad \cdot \\ b_{l1} \dots b_{ll} \end{vmatrix}$$

ist. Das homogene Polynom $\varphi(b_{11}, \dots, b_{lk})$ in (21) geht also, wenn man $b_{\nu\mu}$ für $\mu > l$ durch 0 ersetzt, in ein Polynom über, das gleich dem Produkt (22) ist; daher kommen alle Glieder dieses Produktes auch in dem Polynom $\varphi(b_{11}, \dots, b_{lk})$ vor.

Genau so erkennt man aber, wenn $\nu_1, \nu_2, \dots, \nu_l$ irgendeine Kombination zur l-ten Klasse der Elemente $1, 2, \dots, k$ ist, daß auch alle Glieder des Produktes

---

[1]) Oder ein Polynom ohne Grad, falls alle Koeffizienten verschwinden sollten, was aber, wie sich zeigen wird, nicht eintritt, solange die $a_{\lambda\varkappa}$ nicht spezialisiert sind.

$$(23)\qquad \begin{vmatrix} a_{1\nu_1} \dots a_{1\nu_l} \\ \cdot\ \cdot\ \cdot\ \cdot \\ a_{l\nu_1} \dots a_{l\nu_l} \end{vmatrix} \times \begin{vmatrix} b_{1\nu_1} \dots b_{1\nu_l} \\ \cdot\ \cdot\ \cdot\ \cdot \\ b_{l\nu_1} \dots b_{l\nu_l} \end{vmatrix}$$

in dem Polynom $\varphi(b_{11}, \dots, b_{lk})$ vorkommen müssen. Setzt man nun

$$(24)\qquad \sum \begin{vmatrix} a_{1\nu_1} \dots a_{1\nu_l} \\ \cdot\ \cdot\ \cdot\ \cdot \\ a_{l\nu_1} \dots a_{l\nu_l} \end{vmatrix} \times \begin{vmatrix} b_{1\nu_1} \dots b_{1\nu_l} \\ \cdot\ \cdot\ \cdot\ \cdot \\ b_{l\nu_1} \dots b_{l\nu_l} \end{vmatrix} = \psi(b_{11}, b_{12}, \dots, b_{lk}),$$

wobei die Summe über alle $\binom{k}{l}$ Kombinationen $\nu_1, \nu_2, \dots, \nu_l$ zu erstrecken ist, und beachtet, daß zwei verschiedene Summanden dieser Summe offenbar keine gleichen Glieder enthalten können, so ergibt sich, daß das Polynom $\varphi(b_{11}, \dots, b_{lk})$ alle Glieder des Polynoms $\psi(b_{11}, \dots, b_{lk})$ enthält. Damit sind aber auch die Glieder des Polynoms $\varphi(b_{11}, \dots, b_{lk})$ bereits erschöpft. Denn jedes solche Glied muß ja in bezug auf die Variabeln $b_{\lambda\varkappa}$ vom l-ten Grad sein; die in einem Glied vorkommenden $b_{\lambda\varkappa}$ können also höchstens l verschiedenen Spalten der Matrix B angehören; sind das etwa (unter Hinzunahme beliebiger Spalten, falls es weniger als l sein sollten) die Spalten mit den Nummern $\nu_1, \nu_2, \dots, \nu_l$, so bleibt das betreffende Glied erhalten, wenn man die $b_{\lambda\varkappa}$ der anderen Spalten alle durch 0 ersetzt. Dann geht aber $\varphi(b_{11}, \dots, b_{lk})$ über in das Produkt (23); folglich ist das betreffende Glied ein Glied von (23) und kommt daher auch in (24), also in $\psi(b_{11}, \dots, b_{lk})$ vor, so daß $\varphi(b_{11}, \dots, b_{lk})$ wirklich keine weiteren Glieder mehr enthält. Hiernach ist also $\varphi(b_{11}, \dots, b_{lk}) = \psi(b_{11}, \dots, b_{lk})$, und man gewinnt die bemerkenswerte Formel:

$$(25)\qquad \begin{vmatrix} d_{11} \dots d_{1l} \\ \cdot\ \cdot\ \cdot\ \cdot \\ d_{l1} \dots d_{ll} \end{vmatrix} = \sum \begin{vmatrix} a_{1\nu_1} \dots a_{1\nu_l} \\ \cdot\ \cdot\ \cdot\ \cdot \\ a_{l\nu_1} \dots a_{l\nu_l} \end{vmatrix} \times \begin{vmatrix} b_{1\nu_1} \dots b_{1\nu_l} \\ \cdot\ \cdot\ \cdot\ \cdot \\ b_{l\nu_1} \dots b_{l\nu_l} \end{vmatrix}.$$

Beispiel: Sei $l = 2$ und $a_{\lambda\varkappa} = b_{\lambda\varkappa}$. Dann erhält man mit leichter Änderung der Bezeichnung aus dem symbolischen Produkt der beiden gleichen Matrizes

$$\begin{Vmatrix} a_1\ a_2 \dots a_k \\ b_1\ b_2 \dots b_k \end{Vmatrix}, \quad \begin{Vmatrix} a_1\ a_2 \dots a_k \\ b_1\ b_2 \dots b_k \end{Vmatrix}$$

die Formel

$$(26)\qquad \sum_{\varkappa=1}^{k} a_\varkappa^2 \cdot \sum_{\varkappa=1}^{k} b_\varkappa^2 - \left(\sum_{\varkappa=1}^{k} a_\varkappa b_\varkappa\right)^2 = \sum_{\lambda<\mu}^{1,k} (a_\lambda b_\mu - a_\mu b_\lambda)^2.$$

Sind die $a_\varkappa$, $b_\varkappa$ speziell reelle Zahlen, so folgt daraus die in der Analysis viel benutzte Ungleichung:

$$(27)\qquad \sum_{\varkappa=1}^{k} a_\varkappa^2 \cdot \sum_{\varkappa=1}^{k} b_\varkappa^2 \geqq \left(\sum_{\varkappa=1}^{k} a_\varkappa b_\varkappa\right)^2.$$

§ 27. Bilineare, quadratische und Hermitesche Formen.

I. Das Polynom der $2n$ Variabeln $x_1, \ldots, x_n, y_1, \ldots, y_n$

$$(1)\quad \left\{\begin{aligned}&\sum_{\lambda=1}^{n}\sum_{\mu=1}^{n} a_{\lambda\mu}\, x_\lambda\, y_\mu\\ &= x_1(a_{11}y_1 + \cdots + a_{1n}y_n) + \cdots + x_n(a_{n1}y_1 + \cdots + a_{nn}y_n)\end{aligned}\right.$$

heißt eine Bilinearform. Die Matrix

$$(2)\quad \begin{Vmatrix} a_{11} & a_{12} & \ldots & a_{1n}\\ \cdot & \cdot & \cdot & \cdot\\ a_{n1} & a_{n2} & \ldots & a_{nn}\end{Vmatrix}$$

und ihr Rang werden auch als Matrix und Rang der Bilinearform bezeichnet.

Führt man in die Bilinearform an Stelle der Variabeln x_λ, y_μ mittels der beiden linearen Transformationen [1])

$$(3)\quad \left\{\begin{aligned}x_\lambda &= \gamma_{\lambda 1}\, x_1' + \gamma_{\lambda 2}\, x_2' + \cdots + \gamma_{\lambda n}\, x_n' \qquad (\lambda = 1, 2, \ldots, n),\\ y_\mu &= \delta_{\mu 1}\, y_1' + \delta_{\mu 2}\, y_2' + \cdots + \delta_{\mu n}\, y_n' \qquad (\mu = 1, 2, \ldots, n)\end{aligned}\right.$$

neue Variabeln x_ϱ', y_σ' ein, so entsteht die neue Bilinearform

$$(4)\quad \sum_{\varrho=1}^{n}\sum_{\sigma=1}^{n} b_{\varrho\sigma}\, x_\varrho'\, y_\sigma',$$

wobei

$$(5)\quad b_{\varrho\sigma} = \sum_{\lambda=1}^{n}\sum_{\mu=1}^{n} a_{\lambda\mu}\, \gamma_{\lambda\varrho}\, \delta_{\mu\sigma}.$$

Man nennt die Bilinearform (4) mit (1) äquivalent. Dieser Äquivalenzbegriff ist symmetrisch, reflexiv und transitiv; d. h. es gelten die drei Sätze:

A. Ist eine Form F_2 mit einer Form F_1 äquivalent, so ist auch F_1 mit F_2 äquivalent; man sagt deshalb, beide Formen sind miteinander äquivalent.

B. Jede Form ist mit sich selbst äquivalent.

C. Ist die Form F_1 äquivalent mit F_2 und ist F_2 äquivalent mit F_3, so ist auch F_1 äquivalent mit F_3.

Die Beweise sind sehr einfach. Wenn F_2 mit F_1 äquivalent ist, so geht F_1 etwa durch die linearen Transformationen (3) in F_2 über; dann geht aber F_2 durch die inversen Transformationen offenbar wieder in F_1 über, womit die Eigenschaft A bewiesen ist. Zum Beweis von B wähle man die Transformationskoeffizienten $\gamma_{\lambda\nu}$, $\delta_{\lambda\nu}$ in folgender Weise:

$$\gamma_{\lambda\nu} = \delta_{\lambda\nu} = \begin{cases}1 \text{ für } \lambda = \nu\\ 0 \text{ für } \lambda \neq \nu.\end{cases}$$

---

[1]) Übrigens kann man die beiden Transformationen (3) von je n Variabeln auch als eine einzige lineare Transformation der $2n$ Variabeln x_λ, y_μ ansprechen. Die Determinante dieser Gesamttransformation ist dann nach Satz 40 für $m = 2$ gleich dem Produkt der beiden Determinanten der Einzeltransformationen, die natürlich nach § 25 I von 0 verschieden sein müssen.

Die Formeln (3) lauten dann einfach: $x_\lambda = x'_\lambda, y_\mu = y'_\mu$ und folglich geht durch diese Transformation jede Form in sich selbst über. Endlich beachte man, daß, wenn F_1 durch zwei lineare Transformationen (3) in F_2 übergeht und F_2 durch ein analoges Paar von Transformationen in F_3, dann F_1 durch die zusammengesetzten Transformationen offenbar direkt in F_3 übergeht, womit auch C bewiesen ist.

Wir beweisen jetzt den

Satz 51. *Äquivalente Bilinearformen haben gleichen Rang.*

Sei r der Rang von (1) und r' der Rang von (4). Wir zeigen, daß $r' \leqq r$ ist; indem wir dann die Formen (1) und (4) ihre Rollen tauschen lassen, ergibt sich auch: $r \leqq r'$, und damit wird der Satz bewiesen sein.

Wenn nun $r = n$, so ist die Beziehung $r' \leqq r$ selbstverständlich, weil der Rang einer Matrix höchstens gleich der Zahl ihrer Zeilen sein kann. Sei also $r < n$. Dann verschwinden alle $(r + 1)$-reihigen Determinanten der Matrix (2). Setzt man aber

$$\sum_{\mu=1}^{n} a_{\lambda\mu}\, \delta_{\mu\sigma} = c_{\lambda\sigma}, \tag{6}$$

so daß nach (5)

$$\sum_{\lambda=1}^{n} c_{\lambda\sigma}\, \gamma_{\lambda\varrho} = b_{\varrho\sigma}, \tag{7}$$

so ist jede $(r + 1)$-reihige Determinante der Matrix

$$\left\| \begin{matrix} c_{11} & \ldots & c_{n1} \\ \cdot & \cdot & \cdot \\ c_{1n} & \ldots & c_{nn} \end{matrix} \right\| \tag{8}$$

wegen (6) ein symbolisches Produkt von zwei Matrizes mit n Spalten und $r + 1$ Zeilen. Unter Benutzung der Formel (25), S. 115, läßt sie sich also als Summe von Determinantenprodukten darstellen, wobei die jeweils ersten Faktoren lauter $(r + 1)$-reihige Determinanten aus der Matrix (2) sind, also verschwinden. Somit verschwindet jede $(r + 1)$-reihige Determinante der Matrix (8). Betrachtet man nun eine $(r + 1)$-reihige Determinante der Matrix

$$\left\| \begin{matrix} b_{11} & \ldots & b_{1n} \\ \cdot & \cdot & \cdot \\ b_{n1} & \ldots & b_{nn} \end{matrix} \right\|, \tag{9}$$

so ist sie wegen (7) wieder ein symbolisches Matrixprodukt und läßt sich daher als Summe von Determinantenprodukten darstellen, wobei die jeweils ersten Faktoren lauter $(r + 1)$-reihige Determinanten der Matrix (8) sind, also verschwinden. Somit verschwinden auch alle $(r + 1)$-reihigen Determinanten der Matrix (9); ihr Rang r' ist also $\leqq r$; w. z. b. w.

II. Das Polynom der n Variabeln $x_1, \ldots, x_n$

$$\sum_{\lambda=1}^{n} \sum_{\mu=1}^{n} a_{\lambda\mu}\, x_\lambda\, x_\mu, \text{ wobei } a_{\lambda\mu} = a_{\mu\lambda}, \tag{10}$$

heißt eine quadratische Form. Die Matrix

$$(11)\qquad \left\|\begin{matrix} a_{11} \dots a_{1n} \\ \cdot \quad \cdot \quad \cdot \quad \cdot \\ a_{n1} \dots a_{nn} \end{matrix}\right\|$$

und ihr Rang werden auch als Matrix und Rang der quadratischen Form bezeichnet. Durch die lineare Transformation

$$(12)\qquad x_\lambda = \gamma_{\lambda 1} x'_1 + \gamma_{\lambda 2} x'_2 + \dots + \gamma_{\lambda n} x'_n \qquad (\lambda = 1, 2, \dots, n)$$

geht die quadratische Form in eine äquivalente über:

$$(13)\qquad \sum_{\varrho=1}^{n} \sum_{\sigma=1}^{n} b_{\varrho\sigma} x'_\varrho x'_\sigma,$$

wobei

$$(14)\qquad b_{\varrho\sigma} = \sum_{\lambda=1}^{n} \sum_{\mu=1}^{n} a_{\lambda\mu} \gamma_{\lambda\varrho} \gamma_{\mu\sigma} = b_{\sigma\varrho}$$

ist. Auch für diesen Äquivalenzbegriff gelten offenbar die obigen Sätze A, B, C mit genau den gleichen Beweisen. Ferner folgt aus Satz 51 sogleich, daß auch äquivalente quadratische Formen gleichen Rang haben. Von großer Wichtigkeit ist nun der folgende

Satz 52. *Eine quadratische Form*

$$\sum_{\lambda=1}^{n} \sum_{\mu=1}^{n} a_{\lambda\mu} x_\lambda x_\mu \qquad (a_{\lambda\mu} = a_{\mu\lambda})$$

läßt sich auf mannigfache Art in die Gestalt transformieren:

$$\sum_{\varrho=1}^{n} b_\varrho x'^2_\varrho.$$

Unter den linearen Transformationen

$$x_\lambda = \gamma_{\lambda 1} x'_1 + \gamma_{\lambda 2} x'_2 + \dots + \gamma_{\lambda n} x'_n \qquad (\lambda = 1, 2, \dots, n),$$

die das leisten, gibt es insbesondere auch solche, deren Koeffizienten $\gamma_{\lambda\varrho}$ dem Körper $\mathfrak{K}(a_{11}, a_{12}, \dots, a_{nn})$ angehören.

Für eine quadratische Form von nur einer Variabeln ($n = 1$) ist der Satz trivial. Nehmen wir aber an, für eine Form von $n - 1$ Variabeln sei er schon als richtig erkannt, so wird seine Allgemeingültigkeit erwiesen sein, wenn wir die quadratische Form (10) in die Gestalt

$$(15)\qquad \sum_{\varrho=1}^{n-1} \sum_{\sigma=1}^{n-1} b_{\varrho\sigma} x'_\varrho x'_\sigma + b x'^2_n$$

transformieren können, weil dann nur noch die quadratische Form von $n - 1$ Variabeln

$$(15\,\mathrm{a})\qquad \sum_{\varrho=1}^{n-1} \sum_{\sigma=1}^{n-1} b_{\varrho\sigma} x'_\varrho x'_\sigma$$

weiter zu transformieren ist[1]). Nun hat aber die transformierte Form (13) die Gestalt (15), wenn

$$b_{\varrho n} = b_{n\varrho} = 0 \text{ für } \varrho = 1, 2, \ldots, n-1,$$

oder also nach (14), wenn

$$(16) \qquad \sum_{\lambda=1}^{n} \sum_{\mu=1}^{n} a_{\lambda\mu} \gamma_{\lambda\varrho} \gamma_{\mu n} = 0 \text{ für } \varrho = 1, 2, \ldots, n-1$$

ist. Um nun die $\gamma_{\lambda\varrho}$ gemäß (16) zu bestimmen, und zwar so, daß ihre Determinante Γ nicht verschwindet (weil ja (12) eine lineare Transformation sein soll), setzen wir

$$(17) \quad \left\| \begin{matrix} \gamma_{11} & \cdots & \gamma_{1n} \\ \gamma_{21} & \cdots & \gamma_{2n} \\ \cdot & \cdot & \cdot \\ \gamma_{n-1,1} & \cdots & \gamma_{n-1,n} \\ \gamma_{n1} & \cdots & \gamma_{nn} \end{matrix} \right\| = \left\| \begin{matrix} 1+\gamma_1\omega_1 & \gamma_1\omega_2 & \cdots \gamma_1\omega_{n-1} & \gamma_1 \\ \gamma_2\omega_1 & 1+\gamma_2\omega_2 & \cdots \gamma_2\omega_{n-1} & \gamma_2 \\ \cdot & \cdot & \cdot & \cdot \\ \gamma_{n-1}\omega_1 & \gamma_{n-1}\omega_2 & \cdots 1+\gamma_{n-1}\omega_{n-1} & \gamma_{n-1} \\ \gamma_n\omega_1 & \gamma_n\omega_2 & \cdots \gamma_n\omega_{n-1} & \gamma_n \end{matrix} \right\|$$

und suchen die γ_λ, ω_λ passend zu bestimmen. Die Determinante Γ läßt sich bei diesem Ansatz sofort umformen in

$$\Gamma = \begin{vmatrix} 1 & 0 & \ldots & 0 & \gamma_1 \\ 0 & 1 & \ldots & 0 & \gamma_2 \\ \cdot & \cdot & \cdot & \cdot & \cdot \\ 0 & 0 & \ldots & 1 & \gamma_{n-1} \\ 0 & 0 & \ldots & 0 & \gamma_n \end{vmatrix} = \gamma_n;$$

sie ist also von 0 verschieden, wenn $\gamma_n \neq 0$ ist. Mit dem Ansatz (17) gehen nun die Bedingungsgleichungen (16) über in:

$$(18) \quad \sum_{\mu=1}^{n} a_{\varrho\mu}\gamma_\mu + \omega_\varrho \sum_{\lambda=1}^{n} \sum_{\mu=1}^{n} a_{\lambda\mu}\gamma_\lambda\gamma_\mu = 0 \qquad (\varrho = 1, 2, \ldots, n-1).$$

Demnach ist nur nötig, die γ_λ so zu wählen, daß $\gamma_n \neq 0$ und zugleich

$$C = \sum_{\lambda=1}^{n} \sum_{\mu=1}^{n} a_{\lambda\mu}\gamma_\lambda\gamma_\mu \neq 0$$

ist. Nach Satz 29 ist das möglich, sogar mit ganzzahligen γ_λ, also gewiß

[1]) Dabei ist folgender Prozeß durchzuführen: Nachdem die Form (10) mit den n Variabeln $x_1, \ldots, x_n$ durch eine lineare Transformation T_1 in die Form (15) transformiert ist, wird durch eine zweite lineare Transformation T_2 die Form (15a) mit den $n-1$ Variabeln $x'_1, \ldots, x'_{n-1}$ transformiert in

$$\sum_{\varrho=1}^{n-1} b_\varrho x''^2_\varrho.$$

Sodann hat man die Transformation T_2 mit nur $n-1$ Variabeln durch Hinzufügen der Gleichung $x'_n = x''_n$ zu einer linearen Transformation T_3 mit n Variabeln zu ergänzen, wobei die Transformationsdeterminante sich augenscheinlich nur mit 1 multipliziert, also von 0 verschieden bleibt, so daß T_3 wirklich eine lineare Transformation darstellt. Die aus T_1 und T_3 zusammengesetzte Transformation wird dann das Verlangte leisten.

in dem verlangten Körper[1]); alsdann ist nach (18) einfach

$$\omega_\varrho = -\frac{1}{C}\sum_{\mu=1}^{n} a_{\varrho\mu}\gamma_\mu \qquad (\varrho = 1, 2, \ldots, n-1)$$

zu setzen. Damit ist der Satz 52 bewiesen.

Wenn eine quadratische Form von n Variabeln und vom Rang r in die Gestalt

$$\sum_{\varrho=1}^{n} b_\varrho x_\varrho'^2$$

transformiert wird, so sind genau r der Größen b_ϱ von 0 verschieden. Die Matrix der transformierten Form ist nämlich

$$\begin{Vmatrix} b_1 & 0 \ldots 0 \\ 0 & b_2 \ldots 0 \\ \cdot & \cdot\;\cdot\;\cdot\;\cdot \\ 0 & 0 \ldots b_n \end{Vmatrix},$$

und sie muß vom Rang r sein.

III. Eine quadratische Form heißt reell, wenn ihre Koeffizienten reelle Zahlen sind. Nach Satz 52 kann eine reelle quadratische Form von n Variabeln auch durch eine reelle lineare Transformation, d. h. eine lineare Transformation mit reellen Koeffizienten auf die Gestalt

$$\sum_{\varrho=1}^{n} b_\varrho x_\varrho'^2$$

gebracht werden. Es gibt sogar unendlich viele derartige Transformationen; die b_ϱ sind also durchaus nicht eindeutig bestimmt. Wohl aber sind ihre Vorzeichen eindeutig bestimmt; es gilt nämlich der folgende Satz von Sylvester, der als das Trägheitsgesetz der quadratischen Formen bezeichnet wird:

Satz 53. *Wenn eine reelle quadratische Form von n Variabeln durch zwei reelle lineare Transformationen übergeht in*

$$\sum_{\varrho=1}^{n} b_\varrho x_\varrho'^2 \quad \textit{bzw.} \quad \sum_{\varrho=1}^{n} c_\varrho x_\varrho''^2,$$

so sind unter den b_ϱ ebensoviel positive, negative, verschwindende Zahlen wie unter den c_ϱ.

Zum Beweis bemerke man, daß die Anzahl der nicht verschwindenden Zahlen b_ϱ nach obigem gleich dem Rang r ist, und ebenso ist die Anzahl der nicht verschwindenden Zahlen c_ϱ gleich r. Daher wird es genügen zu beweisen, daß die Anzahl p_1 der positiven b_ϱ ebenso groß ist wie die Anzahl p_2 der positiven c_ϱ. Nehmen wir aber an, es wäre nicht $p_1 = p_2$, sondern etwa $p_1 > p_2$, so ist zunächst

[1]) Nur wenn die quadratische Form vom Rang 0 ist, d. h. wenn alle $a_{\lambda\mu}$ verschwinden, ist das nicht möglich. Aber in diesem trivialen Fall hat ja die quadratische Form von vornherein schon die verlangte Gestalt, braucht also nicht erst transformiert zu werden.

(19) $$n - p_1 + p_2 < n.$$

Sind nun

(20) $$x_\lambda = \sum_{\varrho=1}^{n} \gamma_{\lambda\varrho} x'_\varrho, \quad x_\lambda = \sum_{\varrho=1}^{n} \delta_{\lambda\varrho} x''_\varrho$$

die Transformationen, durch welche die gegebene quadratische Form in

$$\sum_{\varrho=1}^{n} b_\varrho x'^2_\varrho \quad \text{bzw.} \quad \sum_{\varrho=1}^{n} c_\varrho x''^2_\varrho$$

übergeht, und sind

(21) $$x'_\varrho = \sum_{\lambda=1}^{n} \gamma'_{\varrho\lambda} x_\lambda, \quad x''_\varrho = \sum_{\lambda=1}^{n} \delta'_{\varrho\lambda} x_\lambda$$

die inversen Transformationen, so ist identisch

(22) $$\sum_{\varrho=1}^{n} b_\varrho (\gamma'_{\varrho 1} x_1 + \cdots + \gamma'_{\varrho n} x_n)^2 = \sum_{\varrho=1}^{n} c_\varrho (\delta'_{\varrho 1} x_1 + \cdots + \delta'_{\varrho n} x_n)^2.$$

Hier setzen wir für $x_1, \ldots, x_n$ reelle Zahlen ein, die nicht alle verschwinden, aber so beschaffen sind, daß die $n - p_1$ Klammergrößen links, welche zu nicht positivem b_ϱ gehören, und ebenso die p_2 Klammergrößen rechts, welche zu positivem c_ϱ gehören, verschwinden; das ist nach Satz 46 möglich, weil nur $n - p_1 + p_2$, also nach (19) weniger als n lineare homogene Bedingungsgleichungen für $x_1, \ldots, x_n$ verlangt sind. Alsdann bleiben in (22) links bloß die Glieder mit positivem b_ϱ und rechts bloß die mit nicht positivem c_ϱ übrig, so daß die linke Seite $\geqq 0$, die rechte $\leqq 0$ ist. Wegen der Gleichheit beider Seiten müssen dann links alle Klammergrößen, also alle x'_ϱ verschwinden. Nach (20) verschwinden dann aber auch alle x_λ, gegen die Voraussetzung. Wegen dieses Widerspruches ist die Annahme $p_1 > p_2$ unhaltbar und somit Satz 53 bewiesen.

Wenn eine reelle quadratische Form von n Variabeln durch eine reelle Transformation auf die Gestalt

$$\sum_{\varrho=1}^{n} b_\varrho x'^2_\varrho$$

gebracht ist, und wenn dabei π positive und ν negative b_ϱ auftreten, so ist, wie bereits bemerkt, $\pi + \nu$ der Rang der quadratischen Form. Die ebenfalls häufig vorkommende Zahl $\pi - \nu$ wird als die Signatur der quadratischen Form bezeichnet.

Sind alle b_ϱ positiv, die Signatur also gleich n und der Rang erst recht gleich n, so nimmt die Form, wenn man für die x_λ irgendwelche reellen Zahlen setzt, die nicht alle verschwinden, stets einen positiven Zahlenwert an, weil dann auch die x'_ϱ nicht alle verschwinden. Die Form heißt deshalb positiv definit. Aus einem analogen Grund heißt sie negativ definit, wenn alle b_ϱ negativ sind.

Wenn mindestens ein b_ϱ verschwindet und die nicht verschwindenden positiv (negativ) sind, so nimmt die Form für reelle x_λ keinen negativen (positiven) Zahlenwert an. Wohl aber kann sie verschwinden, ohne daß alle x_λ verschwinden; man braucht ja die x_λ nur so zu wählen, daß die x'_ϱ, die zu nicht verschwindendem b_ϱ gehören, alle verschwinden. Die Form heißt daher in diesem Fall positiv (negativ) semidefinit.

Wenn endlich von den b_ϱ mindestens eines positiv und mindestens eines negativ ist, so kann die Form sowohl positive wie negative Zahlenwerte annehmen; denn wenn etwa $b_1 > 0$, $b_2 < 0$, so ist sie

$$\text{für } x'_1 = 1,\ x'_2 = 0,\ x'_3 = 0, \ldots, x'_n = 0 \text{ positiv,}$$
$$\text{für } x'_1 = 0,\ x'_2 = 1,\ x'_3 = 0, \ldots, x'_n = 0 \text{ negativ.}$$

In diesem Fall heißt die Form deshalb indefinit.

IV. Wir bezeichnen jetzt wie in § 5 die zu einer komplexen Zahl a konjugiert-komplexe mit $\bar{a}$. Wenn die Koeffizienten einer Bilinearform

$$\sum_{\lambda=1}^{n} \sum_{\mu=1}^{n} a_{\lambda\mu} x_\lambda y_\mu \tag{23}$$

komplexe Zahlen sind, und zwar derart, daß stets

$$a_{\lambda\mu} = \bar{a}_{\mu\lambda} \tag{24}$$

ist, also insbesondere $a_{\lambda\lambda}$ reell, so heißt die Form eine Hermitesche Form. Wendet man auf sie die linearen Transformationen mit konjugiert-komplexen Koeffizienten an:

$$\begin{cases} x_\lambda = \gamma_{\lambda 1} x'_1 + \gamma_{\lambda 2} x'_2 + \cdots + \gamma_{\lambda n} x'_n, \\ y_\mu = \bar{\gamma}_{\mu 1} y'_1 + \bar{\gamma}_{\mu 2} y'_2 + \cdots + \bar{\gamma}_{\mu n} y'_n, \end{cases} \tag{25}$$

so geht sie in die neue Form über:

$$\sum_{\varrho=1}^{n} \sum_{\sigma=1}^{n} b_{\varrho\sigma} x'_\varrho y'_\sigma, \tag{26}$$

wobei

$$b_{\varrho\sigma} = \sum_{\lambda=1}^{n} \sum_{\mu=1}^{n} a_{\lambda\mu} \gamma_{\lambda\varrho} \bar{\gamma}_{\mu\sigma}, \tag{27}$$

also

$$\bar{b}_{\varrho\sigma} = \sum_{\lambda=1}^{n} \sum_{\mu=1}^{n} \bar{a}_{\lambda\mu} \bar{\gamma}_{\lambda\varrho} \gamma_{\mu\sigma} = \sum_{\lambda=1}^{n} \sum_{\mu=1}^{n} a_{\mu\lambda} \gamma_{\mu\sigma} \bar{\gamma}_{\lambda\varrho} = \sum_{\mu=1}^{n} \sum_{\lambda=1}^{n} a_{\lambda\mu} \gamma_{\lambda\sigma} \bar{\gamma}_{\mu\varrho} = b_{\sigma\varrho}$$

ist. Die neue Form ist also wieder eine Hermitesche; sie heißt mit der ursprünglichen äquivalent, und auch für diesen Äquivalenzbegriff gelten offenbar die obigen Sätze A, B, C, sowie die Gleichheit des Ranges.

Für Hermitesche Formen gelten analoge Sätze wie für quadratische Formen; die Beweise sind ebenfalls entsprechend, so daß wir uns ganz kurz fassen können.

Satz 54. *Eine Hermitesche Form*

$$\sum_{\lambda=1}^{n} \sum_{\mu=1}^{n} a_{\lambda\mu} x_\lambda y_\mu$$

kann auf mannigfache Art durch lineare Transformationen mit konjugiert-komplexen Koeffizienten

$$x_\lambda = \sum_{\varrho=1}^{n} \gamma_{\lambda\varrho} x'_\varrho, \quad y_\mu = \sum_{\sigma=1}^{n} \bar{\gamma}_{\mu\sigma} y'_\sigma$$

in die Gestalt

$$\sum_{\varrho=1}^{n} b_\varrho x'_\varrho y'_\varrho$$

übergeführt werden, wo die b_ϱ reell sind. Unter den Transformationen, die das leisten, gibt es insbesondere auch solche, deren Koeffizienten $\gamma_{\lambda\varrho}$, $\bar{\gamma}_{\mu\sigma}$ dem Körper $\mathfrak{K}$ $(a_{11}, a_{12}, \ldots, a_{nn})$ angehören.

Für $n = 1$ ist der Satz selbstverständlich. Für $n > 1$ suchen wir zunächst die Gestalt

$$\sum_{\varrho=1}^{n-1} \sum_{\sigma=1}^{n-1} b_{\varrho\sigma} x'_\varrho y'_\sigma + b x'_n y'_n \tag{28}$$

herzustellen, worauf nur noch eine Hermitesche Form von $n - 1$ Variabelnpaaren zu transformieren ist[1]). Dazu genügt es nach (27), wenn wir

$$b_{\varrho n} = \sum_{\lambda=1}^{n} \sum_{\mu=1}^{n} a_{\lambda\mu} \gamma_{\lambda\varrho} \bar{\gamma}_{\mu n} = 0 \qquad (\varrho = 1, 2, \ldots, n-1)$$

verlangen, weil dann von selbst auch $b_{n\varrho} = \bar{b}_{\varrho n} = 0$ ist. Hier führt nun wieder genau der Ansatz (17) zum Ziel, wobei dann an Stelle von (18) die folgende Formel tritt:

$$\sum_{\mu=1}^{n} a_{\varrho\mu} \bar{\gamma}_\mu + \omega_\varrho \sum_{\lambda=1}^{n} \sum_{\mu=1}^{n} a_{\lambda\mu} \gamma_\lambda \bar{\gamma}_\mu = 0 \quad (\varrho = 1, 2, \ldots, n-1).$$

Im übrigen bleibt der Beweis unverändert. Daß die sich ergebenden Koeffizienten b_ϱ reell sind, ist selbstverständlich, weil die transformierte Form ja wieder eine Hermitesche sein muß.

Für die Hermiteschen Formen gilt auch wieder ein Trägheitsgesetz:

Satz 55. *Wenn eine Hermitesche Form von n Variabelnpaaren*

$$\sum_{\lambda=1}^{n} \sum_{\mu=1}^{n} a_{\lambda\mu} x_\lambda y_\mu \qquad (a_{\lambda\mu} = \bar{a}_{\mu\lambda})$$

durch die linearen Transformationen mit konjugiert-komplexen Koeffizienten

$$x_\lambda = \sum_{\varrho=1}^{n} \gamma_{\lambda\varrho} x'_\varrho, \quad y_\mu = \sum_{\sigma=1}^{n} \bar{\gamma}_{\mu\sigma} y'_\sigma$$

übergeht in $\sum_{\varrho=1}^{n} b_\varrho x'_\varrho y'_\varrho$ und wenn sie durch ein zweites derartiges Transformationenpaar übergeht in $\sum_{\varrho=1}^{n} c_\varrho x''_\varrho y''_\varrho$, so sind unter den b_ϱ ebensoviel positive, negative, verschwindende Zahlen wie unter den c_ϱ.

---

[1]) Hier ist die Fußnote von Seite 119 sinngemäß zu wiederholen.

Die Anzahl der nicht verschwindenden b_ϱ und c_ϱ ist natürlich beidemal wieder gleich dem Rang r. Wenn man nun analog zu (21)

$$(29)\qquad x'_\varrho = \sum_{\lambda=1}^{n} \gamma'_{\varrho\lambda} x_\lambda\,, \quad y'_\varrho = \sum_{\mu=1}^{n} \bar{\gamma}'_{\varrho\mu} y_\mu\,,$$

$$(30)\qquad x''_\varrho = \sum_{\lambda=1}^{n} \delta'_{\varrho\lambda} x_\lambda\,, \quad y''_\varrho = \sum_{\mu=1}^{n} \bar{\delta}'_{\varrho\mu} y_\mu$$

setzt, wo natürlich $\bar{\gamma}'_{\varrho\mu}, \bar{\delta}'_{\varrho\mu}$ die zu $\gamma'_{\varrho\mu}, \delta'_{\varrho\mu}$ konjugiert-komplexen Zahlen sind, so ist identisch

$$(31)\qquad \begin{cases} \sum\limits_{\varrho=1}^{n} b_\varrho(\gamma'_{\varrho 1} x_1 + \cdots + \gamma'_{\varrho n} x_n)(\bar{\gamma}'_{\varrho 1} y_1 + \cdots + \bar{\gamma}'_{\varrho n} y_n) \\ = \sum\limits_{\varrho=1}^{n} c_\varrho(\delta'_{\varrho 1} x_1 + \cdots + \delta'_{\varrho n} x_n)(\bar{\delta}'_{\varrho 1} y_1 + \cdots + \bar{\delta}'_{\varrho n} y_n). \end{cases}$$

Nun seien unter den b_ϱ etwa p_1 positive, unter den c_ϱ seien p_2 positive Zahlen. Wenn jetzt nicht $p_1 = p_2$, sondern etwa $p_1 > p_2$ wäre, so wäre wieder $n - p_1 + p_2 < n$. Daher könnte man in (31) für die x_λ solche komplexen Zahlen, die nicht alle verschwinden, einsetzen, und dann $y_\lambda = \bar{x}_\lambda$ setzen, daß die $n - p_1 + p_2$ Klammerprodukte, die zu nicht positivem b_ϱ oder zu positivem c_ϱ gehören, alle verschwinden. Die anderen Klammerprodukte aber wären als Produkte konjugiert-komplexer Faktoren $\geqq 0$, und folglich würde die linke Seite in (31) $\geqq 0$, die rechte aber $\leqq 0$ werden. Beide Seiten müßten also verschwinden, und folglich müßten links alle Klammergrößen verschwinden. Dann müßten aber auch alle x_λ verschwinden, gegen die Voraussetzung.

Wir setzen jetzt in einer Hermiteschen Form für die x_λ irgendwelche komplexe Zahlen, die nicht alle verschwinden, und setzen $y_\mu = \bar{x}_\mu$. Dann nimmt die Form, wie leicht zu sehen, einen Zahlenwert an, der gleich seinem konjugierten, also reell ist. Dabei gibt das Trägheitsgesetz zu ähnlichen Definitionen Veranlassung wie bei den quadratischen Formen. Wenn nämlich alle b_ϱ in Satz 55 positiv (negativ) sind, so ist der Zahlenwert stets positiv (negativ); die Form heißt daher positiv (negativ) definit. Wenn mindestens ein b_ϱ verschwindet und die nicht verschwindenden sämtlich positiv (negativ) sind, so heißt die Form positiv (negativ) semidefinit. Wenn endlich unter den b_ϱ mindestens eine positive und mindestens eine negative Zahl ist, so heißt die Form indefinit. Ist π die Anzahl der positiven, ν die Anzahl der negativen b_ϱ, so heißt $\pi - \nu$ die Signatur der Hermiteschen Form.

§ 28. Abhängige Polynome.

I. Seien $x_1, x_2, \ldots, x_k$ unabhängige Variable und seien

$$(1)\qquad f_\nu(x_1, x_2, \ldots, x_k) \qquad (\nu = 1, 2, \ldots, n)$$

n Polynome dieser Variabeln. Ferner seien $y_1, y_2, \ldots, y_n$ neue unabhängige Variable und sei

$$F(y_1, y_2, \ldots, y_n) = \Sigma\, C_{\nu_1 \nu_2 \ldots \nu_n} y_1^{\nu_1} y_2^{\nu_2} \ldots y_n^{\nu_n}$$

ein nicht identisch verschwindendes Polynom dieser Variabeln. Bereits am Schluß des § 8 wurde darauf hingewiesen, daß dann das Polynom von $x_1, x_2, \ldots, x_k$

$$F(f_1, f_2, \ldots, f_n) = \Sigma\, C_{\nu_1 \nu_2 \ldots \nu_n} f_1^{\nu_1} f_2^{\nu_2} \ldots f_n^{\nu_n}$$

trotzdem identisch verschwinden kann. Das gibt Veranlassung zu der

Definition. Die n Polynome (1) heißen (voneinander) abhängig, wenn es ein nicht identisch verschwindendes Polynom $F(y_1, y_2, \ldots, y_n)$ gibt derart, daß $F(f_1, f_2, \ldots, f_n)$, als Polynom von $x_1, x_2, \ldots, x_k$ betrachtet, identisch verschwindet. Andernfalls heißen die Polynome (1) (voneinander) unabhängig.

Beispielsweise sind die k Polynome (Monome)

(2) $$f_1 = x_1, f_2 = x_2, \ldots, f_k = x_k$$

voneinander unabhängig. Denn wenn $F(y_1, y_2, \ldots y_k)$ als Funktion von $y_1, y_2, \ldots, y_k$ nicht identisch verschwindet, so verschwindet eben $F(x_1, x_2, \ldots, x_k)$ als Funktion von $x_1, x_2, \ldots, x_k$ auch nicht identisch; unser Begriff der unabhängigen Variabeln subsumiert sich somit dem Begriff der unabhängigen Polynome. Ein System von mehr als k voneinander unabhängigen Polynomen von k Variabeln kann es aber nicht geben; vielmehr beweisen wir jetzt den

Satz 56. *$k + 1$ Polynome von k Variabeln*[1]) *sind stets voneinander abhängig.*

Die $k + 1$ Polynome seien

(3) $$f_\nu(x_1, \ldots, x_k) \qquad (\nu = 1, 2, \ldots, k + 1).$$

Wir wählen zwei positive ganze Zahlen m, M so, daß der Grad eines jeden Polynoms höchstens gleich m und daß

(4) $$M \geqq (2m)^k (k + 1)$$

ist. Nun zeigen wir, daß zwischen den Polynomen f_ν eine Abhängigkeit

(5) $$\Sigma\, C_{\nu_1 \nu_2 \ldots \nu_{k+1}} f_1^{\nu_1} f_2^{\nu_2} \ldots f_{k+1}^{\nu_{k+1}} = 0$$

besteht, wobei in jedem Glied

(6) $$\nu_1 + \nu_2 + \cdots + \nu_{k+1} \leqq M$$

ist. Da die f_ν höchstens vom Grad m sind, so steigt die Summe in (5), als Polynom von $x_1, \ldots, x_k$ betrachtet, höchstens bis zum Grad mM auf. Nach Satz 19 hat aber ein vollständiges Polynom (mM)-ten Grades von k Variabeln $\binom{mM + k}{k}$ Glieder; also ergeben sich, wenn das Polynom (5) als Funktion von $x_1, \ldots, x_k$ identisch verschwinden soll, höchstens $\binom{mM + k}{k}$ homogene lineare Bedingungsgleichungen für die Koeffizienten $C_{\nu_1 \ldots \nu_{k+1}}$. Wenn

[1]) Der Fall, daß es noch weniger als k Variabeln sind, ist dabei miteingeschlossen, da ja nicht alle Variabeln wirklich vorkommen müssen.

nun die Anzahl dieser Koeffizienten größer ist als $\binom{mM+k}{k}$, so lassen sich die Bedingungsgleichungen nach Satz 46 gewiß erfüllen und der Satz 56 wird bewiesen sein.

Die Anzahl der Koeffizienten $C_{\nu_1 \ldots \nu_{k+1}}$ ist aber so groß wie die Anzahl der Lösungen der Ungleichung (6) in ganzen nicht negativen Zahlen, also nach Satz 17 gleich $\binom{M+k+1}{k+1}$. Man braucht daher nur zu zeigen, daß die Ungleichung besteht:

$$(7) \qquad \binom{M+k+1}{k+1} > \binom{mM+k}{k}.$$

Nun ist aber

$$\binom{M+k+1}{k+1} = \frac{(M+k+1)\cdots(M+1)}{(k+1)!} > \frac{M^{k+1}}{(k+1)!} \geqq \frac{(2m)^k M^k}{k!} \qquad \text{(nach (4))};$$

dagegen, weil nach (4) gewiß auch $mM > k$ ist:

$$\binom{mM+k}{k} = \frac{(mM+k)\cdots(mM+1)}{k!} < \frac{(mM+mM)^k}{k!} = \frac{(2m)^k M^k}{k!}.$$

Die Ungleichung (7) ist also richtig, und damit ist alles bewiesen.

II. Der für Satz 56 gegebene Beweis läßt zwar an Einfachheit wohl nichts zu wünschen übrig; doch hat er den Nachteil, daß er zwischen den Polynomen f_ν nur eine Identität sehr hohen Grades nachweist. In Wahrheit besteht schon immer eine Identität viel geringeren Grades. In dieser Hinsicht beweisen wir jetzt einen Satz, von dem wir später (§ 45) sehen werden, daß er sich nicht mehr verschärfen läßt:

Satz 57. *Zwischen $k+1$ Polynomen von k Variabeln*[1])

$$f_1(x_1, \ldots, x_k), \ldots, f_{k+1}(x_1, \ldots, x_k),$$

von den ***positiven*** *Graden $m_1, \ldots, m_{k+1}$ besteht eine Identität der Form*

$$\Sigma\, C_{\nu_1 \nu_2 \ldots \nu_{k+1}} f_1^{\nu_1} f_2^{\nu_2} \cdots f_{k+1}^{\nu_{k+1}} = 0,$$

wobei in jedem Glied

$$m_1 \nu_1 + m_2 \nu_2 + \cdots + m_{k+1} \nu_{k+1} \leqq m_1 m_2 \cdots m_{k+1}$$

ist, und wobei die Koeffizienten $C_{\nu_1 \nu_2 \ldots \nu_{k+1}}$ dem durch die Koeffizienten der Polynome $f_\varkappa$ bestimmten Körper angehören.

Man sieht leicht, daß die vorige Beweismethode hier versagt; denn die Anzahl der unbekannten Koeffizienten $C_{\nu_1 \ldots \nu_{k+1}}$ ist jetzt nicht größer als die Anzahl der Bedingungsgleichungen. Für $k = 1$, $m_1 = m_2 = 3$ erhält man z. B. 10 Unbekannte und 10 Gleichungen; für $k = 1$, $m_1 = m_2 = 4$ erhält man 15 Unbekannte und 17 Gleichungen usw. Um ans Ziel zu gelangen, schicken wir den folgenden Satz voraus:

[1]) Vgl. auch die Fußnote zu Satz 56.

Satz 58. *Die Koeffizienten der k vollständigen Polynome von k Variabeln*

$$f_1(x_1, \ldots, x_k), \ldots, f_k(x_1, \ldots, x_k)$$

von den positiven Graden $m_1, \ldots, m_k$ seien unabhängige Variable [1]). *Ferner sei n eine ganze nicht negative Zahl. Dann läßt sich jedes Polynom*

$$F(x_1, \ldots, x_k) = \sum A_{\mu_1 \ldots \mu_k} x_1^{\mu_1} \cdots x_k^{\mu_k}$$

vom höchstens n-ten Grad auf eine und nur eine Art in die Form setzen:

$$F(x_1, \ldots, x_k) = \sum_{q_\varkappa, r_\varkappa} C_{q_1 \ldots q_k}^{(r_1 \ldots r_k)} f_1^{q_1} \cdots f_k^{q_k} x_1^{r_1} \cdots x_k^{r_k},$$

wenn dabei verlangt wird, daß in jedem Glied

$$(m_1 q_1 + r_1) + \cdots + (m_k q_k + r_k) \leqq n,$$
$$0 \leqq r_1 \leqq m_1 - 1, \ldots, 0 \leqq r_k \leqq m_k - 1$$

sein soll. Die Koeffizienten $C_{q_1 \ldots q_k}^{(r_1 \ldots r_k)}$ gehören dem durch die Koeffizienten der Polynome $f_1, \ldots, f_k, F$ bestimmten Körper an.

Beweis. Da F höchstens vom Grad n ist, so genügen die Indizes der Koeffizienten $A_{\mu_1 \ldots \mu_k}$ der Ungleichung

$$(8) \qquad \mu_1 + \mu_2 + \cdots + \mu_k \leqq n.$$

Ist $\mu_1 = \nu_1, \ldots, \mu_k = \nu_k$ irgendein System von solchen Indizes, so bezeichnen wir mit $q(\nu_\varkappa), r(\nu_\varkappa)$ Quotient und Rest, die sich ergeben, wenn $\nu_\varkappa$ durch $m_\varkappa$ dividiert wird; demgemäß ist

$$(9) \qquad \nu_\varkappa = m_\varkappa q(\nu_\varkappa) + r(\nu_\varkappa),$$
$$(10) \qquad 0 \leqq r(\nu_\varkappa) \leqq m_\varkappa - 1.$$

Nun machen wir den Ansatz

$$(11) \quad \sum A_{\mu_1 \ldots \mu_k} x_1^{\mu_1} \cdots x_k^{\mu_k} = \sum B_{\nu_1 \ldots \nu_k} f_1^{q(\nu_1)} x_1^{r(\nu_1)} \cdots f_k^{q(\nu_k)} x_k^{r(\nu_k)},$$

wo die Indizes $\mu_1, \ldots, \mu_k$ links ebenso wie $\nu_1, \ldots, \nu_k$ rechts alle Systeme von ganzen nicht negativen Zahlen durchlaufen sollen, die der Ungleichung (8) genügen. Die Anzahl der unbekannten Koeffizienten $B_{\nu_1 \ldots \nu_k}$ ist daher genau so groß wie die der $A_{\mu_1 \ldots \mu_k}$ (die übrigens zum Teil verschwinden können), oder also so groß wie die Gliederzahl in einem vollständigen Polynom n-ten Grades von k Variabeln, d. i. gleich $\binom{n+k}{k}$. Auf der rechten Seite von (11) kommen nach Ausmultiplizieren von $f_1^{q(\nu_1)} \ldots f_k^{q(\nu_k)}$ wegen (9) und wegen $\nu_1 + \cdots + \nu_k \leqq n$ nur Potenzprodukte bis zum höchstens n-ten Grad vor, und man erhält zur Berechnung der $\binom{n+k}{k}$ Unbekannten $B_{\nu_1 \ldots \nu_k}$ ein System von $\binom{n+k}{k}$ linearen Gleichungen:

---

[1]) Die Anzahl dieser Variabeln ist nach Satz 19 gleich

$$\binom{m_1+k}{k} + \binom{m_2+k}{k} + \cdots + \binom{m_k+k}{k}.$$

$$A_{\mu_1\ldots\mu_k} = \sum_{\nu_1\ldots\nu_k} B_{\nu_1\ldots\nu_k}\, c^{(\mu_1\ldots\mu_k)}_{\nu_1\ldots\nu_k}, \tag{12}$$

wo die $c^{(\mu_1\ldots\mu_k)}_{\nu_1\ldots\nu_k}$ Polynome der Koeffizienten von $f_1, \ldots, f_k$ sind, die wir als unabhängige Variable vorausgesetzt haben. Wir wollen zeigen, daß die Determinante des Systems (12), die dann auch ein Polynom dieser Variabeln ist, von 0 verschieden ist, d. h. nicht identisch verschwindet. Würde sie identisch verschwinden, so müßte sie bei jeder Spezialisierung dieser Variabeln oder, was dasselbe ist, bei jeder Spezialisierung der Polynome $f_1, \ldots, f_k$ ebenfalls verschwinden. Man sieht aber leicht, daß sie z. B. bei der Spezialisierung

$$f_1 = a_1 x_1^{m_1},\ f_2 = a_2 x_2^{m_2}, \ldots, f_k = a_k x_k^{m_k} \qquad (a_1 a_2 \ldots a_k \neq 0)$$

nicht verschwindet [1]). Dann geht nämlich die Gleichung (11) mit Rücksicht auf (9) über in:

$$\Sigma A_{\mu_1\ldots\mu_k} x_1^{\mu_1} \cdots x_k^{\mu_k} = \Sigma B_{\nu_1\ldots\nu_k} a_1^{q(\nu_1)} \cdots a_k^{q(\nu_k)} x_1^{\nu_1} \cdots x_k^{\nu_k},$$

und daher das Gleichungssystem (12) in:

$$A_{\mu_1\ldots\mu_k} = B_{\mu_1\ldots\mu_k} a_1^{q(\mu_1)} \cdots a_k^{q(\mu_k)}.$$

Dieses Gleichungssystem hat aber schon beinahe eine nach den Unbekannten $B_{\nu_1\ldots\nu_k}$ aufgelöste Form. Die Determinante enthält bei passender Numerierung der Gleichungen und Unbekannten in der Hauptdiagonale die von 0 verschiedenen Größen $a_1^{q(\mu_1)} \ldots a_k^{q(\mu_k)}$ und sonst lauter Nullen; sie ist also nicht gleich 0, sondern hat die Form

$$a_1^{i_1} a_2^{i_2} \cdots a_k^{i_k}. \tag{13}$$

Daher ist auch im allgemeinen Fall die Determinante der Systems (12) nicht gleich 0, und die $B_{\nu_1\ldots\nu_k}$ lassen sich also eindeutig so bestimmen, daß die Gleichung (11) gilt. Nun ist aber die Gleichung (11) augenscheinlich nur eine andere Schreibweise für die in Satz 58 behauptete Identität

$$\sum A_{\mu_1\ldots\mu_k} x_1^{\mu_1} \cdots x_k^{\mu_k} = \sum_{q_\varkappa, r_\varkappa} C^{(r_1\ldots r_k)}_{q_1\ldots q_k} f_1^{q_1} \cdots f_k^{q_k} x_1^{r_1} \cdots x_k^{r_k}.$$

Zur Identifizierung braucht man ja nur

$$C^{(r_1\ldots r_k)}_{q_1\ldots q_k} = B_{m_1 q_1 + r_1, \ldots, m_k q_k + r_k}$$

zu setzen, und damit ist Satz 58 bewiesen.

III. Die nach Satz 58 bestehende Identität läßt sich noch ein wenig anders schreiben. Wir bezeichnen die sämtlichen Systeme ganzer nicht negativer Zahlen $r_1, \ldots, r_k$, die den in Satz 58 geforderten Ungleichungen

$$0 \leqq r_1 \leqq m_1 - 1, \ldots, 0 \leqq r_k \leqq m_k - 1$$

genügen, in irgendeiner Reihenfolge mit

$$\begin{cases} r_{11}, & r_{21}, \ldots, & r_{k1} \\ r_{12}, & r_{22}, \ldots, & r_{k2} \\ \cdot & \cdot\ \cdot\ \cdot & \cdot \\ r_{1l}, & r_{2l}, \ldots, & r_{kl}. \end{cases} \tag{14}$$

---

[1]) Noch bequemer wäre es, alle $a_\varkappa$ durch 1 zu ersetzen; nur mit Rücksicht auf eine spätere Bemerkung haben wir $a_\varkappa$ beibehalten.

Ihre Anzahl l ist gleich $m_1 m_2 \cdots m_k$. Ferner setzen wir

$$(15)\qquad x_1^{r_{1\lambda}} x_2^{r_{2\lambda}} \cdots x_k^{r_{k\lambda}} = U_\lambda \qquad (\lambda = 1, 2, \ldots, l),$$

$$(16)\qquad r_{1\lambda} + r_{2\lambda} + \cdots + r_{k\lambda} = s_\lambda \qquad (\lambda = 1, 2, \ldots, l).$$

Dann läßt sich der erwähnten Identität, wenn die Koeffizienten $C_{q_1 \ldots q_k}^{(r_1 \ldots r_k)}$ etwas anders bezeichnet werden, auch die Gestalt geben:

$$(17)\qquad F(x_1, \ldots, x_k) = \sum_{\lambda=1}^{l} G_\lambda U_\lambda,$$

wobei die G_λ eindeutig bestimmte Polynome der folgenden Form sind:

$$(18)\qquad \begin{cases} G_\lambda = G_\lambda(f_1, \ldots, f_k) = \sum\limits_{q_1 \ldots q_k} b_{q_1 \ldots q_k}^{(\lambda)} f_1^{q_1} \cdots f_k^{q_k} \\ m_1 q_1 + \cdots + m_k q_k \leqq n - s_\lambda. \end{cases}$$

Um nun auch Satz 57 zu beweisen, setzen wir zunächst voraus, daß die Koeffizienten der dortigen Polynome $f_\varkappa$ unabhängige Variable sind, und wenden dann die Formeln (17), (18) an auf das Polynom

$$F(x_1, \ldots, x_k) = f_{k+1}(x_1, \ldots, x_k) \cdot U_\mu,$$

das vom Grad $m_{k+1} + s_\mu$ ist. Dann ergibt sich:

$$(19)\qquad f_{k+1} \cdot U_\mu = \sum_{\lambda=1}^{l} G_{\mu\lambda} U_\lambda,$$

wobei die $G_{\mu\lambda}$ eindeutig bestimmte Polynome der folgenden Form sind:

$$(20)\qquad \begin{cases} G_{\mu\lambda} = \sum\limits_{q_1 \ldots q_k} b_{q_1 \ldots q_k}^{(\mu\lambda)} f_1^{q_1} \cdots f_k^{q_k} \\ m_1 q_1 + \cdots + m_k q_k \leqq m_{k+1} + s_\mu - s_\lambda. \end{cases}$$

Die Gleichung (19) gilt für $\mu = 1, 2, \ldots, l$ und liefert daher in ausführlicher Schreibweise das Gleichungssystem

$$(G_{11} - f_{k+1}) U_1 + G_{12} U_2 + \cdots + G_{1l} U_l = 0,$$
$$\cdots\cdots\cdots\cdots\cdots$$
$$G_{l1} U_1 + G_{l2} U_2 + \cdots + (G_{ll} - f_{k+1}) U_l = 0.$$

Da dieses durch die nicht verschwindenden Größen (15) befriedigt wird, muß nach Satz 44 die Determinante verschwinden:

$$(21)\qquad \begin{vmatrix} G_{11} - f_{k+1} & G_{12} \ldots G_{1l} \\ \cdot\ \cdot\ \cdot\ \cdot & \cdot\ \cdot\ \cdot\ \cdot\ \cdot\ \cdot\ \cdot \\ G_{l1} & G_{l2} \ldots G_{ll} - f_{k+1} \end{vmatrix} = 0.$$

Bezeichnet man die Elemente dieser Determinante mit $H_{\mu\lambda}$, setzt man also

$$(22)\qquad H_{\mu\lambda} = \begin{cases} G_{\mu\lambda} & \text{für } \mu \neq \lambda \\ G_{\mu\lambda} - f_{k+1} & \text{für } \mu = \lambda, \end{cases}$$

so ist mit Rücksicht auf (20) $H_{\mu\lambda}$ von der Form

$$(23)\qquad \begin{cases} H_{\mu\lambda} = \sum\limits_{q_1 \ldots q_{k+1}} c_{q_1 \ldots q_{k+1}}^{(\mu\lambda)} f_1^{q_1} \cdots f_k^{q_k} f_{k+1}^{q_{k+1}} \\ m_1 q_1 + \cdots + m_k q_k + m_{k+1} q_{k+1} \leqq m_{k+1} + s_\mu - s_\lambda. \end{cases}$$

Jedes Glied der ausgerechneten Determinante (21) hat daher die Form

$$\pm H_{1\lambda_1} H_{2\lambda_2} \cdots H_{l\lambda_l} = \sum_{q_1 \ldots q_{k+1}} d^{(\lambda_1 \ldots \lambda_l)}_{q_1 \ldots q_{k+1}} f_1^{q_1} \cdots f_k^{q_k} f_{k+1}^{q_{k+1}},$$

wobei

$$m_1 q_1 + \cdots + m_{k+1} q_{k+1} \leqq l m_{k+1} + s_1 + s_2 + \cdots + s_l - s_{\lambda_1} - s_{\lambda_2} \cdots - s_{\lambda_l}.$$

Da aber die Indizes $\lambda_1, \lambda_2, \ldots, \lambda_l$ eine Permutation der Indizes $1, 2, \ldots, l$ sind, so ist $s_1 + s_2 + \cdots + s_l - s_{\lambda_1} - s_{\lambda_2} - \cdots - s_{\lambda_l} = 0$, und also

$$m_1 q_1 + \cdots + m_{k+1} q_{k+1} \leqq l m_{k+1} = m_1 m_2 \cdots m_{k+1}.$$

Hiernach hat die Gleichung (21) die Form

$$(24) \quad \begin{cases} \sum\limits_{q_1 \ldots q_{k+1}} C_{q_1 q_2 \ldots q_{k+1}} f_1^{q_1} f_2^{q_2} \ldots f_{k+1}^{q_{k+1}} = 0 \\ (m_1 q_1 + m_2 q_2 + \cdots + m_{k+1} q_{k+1} \leqq m_1 m_2 \cdots m_{k+1}). \end{cases}$$

Dabei sind nicht etwa alle Koeffizienten $C_{q_1 q_2 \ldots q_{k+1}}$ gleich 0; denn speziell der Koeffizient von f_{k+1}^l ist, wie die Determinante (21) unmittelbar lehrt, gleich $(-1)^l$. Mit Gleichung (24) ist daher Satz 57 für den Fall bewiesen, daß die Koeffizienten der Polynome $f_\varkappa$ unabhängige Variable sind. In diesem Falle besteht also eine Identität der Form (24). Wenn man nun aber die Koeffizienten $C_{q_1 \ldots q_{k+1}}$ wirklich so bestimmen will, daß die Gleichung (24) in $x_1, \ldots, x_k$ eine Identität ist, so bekommt man, wie schon oben bemerkt, eine Anzahl von homogenen linearen Bedingungsgleichungen, und zwar im allgemeinen mehr Gleichungen als Unbekannte. Die Koeffizienten dieser Gleichungen sind Polynome der als unabhängige Variable vorausgesetzten Koeffizienten der $f_\varkappa$. Da wir aber schon wissen, daß eine Identität (24) existiert, so haben diese linearen Gleichungen gewiß eine nichttriviale Lösung. Der Rang ihrer Matrix ist also nach Satz 45 kleiner als die Zahl der Unbekannten, und daher gibt es in dieser Matrix, wenn die Zahl der Unbekannten mit p bezeichnet wird, keine p-reihige nicht verschwindende Determinante.

Wenn man jetzt die Koeffizienten der $f_\varkappa$, die seither unabhängige Variable waren, irgendwie spezialisiert, so kann es auch keine p-reihige nicht verschwindende Determinante geben, weil eine solche vor der Spezialisierung erst recht nicht hätte verschwinden können. Der Rang ist also nach der Spezialisierung immer noch kleiner als die Anzahl p der Unbekannten. Folglich haben die Gleichungen nach Satz 45 auch nach der Spezialisierung immer noch nichttriviale Lösungen, und zwar auch solche, die dem in Satz 57 verlangten Körper angehören. Damit ist der Beweis von Satz 57 beendet.

IV. Wir machen jetzt noch eine für später nützliche Einschaltung. Dabei betrachten wir die Koeffizienten der Polynome $f_1, \ldots, f_k$ wieder als unabhängige Variable und wollen deren Bezeichnung und Numerierung durch die Formeln

$$(25) \qquad f_\varkappa = a_\varkappa x_\varkappa^{m_\varkappa} + \cdots \qquad (\varkappa = 1, \ldots, k)$$

teilweise festlegen.

Überlegt man sich die Herkunft der Formeln (12) aus dem Ansatz (11), so erkennt man sofort, daß $c_{\nu_1 \ldots \nu_k}^{(\mu_1 \ldots \mu_k)}$ ein mit ganzzahligen Koeffizienten versehenes Polynom der genannten Variabeln ist, und zwar in bezug auf die Koeffizienten von $f_\varkappa$ homogen vom Grad $q(\nu_\varkappa)$. Also ist auch die Determinante D des Systems (12) ein mit ganzzahligen Koeffizienten versehenes Polynom dieser Variabeln, und zwar homogen in bezug auf die Koeffizienten von $f_\varkappa$, etwa vom Grad $i_\varkappa$, wo dann $i_\varkappa$ die gleiche Zahl wie in (13) bedeutet.

Ferner lehrt die Herkunft von (12) aus (11) aber auch, daß $c_{\nu_1 \ldots \nu_k}^{(\mu_1 \ldots \mu_k)}$ für $\nu_1 + \cdots + \nu_k < \mu_1 + \cdots + \mu_k$ verschwindet und für $\nu_1 + \cdots + \nu_k = \mu_1 + \cdots + \mu_k$ nur diejenigen Koeffizienten von jedem $f_\varkappa$ enthalten kann, die zu den Gliedern höchsten Grades gehören. Schreibt man daher von dem System (12) zuerst alle Gleichungen mit $\mu_1 + \cdots + \mu_k = n$ auf, so kommen nur die $B_{\nu_1 \ldots \nu_k}$ mit $\nu_1 + \cdots + \nu_k = n$ darin vor. Schreibt man sodann alle Gleichungen mit $\mu_1 + \cdots + \mu_k = n - 1$ auf, so kommen außer den vorigen $B_{\nu_1 \ldots \nu_k}$ nur noch die mit $\nu_1 + \cdots + \nu_k = n - 1$ darin vor, usw. Die Determinante D hat daher die in Satz 40 angegebene Form, wo oberhalb lauter Nullen stehen. Sie ist also das Produkt von $n + 1$ Teildeterminanten, in denen nur die $c_{\nu_1 \ldots \nu_k}^{(\mu_1 \ldots \mu_k)}$ mit $\nu_1 + \cdots + \nu_k = \mu_1 + \cdots + \mu_k$ vorkommen. Somit kommen in D nur diejenigen Koeffizienten von jedem $f_\varkappa$ vor, die zu den Gliedern höchsten Grades gehören.

Werden in $f_1, \ldots, f_k$ alle Koeffizienten außer den in (25) explizit angeschriebenen zu 0 spezialisiert, so reduziert sich D nach Seite 128 auf (vgl. Formel (13)):

$$a_1^{i_1} a_2^{i_2} \ldots a_k^{i_k}. \tag{26}$$

Daher enthält D auch vor der Spezialisierung das Glied (26) und aus der Homogenität von D in bezug auf die Koeffizienten von jedem $f_\varkappa$ ergibt sich, daß das Glied (26) bei der festgesetzten Numerierung das **Hauptglied** ist (vgl. S. 33).

Die Auflösung des Systems (12) hat nach Satz 43 die Form

$$B_{\nu_1 \ldots \nu_k} = \frac{\Delta_{\nu_1 \ldots \nu_k}}{D},$$

wo $\Delta_{\nu_1 \ldots \nu_k}$ eine Determinante ist, die aus D entsteht, wenn die Elemente der zu $B_{\nu_1 \ldots \nu_k}$ gehörigen Spalte durch die $A_{\mu_1 \ldots \mu_k}$ ersetzt werden. Daher ist $\Delta_{\nu_1 \ldots \nu_k}$ ein mit ganzzahligen Koeffizienten versehenes Polynom von den $A_{\mu_1 \ldots \mu_k}$ und den Koeffizienten der $f_\varkappa$, und zwar in bezug auf die $A_{\mu_1 \ldots \mu_k}$ homogen vom ersten Grad und in bezug auf die Koeffizienten von $f_\varkappa$ homogen vom Grad $i_\varkappa - q(\nu_\varkappa)$. Da aber $f_\varkappa$ in bezug auf seine Koeffizienten homogen vom ersten Grad ist, so erweisen sich in der Formel (11) die Glieder der rechtsstehenden Summe nach Multiplikation mit D in bezug auf die Koeffizienten von $f_\varkappa$ als homogene Polynome vom Grad $i_\varkappa$, also, wie ja zu erwarten, vom gleichen Grad wie D.

Wenden wir diese Ergebnisse auf die Formeln (19), (20) an, wobei wir für n etwa die Zahl

$$m_{k+1} + (m_1 - 1) + (m_2 - 1) + \cdots + (m_k - 1)$$

wählen können und wobei wir auch die Koeffizienten von f_{k+1} als neue unabhängige Variable ansehen, so ergibt sich, daß die $G_{\mu\lambda}$ den Nenner D haben und daß ihre Zähler in bezug auf die Koeffizienten von f_{k+1} homogen vom ersten Grad und in bezug auf die Koeffizienten von $f_\varkappa (\varkappa = 1, \ldots, k)$ homogen vom Grad $i_\varkappa$ sind. Beides gilt dann von allen Elementen[1]) der Determinante (21), und in bezug auf die ausgerechnete Determinante (21), d. h. auf die Formel (24), können wir dann unsere Ergebnisse, wenn wir wieder $m_1 m_2 \ldots m_k = l$ und

$$D^l = D_1, \quad l i_\varkappa = j_\varkappa$$

setzen, folgendermaßen zusammenfassen:

In Formel (24) ist

$$C_{q_1 \ldots q_{k+1}} = \frac{C'_{q_1 \ldots q_{k+1}}}{D_1}. \tag{27}$$

Dabei ist der Nenner D_1 ein mit ganzzahligen Koeffizienten versehenes Polynom derjenigen Koeffizienten von $f_1, \ldots, f_k$, welche zu den Gliedern höchsten Grades gehören, und zwar ist D_1 in bezug auf die Koeffizienten von $f_\varkappa$ homogen von einem gewissen Grad $j_\varkappa$ und das Hauptglied ist

$$a_1^{j_1} a_2^{j_2} \ldots a_k^{j_k}. \tag{28}$$

Ferner ist der Zähler $C'_{q_1 \ldots q_{k+1}}$ ein mit ganzzahligen Koeffizienten versehenes Polynom der Koeffizienten von $f_1, \ldots, f_k, f_{k+1}$, und zwar ist

$$C'_{q_1 \ldots q_{k+1}} f_1^{q_1} \ldots f_{k+1}^{q_{k+1}}$$

in bezug auf die Koeffizienten von $f_\varkappa$ $(\varkappa = 1, \ldots, k)$ homogen vom Grad $j_\varkappa$ und in bezug auf die Koeffizienten von f_{k+1} homogen vom Grad l, so daß also $C'_{q_1 \ldots q_{k+1}}$ selbst homogen vom Grad $j_\varkappa - q_\varkappa$ bzw. $l - q_{k+1}$ ist.

Insbesondere ist $C'_{0 \ldots 00}$ homogen vom Grad $j_\varkappa$ bzw. l.

Bei der Formel (24) selbst ist außerdem schon bemerkt, daß $C_{0 \ldots 0l} = (-1)^l$ ist; also ist

$$C'_{0 \ldots 0l} = (-1)^l D_1. \tag{29}$$

V. Wir machen jetzt noch eine Bemerkung über $C_{0 \ldots 00}$. Dabei wollen wir die oben in IV eingeführte Bezeichnung und Numerierung einen Schritt fortsetzen durch die Formel

$$f_{k+1} = a_{k+1} + \cdots, \tag{30}$$

---

[1]) Dabei muß man die Zusatzglieder f_{k+1} in der Hauptdiagonale ebenfalls auf den Nenner D gebracht denken.

also das konstante Glied von f_{k+1} mit a_{k+1} bezeichnen. Spezialisiert man nun f_{k+1}, indem man alle andern Koeffizienten durch 0 ersetzt, so nehmen die Gleichungen (19), weil die $G_{\mu\lambda}$ eindeutig sind, die einfache Form an:

$$f_{k+1} U_\mu = a_{k+1} U_\mu \qquad (\mu = 1, 2, \ldots, l).$$

In der Determinante (21) werden also alle Elemente der Hauptdiagonale gleich $a_{k+1} - f_{k+1}$ und alle andern gleich 0. Die ausgerechnete Determinante (21), d. h. die linke Seite von (24) wird also einfach $(a_{k+1} - f_{k+1})^l$. Wenn daher alle Koeffizienten von f_{k+1} außer a_{k+1} zu 0 spezialisiert werden, so reduziert sich $C_{0\ldots 00}$ auf a_{k+1}^l, also $C'_{0\ldots 00}$ auf $D_1 a_{k+1}^l$.

Daher und weil D_1 das Hauptglied (28) hat, hat $C'_{0\ldots 00}$ als homogenes Polynom $j_\varkappa$-ten Grades der Koeffizienten von $f_\varkappa$ $(\varkappa = 1, \ldots, k)$ und l-ten Grades der Koeffizienten von f_{k+1} bei der festgesetzten Numerierung das Hauptglied

$$(31) \qquad a_1^{j_1} a_2^{j_2} \cdots a_k^{j_k} a_{k+1}^l .$$

VI. k Polynome von k Variabeln sind im allgemeinen voneinander unabhängig. Sie werden aber voneinander abhängig, sobald man die k Variabeln selbst durch abhängige Polynome ersetzt. Es gilt nämlich der

Satz 59. *Sind*

$$f_\varkappa(y_1, y_2, \ldots, y_k) \qquad (\varkappa = 1, 2, \ldots, k)$$

k Polynome von k Variabeln $y_1, \ldots, y_k$, sind ferner

$$g_1(x_1, \ldots, x_n), \quad g_2(x_1, \ldots, x_n), \ldots, \quad g_k(x_1, \ldots, x_n)$$

k voneinander abhängige Polynome von irgendwelchen anderen Variabeln $x_1, \ldots, x_n$, so sind die k Polynome

$$f_\varkappa(g_1, g_2, \ldots, g_k) = F_\varkappa(x_1, x_2, \ldots, x_n) \qquad (\varkappa = 1, 2, \ldots, k)$$

als Polynome der Variabeln $x_1, \ldots, x_n$ ebenfalls voneinander abhängig.

In der Tat, da die Polynome $g_1, \ldots, g_k$ voneinander abhängig sein sollen, so gibt es ein nicht identisch verschwindendes Polynom $f_{k+1}(y_1, y_2, \ldots, y_k)$ derart, daß

$$f_{k+1}(g_1, g_2, \ldots, g_k)$$

als Polynom von $x_1, \ldots, x_n$ identisch verschwindet. Nach Satz 56 besteht aber zwischen den $k+1$ Polynomen $f_\varkappa(y_1, \ldots, y_k)$ eine Identität

$$(32) \qquad \Sigma C_{\nu_1 \nu_2 \ldots \nu_{k+1}} f_1^{\nu_1} f_2^{\nu_2} \cdots f_{k+1}^{\nu_{k+1}} = 0 .$$

Wenn hier in jedem Glied der Faktor f_{k+1} vorkommt, so kann man ihn unterdrücken, weil ja $f_{k+1}(y_1, y_2, \ldots, y_k)$ nicht identisch verschwindet. Man darf daher annehmen, daß in (32) nicht alle Glieder den Faktor f_{k+1} haben, daß also unter den Koeffizienten $C_{\nu_1 \nu_2 \ldots \nu_k 0}$ mindestens einer nicht verschwindet.

Ersetzt man nun in der Identität (32) die Variabeln der Polynome $f_\varkappa$, also die $y_1, \ldots, y_k$, durch $g_1 \ldots, g_k$, so geht $f_\varkappa$ für $\varkappa \leqq k$ über in $F_\varkappa(x_1, \ldots, x_n)$, während f_{k+1} in 0 übergeht. Aus (32) folgt daher:

$$\sum C_{\nu_1 \nu_2 \ldots \nu_k 0} F_1^{\nu_1} F_2^{\nu_2} \ldots F_k^{\nu_k} = 0 .$$

Da die Koeffizienten $C_{\nu_1\nu_2\ldots\nu_k 0}$ nicht alle verschwinden, besagt diese Gleichung, daß die Polynome $F_1, F_2, \ldots, F_k$ voneinander abhängig sind; w. z. b. w.

Von Wichtigkeit ist auch

Satz 60. *Sind die Polynome $f_1, f_2, \ldots, f_n$ voneinander abhängig, so besteht zwischen ihnen gewiß auch eine Identität*

$$\sum C_{\nu_1\nu_2\ldots\nu_n} f_1^{\nu_1} f_2^{\nu_2} \ldots f_n^{\nu_n} = 0,$$

deren Koeffizienten $C_{\nu_1\nu_2\ldots\nu_n}$ dem durch die Koeffizienten der Polynome $f_1, f_2, \ldots, f_n$ bestimmten Körper angehören.

Da die Polynome voneinander abhängig sind, gibt es jedenfalls eine Identität

$$\sum C'_{\nu_1\nu_2\ldots\nu_n} f_1^{\nu_1} f_2^{\nu_2} \ldots f_n^{\nu_n} = 0. \tag{33}$$

Ihre Koeffizienten $C'_{\nu_1\nu_2\ldots\nu_n}$ gehören möglicherweise noch nicht dem besagten Körper an; aber sie genügen sicher dem homogenen linearen Gleichungssystem, das man erhält, wenn man die linke Seite der Gleichung (33) ausrechnet, gleiche Potenzprodukte der Variabeln zusammenfaßt und dann die Koeffizienten der einzelnen Potenzprodukte gleich 0 setzt. Dieses Gleichungssystem hat Koeffizienten aus dem genannten Körper; da die Existenz einer nichttrivialen Lösung $C'_{\nu_1\nu_2\ldots\nu_n}$ von vornherein feststeht, ist nach Satz 45 der Rang kleiner als die Zahl der Unbekannten, und dann gibt es nach dem gleichen Satz auch eine Lösung in dem genannten Körper. Ist diese etwa $C_{\nu_1\nu_2\ldots\nu_n}$, so ist natürlich auch

$$\sum C_{\nu_1\nu_2\ldots\nu_n} f_1^{\nu_1} f_2^{\nu_2} \ldots f_n^{\nu_n} = 0,$$

womit Satz 60 bewiesen ist.

§ 29. Die Funktionaldeterminante.

I. Wie bereits bemerkt, sind k Polynome von k Variabeln im allgemeinen voneinander unabhängig. Ausnahmsweise können sie aber auch voneinander abhängig sein; die notwendige und hinreichende Bedingung dafür ist in folgendem Kriterium enthalten:

Satz 61. *Die k Polynome*

$$f_\varkappa(x_1, x_2, \ldots, x_k) \qquad (\varkappa = 1, 2, \ldots, k)$$

von k Variabeln sind dann und nur dann voneinander abhängig, wenn die Funktionaldeterminante

$$\begin{vmatrix} \frac{\partial f_1}{\partial x_1} & \frac{\partial f_2}{\partial x_1} & \cdots & \frac{\partial f_k}{\partial x_1} \\ \cdot & \cdot & \cdot & \cdot \\ \frac{\partial f_1}{\partial x_k} & \frac{\partial f_2}{\partial x_k} & \cdots & \frac{\partial f_k}{\partial x_k} \end{vmatrix}$$

identisch verschwindet.

Beweis. Wenn die Polynome voneinander abhängig sind, wenn es also ein nicht identisch verschwindendes Polynom $F(y_1, \ldots, y_k)$ gibt derart, daß

$$(1) \qquad F(f_1, f_2, \ldots, f_k)$$

als Polynom von $x_1, x_2, \ldots, x_k$ identisch verschwindet, so sei $F(y_1, \ldots, y_k)$ unter allen derartigen Polynomen eines von möglichst kleinem Grad; offenbar ist es mindestens der erste Grad. Unter den k Polynomen

$$(2) \qquad \frac{\partial F}{\partial y_\varkappa} = G_\varkappa(y_1, y_2, \ldots, y_k) \qquad (\varkappa = 1, 2, \ldots, k)$$

ist dann mindestens eines, etwa G_μ, das nicht identisch verschwindet, und da es von geringerem Grad ist als F, kann auch

$$(3) \qquad G_\mu(f_1, f_2, \ldots, f_k)$$

als Polynom von $x_1, x_2, \ldots, x_k$ nicht identisch verschwinden. Aus der Identität

$$(4) \qquad F(f_1, f_2, \ldots, f_k) = 0$$

folgt nun, indem man die Ableitung nach $x_\varkappa$ bildet und dabei die Formel (4a) des § 16 benutzt:

$$(5) \qquad G_1(f_1, \ldots, f_k) \frac{\partial f_1}{\partial x_\varkappa} + G_2(f_1, \ldots, f_k) \frac{\partial f_2}{\partial x_\varkappa} + \cdots + G_k(f_1, \ldots, f_k) \frac{\partial f_k}{\partial x_\varkappa} = 0$$
$$(\varkappa = 1, 2, \ldots, k).$$

Daher hat das homogene lineare Gleichungssystem

$$\frac{\partial f_1}{\partial x_1} U_1 + \frac{\partial f_2}{\partial x_1} U_2 + \cdots + \frac{\partial f_k}{\partial x_1} U_k = 0,$$
$$\cdots\cdots\cdots\cdots\cdots$$
$$\frac{\partial f_1}{\partial x_k} U_1 + \frac{\partial f_2}{\partial x_k} U_2 + \cdots + \frac{\partial f_k}{\partial x_k} U_k = 0$$

die Lösung

$$U_1 = G_1(f_1, \ldots, f_k), \quad U_2 = G_2(f_1, \ldots, f_k), \ldots, U_k = G_k(f_1, \ldots, f_k),$$

welche nichttrivial ist, weil ja das Polynom (3) nicht identisch verschwindet. Das ist aber nach Satz 44 nur möglich, wenn die k-reihige Determinante der Matrix

$$(6) \qquad \left\| \begin{matrix} \frac{\partial f_1}{\partial x_1} & \frac{\partial f_2}{\partial x_1} & \ldots & \frac{\partial f_k}{\partial x_1} \\ \cdot & \cdot & \cdot & \cdot \\ \frac{\partial f_1}{\partial x_k} & \frac{\partial f_2}{\partial x_k} & \ldots & \frac{\partial f_k}{\partial x_k} \end{matrix} \right\|,$$

das ist aber die Funktionaldeterminante, gleich 0 ist.

Nun ist noch zu zeigen, daß auch umgekehrt das identische Verschwinden der Funktionaldeterminante stets eine Abhängigkeit der Polynome $f_1, f_2, \ldots, f_k$ nach sich zieht. Wenn alle Elemente einer Spalte, etwa der $\varkappa$-ten, verschwinden, so kommt in dem Polynom $f_\varkappa$ keine der Variabeln $x_1, \ldots, x_k$ wirklich vor; $f_\varkappa$ ist also eine Konstante a. Dieser Fall ist aber trivial, weil dann die Relation $f_\varkappa - a = 0$ bereits eine Abhängigkeit der Polynome ausdrückt. Wir dürfen daher annehmen, daß die Polynome nicht konstant, also von p o s i t i v e m Grad sind. Nun ist, wenn die Funktionaldeterminante verschwindet, der Rang n der Matrix (6) kleiner als k. Ist er gleich 0, verschwinden also alle Ableitungen $\frac{\partial f_\lambda}{\partial x_\varkappa}$, so liegt der bereits erledigte triviale Fall vor. Wir dürfen daher annehmen, der Rang n sei größer als 0; dann läßt es sich durch eventuelles Umnumerieren der Variabeln $x_1, \ldots, x_k$ und der Polynome $f_1, \ldots f_k$ stets erreichen, daß die n-reihige Determinante

$$\begin{vmatrix} \frac{\partial f_1}{\partial x_1} & \ldots & \frac{\partial f_n}{\partial x_1} \\ \cdot & \cdot & \cdot \\ \frac{\partial f_1}{\partial x_n} & \ldots & \frac{\partial f_n}{\partial x_n} \end{vmatrix}$$

nicht identisch verschwindet. Hiernach ist aber, weil $n < k$ ist, der zu beweisende Satz offenbar in dem folgenden allgemeineren enthalten:

Satz 62. *Seien $n + 1$ Polynome von k Variabeln gegeben:*

$$f_1(x_1, \ldots, x_k), \ldots, f_{n+1}(x_1, \ldots, x_k),$$

wobei $n + 1 \leqq k$ ist, und zwar sei f_ν vom positiven Grad m_ν. Wenn dann die $(n + 1)$-reihigen Determinanten der Matrix

$$\left\|\begin{matrix} \frac{\partial f_1}{\partial x_1} & \ldots & \frac{\partial f_n}{\partial x_1} & \frac{\partial f_{n+1}}{\partial x_1} \\ \cdot & \cdot & \cdot & \cdot \\ \frac{\partial f_1}{\partial x_k} & \ldots & \frac{\partial f_n}{\partial x_k} & \frac{\partial f_{n+1}}{\partial x_k} \end{matrix}\right\|$$

identisch verschwinden, während die n-reihige Determinante

$$\begin{vmatrix} \frac{\partial f_1}{\partial x_1} & \ldots & \frac{\partial f_n}{\partial x_1} \\ \cdot & \cdot & \cdot \\ \frac{\partial f_1}{\partial x_n} & \ldots & \frac{\partial f_n}{\partial x_n} \end{vmatrix}$$

nicht identisch verschwindet, so kann zwischen den Polynomen $f_1, \ldots, f_{n+1}$ eine Identität

$$\sum C_{\nu_1 \nu_2 \ldots \nu_{n+1}} f_1^{\nu_1} f_2^{\nu_2} \ldots f_{n+1}^{\nu_{n+1}} = 0$$

angegeben werden, bei der in jedem Glied

$$m_1 \nu_1 + \cdots + m_{n+1} \nu_{n+1} \leqq m_1 m_2 \cdots m_{n+1}$$

ist, und deren Koeffizienten $C_{\nu_1 \nu_2 \ldots \nu_{n+1}}$ dem durch die Koeffizienten der Polynome f_ν bestimmten Körper angehören.

Zum Beweis dieses Satzes betrachten wir die $k + 1$ Polynome

$$f_1, f_2, \ldots, f_{n+1}, x_{n+1}, \ldots, x_k.$$

Zwischen ihnen muß nach Satz 57 eine Identität

$$\Phi(f_1, \ldots, f_{n+1}, x_{n+1}, \ldots, x_k) = 0 \tag{7}$$

oder ausführlicher

$$\sum C_{\nu_1 \ldots \nu_{k+1}} f_1^{\nu_1} \cdots f_{n+1}^{\nu_{n+1}} x_{n+1}^{\nu_{n+2}} \cdots x_k^{\nu_{k+1}} = 0 \tag{7a}$$

bestehen, wobei in jedem Glied

$$m_1 \nu_1 + \cdots + m_{n+1} \nu_{n+1} + \nu_{n+2} + \cdots + \nu_{k+1} \leqq m_1 m_2 \cdots m_{n+1},$$

also erst recht

$$(8) \qquad m_1 \nu_1 + \cdots + m_{n+1} \nu_{n+1} \leqq m_1 m_2 \cdots m_{n+1}$$

ist und wobei die Koeffizienten $C_{\nu_1 \ldots \nu_{k+1}}$ dem besagten Körper angehören. Wenn in (7) die Variabeln $x_{n+1}, \ldots, x_k$ nicht explizit vorkommen, so hat man in (7) bereits eine Identität der verlangten Art. Wenn aber etwa x_s, wo $n + 1 \leqq s \leqq k$ ist, explizit vorkommt, so bilden wir von der Identität (7) die Ableitungen nach $x_1, x_2, \ldots, x_n, x_s$, wodurch sich ergibt (Formel (4a) des § 16):

$$(9) \qquad \begin{cases} \dfrac{\partial \Phi}{\partial f_1} \dfrac{\partial f_1}{\partial x_1} + \cdots + \dfrac{\partial \Phi}{\partial f_{n+1}} \dfrac{\partial f_{n+1}}{\partial x_1} = 0, \\ \cdots\cdots\cdots\cdots\cdots \\ \dfrac{\partial \Phi}{\partial f_1} \dfrac{\partial f_1}{\partial x_n} + \cdots + \dfrac{\partial \Phi}{\partial f_{n+1}} \dfrac{\partial f_{n+1}}{\partial x_n} = 0, \\ \dfrac{\partial \Phi}{\partial f_1} \dfrac{\partial f_1}{\partial x_s} + \cdots + \dfrac{\partial \Phi}{\partial f_{n+1}} \dfrac{\partial f_{n+1}}{\partial x_s} + \dfrac{\partial \Phi}{\partial x_s} = 0. \end{cases}$$

Dabei sind unter $\dfrac{\partial \Phi}{\partial f_\nu}$ bzw. $\dfrac{\partial \Phi}{\partial x_s}$ diejenigen Polynome von $x_1, \ldots, x_k$ zu verstehen, die aus der linken Seite von (7) oder, was dasselbe ist, (7a) dadurch entstehen, daß man die Buchstaben $f_1, \ldots, f_{n+1}, x_{n+1}, \ldots, x_k$ als $k + 1$ unabhängige Variable ansieht, die partiellen Ableitungen nach f_ν bzw. x_s bildet und in den entstehenden Ausdrücken nachträglich den Buchstaben $f_1, \ldots, f_{n+1}$ wieder ihre alte Bedeutung als Polynome von $x_1, \ldots, x_k$ gibt. Insbesondere ist also

$$\frac{\partial \Phi}{\partial x_s} = \sum \nu_{s+1} C_{\nu_1 \ldots \nu_{k+1}} f_1^{\nu_1} \cdots f_{n+1}^{\nu_{n+1}} x_{n+1}^{\nu_{n+2}} \cdots x_s^{\nu_{s+1}-1} \cdots x_k^{\nu_{k+1}}.$$

Hieraus folgt aber:

$$(10) \qquad \begin{vmatrix} \dfrac{\partial f_1}{\partial x_1} & \cdots & \dfrac{\partial f_n}{\partial x_1} & \dfrac{\partial \Phi}{\partial f_{n+1}} \dfrac{\partial f_{n+1}}{\partial x_1} + 0 \\ \cdots & \cdots & \cdots & \cdots \\ \dfrac{\partial f_1}{\partial x_n} & \cdots & \dfrac{\partial f_n}{\partial x_n} & \dfrac{\partial \Phi}{\partial f_{n+1}} \dfrac{\partial f_{n+1}}{\partial x_n} + 0 \\ \dfrac{\partial f_1}{\partial x_s} & \cdots & \dfrac{\partial f_n}{\partial x_s} & \dfrac{\partial \Phi}{\partial f_{n+1}} \dfrac{\partial f_{n+1}}{\partial x_s} + \dfrac{\partial \Phi}{\partial x_s} \end{vmatrix} = 0;$$

denn wenn man zu den Elementen der letzten Spalte die mit $\dfrac{\partial \Phi}{\partial f_\nu}$ multiplizierten gleichstelligen Elemente der ν-ten Spalte addiert, und zwar zugleich für $\nu = 1, 2, \ldots, n$, entstehen in der letzten Spalte wegen (9) lauter Nullen. Wendet man nun auf die Determinante (10) die in Formel (8) des § 19 ausgedrückte Regel an, so erhält man:

$$\frac{\partial \Phi}{\partial f_{n+1}} \begin{vmatrix} \dfrac{\partial f_1}{\partial x_1} & \cdots & \dfrac{\partial f_n}{\partial x_1} & \dfrac{\partial f_{n+1}}{\partial x_1} \\ \cdots & \cdots & \cdots & \cdots \\ \dfrac{\partial f_1}{\partial x_n} & \cdots & \dfrac{\partial f_n}{\partial x_n} & \dfrac{\partial f_{n+1}}{\partial x_n} \\ \dfrac{\partial f_1}{\partial x_s} & \cdots & \dfrac{\partial f_n}{\partial x_s} & \dfrac{\partial f_{n+1}}{\partial x_s} \end{vmatrix} + \frac{\partial \Phi}{\partial x_s} \begin{vmatrix} \dfrac{\partial f_1}{\partial x_1} & \cdots & \dfrac{\partial f_n}{\partial x_1} \\ \cdots & \cdots & \cdots \\ \dfrac{\partial f_1}{\partial x_n} & \cdots & \dfrac{\partial f_n}{\partial x_n} \end{vmatrix} = 0.$$

Da hier die erste Determinante als $(n+1)$-reihige identisch verschwindet, die zweite nach Voraussetzung aber nicht, so folgt, daß $\frac{\partial \Phi}{\partial x_s}$ identisch verschwindet.

Außer der Identität (7) besteht also auch die Identität

$$\frac{\partial \Phi}{\partial x_s} = 0,$$

und diese ist in bezug auf x_s von geringerem Grad als (7). Hierauf kann man nun wieder den gleichen Prozeß anwenden und so oft wiederholen, bis man eine Identität erhält, in der x_s nicht mehr explizit vorkommt. Auf diese Art kann man also aus der Identität (7) nacheinander die $x_{n+1}, x_{n+2}, \ldots, x_k$ herausschaffen und erhält schließlich eine Identität

$$\Psi(f_1, f_2, \ldots, f_{n+1}) = 0,$$

oder ausführlicher geschrieben:

$$\sum C_{\nu_1 \nu_2 \ldots \nu_{n+1}} f_1^{\nu_1} f_2^{\nu_2} \ldots f_{n+1}^{\nu_{n+1}} = 0,$$

wobei in allen Gliedern die Ungleichung (8) gilt. Damit ist Satz 62 und folglich auch 61 bewiesen.

II. Nunmehr können wir auch leicht den folgenden Satz beweisen:

Satz 63. *Sind*

$$f_1(x_1, \ldots, x_k), \ldots, f_k(x_1, \ldots, x_k)$$

k vollständige Polynome positiven Grades von $x_1, \ldots, x_k$ und sind ihre Koeffizienten unabhängige Variable, so sind die Polynome voneinander unabhängig.

Der Sinn des Satzes ist nicht nur der, daß k Polynome von k Variabeln „im allgemeinen" unabhängig, d. h. nicht immer abhängig sind, in welchem Fall er durch Angabe eines Beispiels von k unabhängigen Polynomen, etwa

$$(11) \qquad f_1 = x_1, f_2 = x_2, \ldots, f_k = x_k,$$

(vgl. S. 125) bereits bewiesen wäre. Vielmehr ist es zunächst sehr wohl denkbar, daß zwischen den k Polynomen eine Abhängigkeit

$$(12) \qquad \sum C_{\nu_1 \ldots \nu_k} f_1^{\nu_1} \ldots f_k^{\nu_k} = 0$$

besteht, wobei die $C_{\nu_1 \ldots \nu_k}$ Polynome der als unabhängige Variable gedachten Koeffizienten von $f_1, \ldots, f_k$ sind, die nicht alle identisch verschwinden. Bei der in (11) vorliegenden Spezialisierung könnten aber die $C_{\nu_1, \ldots, \nu_k}$ sämtlich den Funktionswert 0 annehmen, so daß die spezialisierte Formel (12) einfach lauten würde: $0 = 0$ und also nicht im Widerspruch mit der Unabhängigkeit der spezialisierten Polynome (11) stehen würde. Beispiele unabhängiger Polynome können also zunächst gar nichts gegen die Abhängigkeit allgemeiner Polynome beweisen.

Zu einem einwandfreien Beweis kommen wir aber durch Anwendung von Satz 61. Wenn nämlich in Satz 63 die Polynome $f_1, \ldots, f_k$ abhängig wären, so müßte ihre Funktionaldeterminante verschwinden. Diese ist aber ein Polynom der Koeffizienten von $f_1, \ldots, f_k$ und von $x_1, \ldots, x_k$ und, wenn dieses identisch verschwinden würde, so würde es auch bei der Spezialisierung (11) verschwinden, was aber nicht der Fall ist, da in diesem Fall die Funktionaldeterminante in der Hauptdiagonale lauter Einser und sonst lauter Nullen enthält, also gleich 1 ist.

III. Der Satz 61 läßt die folgende Verallgemeinerung zu:

Satz 64. *Die l Polynome*

$$f_\lambda(x_1, x_2, \ldots, x_k) \qquad (\lambda = 1, 2, \ldots, l)$$

von k Variabeln sind dann und nur dann voneinander abhängig, wenn der Rang der Matrix

$$\left\| \begin{matrix} \frac{\partial f_1}{\partial x_1} & \frac{\partial f_2}{\partial x_1} & \ldots & \frac{\partial f_l}{\partial x_1} \\ \cdot & \cdot & \cdot & \cdot \\ \frac{\partial f_1}{\partial x_k} & \frac{\partial f_2}{\partial x_k} & \ldots & \frac{\partial f_l}{\partial x_k} \end{matrix} \right\|$$

kleiner als l ist.

Für $l > k$ ist der Rang gewiß kleiner als l. Nach Satz 56 sind dann aber auch schon je $k + 1$ der l Polynome voneinander abhängig, womit dieser Fall erledigt ist. Für $l = k$ deckt sich der Satz mit Satz 61. Somit bleibt nur noch der Fall $l < k$ übrig. Ist dann der Rang n der Matrix gleich l und ist etwa die aus den ersten l Zeilen gebildete Determinante nicht identisch gleich 0, so sind die Polynome nach Satz 61 schon als Polynome von $x_1, \ldots, x_l$ voneinander unabhängig, also erst recht als Polynome aller Variabeln $x_1, \ldots, x_l, \ldots, x_k$. Ist der Rang n aber kleiner als l und ist etwa eine in den ersten n Spalten enthaltene Determinante nicht identisch gleich 0, so sind nach Satz 62 schon die Polynome $f_1, \ldots, f_n, f_{n+1}$ voneinander abhängig. Sollte (mindestens) eines der Polynome nicht von positivem Grad, also konstant sein, so ist Satz 62 nicht anwendbar, aber in diesem Fall ist ja die Sache trivial (vgl. S. 135 unten).

IV. Für Funktionaldeterminanten gibt es eine wichtige Multiplikationsregel, die besonders anschaulich wird, wenn man eine symbolische Schreibweise einführt. Sind

$$(13) \qquad z_\varkappa = f_\varkappa(y_1, \ldots, y_k) \qquad (\varkappa = 1, 2, \ldots, k)$$

k Polynome der k Variabeln $y_1, \ldots, y_k$, so bezeichnen wir ihre Funktionaldeterminante

$$\left| \begin{matrix} \frac{\partial f_1}{\partial y_1} & \ldots & \frac{\partial f_k}{\partial y_1} \\ \cdot & \cdot & \cdot \\ \frac{\partial f_1}{\partial y_k} & \ldots & \frac{\partial f_k}{\partial y_k} \end{matrix} \right|$$

durch das Symbol

$$(14) \qquad \frac{d(z_1, \ldots, z_k)}{d(y_1, \ldots, y_k)} = \frac{d(f_1, \ldots, f_k)}{d(y_1, \ldots, y_k)}.$$

Nun setzen wir in die Polynome $f_\varkappa$ statt der k Variabeln k Polynome von k neuen Variabeln ein:

$$(15)\qquad y_\varkappa = \varphi_\varkappa(x_1, \ldots, x_k) \qquad (\varkappa = 1, 2, \ldots, k),$$

deren Funktionaldeterminante die folgende ist:

$$(16)\qquad \frac{d(y_1, \ldots, y_k)}{d(x_1, \ldots, x_k)} = \frac{d(\varphi_1, \ldots, \varphi_k)}{d(x_1, \ldots, x_k)}.$$

Dann gehen auch die $z_\varkappa$ in Polynome dieser neuen Variabeln über:

$$(17)\qquad z_\varkappa = f_\varkappa(\varphi_1, \ldots, \varphi_k) = F_\varkappa(x_1, \ldots, x_k) \qquad (\varkappa = 1, 2, \ldots, k),$$

und es läßt sich die Funktionaldeterminante bilden:

$$(18)\qquad \frac{d(z_1, \ldots, z_k)}{d(x_1, \ldots, x_k)} = \frac{d(F_1, \ldots, F_k)}{d(x_1, \ldots, x_k)}.$$

Für diese drei Funktionaldeterminanten gilt nun die einfache Multiplikationsregel:

$$(19)\qquad \frac{d(z_1, \ldots, z_k)}{d(x_1, \ldots, x_k)} = \frac{d(z_1, \ldots, z_k)}{d(y_1, \ldots, y_k)} \cdot \frac{d(y_1, \ldots, y_k)}{d(x_1, \ldots, x_k)}.$$

In der Tat, ausführlicher geschrieben besagt diese Formel:

$$(19\text{a})\qquad \begin{vmatrix} \frac{\partial F_1}{\partial x_1} & \ldots & \frac{\partial F_k}{\partial x_1} \\ \cdot & \cdot & \cdot \\ \frac{\partial F_1}{\partial x_k} & \ldots & \frac{\partial F_k}{\partial x_k} \end{vmatrix} = \begin{vmatrix} \frac{\partial f_1}{\partial y_1} & \ldots & \frac{\partial f_k}{\partial y_1} \\ \cdot & \cdot & \cdot \\ \frac{\partial f_1}{\partial y_k} & \ldots & \frac{\partial f_k}{\partial y_k} \end{vmatrix} \times \begin{vmatrix} \frac{\partial \varphi_1}{\partial x_1} & \ldots & \frac{\partial \varphi_k}{\partial x_1} \\ \cdot & \cdot & \cdot \\ \frac{\partial \varphi_1}{\partial x_k} & \ldots & \frac{\partial \varphi_k}{\partial x_k} \end{vmatrix}.$$

Nun findet man mit Benutzung der in Formel (4a) des § 16 ausgedrückten Regel:

$$(20)\qquad \frac{\partial F_\nu}{\partial x_\mu} = \frac{\partial f_\nu}{\partial y_1}\frac{\partial \varphi_1}{\partial x_\mu} + \frac{\partial f_\nu}{\partial y_2}\frac{\partial \varphi_2}{\partial x_\mu} + \cdots + \frac{\partial f_\nu}{\partial y_k}\frac{\partial \varphi_k}{\partial x_\mu}.$$

Daher ist nach dem Produktsatz für Determinanten die Formel (19a) wirklich richtig, und zwar muß man auf der rechten Seite die Elemente einer Spalte des ersten Faktors mit den Elementen einer Zeile des zweiten Faktors kombinieren (Formel (13) des § 26).

Aus Formel (19) ergibt sich mit Hilfe von Satz 61 der

Satz 65. *Sind $z_1, \ldots, z_k$ unabhängige Polynome von $y_1, \ldots, y_k$ und setzt man darin für $y_1, \ldots, y_k$ unabhängige Polynome von $x_1, \ldots, x_k$ ein, so gehen $z_1, \ldots, z_k$ in unabhängige Polynome von $x_1, \ldots, x_k$ über.*

Wenn nämlich $z_1, \ldots, z_k$ unabhängige Polynome von $y_1, \ldots, y_k$ sind, so ist auf der rechten Seite von (19) zunächst der erste Faktor als Funktion von $y_1, \ldots, y_k$ nicht identisch gleich 0. Aber auch, nachdem für die Variabeln $y_1, \ldots, y_k$ unabhängige Polynome von $x_1, \ldots, x_k$ eingesetzt worden sind, kann er als Funktion von $x_1, \ldots, x_k$ nicht identisch verschwinden, weil andernfalls damit eine Abhängigkeit der eingesetzten Polynome gegeben wäre. Ferner ist, weil $y_1, \ldots, y_k$ durch unabhängige Polynome von $x_1, \ldots, x_k$ ersetzt werden, auch der zweite Faktor auf der rechten Seite von (19) nicht identisch gleich 0. Daher kann auch die linke Seite nicht identisch verschwinden, woraus die behauptete Unabhängigkeit folgt.

Viertes Kapitel.

Symmetrische Funktionen.

§ 30. Begriff der symmetrischen Funktionen. Die symmetrischen Grundfunktionen.

I. Nächst den Determinanten sind die interessantesten Funktionen mehrerer Variabeln die symmetrischen Funktionen. Seien $x_1, \ldots, x_n$ unabhängige Variable und sei $f(x_1, \ldots, x_n)$ eine rationale Funktion dieser Variabeln; die Koeffizienten dürfen einem beliebigen Körper angehören und insbesondere selbst wieder Funktionen von anderen Variabeln sein. Wenn man die Variabeln irgendwie permutiert, entsteht aus $f(x_1, \ldots, x_n)$ wieder eine rationale Funktion. Entsprechend den $n!$ Permutationen erhält man so $n!$ Funktionen, die aber unter Umständen nicht alle voneinander verschieden sind. Insbesondere kann es vorkommen, daß bei allen Permutationen immer wieder die ursprüngliche Funktion entsteht; dann heißt die Funktion symmetrisch. Beispielsweise sind

$$(1) \qquad x_1^2 + x_2^2, \quad \frac{x_1^3 - x_2^3}{x_1^2 - x_2^2}$$

symmetrische Funktionen von x_1, x_2, während

$$(2) \qquad \frac{x_1^2 x_2^2 + x_1^2 x_3^2 + x_2^2 x_3^2}{x_1 + x_2 + x_3}$$

eine symmetrische Funktion von x_1, x_2, x_3 ist.

Sind $P(x_1, \ldots, x_n)$ und $Q(x_1, \ldots, x_n)$ Polynome und ist die rationale Funktion

$$(3) \qquad \frac{P(x_1, \ldots, x_n)}{Q(x_1, \ldots, x_n)}$$

eine symmetrische Funktion, so brauchen P und Q keineswegs symmetrisch zu sein, wie schon die zweite Funktion oben in (1) zeigt. Man kann aber bei diesem Beispiel die Funktion auch so darstellen, daß Zähler und Nenner selbst symmetrisch sind, nämlich:

$$\frac{x_1^3 - x_2^3}{x_1^2 - x_2^2} = \frac{x_1^2 + x_1 x_2 + x_2^2}{x_1 + x_2}.$$

Analoges gilt nun allgemein; wir beweisen nämlich jetzt den

Satz 66. *Eine symmetrische rationale Funktion, deren Koeffizienten in Zähler und Nenner irgendeinem Körper $\mathfrak{k}$ angehören mögen, läßt sich stets* *als Quotient von symmetrischen Polynomen darstellen, und zwar derart, daß die Koeffizienten dieser Polynome ebenfalls dem Körper $\mathfrak{k}$ angehören*[1]).

Sei oben (3) die gegebene symmetrische Funktion. Wenn nun das Polynom Q selbst symmetrisch ist, so muß auch P symmetrisch sein, weil ja eine Permutation, die P ändern würde, auch den Quotienten $\frac{P}{Q}$ ändern würde; somit liegt in diesem Fall in (3) bereits eine Darstellung der verlangten Art vor. Ist aber Q nicht symmetrisch, so seien

$$(4) \qquad Q, Q_1, Q_2, \ldots, Q_k$$

die voneinander verschiedenen Polynome, die aus Q entstehen, wenn man die Variabeln auf alle möglichen Arten permutiert. Ihre Anzahl $k+1$ ist dann $\geqq 2$ und $\leqq n!$. Wenn man in einem dieser $k+1$ Polynome die Variabeln irgendwie permutiert, muß dann immer wieder eines dieser $k+1$ Polynome entstehen. Insbesondere müssen, wenn man in allen $k+1$ Polynomen die Variabeln in gleicher Weise permutiert, offenbar lauter verschiedene Polynome und also, von der Reihenfolge abgesehen, wieder dieselben $k+1$ Polynome entstehen. Daraus folgt, daß das Produkt $QQ_1 \ldots Q_k$ bei allen Permutationen in sich selbst übergeht, also ein symmetrisches Polynom ist. Nun ist aber die symmetrische Funktion (3) gleich

$$\frac{P}{Q} = \frac{PQ_1Q_2 \cdots Q_k}{QQ_1Q_2 \cdots Q_k}.$$

Hier ist der Nenner rechts, wie wir sahen, ein symmetrisches Polynom, und folglich auch der Zähler. Als Koeffizienten treten dabei (nach Satz 7) nur Größen des Körpers $\mathfrak{k}$ auf, dem auch die Koeffizienten von P und Q angehören sollten.

II. Wegen Satz 66 dürfen wir uns auf das Studium der symmetrischen Polynome beschränken. Ist t eine neue Variable, so ist das Produkt

$$(5) \qquad F(t) = (t - x_1)(t - x_2) \cdots (t - x_n)$$

in bezug auf $x_1, \ldots, x_n$ offenbar ein symmetrisches Polynom (mit Koeffizienten aus dem Körper $\mathfrak{K}(t)$). Durch Ausmultiplizieren erhält man:

$$(6) \qquad F(t) = t^n + a_1 t^{n-1} + a_2 t^{n-2} + \cdots + a_n,$$

wobei die $a_1, a_2, \ldots, a_n$ ebenfalls symmetrische Polynome sind, und zwar [2])

$$(7) \qquad \begin{cases} a_1 = -\sum x_\nu, \\ a_2 = +\sum x_\nu x_\mu, \\ \cdots\cdots\cdots\cdots \\ a_k = (-1)^k \sum x_{\nu_1} x_{\nu_2} \cdots x_{\nu_k}, \\ \cdots\cdots\cdots\cdots \\ a_n = (-1)^n x_1 x_2 \cdots x_n. \end{cases}$$

[1]) Eine wichtige Ergänzung zu diesem Satz wird sich in § 42 ergeben (Satz 113).

[2]) Die unbequemen Vorzeichen in den Formeln (7) wären vermieden worden, wenn wir in (5) lauter Pluszeichen statt der Minuszeichen geschrieben hätten. Unsere Bezeichnungsweise mag daher zunächst etwas befremden. Aber wegen der später zutage tretenden Zusammenhänge mit den algebraischen Gleichungen und

Dabei erstreckt sich die erste Summe über die n Werte $\nu = 1, 2, \ldots, n$. Die zweite Summe erstreckt sich über die $\binom{n}{2}$ Kombinationen (ν, μ) der Zahlen $1, 2, \ldots, n$. Allgemein erstreckt sich die k-te Summe über alle $\binom{n}{k}$ Kombinationen $(\nu_1, \nu_2, \ldots, \nu_k)$ der n Zahlen $1, 2, \ldots, n$ zur k-ten Klasse. Für $k = n$ hat die Summe nur ein Glied, weshalb in der letzten der Formeln (7) kein Summenzeichen mehr auftritt. Die n Polynome (7) heißen die symmetrischen Grundfunktionen der n Variabeln $x_1, \ldots, x_n$, und zwar a_k die k-te symmetrische Grundfunktion. Im gegenwärtigen Kapitel werden wir die Zeichen $a_1, \ldots, a_n$ stets nur in dieser Bedeutung verwenden.

Wir bezeichnen ferner (aber nur in diesem Paragraphen) mit $b_1, b_2, \ldots, b_{n-1}$ die symmetrischen Grundfunktionen der $n-1$ Variabeln $x_1, x_2, \ldots, x_{n-1}$, setzen also

$$(8)\qquad (t - x_1)(t - x_2)\cdots(t - x_{n-1}) = t^{n-1} + b_1 t^{n-2} + \cdots + b_{n-1}.$$

Dann ergibt sich durch Multiplikation mit $t - x_n$:

$$t^n + a_1 t^{n-1} + \cdots + a_n = (t^{n-1} + b_1 t^{n-2} + \cdots + b_{n-1})(t - x_n).$$

Also, indem man rechts ausmultipliziert und die Koeffizienten gleichhoher Potenzen von t links und rechts einander gleichsetzt:

$$(9)\qquad \begin{cases} a_1 = b_1 - x_n, \\ a_2 = b_2 - b_1 x_n, \\ \cdot\ \cdot\ \cdot\ \cdot\ \cdot\ \cdot\ \cdot\ \cdot \\ a_{n-1} = b_{n-1} - b_{n-2} x_n, \\ a_n = -b_{n-1} x_n. \end{cases}$$

III. Wir berechnen jetzt die Funktionaldeterminante der symmetrischen Grundfunktionen:

$$(10)\qquad \begin{vmatrix} \dfrac{\partial a_1}{\partial x_1} & \cdots & \dfrac{\partial a_n}{\partial x_1} \\ \cdot & \cdot & \cdot \\ \dfrac{\partial a_1}{\partial x_n} & \cdots & \dfrac{\partial a_n}{\partial x_n} \end{vmatrix}.$$

Diese geht, wenn man für $a_1, \ldots, a_n$ die Ausdrücke (9) einsetzt, zunächst über in:

$$\begin{vmatrix} \dfrac{\partial b_1}{\partial x_1} & \dfrac{\partial b_2}{\partial x_1} - \dfrac{\partial b_1}{\partial x_1} x_n & \cdots & \dfrac{\partial b_{n-1}}{\partial x_1} - \dfrac{\partial b_{n-2}}{\partial x_1} x_n & -\dfrac{\partial b_{n-1}}{\partial x_1} x_n \\ \cdot\ \cdot\ \cdot & \cdot\ \cdot\ \cdot\ \cdot\ \cdot\ \cdot & & \cdot\ \cdot\ \cdot\ \cdot\ \cdot\ \cdot & \cdot\ \cdot\ \cdot\ \cdot \\ \dfrac{\partial b_1}{\partial x_{n-1}} & \dfrac{\partial b_2}{\partial x_{n-1}} - \dfrac{\partial b_1}{\partial x_{n-1}} x_n & \cdots & \dfrac{\partial b_{n-1}}{\partial x_{n-1}} - \dfrac{\partial b_{n-2}}{\partial x_{n-1}} x_n & -\dfrac{\partial b_{n-1}}{\partial x_{n-1}} x_n \\ -1 & -b_1 & \cdots & -b_{n-2} & -b_{n-1} \end{vmatrix}$$

---

ihren Wurzeln haben wir doch dieser Bezeichnung, die auch die übliche ist, den Vorzug gegeben. Ein Nachteil der andern Bezeichnungsweise wäre es auch, daß dann in den Newtonschen Formeln (7) S. 151 unbequeme Vorzeichen auftreten würden.

Wenn man hier zu den Elementen der zweiten Spalte die mit x_n multiplizierten Elemente der ersten Spalte addiert, sodann in der neuen Determinante zu den Elementen der dritten Spalte die mit x_n multiplizierten Elemente der zweiten Spalte addiert usw., so erhält die Funktionaldeterminante schließlich die Gestalt:

$$(11)\qquad \begin{vmatrix} \frac{\partial b_1}{\partial x_1} & \cdots & \frac{\partial b_{n-1}}{\partial x_1} & 0 \\ \cdot & \cdot & \cdot & \cdot \\ \frac{\partial b_1}{\partial x_{n-1}} & \cdots & \frac{\partial b_{n-1}}{\partial x_{n-1}} & 0 \\ * & \cdots & * & -(x_n^{n-1}+b_1x_n^{n-2}+\cdots+b_{n-1}) \end{vmatrix},$$

wo es auf die durch Sterne angedeuteten Elemente nicht ankommt; oder also mit Rücksicht auf (8):

$$-\begin{vmatrix} \frac{\partial b_1}{\partial x_1} & \cdots & \frac{\partial b_{n-1}}{\partial x_1} \\ \cdot & \cdot & \cdot \\ \frac{\partial b_1}{\partial x_{n-1}} & \cdots & \frac{\partial b_{n-1}}{\partial x_{n-1}} \end{vmatrix} (x_n-x_1)\cdots(x_n-x_{n-1}).$$

Die hier auftretende Determinante ist nun aber die Funktionaldeterminante der symmetrischen Grundfunktionen der $n-1$ Variabeln $x_1,\ldots,x_{n-1}$. Durch wiederholte Anwendung dieser Formel kann man schließlich bis zu zwei Variabeln herabkommen; dann ist aber die Funktionaldeterminante gleich:

$$\begin{vmatrix} \frac{\partial(-x_1-x_2)}{\partial x_1} & \frac{\partial(x_1x_2)}{\partial x_1} \\ \frac{\partial(-x_1-x_2)}{\partial x_2} & \frac{\partial(x_1x_2)}{\partial x_2} \end{vmatrix} = \begin{vmatrix} -1 & x_2 \\ -1 & x_1 \end{vmatrix} = x_2 - x_1,$$

und man erhält schließlich für die ursprüngliche Funktionaldeterminante (10) die Formel:

$$(12)\qquad \begin{vmatrix} \frac{\partial a_1}{\partial x_1} & \cdots & \frac{\partial a_n}{\partial x_1} \\ \cdot & \cdot & \cdot \\ \frac{\partial a_1}{\partial x_n} & \cdots & \frac{\partial a_n}{\partial x_n} \end{vmatrix} = (-1)^n(x_2-x_1)(x_3-x_1)\cdots(x_n-x_{n-1}) = (-1)^n\prod_{\lambda>\mu}^{1,n}(x_\lambda-x_\mu).$$

Da hiernach die Funktionaldeterminante nicht identisch verschwindet, folgt aus Satz 61 der

Satz 67. *Die symmetrischen Grundfunktionen sind voneinander unabhängig.*

Der Satz läßt sich übrigens auch ohne Funktionaldeterminante ganz direkt beweisen. Nimmt man nämlich an, zwischen den Polynomen $a_1,\ldots,a_n$ bestehe eine Abhängigkeit

$$(13)\qquad \sum C_{\lambda_1\lambda_2\ldots\lambda_n} a_1^{\lambda_1}a_2^{\lambda_2}\cdots a_n^{\lambda_n}=0,$$

oder ausführlicher geschrieben:

$$(14)\quad \sum C_{\lambda_1\lambda_2\ldots\lambda_n}(-x_1-x_2-\cdots)^{\lambda_1}(x_1x_2+\cdots)^{\lambda_2}\cdots(\pm x_1x_2\cdots x_n)^{\lambda_n}=0,$$

so muß, nachdem hier alle verlangten Potenzierungen und sonstigen Multiplikationen ausgeführt und dann die Glieder mit gleichen Potenzprodukten zusammengefaßt sind, jedes Potenzprodukt den Koeffizienten 0 haben. Wählt man nun von allen in (13) wirklich vorkommenden[1]) Gliedern diejenigen aus, für die $\lambda_1 + \cdots + \lambda_n$ den größten Wert hat, sodann unter diesen wieder diejenigen, für die $\lambda_2 + \cdots + \lambda_n$ den größten Wert hat usw., so kommt man zu einem ganz bestimmten Glied, etwa

$$C_{\varkappa_1 \varkappa_2 \ldots \varkappa_n} a_1^{\varkappa_1} a_2^{\varkappa_2} \cdots a_n^{\varkappa_n}.$$

Dann tritt aber in (14) nach Ausführung aller Potenzierungen und Multiplikationen das Glied

$$\pm C_{\varkappa_1 \varkappa_2 \ldots \varkappa_n} x_1^{\varkappa_1 + \cdots + \varkappa_n} x_2^{\varkappa_2 + \cdots + \varkappa_n} \cdots x_{n-1}^{\varkappa_{n-1} + \varkappa_n} x_n^{\varkappa_n}$$

auf, und das gleiche Potenzprodukt kommt kein zweites Mal mehr vor, so daß es nach Zusammenfassung aller gleichen Potenzprodukte immer noch den Koeffizienten $\pm C_{\varkappa_1 \varkappa_2 \ldots \varkappa_n}$ und nicht den Koeffizienten 0 hat. Das widerspricht dem oben Gesagten, und die Annahme einer Abhängigkeit (13) war daher falsch.

§ 31. Der Fundamentalsatz über symmetrische Funktionen.

I. Sind wieder $a_1, \ldots, a_n$ die symmetrischen Grundfunktionen der Variabeln $x_1, \ldots, x_n$ und ist $f(x_1, \ldots, x_n)$ ein symmetrisches Polynom, so sind die $n + 1$ symmetrischen Polynome

$$a_1, a_2, \ldots, a_n, f$$

nach Satz 56 voneinander abhängig. Wir wollen aber jetzt weiter beweisen, daß sogar eine Abhängigkeit von der einfachen Form besteht:

$$f = \Sigma C_{\lambda_1 \lambda_2 \ldots \lambda_n} a_1^{\lambda_1} a_2^{\lambda_2} \cdots a_n^{\lambda_n}, \tag{1}$$

daß sich also jedes symmetrische Polynom als Polynom der symmetrischen Grundfunktionen darstellen läßt.

Da ein Monom bei irgendeiner Vertauschung der Variabeln offenbar in ein Monom vom selben Grad übergeht, so können alle Glieder gleichen Grades, die in dem Polynom f vorkommen, sich bei jeder Permutation der Variabeln nur untereinander vertauschen; die Summe aller Glieder gleichen Grades ist also für sich schon ein symmetrisches und zugleich ein homogenes Polynom. Daher ist jedes symmetrische Polynom entweder selbst homogen oder es ist eine Summe von homogenen symmetrischen Polynomen. Es wird also genügen, die Darstellbarkeit (1) für homogene symmetrische Polynome nachzuweisen. Sei daher

$$f(x_1, x_2, \ldots, x_n) = \Sigma c_{\nu_1 \nu_2 \ldots \nu_n} x_1^{\nu_1} x_2^{\nu_2} \cdots x_n^{\nu_n} \tag{2}$$

ein homogenes symmetrisches Polynom vom m-ten Grad, so daß in allen Gliedern

[1]) Das heißt, deren Koeffizienten $C_{\lambda_1 \lambda_2 \ldots \lambda_n}$ nicht gleich 0 sind.

(3) $$\nu_1 + \nu_2 + \cdots + \nu_n = m$$

ist, und sei k der größte vorkommende Exponent, also

(4) $$\nu_1 \leqq k,\ \nu_2 \leqq k, \ldots, \nu_n \leqq k.$$

Wir versuchen nun eine Identität der Form

(5) $$\begin{cases} \Sigma c_{\nu_1 \nu_2 \ldots \nu_n} x_1^{\nu_1} x_2^{\nu_2} \cdots x_n^{\nu_n} = \Sigma C_{\lambda_1 \lambda_2 \ldots \lambda_n} a_1^{\lambda_1} a_2^{\lambda_2} \cdots a_n^{\lambda_n} \\ = \Sigma C_{\lambda_1 \lambda_2 \ldots \lambda_n} (-x_1 - x_2 - \cdots)^{\lambda_1} (x_1 x_2 + \cdots)^{\lambda_2} \cdots (\pm x_1 x_2 \cdots x_n)^{\lambda_n} \end{cases}$$

zu gewinnen, wobei wir, damit rechts auch sicher ein homogenes Polynom vom m-ten Grad steht, in allen Gliedern

(6) $$\lambda_1 + 2\lambda_2 + \cdots + n\lambda_n = m$$

annehmen wollen, und wobei wir außerdem, damit rechts ein einzelnes x_ν höchstens in der k-ten Potenz auftritt, auch

(7) $$\lambda_1 + \lambda_2 + \cdots + \lambda_n \leqq k$$

annehmen wollen. Wenn nun die Zahlen

(8) $$\begin{cases} \mu_1 = \lambda_1 + \lambda_2 + \cdots + \lambda_n, \\ \mu_2 = \lambda_2 + \lambda_3 + \cdots + \lambda_n, \\ \cdot\ \cdot\ \cdot\ \cdot\ \cdot\ \cdot\ \cdot\ \cdot\ \cdot\ \cdot\ \cdot\ \cdot \\ \mu_{n-1} = \lambda_{n-1} + \lambda_n, \\ \mu_n = \lambda_n \end{cases}$$

eingeführt werden und

(9) $$C_{\lambda_1 \lambda_2 \ldots \lambda_n} = B_{\mu_1 \mu_2 \ldots \mu_n}$$

gesetzt wird, läßt sich dem Ansatz (5) auch die Form geben:

(10) $$\begin{cases} \Sigma c_{\nu_1 \nu_2 \ldots \nu_n} x_1^{\nu_1} x_2^{\nu_2} \cdots x_n^{\nu_n} = \Sigma B_{\mu_1 \mu_2 \ldots \mu_n} a_1^{\mu_1 - \mu_2} a_2^{\mu_2 - \mu_3} \cdots a_{n-1}^{\mu_{n-1} - \mu_n} a_n^{\mu_n} \\ = \Sigma B_{\mu_1 \mu_2 \ldots \mu_n} (-x_1 - \cdots)^{\mu_1 - \mu_2} (x_1 x_2 + \cdots)^{\mu_2 - \mu_3} \cdots (\pm x_1 x_2 \cdots x_n)^{\mu_n}, \end{cases}$$

wobei dann über alle diejenigen Systeme ganzer Zahlen $\mu_1, \mu_2, \ldots, \mu_n$ zu summieren ist, für die

(11) $$\begin{cases} \mu_1 + \mu_2 + \cdots + \mu_n = m & \text{(nach (6) und (8))}, \\ k \geqq \mu_1 \geqq \mu_2 \geqq \cdots \geqq \mu_n \geqq 0 & \text{(nach (7) und (8))} \end{cases}$$

ist. Die Anzahl der unbekannten Koeffizienten $B_{\mu_1 \mu_2 \ldots \mu_n}$ ist daher so groß wie die Anzahl dieser Systeme.

Wenn nun auf der rechten Seite von (10) alle Potenzierungen und Multiplikationen ausgeführt und gleiche Potenzprodukte zusammengefaßt werden, ergibt sich durch Gleichsetzung der rechts und links auftretenden Koeffizienten gleicher Potenzprodukte eine Anzahl linearer Bedingungsgleichungen für die Unbekannten $B_{\mu_1 \mu_2 \ldots \mu_n}$. Nun liefern aber Potenzprodukte, die sich voneinander nur durch die Reihenfolge der Exponenten unterscheiden, wie etwa

$$x_1^{\nu_1} x_2^{\nu_2} x_3^{\nu_3} x_4^{\nu_4} \cdots x_n^{\nu_n} \text{ und } x_1^{\nu_3} x_2^{\nu_1} x_3^{\nu_2} x_4^{\nu_4} \cdots x_n^{\nu_n}$$

offenbar dieselbe Bedingungsgleichung, weil ja $f(x_1, \ldots, x_n)$ ein symmetrisches Polynom und also

$$c_{\nu_1 \nu_2 \nu_3 \nu_4 \ldots \nu_n} = c_{\nu_2 \nu_1 \nu_3 \nu_4 \ldots \nu_n}$$

ist, und weil auch rechts in (10) ein symmetrisches Polynom steht. Solche Bedingungsgleichungen brauchen wir daher nur einmal zu berücksichtigen, und zwar können wir unter allen durch Vertauschungen auseinander hervorgehenden Potenzprodukten etwa dasjenige eindeutig bestimmte

$$x_1^{\nu_1} x_2^{\nu_2} \cdots x_n^{\nu_n}$$

bevorzugen, bei welchem

$$\nu_1 \geqq \nu_2 \geqq \cdots \geqq \nu_n$$

ist. Wegen (4) ist natürlich auch $\nu_1 \leqq k$, und daher ist die Anzahl der linearen Bedingungsgleichungen so groß wie die Anzahl der Systeme ganzer Zahlen $\nu_1, \nu_2, \ldots, \nu_n$, die den Bedingungen

$$(12) \qquad \begin{cases} \nu_1 + \nu_2 + \cdots + \nu_n = m, \\ k \geqq \nu_1 \geqq \nu_2 \geqq \cdots \geqq \nu_n \geqq 0 \end{cases}$$

genügen. Genau so groß war aber die Anzahl der Unbekannten $B_{\mu_1 \mu_2 \ldots \mu_n}$ (vgl. (11)).

Um die Determinante des Gleichungssystems, deren Elemente offenbar lauter ganze Zahlen sind, zu berechnen, bringen wir die Unbekannten nach folgender Vorschrift in eine Reihenfolge: Von den zwei Unbekannten

$$B_{\mu_1 \mu_2 \ldots \mu_n}, \qquad B_{\mu'_1 \mu'_2 \ldots \mu'_n}$$

soll die erste früher als die zweite kommen, wenn die erste nicht verschwindende unter den Differenzen

$$\mu_1 - \mu'_1, \mu_2 - \mu'_2, \ldots, \mu_n - \mu'_n$$

positiv ist [1]). In dieser Reihenfolge numerieren wir die Unbekannten mit 1, 2, 3, ...

In derselben Weise versehen wir auch die linearen Gleichungen mit den Nummern 1, 2, 3, ..., indem wir derjenigen, die aus dem Potenzprodukt

[1]) Um einzusehen, daß dadurch wirklich widerspruchslos eine bestimmte Reihenfolge festgelegt ist, braucht man sich nur davon zu überzeugen, daß, wenn

$$B_{\mu_1 \mu_2 \ldots \mu_n} \quad \text{früher als} \quad B_{\mu'_1 \mu'_2 \ldots \mu'_n}$$

und wenn

$$B_{\mu'_1 \mu'_2 \ldots \mu'_n} \quad \text{früher als} \quad B_{\mu''_1 \mu''_2 \ldots \mu''_n}$$

kommt, dann auf Grund unserer Definition des „Früherkommens“ auch

$$B_{\mu_1 \mu_2 \ldots \mu_n} \quad \text{früher als} \quad B_{\mu''_1 \mu''_2 \ldots \mu''_n}$$

kommt. Das ist aber klar; denn wenn die erste nicht verschwindende unter den Differenzen

$$\mu_1 - \mu'_1, \quad \mu_2 - \mu'_2, \ldots, \mu_n - \mu'_n$$

positiv, und wenn die erste nicht verschwindende unter den Differenzen

$$\mu'_1 - \mu''_1, \quad \mu'_2 - \mu''_2, \ldots, \mu'_n - \mu''_n$$

$$x_1^{\nu_1} x_2^{\nu_2} \cdots x_n^{\nu_n} \qquad (\nu_1 \geqq \nu_2 \geqq \cdots \geqq \nu_n)$$

entsteht, eine kleinere Nummer geben als der aus dem Potenzprodukt

$$x_1^{\nu_1'} x_2^{\nu_2'} \cdots x_n^{\nu_n'} \qquad (\nu_1' \geqq \nu_2' \geqq \cdots \geqq \nu_n')$$

entstehenden, wenn die erste nicht verschwindende unter den Differenzen

$$\nu_1 - \nu_1',\ \nu_2 - \nu_2', \ldots,\ \nu_n - \nu_n'$$

positiv ist. Bei dieser Numerierung erkennt man, daß die aus dem Potenzprodukt

$$x_1^{\nu_1} x_2^{\nu_2} \cdots x_n^{\nu_n} \tag{13}$$

entstehende Gleichung die Unbekannte $B_{\nu_1 \nu_2 \ldots \nu_n}$, die also dieselbe Nummer wie die Gleichung hat, enthält, und zwar mit dem Koeffizienten ± 1, außerdem aber nur noch solche Unbekannte, die eine kleinere Nummer haben. Denn beim Ausmultiplizieren des Gliedes

$$\left\{ \begin{aligned} & B_{\mu_1 \mu_2 \ldots \mu_n} (-x_1 - x_2 - \cdots)^{\mu_1 - \mu_2} (x_1 x_2 + x_1 x_3 + \cdots)^{\mu_2 - \mu_3} \cdots \\ & \cdot (\pm x_1 x_2 \cdots x_n)^{\mu_n} \end{aligned} \right. \tag{14}$$

kann die Potenz $x_1^{\nu_1}$ nur auftreten, wenn $\mu_1 \geqq \nu_1$ ist; für $\mu_1 > \nu_1$ hat $B_{\mu_1 \mu_2 \ldots \mu_n}$ bereits eine kleinere Nummer. Für $\mu_1 = \nu_1$ aber kann die Verbindung $x_1^{\nu_1} x_2^{\nu_2}$ nur auftreten, wenn $\mu_2 \geqq \nu_2$ ist; für $\mu_2 > \nu_2$ hat $B_{\mu_1 \mu_2 \ldots \mu_n}$ ebenfalls eine kleinere Nummer. Für $\mu_2 = \nu_2$ aber kann die Verbindung $x_1^{\nu_1} x_2^{\nu_2} x_3^{\nu_3}$ nur auftreten, wenn $\mu_3 \geqq \nu_3$ ist usw. So fortschließend sieht man, daß in der Tat in dem Glied (14) das Potenzprodukt (13) nur auftreten kann, wenn $B_{\mu_1 \mu_2 \ldots \mu_n}$ eine kleinere Nummer hat als $B_{\nu_1 \nu_2 \ldots \nu_n}$ oder wenn die Nummern gleich sind, und im letzteren Fall kann das Potenzprodukt (13) in (14) nur einmal auftreten, und zwar in der Verbindung

$$\pm B_{\nu_1 \nu_2 \ldots \nu_n} x_1^{\nu_1} x_2^{\nu_2} \cdots x_n^{\nu_n}.$$

In der Determinante des Gleichungssystems ist hiernach jedes Element der Hauptdiagonale gleich ± 1, und jedes Element oberhalb der Hauptdiagonale ist gleich 0, so daß die Determinante gleich ± 1 ist. Man kann aber die Auflösung auch ganz ohne Determinanten durchführen, da ja das Gleichungssystem den Charakter einer Rekursionsformel hat: Die erste Gleichung enthält nur die erste Unbekannte, und zwar mit dem Koeffizienten ± 1; die zweite Gleichung enthält außerdem nur noch die zweite Unbekannte, und zwar mit dem Koeffizienten ± 1; die dritte Gleichung enthält außerdem nur noch die dritte Unbekannte, und zwar mit dem Koeffizienten ± 1 usw., so daß man die Unbekannten sukzessive aus den einzelnen Gleichungen be-

---

ebenfalls positiv ist, so ist die erste nicht verschwindende unter den Differenzen

$$\mu_1 - \mu_1'',\quad \mu_2 - \mu_2'', \ldots,\ \mu_n - \mu_n'',$$

da man diese ja in der Form

$$(\mu_1 - \mu_1') + (\mu_1' - \mu_1''),\quad (\mu_2 - \mu_2') + (\mu_2' - \mu_2''), \ldots, (\mu_n - \mu_n') + (\mu_n' - \mu_n'')$$

schreiben kann, erst recht positiv.

rechnen kann. Und zwar ergeben sich die Unbekannten als homogene lineare Polynome der $c_{\nu_1 \nu_2 \ldots \nu_n}$ mit ganzen rationalen Zahlen als Koeffizienten.

So erhält man eine ganz bestimmte Darstellung durch die symmetrischen Grundfunktionen. Es gibt aber auch keine zweite solche Darstellung, weil ja andernfalls dadurch eine Beziehung zwischen den symmetrischen Grundfunktionen gegeben wäre, die sie als voneinander abhängig charakterisieren würde, im Widerspruch mit Satz 67. Somit ergibt sich schließlich der Fundamentalsatz:

Satz 68. *Jedes symmetrische Polynom*

$$\sum c_{\nu_1 \nu_2 \ldots \nu_n} x_1^{\nu_1} x_2^{\nu_2} \cdots x_n^{\nu_n}$$

läßt sich auf eine und nur eine Art in der Form

$$\sum C_{\lambda_1 \lambda_2 \ldots \lambda_n} a_1^{\lambda_1} a_2^{\lambda_2} \cdots a_n^{\lambda_n}$$

darstellen, wo $a_1, \ldots, a_n$ *die symmetrischen Grundfunktionen der Variabeln* $x_1, \ldots, x_n$ *sind. Dabei sind die* $C_{\lambda_1 \lambda_2 \ldots \lambda_n}$ *homogene lineare Polynome der* $c_{\nu_1 \nu_2 \ldots \nu_n}$ *mit ganzen rationalen Zahlen als Koeffizienten.*

In der hiermit bewiesenen Darstellung heißen die Summen

$$\lambda_1 + \lambda_2 + \cdots + \lambda_n \qquad \text{bzw.} \qquad \lambda_1 + 2\lambda_2 + \cdots + n\lambda_n$$

der Grad bzw. das Gewicht des betreffenden Gliedes. Mit diesen Begriffen ergibt unser Beweis auch unmittelbar den

Satz 69. *Hat ein homogenes symmetrisches Polynom den Grad m und in bezug auf jede einzelne Variable den Grad k, so ist bei der Darstellung durch die symmetrischen Grundfunktionen jedes Glied vom Gewicht m und höchstens vom Grad k.*

II. Für den Satz 68 gibt es zahlreiche weitere Beweise. Hier mag zunächst noch einer Platz greifen, der im wesentlichen von Cauchy stammt. Ordnet man das symmetrische Polynom $f(x_1, \ldots, x_n)$ nach Potenzen von x_n:

$$f(x_1, \ldots, x_n) = \sum_{\nu} \varphi_\nu (x_1, \ldots, x_{n-1})\, x_n^\nu, \tag{15}$$

so sind die φ_ν symmetrische Polynome von $x_1, \ldots, x_{n-1}$. Nun kann man vollständige Induktion anwenden und annehmen, der Satz gelte bereits für $n-1$ Variable, nachdem er ja für nur 1 Variable trivial ist. Dann folgt aus (15), wenn man wie auf Seite 143 die symmetrischen Grundfunktionen von $x_1, \ldots, x_{n-1}$ mit $b_1, \ldots, b_{n-1}$ bezeichnet,

$$f(x_1, \ldots, x_n) = \sum \psi_\nu (b_1, \ldots, b_{n-1})\, x_n^\nu,$$

und wenn man mittels der Formeln (9) S. 143 die b_ν durch die a_ν und x_n ausdrückt:

$$f(x_1, \ldots, x_n) = \sum_{\nu} \psi_\nu (a_1 + x_n, \ldots, a_{n-1} + a_{n-2} x_n + \cdots + x_n^{n-1})\, x_n^\nu$$

$$= \sum_{\mu} \chi_\mu (a_1, a_2, \ldots, a_{n-1})\, x_n^\mu.$$

Da aber nach den Formeln (5), (6) auf S. 142

$$x_n^n + a_1 x_n^{n-1} + \cdots + a_{n-1} x_n + a_n = (x_n - x_1)(x_n - x_2) \cdots (x_n - x_n) = 0$$

ist, kann man die Potenzen von x_n, deren Exponent $> n$ ist, durch solche mit kleineren Exponenten ausdrücken und erhält so aus der vorigen Formel:

$$f(x_1, \ldots, x_n) = \sum_{\lambda=0}^{n-1} \omega_\lambda (a_1, a_2, \ldots, a_n)\, x_n^\lambda.$$

Wegen der Symmetrie ist dann auch

$$f(x_1, \ldots, x_n) = \sum_{\lambda=0}^{n-1} \omega_\lambda (a_1, a_2, \ldots, a_n)\, x_\nu^\lambda \quad (\nu = 1, 2, \ldots, n).$$

Daher hat das Polynom einer neuen Variabeln x

$$f(x_1, \ldots, x_n) - \sum_{\lambda=0}^{n-1} \omega_\lambda (a_1, a_2, \ldots, a_n)\, x^\lambda$$

für die n Spezialwerte $x = x_1, \ldots, x_n$ den Wert 0 und verschwindet folglich nach Satz 28 identisch. Also ist

$$(16)\qquad f(x_1, \ldots, x_n) - \omega_0 (a_1, a_2, \ldots, a_n) = 0,$$

$$(17)\qquad \omega_\lambda (a_1, a_2, \ldots, a_n) = 0 \qquad (\lambda = 1, 2, \ldots, n-1).$$

Mit Formel (16) ist aber der Satz 68 wieder bewiesen.

Ein symmetrisches Polynom „berechnen" heißt die nach Satz 68 eindeutig existierende Darstellung durch die symmetrischen Grundfunktionen aufsuchen. Unsere beiden Beweise enthalten bereits Methoden zur Berechnung, von denen die erste in Verbindung mit Satz 69 oft recht praktisch ist (vgl. § 34, viertes Beispiel). Wir werden aber noch weitere kennen lernen.

§ 32. Die Formeln von Newton und Waring für die Potenzsummen.

I. Wir wollen jetzt weitere Methoden zur Berechnung symmetrischer Funktionen entwickeln. Zunächst befassen wir uns mit den Potenzsummen

$$(1)\qquad s_m = x_1^m + x_2^m + \cdots + x_n^m \qquad (m = 0, 1, 2, \ldots).$$

Offenbar ist

$$(2)\qquad s_0 = n, \quad s_1 = -a_1.$$

Nun führen wir wieder das Polynom von t

$$(3)\qquad \begin{aligned} F(t) &= (t - x_1)(t - x_2) \cdots (t - x_n) \\ &= t^n + a_1 t^{n-1} + \cdots + a_{n-1} t + a_n \end{aligned}$$

ein (vgl. S. 142). Dann ist einerseits

$$(4)\qquad F'(t) = n t^{n-1} + (n-1) a_1 t^{n-2} + \cdots + a_{n-1},$$

anderseits mit Benutzung der Formel (5c) des § 15

$$(5)\qquad \frac{F'(t)}{F(t)} = \sum_{\nu=1}^{n} \frac{1}{t - x_\nu}.$$

Hieraus folgt, da nach (3) offenbar $F(x_\nu) = 0$ ist,

$$F'(t) = \sum_{\nu=1}^{n} \frac{F(t)}{t - x_\nu} = \sum_{\nu=1}^{n} \frac{F(t) - F(x_\nu)}{t - x_\nu}.$$

Nun ist aber nach § 17, Fl. (9)

---

[1]) Wohl würde es für $n > 4$ noch das Glied $C'' a_5$ geben; da aber $n = 4$ ist, gibt es ja nur die vier Grundfunktionen a_1, a_2, a_3, a_4.

$$\begin{aligned}\frac{F(t)-F(x_\nu)}{t-x_\nu} &= F'(t, x_\nu)\\ &= t^{n-1}+x_\nu t^{n-2}+\cdots+x_\nu^{n-1}\\ &\qquad + a_1(t^{n-2}+x_\nu t^{n-3}+\cdots+x_\nu^{n-2})+\cdots+a_{n-1}\\ &= t^{n-1}+(x_\nu+a_1)\,t^{n-2}+(x_\nu^2+a_1x_\nu+a_2)\,t^{n-3}\\ &\qquad+\cdots+(x_\nu^{n-1}+a_1x_\nu^{n-2}+\cdots+a_{n-1});\end{aligned}$$

also. wenn man nach ν summiert,

$$(6)\qquad \begin{aligned}F'(t) &= nt^{n-1}+(s_1+na_1)\,t^{n-2}+(s_2+a_1s_1+na_2)\,t^{n-3}\\ &\quad+\cdots+(s_{n-1}+a_1s_{n-2}+\cdots+a_{n-2}s_1+na_{n-1}).\end{aligned}$$

Da die rechten Seiten der Formeln (4) und (6) dasselbe Polynom $F'(t)$ darstellen, müssen ihre Koeffizienten übereinstimmen; also ist

$$(7)\qquad \begin{cases} s_1+a_1=0,\\ s_2+a_1s_1+2a_2=0,\\ \cdots\cdots\cdots\cdots\\ s_{n-1}+a_1s_{n-2}+\cdots+a_{n-2}s_1+(n-1)\,a_{n-1}=0.\end{cases}$$

Das sind die Newtonschen Formeln; aus ihnen lassen sich die Potenzsummen $s_1, s_2, \ldots, s_{n-1}$ der Reihe nach berechnen. Für die ersten vier ergibt sich so:

$$(8)\qquad \begin{cases} s_1=-a_1,\\ s_2=a_1^2-2a_2,\\ s_3=-a_1^3+3a_1a_2-3a_3,\\ s_4=a_1^4-4a_1^2a_2+2a_2^2+4a_1a_3-4a_4.\end{cases}$$

Um auch für $m \geqq n$ eine Rekursionsformel zur Berechnung von s_m zu finden, multiplizieren wir die Identität $F(x_\nu)=0$ mit x_ν^λ; dann ergibt sich

$$x_\nu^{\lambda+n}+a_1x_\nu^{\lambda+n-1}+a_2x_\nu^{\lambda+n-2}+\cdots+a_nx_\nu^\lambda=0,$$

und hieraus durch Summation nach ν

$$(9)\qquad s_{\lambda+n}+a_1s_{\lambda+n-1}+\cdots+a_ns_\lambda=0 \qquad (\lambda=0,1,2,\ldots).$$

Daraus findet man, nachdem man $s_0=n$ und aus (7) auch $s_1, s_2, \ldots, s_{n-1}$ schon kennt, der Reihe nach $s_n, s_{n+1}, s_{n+2}, \ldots$

II. Für die Potenzsumme s_m für $m \geqq 1$ hat Waring auch einen expliziten Ausdruck angegeben. Um ihn herzuleiten, gehen wir aus von der Identität

$$t^m+x_\nu t^{m-1}+x_\nu^2t^{m-2}+\cdots+x_\nu^m=\frac{t^{m+1}-x_\nu^{m+1}}{t-x_\nu}=\frac{t^{m+1}}{t-x_\nu}-\frac{x_\nu^{m+1}}{t-x_\nu}.$$

Durch Summation nach ν ergibt sich mit Berücksichtigung von (5)

$$(10)\qquad nt^m+s_1t^{m-1}+s_2t^{m-2}+\cdots+s_m=t^{m+1}\frac{F'(t)}{F(t)}-\sum_{\nu=1}^{n}\frac{x_\nu^{m+1}}{t-x_\nu}.$$

Setzt man nun zur Abkürzung

$$(11)\qquad -(a_1t^{n-1}+a_2t^{n-2}+\cdots+a_n)=G(t),$$

so ist $F(t) = t^n - G(t)$ und folglich

$$\frac{t^{n(m+1)} - G(t)^{m+1}}{F(t)} = \frac{(t^n)^{m+1} - G(t)^{m+1}}{t^n - G(t)} = \sum_{\mu=0}^{m} t^{n(m-\mu)} G(t)^\mu .$$

Durch Multiplikation mit $tF'(t)-nF(t)$ ergibt sich hieraus:

$$[tF'(t) - nF(t)] \cdot \sum_{\mu=0}^{m} t^{n(m-\mu)} G(t)^\mu$$
$$= t^{n(m+1)+1} \frac{F'(t)}{F(t)} - tG(t)^{m+1} \frac{F'(t)}{F(t)} - nt^{n(m+1)} + nG(t)^{m+1}$$

Wenn man hier im ersten Glied der rechten Seite für $\frac{F'(t)}{F(t)}$ den aus (10) hervorgehenden Ausdruck setzt, erhält man:

$$[tF'(t) - nF(t)] \cdot \sum_{\mu=0}^{m} t^{n(m-\mu)} G(t)^\mu$$
$$= t^{nm-m+n} \left[nt^m + s_1 t^{m-1} + \cdots + s_m + \sum_{\nu=1}^{n} \frac{x_\nu^{m+1}}{t - x_\nu} \right]$$
$$- tG(t)^{m+1} \frac{F'(t)}{F(t)} - nt^{n(m+1)} + nG(t)^{m+1};$$

oder nach leichter Reduktion und wenn man links für $G(t)$ den Ausdruck (11) einsetzt,

$$[tF'(t) - nF(t)] \cdot \sum_{\mu=0}^{m} t^{n(m-\mu)} (-1)^\mu (a_1 t^{n-1} + a_2 t^{n-2} + \cdots + a_n)^\mu$$
$$= t^{nm-m+n} (s_1 t^{m-1} + s_2 t^{m-2} + \cdots + s_m) + nG(t)^{m+1}$$
$$+ \frac{1}{F(t)} \left\{ t^{nm-m+n} \sum_{\nu=1}^{n} x_\nu^{m+1} \frac{F(t)}{t - x_\nu} - tG(t)^{m+1} F'(t) \right\}.$$

Hier steht nun links ein Polynom von t; also ist auch die rechte Seite ein Polynom. Wir wollen den Koeffizienten von t^{nm-m+n} berechnen. Aus der runden Klammer rechts ergibt sich dazu der Beitrag s_m. Aber die anderen Terme liefern überhaupt keinen Beitrag. Denn das Polynom $G(t)^{m+1}$ ist höchstens vom Grad $(n-1)(m+1) = nm - m + n - 1$, enthält also die Potenz t^{nm-m+n} nicht; die geschweifte Klammer ist höchstens vom Grad $nm - m + 2n - 1$, so daß das nach Division durch $F(t)$ entstehende Polynom höchstens vom Grad $nm - m + n - 1$ ist, also die Potenz t^{nm-m+n} ebenfalls nicht enthält. Der Koeffizient von t^{nm-m+n} ist also einfach s_m, und somit ist s_m der Koeffizient von t^{nm-m+n} in dem Polynom

$$[tF'(t) - nF(t)] \cdot \sum_{\mu=0}^{m} t^{n(m-\mu)} (-1)^\mu (a_1 t^{n-1} + a_2 t^{n-2} + \cdots + a_n)^\mu .$$

Nun ist aber

(12) $tF'(t) - nF(t) = -(a_1 t^{n-1} + 2a_2 t^{n-2} + 3a_3 t^{n-3} + \cdots + na_n),$

und wenn man

$$(13)\qquad \sum_{\mu=0}^{m} t^{n(m-\mu)}(-1)^{\mu}(a_1 t^{n-1} + a_2 t^{n-2} + \cdots + a_n)^{\mu}$$
$$= d_0 t^{nm} + d_1 t^{nm-1} + \cdots + d_{nm}$$

setzt, ist demnach

$$(14)\qquad s_m = -\sum_{\varrho=1}^{n} \varrho\, a_\varrho\, d_{m-\varrho},$$

wobei die für $m < n$ vorkommenden d mit negativem Index gleich 0 zu setzen sind. Wendet man auf die linke Seite von (13) den polynomischen Satz an, so ergibt sich für $j \geqq 0$:

$$(15)\qquad d_j = \sum (-1)^{\lambda_1 + \cdots + \lambda_n} \frac{(\lambda_1 + \cdots + \lambda_n)!}{\lambda_1!\,\lambda_2!\ldots\lambda_n!}\, a_1^{\lambda_1} a_2^{\lambda_2} \cdots a_n^{\lambda_n},$$

wo über alle Systeme von ganzen nicht negativen Zahlen $\lambda_1, \lambda_2, \ldots, \lambda_n$ zu summieren ist, für die

$$(16)\qquad \begin{cases} \lambda_1 + 2\lambda_2 + \cdots + n\lambda_n = j, \\ \lambda_1 + \lambda_2 + \cdots + \lambda_n \leqq m \end{cases}$$

ist. Für $j \leqq m-1$ (und nur solche d_j interessieren uns in (14)) dürfen wir von der zweiten dieser Forderungen absehen, da sie vermöge der ersten von selbst erfüllt ist. Für $j < 0$ hatten wir $d_j = 0$ definiert; wir können auch für diesen Fall die Formel (15) in Anspruch nehmen, indem es dann gar kein System λ_ν gibt, das der Forderung (16) Genüge leistet, so daß die Summe in (15) gar kein Glied enthält. Wird nun der Ausdruck (15) in (14) eingesetzt, so folgt:

$$s_m = -\sum_{\varrho=1}^{n} \sum (-1)^{\lambda_1 + \cdots + \lambda_n} \frac{(\lambda_1 + \cdots + \lambda_n)!\,\varrho a_\varrho}{\lambda_1!\,\lambda_2!\cdots\lambda_n!}\, a_1^{\lambda_1} a_2^{\lambda_2} \cdots a_n^{\lambda_n},$$

wo in der inneren Summe $\lambda_1 + 2\lambda_2 + \cdots + n\lambda_n = m - \varrho$ sein muß. Schreibt man aber in der inneren Summe $\lambda_\varrho - 1$ statt λ_ϱ, so daß das neue λ_ϱ mindestens gleich 1 ist[1]), und beachtet die Formel $\frac{1}{(\lambda_\varrho - 1)!} = \frac{\lambda_\varrho}{\lambda_\varrho!}$ für $\lambda_\varrho \geqq 1$, so ergibt sich:

$$(17)\qquad s_m = +\sum_{\varrho=1}^{n} \sum (-1)^{\lambda_1 + \cdots + \lambda_n} \frac{(\lambda_1 + \cdots + \lambda_n - 1)!\,\varrho\lambda_\varrho}{\lambda_1!\,\lambda_2!\cdots\lambda_n!}\, a_1^{\lambda_1} a_2^{\lambda_2} \cdots a_n^{\lambda_n},$$

wobei jetzt $\lambda_1 + 2\lambda_2 + \cdots + n\lambda_n = m$ und zugleich $\lambda_\varrho \geqq 1$ sein muß, während für $\nu \neq \varrho$ auch $\lambda_\nu = 0$ zulässig ist. Man darf aber nachträglich auch $\lambda_\varrho = 0$ zulassen, weil das betreffende Glied ja verschwindet. Wenn man in (17) zuerst nach ϱ summiert und beachtet, daß ja

$$\sum_{\varrho=1}^{n} \varrho\lambda_\varrho = \lambda_1 + 2\lambda_2 + \cdots + n\lambda_n = m$$

ist, ergibt sich schließlich:

---

[1]) Für $\nu \neq \varrho$ soll dagegen λ_ν beibehalten werden.

(18) $$s_m = \sum (-1)^{\lambda_1 + \cdots + \lambda_n} \frac{(\lambda_1 + \cdots + \lambda_n - 1)!\, m}{\lambda_1!\, \lambda_2! \cdots \lambda_n!} a_1^{\lambda_1} a_2^{\lambda_2} \cdots a_n^{\lambda_n}$$
$$(m = 1, 2, 3, \ldots),$$

wo sich die Summe über alle Systeme von ganzen nicht negativen Zahlen $\lambda_1, \lambda_2, \ldots, \lambda_n$ erstreckt, für die

(19) $$\lambda_1 + 2\lambda_2 + \cdots + n\lambda_n = m$$

ist, also über alle Glieder vom Gewicht m. Das ist die Waringsche Formel.

Speziell für $n = 2$ ist nach (19) $\lambda_1 = m - 2\lambda_2$, und wenn man einfach λ statt λ_2 schreibt, ergibt sich aus (18):

$$s_m = \sum_\lambda (-1)^{m-\lambda} \frac{(m - \lambda - 1)!\, m}{(m - 2\lambda)!\, \lambda!} a_1^{m-2\lambda} a_2^\lambda$$
$$= \sum_\lambda (-1)^{m-\lambda} \frac{m}{m - \lambda} \binom{m - \lambda}{\lambda} a_1^{m-2\lambda} a_2^\lambda,$$

oder ausführlicher, da ja $a_1 = -(x_1 + x_2)$, $a_2 = x_1 x_2$ ist:

(20) $$x_1^m + x_2^m = \sum_\lambda (-1)^\lambda \frac{m}{m - \lambda} \binom{m - \lambda}{\lambda} (x_1 + x_2)^{m-2\lambda} (x_1 x_2)^\lambda,$$

wo die Summe von $\lambda = 0$ bis $\lambda = \frac{m}{2}$ oder $\frac{m-1}{2}$ läuft, je nachdem m gerade oder ungerade ist.

III. Man kann auch Potenzsummen mit negativem Exponenten betrachten:

(21) $$s_{-m} = x_1^{-m} + x_2^{-m} + \cdots + x_n^{-m} \qquad (m = 1, 2, 3, \ldots).$$

Das sind zwar keine symmetrischen Polynome mehr, aber immer noch symmetrische rationale Funktionen. Um sie durch die symmetrischen Grundfunktionen auszudrücken, kann man sie als Quotient von zwei symmetrischen Polynomen schreiben, wobei als Nenner das Monom

$$x_1^m x_2^m \cdots x_n^m = (x_1 x_2 \cdots x_n)^m = [(-1)^n a_n]^m$$

auftritt. Bequemer ist aber eine direkte Berechnung. Zunächst zeigt die Herleitung der Formel (9), daß sie auch für negative λ gilt, und daher kann man mit ihr, nachdem $s_0, s_1, \ldots, s_{n-1}$ bekannt sind, der Reihe nach auch $s_{-1}, s_{-2}, \ldots$ berechnen. Noch schneller aber kommt man zum Ziel, wenn man direkt ein dem Formelsystem (7) analoges aufstellt. Setzt man zu dem Zweck $x_\nu = \frac{1}{y_\nu}$, so handelt es sich um die Potenzsummen der y_ν mit positivem Exponenten

$$s_{-m} = y_1^m + y_2^m + \cdots + y_n^m.$$

An Stelle der in (3) eingeführten Funktion $F(t)$ tritt daher die Funktion

$$\begin{aligned}F_1(t) &= (t-y_1)\cdots(t-y_n) = \left(t-\frac{1}{x_1}\right)\cdots\left(t-\frac{1}{x_n}\right)\\ &= \frac{(-1)^n}{x_1\cdots x_n}t^n\left(\frac{1}{t}-x_1\right)\cdots\left(\frac{1}{t}-x_n\right) = \frac{1}{a_n}t^n F\left(\frac{1}{t}\right)\\ &= \frac{1}{a_n}t^n\left(\frac{1}{t^n}+\frac{a_1}{t^{n-1}}+\cdots+\frac{a_{n-1}}{t}+a_n\right)\\ &= t^n+\frac{a_{n-1}}{a_n}t^{n-1}+\cdots+\frac{a_1}{a_n}t+\frac{1}{a_n}.\end{aligned}$$

Es sind also einfach die Größen

$$a_1, a_2, \ldots, a_{n-1}, a_n \tag{22}$$

zu ersetzen durch

$$\frac{a_{n-1}}{a_n}, \frac{a_{n-2}}{a_n}, \ldots, \frac{a_1}{a_n}, \frac{1}{a_n}. \tag{23}$$

Als Analogon zu den Newtonschen Formeln (7) ergibt sich daher:

$$\left\{\begin{aligned}&s_{-1}+\frac{a_{n-1}}{a_n}=0,\\ &s_{-2}+\frac{a_{n-1}}{a_n}s_{-1}+\frac{2a_{n-2}}{a_n}=0,\\ &\cdots\cdots\cdots\cdots\cdots\\ &s_{-(n-1)}+\frac{a_{n-1}}{a_n}s_{-(n-2)}+\cdots+\frac{a_2}{a_n}s_{-1}+\frac{(n-1)\,a_1}{a_n}=0,\end{aligned}\right. \tag{24}$$

und als Analogon zu (9) erscheint die Formel

$$s_{-(\lambda+n)}+\frac{a_{n-1}}{a_n}s_{-(\lambda+n-1)}+\cdots+\frac{a_1}{a_n}s_{-(\lambda+1)}+\frac{1}{a_n}s_{-\lambda}=0, \tag{25}$$

die übrigens in (9) übergeht, wenn man mit a_n multipliziert und $-\lambda-n$ an Stelle von λ schreibt.

Aus dem System (24) kann man die Funktionen $s_{-1}, s_{-2}, \ldots, s_{-(n-1)}$ der Reihe nach berechnen, und dann aus (25) auch $s_{-n}, s_{-(n+1)}, s_{-(n+2)}, \ldots$ Für die ersten drei dieser Funktionen gewinnt man so die Formeln:

$$\left\{\begin{aligned}s_{-1}&=\frac{-a_{n-1}}{a_n},\\ s_{-2}&=\frac{a_{n-1}^2-2a_{n-2}a_n}{a_n^2},\\ s_{-3}&=\frac{-a_{n-1}^3+3a_{n-2}a_{n-1}a_n-3a_{n-3}a_n^2}{a_n^3}.\end{aligned}\right. \tag{26}$$

Auch die Waringsche Formel läßt sich sofort übertragen, indem man die Größen (22) durch die Größen (23) ersetzt. Man erhält so zunächst:

$$s_{-m}=\sum(-1)^{\lambda_1+\cdots+\lambda_n}\frac{(\lambda_1+\cdots+\lambda_n-1)!\,m}{\lambda_1!\,\lambda_2!\cdots\lambda_n!}\,\frac{a_{n-1}^{\lambda_1}a_{n-2}^{\lambda_2}\cdots a_1^{\lambda_{n-1}}}{a_n^{\lambda_1+\lambda_2\cdots+\lambda_n}},$$

wo $\lambda_1+2\lambda_2+\cdots+n\lambda_n=m$ sein muß. Hier wollen wir die Summationsindizes etwas anders bezeichnen, indem wir setzen:

$$\lambda_1 = \mu_{n-1}, \lambda_2 = \mu_{n-2}, \ldots, \lambda_{n-1} = \mu_1,$$
$$m - \lambda_1 - \lambda_2 - \cdots - \lambda_n = \mu_n.$$

Dann muß

$$\begin{aligned} &\mu_1 + 2\mu_2 + \cdots + n\mu_n \\ &= \lambda_{n-1} + 2\lambda_{n-2} + \cdots + (n-1)\lambda_1 + n(m - \lambda_1 - \lambda_2 - \cdots - \lambda_n) \\ &= nm - \lambda_1 - 2\lambda_2 - \cdots - n\lambda_n = nm - m \end{aligned}$$

sein, und es ergibt sich:

$$(27) \qquad s_{-m} = \frac{1}{a_n^m} \sum (-1)^{m-\mu_n} \frac{(m-\mu_n-1)!\, m}{\mu_1! \ldots \mu_{n-1}!\, (m-\mu_1-\cdots-\mu_n)!} a_1^{\mu_1} a_2^{\mu_2} \ldots a_n^{\mu_n}$$
$$(m = 1, 2, 3, \ldots),$$

wo sich die Summe über alle Systeme von ganzen nicht negativen Zahlen $\mu_1, \mu_2, \ldots, \mu_n$ erstreckt, für die

$$(28) \qquad \begin{aligned} &\mu_1 + 2\mu_2 + \cdots + n\mu_n = nm - m, \\ &\mu_1 + \mu_2 \quad + \cdots + \mu_n \leqq m \end{aligned}$$

ist, also über alle Glieder, deren Gewicht gleich $nm - m$ und deren Grad höchstens gleich m ist.

§ 33. Potenzproduktsummen. Dritter Beweis des Fundamentalsatzes.

I. Aus dem Potenzprodukt

$$x_1^{\lambda_1} x_2^{\lambda_2} \cdots x_n^{\lambda_n} \qquad (\lambda_1 \geqq \lambda_2 \geqq \cdots \geqq \lambda_n \geqq 0)$$

entstehen, wenn die Exponenten alle voneinander verschieden sind, durch alle möglichen Permutationen der Variabeln genau $n!$ verschiedene Potenzprodukte; ihre Summe ist ein symmetrisches Polynom, das wir mit

$$s_{\lambda_1 \lambda_2 \ldots \lambda_n} \qquad (\lambda_1 > \lambda_2 > \cdots > \lambda_n \geqq 0)$$

bezeichnen. Sind aber unter den Exponenten einige einander gleich, so ist die Anzahl der voneinander verschiedenen Potenzprodukte kleiner als $n!$. Um diese Anzahl zu bestimmen, beachte man, daß die verschiedenen Potenzprodukte auch dadurch entstehen, daß man statt der Variabeln x_ν die Exponenten λ_ν permutiert. Sind dann unter den Exponenten nur k verschiedene vorhanden und sind dabei ν_1 Exponenten einander gleich, sodann ν_2 Exponenten einander gleich, aber von den ν_1 erstgenannten verschieden usw., und schließlich noch ν_k Exponenten einander gleich, aber von allen vorhergenannten verschieden, so ist nach Satz 15 die Anzahl der verschiedenen Potenzprodukte gleich

$$\frac{n!}{\nu_1!\, \nu_2! \cdots \nu_k!}.$$

Diese Potenzprodukte gehen, wenn man in ihnen die Variabeln auf ein und dieselbe Art permutiert, wieder in lauter voneinander verschiedene

Potenzprodukte über, die dann, von der Reihenfolge abgesehen, mit den früheren identisch sein müssen; daher ist ihre Summe ein symmetrisches Polynom, das wir mit

$$s_{\lambda_1 \lambda_2 \ldots \lambda_n} \qquad (\lambda_1 \geqq \lambda_2 \geqq \cdots \geqq \lambda_n \geqq 0)$$

bezeichnen wollen. Die so definierten symmetrischen Polynome $s_{\lambda_1 \lambda_2 \ldots \lambda_n}$ heißen **Potenzproduktsummen.**

Man kann die Potenzproduktsummen noch auf eine zweite Art definieren. Sind nämlich $t_0, t_1, \ldots, t_m$ neue unabhängige Variable in beliebiger Zahl $m+1$, so erkennt man leicht die Identität

$$(1) \qquad \begin{cases} \prod_{\nu=1}^{n} (t_0 x_\nu^m + t_1 x_\nu^{m-1} + \cdots + t_{m-1} x_\nu + t_m) \\ \qquad\qquad = \sum s_{m-\mu_1, m-\mu_2, \ldots, m-\mu_n} t_{\mu_1} t_{\mu_2} \cdots t_{\mu_n}, \end{cases}$$

wo über alle Systeme ganzer Zahlen $\mu_1, \mu_2, \ldots, \mu_n$ zu summieren ist, für die

$$(2) \qquad 0 \leqq \mu_1 \leqq \mu_2 \leqq \cdots \leqq \mu_n \leqq m$$

ist. Die Potenzproduktsummen können daher auch durch die Formel (1) definiert werden.

Sind bei einer Potenzproduktsumme einige Indizes gleich 0, so lassen wir diese meistens weg; statt $s_{\lambda\mu 0 \ldots 0}$ schreiben wir also kurz $s_{\lambda\mu}$; statt $s_{\lambda 0 \ldots 0}$ schreiben wir kurz s_λ, und dann ist s_λ für $\lambda > 0$ offenbar gerade die Potenzsumme, die wir auch im vorigen Paragraphen so bezeichnet haben, während s_0 jetzt gleich 1 ist. Die Anzahl der Glieder von $s_\lambda = s_{\lambda 0 \ldots 0}$ ist nach Obigem gleich

$$\frac{n!}{1!\,(n-1)!} = n \quad \text{für} \quad \lambda > 0,$$

wie es sein soll. Die Gliederzahl von $s_{\lambda\mu}$ ist

$$\frac{n!}{1!\,1!\,(n-2)!} = n(n-1) \quad \text{für} \quad \lambda > \mu > 0,$$

$$\frac{n!}{2!\,(n-2)!} = \frac{n(n-1)}{2} \quad \text{für} \quad \lambda = \mu > 0.$$

Die Gliederzahl von $s_{\lambda\mu\nu}$ ist

$$\frac{n!}{1!\,1!\,1!(n-3)!} = n(n-1)(n-2) \quad \text{für} \quad \lambda > \mu > \nu > 0,$$

$$\frac{n!}{1!\,2!\,(n-3)!} = \frac{n(n-1)(n-2)}{2} \quad \text{für} \quad \lambda = \mu > \nu > 0 \quad \text{und} \quad \text{für} \quad \lambda > \mu = \nu > 0,$$

$$\frac{n!}{3!\,(n-3)!} = \frac{n(n-1)(n-2)}{6} \quad \text{für} \quad \lambda = \mu = \nu > 0.$$

Natürlich lassen sich auch die Potenzproduktsummen durch die symmetrischen Grundfunktionen darstellen, und zwar folgt aus den Sätzen 68 und 69 sogleich der

Satz 70. *Die Potenzproduktsummen von n Variabeln gehören, abgesehen von* $s_0 = 1$, *dem Ring* $\mathfrak{R}(a_1, \ldots, a_n)$ *an, wo* $a_1, \ldots, a_n$ *die symmetrischen Grundfunktionen der n Variabeln sind.*

Wir werden für diesen Satz in Nr. II einen zweiten Beweis geben, wollen aber zuvor hier zeigen, daß daraus auch sofort wieder der Fundamentalsatz 68 folgt, der damit zum drittenmal bewiesen sein wird [1]) Denn wenn ein symmetrisches Polynom etwa das Glied

$$C\, x_1^{\lambda_1} x_2^{\lambda_2} \cdots x_n^{\lambda_n}$$

enthält, so muß es auch alle Glieder enthalten, die daraus durch beliebige Vertauschung der Variabeln hervorgehen; also ist auch die Summe aller voneinander verschiedenen so entstehenden Glieder als Bestandteil in dem Polynom enthalten. Das ist aber eine mit der Konstanten C multiplizierte Potenzproduktsumme. Sind damit noch nicht alle Glieder des Polynoms erschöpft, so kann man aus den übriggebliebenen wieder eine mit einer Konstanten multiplizierte Potenzproduktsumme abspalten usw. So sieht man, daß jedes symmetrische Polynom entweder selbst eine mit einer Konstanten multiplizierte Potenzproduktsumme ist oder eine Summe von solchen Funktionen; die dabei auftretenden Konstanten sind die Koeffizienten des Polynoms. Hiernach folgt aus Satz 70 in der Tat auch wieder der Satz 68.

II. Der angekündigte zweite Beweis von Satz 70 benutzt vollständige Induktion und läßt sich in mannigfacher Weise variieren. Am kürzesten dürfte die folgende von Korselt angegebene Variante sein. Wir lassen die verschwindenden Indizes weg und bezeichnen als „Spanne" der Potenzproduktsumme

$$s_{\lambda_1 \lambda_2 \ldots \lambda_k} \qquad (\lambda_1 \geqq \lambda_2 \geqq \cdots \geqq \lambda_k > 0) \tag{3}$$

die ganze nicht negative Zahl

$$(\lambda_1 - 1) + (\lambda_2 - 1) + \cdots + (\lambda_k - 1) = \sigma. \tag{4}$$

Die Potenzproduktsummen mit der Spanne 0 sind dann die Funktionen

$$s_1, s_{11}, s_{111}, \ldots, s_{11\ldots 1},$$

deren letzte n Einser als Indizes hat. Diese sind augenscheinlich gleich

$$-a_1, a_2, -a_3, \ldots, (-1)^n a_n,$$

so daß für die Potenzproduktsummen der Spanne 0 der Satz 70 trivial ist.

Nun wenden wir vollständige Induktion in bezug auf die Spanne an. Sei in (3) eine Potenzproduktsumme der Spanne $\sigma (> 0)$ gegeben. Wir dürfen annehmen, daß für alle Potenzproduktsummen mit kleinerer Spanne der Satz 70 bereits gilt, und wollen zeigen, daß er dann auch für die Potenzproduktsumme (3) gilt. Nun ist

$$(5)\left\{\begin{aligned} s_{\lambda_1-1, \lambda_2-1, \ldots, \lambda_k-1} \cdot (-1)^k a_k &= (x_1^{\lambda_1-1} x_2^{\lambda_2-1} \cdots x_k^{\lambda_k-1} + \cdots)(x_1 x_2 \cdots x_k + \cdots) \\ &= x_1^{\lambda_1} x_2^{\lambda_2} \cdots x_k^{\lambda_k} + \cdots \\ &= s_{\lambda_1 \lambda_2 \ldots \lambda_k} + \cdots, \end{aligned}\right.$$

[1]) Ein weiterer Beweis wird sich in § 43 IV ergeben.

wo hinter dem letzten Pluszeichen, wenn $k = n$ ist, nichts mehr kommt; wenn aber $k < n$ ist, kommen, wie man leicht erkennt, nur noch Glieder, die sich zu Potenzproduktsummen zusammenschließen, deren Spannen kleiner als σ sind und die folglich dem Ring $\mathfrak{R}(a_1, \ldots, a_n)$ angehören. Ebenso gehört die links stehende Potenzproduktsumme $s_{\lambda_1-1, \lambda_2-1, \ldots, \lambda_k-1}$, da ihre Spanne augenscheinlich kleiner als σ ist, dem Ring $\mathfrak{R}(a_1, \ldots, a_n)$ an. Die Formel (5) lehrt dann aber, daß auch $s_{\lambda_1 \lambda_2 \ldots \lambda_k}$ dem gleichen Ring angehört; w. z. b. w.

§ 34. Praktische Berechnung symmetrischer Polynome.

I. Aus § 33 ergibt sich, daß wir uns bei der Berechnung symmetrischer Polynome auf die Potenzproduktsummen beschränken dürfen; denn jedes andere symmetrische Polynom ist ja linear aus solchen zusammengesetzt. Für die Berechnung der Potenzproduktsummen ist zwar in § 33 II ein allgemeines Verfahren enthalten; doch läßt sich die Rechnung bei kleinen Exponenten praktisch wesentlich schneller durchführen. Zunächst ist hier die Methode des § 31 mit Vorteil zu verwenden; eine zweite Methode, die auch mit der ersten kombiniert werden kann, besteht in der Ausnutzung der zahlreichen Relationen, die zwischen den verschiedenen Potenzproduktsummen bestehen, und es ist reine Übungssache, diese aufzustellen und geschickt zu verwerten. Man geht dabei von der Bemerkung aus, daß in dem Produkt

$$s_{\lambda_1 \lambda_2 \ldots \lambda_n} \cdot s_{\mu_1 \mu_2 \ldots \mu_n} = (x_1^{\lambda_1} x_2^{\lambda_2} \cdots x_n^{\lambda_n} + \cdots)(x_1^{\mu_1} x_2^{\mu_2} \cdots x_n^{\mu_n} + \cdots),$$

wenn man ausmultipliziert, das Glied

$$x_1^{\lambda_1+\mu_1} x_2^{\lambda_2+\mu_2} \cdots x_n^{\lambda_n+\mu_n}$$

und also die ganze Potenzproduktsumme

$$s_{\lambda_1+\mu_1, \lambda_2+\mu_2, \ldots, \lambda_n+\mu_n}$$

als Bestandteil vorkommt. Es wird sich immer nur darum handeln, zu erkennen, zu was für Potenzproduktsummen die übrigen Glieder sich zusammenfassen lassen.

II. Wir behandeln jetzt zur Veranschaulichung einige Beispiele [1]).

Erstes Beispiel: s_{211}. Bildet man das Produkt

$$s_1 \cdot s_{111} = (x_1 + x_2 + \cdots)(x_1 x_2 x_3 + x_1 x_2 x_4 + \cdots),$$

so erhält man beim Ausmultiplizieren das Glied $x_1^2 x_2 x_3$ und also die Potenzproduktsumme s_{211}. Ferner erhält man aber auch das Glied $x_1 x_2 x_3 x_4$, und zwar je einmal in der Form

$$x_1 \cdot x_2 x_3 x_4, \quad x_2 \cdot x_1 x_3 x_4, \quad x_3 \cdot x_1 x_2 x_4, \quad x_4 \cdot x_1 x_2 x_3,$$

also im ganzen viermal; somit ist auch $4 s_{1111}$ als Bestandteil in dem obigen Produkt enthalten. Weitere Glieder entstehen aber nicht, und es ist also

$$(1) \qquad s_1 \cdot s_{111} = s_{211} + 4 s_{1111}.$$

[1]) Eine Tabelle sämtlicher Potenzproduktsummen bis zum Gewicht 11 findet sich bei F. Faà di Bruno: Einleitung in die Theorie der binären Formen. Deutsch von Th. Walter, Leipzig 1881.

Da aber

$$s_1 = -a_1, \quad s_{111} = -a_3, \quad s_{1111} = a_4,$$

so ergibt sich die gesuchte Formel:

$$s_{211} = a_1 a_3 - 4a_4. \tag{2}$$

Zweites Beispiel: s_{22}. Es ist

$$s_2^2 = (x_1^2 + x_2^2 + \cdots)^2 = (x_1^4 + x_2^4 + \cdots) + 2(x_1^2 x_2^2 + x_1^2 x_3^2 + \cdots)$$
$$= s_4 + 2s_{22}.$$

Nun kann man s_2 und s_4 aus den Formeln (8) des § 32 entnehmen, woraus sich ergibt:

$$s_{22} = \tfrac{1}{2}(s_2^2 - s_4) = a_2^2 - 2a_1 a_3 + 2a_4. \tag{3}$$

Man hätte auch von der Formel ausgehen können:

$$s_{11}^2 = (x_1 x_2 + x_1 x_3 + \cdots)^2 = (x_1^2 x_2^2 + \cdots) + 2(x_1^2 x_2 x_3 + \cdots)$$
$$+ 6\,(x_1 x_2 x_3 x_4 + \cdots) = s_{22} + 2s_{211} + 6s_{1111}.$$

Das Produkt $x_1x_2x_3x_4$ tritt dabei wirklich sechsmal auf, und zwar in den sechs Formen:

$$x_1x_2 \cdot x_3x_4, \quad x_1x_3 \cdot x_2x_4, \quad x_1x_4 \cdot x_2x_3, \quad x_2x_3 \cdot x_1x_4,$$
$$x_2x_4 \cdot x_1x_3, \quad x_3x_4 \cdot x_1x_2.$$

Daher ist, unter Benutzung des im ersten Beispiel gefundenen Ausdrucks für s_{211}:

$$s_{22} = s_{11}^2 - 2s_{211} - 6s_{1111} = a_2^2 - 2(a_1 a_3 - 4a_4) - 6a_4 = a_2^2 - 2a_1 a_3 + 2a_4,$$

wie vorhin.

Drittes Beispiel: s_{221}. In dem Produkt

$$s_{11} \cdot s_{111} = (x_1x_2 + x_1x_3 + \cdots)(x_1x_2x_3 + x_1x_2x_4 + \cdots)$$

kommt einmal das Glied $x_1^2x_2^2x_3$, dreimal das Glied $x_1^2x_2x_3x_4$, zehnmal das Glied $x_1x_2x_3x_4x_5$ vor, und es ist also

$$s_{11} \cdot s_{111} = s_{221} + 3s_{2111} + 10s_{11111}. \tag{4}$$

Da einem bei Aufstellung solcher Formeln leicht einmal ein Glied entgehen kann, wollen wir die Anzahl der Glieder abzählen, die die einzelnen Polynome enthalten. Das ist eine bei schwierigeren Formeln ganz unerläßliche und zugleich sehr zuverlässige Kontrolle für die Richtigkeit der Formel. Nun ist

die Gliederzahl von s_{11} gleich $\dfrac{n(n-1)}{2}$,

„ „ „ s_{111} „ $\dfrac{n(n-1)(n-2)}{6}$,

„ „ „ s_{221} „ $\dfrac{n(n-1)(n-2)}{2}$,

„ „ „ s_{2111} „ $\dfrac{n(n-1)(n-2)(n-3)}{6}$,

„ „ „ s_{11111} „ $\dfrac{n(n-1)(n-2)(n-3)(n-4)}{120}$.

Auf der linken Seite der Formel (4) stehen also nach Ausmultiplizieren

$$\frac{n(n-1)}{2} \cdot \frac{n(n-1)(n-2)}{6} \text{ Glieder.}$$

Auf der rechten Seite aber stehen

$$\frac{n(n-1)(n-2)}{2} + 3\,\frac{n(n-1)(n-2)(n-3)}{6}$$
$$+ 10\,\frac{n(n-1)(n-2)(n-3)(n-4)}{120} \text{ Glieder,}$$

oder also

$$\frac{n(n-1)(n-2)}{12}\,[6 + 6(n-3) + (n-3)(n-4)]$$
$$= \frac{n(n-1)(n-2)}{12} \cdot n\,(n-1);$$

das sind ebenso viele wie links; es ist also kein Glied übersehen worden.

In (4) ist nun außer s_{221} auch die Funktion s_{2111} unbekannt. Um sie zu finden, benutzen wir die Identität

$$(5) \qquad s_1 s_{1111} = s_{2111} + 5 s_{11111},$$

bei der der Leser ebenfalls die Kontrolle bezüglich der Gliederzahl durchführen möge. Hiernach ist

$$s_{2111} = -a_1 a_4 + 5 a_5,$$

und aus (4) folgt dann:

$$s_{221} = -a_2 a_3 - 3(-a_1 a_4 + 5 a_5) + 10 a_5,$$

oder also:

$$(6) \qquad s_{221} = 3 a_1 a_4 - a_2 a_3 - 5 a_5.$$

Viertes Beispiel: s_{321}. Erste Methode. Es ist

$$(7) \qquad s_{221} \cdot s_1 = s_{321} + 3 s_{222} + 2 s_{2211},$$

wobei der Leser wieder die Kontrolle bezüglich der Gliederzahl durchführen möge. Hier kann man auf der linken Seite für s_{221} den soeben in (6) berechneten Ausdruck benutzen. Auf der rechten Seite sind aber s_{222} und s_{2211} ebenfalls unbekannt. Man könnte sie durch ähnliche Zerlegungen zu gewinnen suchen; man kann aber auch mit Vorteil die Methode des § 31 benutzen. Hiernach wird man den Ansatz machen:

$$(8) \qquad 3 s_{222} + 2 s_{2211} = C a_1 a_5 + C' a_2 a_4 + C'' a_3^2 + C''' a_6;$$

denn nach Satz 69 müssen alle Glieder vom Gewicht 6 und höchstens vom Grad 2 sein, und das leisten offenbar nur die vier angeschriebenen Glieder [1]). Zur Berechnung der unbekannten Koeffizienten können wir gleiche Potenz-

[1]) Man hätte einen ähnlichen Ansatz auch gleich für s_{321} machen können; aber dabei dürften Glieder bis zum dritten Grad vorkommen, und da würde es drei weitere geben ($a_1 a_2 a_3$, $a_1^2 a_4$, a_2^3), so daß man viel mehr unbekannte Koeffizienten zu bestimmen hätte.

produkte links und rechts vergleichen. Aus dem Potenzprodukt $x_1^2 x_2^2 x_3^2$ ergibt sich z. B.

$$3 = C''.$$

Wir können aber auch mit Vorteil für $x_1, \ldots, x_n$ spezielle Größen in (8) einsetzen. Setzen wir etwa

$$x_\nu = \begin{cases} 1 & \text{für } \nu \leqq k \\ 0 & \text{für } \nu > k \end{cases}$$

in (8) ein, so ergibt sich:

$$3\,\frac{k(k-1)(k-2)}{6} + 2\,\frac{k(k-1)(k-2)(k-3)}{2\cdot 2}$$
$$= C\binom{k}{1}\binom{k}{5} + C'\binom{k}{2}\binom{k}{4} + C''\binom{k}{3}^2 + C'''\binom{k}{6},$$

oder nach Wegheben des Faktors $k(k-1)(k-2)$:

$$(9)\quad \begin{cases} \frac{1}{2} + \frac{k-3}{2} = Ck\,\frac{(k-3)(k-4)}{120} + C'\,\frac{k(k-1)}{2}\cdot\frac{k-3}{24} \\ \qquad + C''\,\frac{k(k-1)(k-2)}{36} + C'''\,\frac{(k-3)(k-4)(k-5)}{720}. \end{cases}$$

Diese Gleichung gilt zunächst für $k = 3, 4, \ldots, n$. Dann ist sie aber eine Identität und gilt für alle k; denn die Differenz ihrer rechten und linken Seite ist ein Polynom höchstens dritten Grades von k und, da es mehr als drei Größen k gibt[1]), für die es verschwindet, muß es nach Satz 28 identisch verschwinden. Aus (9) folgt nun

$$\begin{aligned} &\text{für } k = 0:\ -1 = -\frac{C'''}{12}, && \text{also } C''' = 12, \\ &\text{für } k = 3:\quad \frac{1}{2} = \frac{C''}{6}, && \text{also } C'' = 3 \text{ (wie oben)}, \\ &\text{für } k = 4:\quad 1 = \frac{C'}{4} + \frac{2C''}{3}, && \text{also } C' = -4, \\ &\text{für } k = 1:\ -\frac{1}{2} = \frac{C}{20} - \frac{C'''}{30}, && \text{also } C = -2. \end{aligned}$$

Zur Kontrolle kann man etwa noch die Koeffizienten von k^3 auf beiden Seiten von (9) einander gleichsetzen; es ergibt sich:

$$0 = \frac{C}{120} + \frac{C'}{48} + \frac{C''}{36} + \frac{C'''}{720} = -\frac{2}{120} - \frac{4}{48} + \frac{3}{36} + \frac{12}{720} = 0,$$

die Kontrolle stimmt also. Daher ist

$$3s_{222} + 2s_{2211} = -2a_1a_5 - 4a_2a_4 + 3a_3^2 + 12a_6,$$

und aus (7) folgt dann mit Benutzung von (6):

$$(10)\quad s_{321} = a_1a_2a_3 - 3a_1^2a_4 - 3a_3^2 + 4a_2a_4 + 7a_1a_5 - 12a_6.$$

---

[1]) Das ist allerdings nur für $n \geqq 6$ gewährleistet, so daß diese ganze Schlußweise für $n < 6$ versagt. Inwiefern aber die Endformel (10) doch auch für $n < 6$ richtig sein muß, wird unten in III auseinandergesetzt.

Zweite Methode. Man kann etwa auch von der Formel ausgehen:

(11) $$s_{21} \cdot s_{111} = s_{321} + 3s_{3111} + 2s_{2211} + 4s_{21111},$$

bei der wieder die Gliederzahlkontrolle durchzuführen ist. Um dabei s_{3111} wegzuschaffen, benutzt man die weitere Formel

(12) $$s_2 \cdot s_{1111} = s_{3111} + s_{21111},$$

wodurch sich ergibt:

$$\begin{aligned} s_{321} &= s_{21}s_{111} - 3s_2 s_{1111} - 2s_{2211} - s_{21111} \\ &= -s_{21}a_3 - 3s_2 a_4 - 2s_{2211} - s_{21111}. \end{aligned}$$

Nun ist aber, wie man ganz leicht sieht,

$$\begin{aligned} s_{21} &= s_1 s_{11} - 3s_{111} = -a_1 a_2 + 3a_3, \\ s_2 &= s_1^2 - 2s_{11} = a_1^2 - 2a_2, \end{aligned}$$

und also, wenn man das oben einsetzt:

(13) $$s_{321} = a_1a_2a_3 - 3a_3^2 - 3a_1^2a_4 + 6a_2a_4 - 2s_{2211} - s_{21111}.$$

Um die jetzt noch fehlenden Funktionen zu berechnen, kann man die Formeln benutzen:

$$\begin{aligned} s_1 s_{11111} &= s_{21111} + 6s_{111111}, \\ s_{11}s_{1111} &= s_{2211} + 4s_{21111} + 15s_{111111}. \end{aligned}$$

Aus der ersten folgt:

$$s_{21111} = a_1a_5 - 6a_6,$$

und sodann aus der zweiten:

$$\begin{aligned} s_{2211} &= a_2a_4 - 4(a_1a_5 - 6a_6) - 15a_6 \\ &= a_2a_4 - 4a_1a_5 + 9a_6. \end{aligned}$$

Setzt man das in (13) ein, so ergibt sich schließlich:

$$\begin{aligned} s_{321} &= a_1a_2a_3 - 3a_3^2 - 3a_1^2a_4 + 6a_2a_4 - 2(a_2a_4 - 4a_1a_5 + 9a_6) - (a_1a_5 - 6a_6) \\ &= a_1a_2a_3 - 3a_3^2 - 3a_1^2a_4 + 4a_2a_4 + 7a_1a_5 - 12a_6, \end{aligned}$$

wie oben in (10).

III. Für $n = 4$ gibt es nur vier symmetrische Grundfunktionen a_1, a_2, a_3, a_4. Daraus folgt, daß oben die Formel (6) für $n = 4$ nicht richtig sein kann, weil ja a_5 darin vorkommt; ebenso natürlich für $n = 3$, während für $n < 3$ die Potenzproduktsumme s_{221} überhaupt nicht existiert. Ähnliches ist von der Formel (10) zu sagen.

Diese scheinbare Unstimmigkeit ist leicht aufzuklären. Wir haben nämlich bei Herleitung der Formel (6) tatsächlich $n > 4$ angenommen; denn für $n \leqq 4$ tritt ja das Produkt $x_1x_2x_3x_4x_5$ nicht auf und deshalb muß in (4) und (5) das Glied mit s_{11111} wegfallen. Daher fällt auch in (6) das letzte Glied weg, und für s_{221} ergibt sich nur der Ausdruck

$$3a_1a_4 - a_2a_3,$$

den man für $n = 4$ leicht auch durch explizites Hinschreiben verifizieren kann. Für $n = 3$ fällt auch das Glied $3a_1a_4$ weg.

Die hier beobachtete Regel gilt nun allgemein:

Ist eine Potenzproduktsumme für n Variable berechnet, und will man sie für weniger als n, etwa nur für k Variable haben, so sind einfach diejenigen a_ν, deren Index größer als k ist, durch 0 zu ersetzen.

Aus den Definitionsformeln (7) des § 30 liest man nämlich unmittelbar ab, daß die symmetrischen Grundfunktionen

$$a_1, a_2, \ldots, a_k, a_{k+1}, \ldots, a_n$$

der n Variabeln $x_1, x_2, \ldots, x_n$, wenn man darin

$$x_{k+1} = x_{k+2} = \cdots = x_n = 0$$

setzt, übergehen in:

$$a'_1, a'_2, \ldots, a'_k, 0, \ldots, 0,$$

wobei $a'_1, a'_2, \ldots, a'_k$ die symmetrischen Grundfunktionen von $x_1, x_2, \ldots, x_k$ sind. Daraus ergibt sich sogleich die obige Regel; man hat eben nur nötig, in der berechneten Potenzproduktsumme von n Variabeln die letzten $n-k$ Variabeln zu 0 zu spezialisieren, wodurch auch die letzten $n-k$ symmetrischen Grundfunktionen in 0 übergehen.

Um beispielsweise die vierte Potenzsumme von zwei Variabeln $x_1^4 + x_2^4$ durch die beiden Grundfunktionen

$$a_1 = -(x_1 + x_2), \qquad a_2 = x_1x_2$$

auszudrücken, kann man in § 32 die vierte der Formeln (8) benutzen und darin einfach $a_3 = a_4 = 0$ setzen; so ergibt sich:

$$x_1^4 + x_2^4 = a_1^4 - 4a_1^2a_2 + 2a_2^2.$$

§ 35. Darstellung durch die Potenzsummen.

I. Wir haben in § 32 die Newtonschen Formeln (7) sowie (9) für $\lambda = 0$ nur benutzt, um die Potenzsummen $s_1, \ldots, s_n$ durch die symmetrischen Grundfunktionen $a_1, \ldots, a_n$ auszudrücken. Man kann sie aber auch der Reihe nach benutzen, um umgekehrt $a_1, \ldots, a_n$ durch $s_1, \ldots, s_n$ auszudrücken. So folgt beispielsweise:

$$(1) \qquad \begin{cases} a_1 = -s_1, \\ a_2 = \frac{1}{2}(s_1^2 - s_2), \\ a_3 = \frac{1}{6}(-s_1^3 + 3s_1s_2 - 2s_3), \\ a_4 = \frac{1}{24}(s_1^4 - 6s_1^2s_2 + 3s_2^2 + 8s_1s_3 - 6s_4). \end{cases}$$

Da man jedes symmetrische Polynom mit Hilfe der Funktionen $a_1, \ldots, a_n$, diese aber mit Hilfe von $s_1, \ldots, s_n$ darstellen kann, so läßt sich jedes symmetrische Polynom auch mit Hilfe von $s_1, \ldots, s_n$ darstellen. Diese Darstellung ist manchmal bequemer als die durch die Grundfunktionen. Sie ist ebenfalls eindeutig; denn gäbe es für ein Polynom zwei verschiedene solche Darstellungen, so wäre damit eine Abhängigkeit der Polynome $s_1, \ldots, s_n$ voneinander gegeben; tatsächlich sind sie aber nach Satz 61 voneinander unabhängig, weil ihre Funktionaldeterminante gleich

$$\begin{vmatrix} 1 & 2x_1 & 3x_1^2 \ldots n x_1^{n-1} \\ \cdot & \cdot & \cdot \quad \cdot \quad \cdot \\ 1 & 2x_n & 3x_n^2 \ldots n x_n^{n-1} \end{vmatrix} = n! \prod_{\lambda>\mu}^{1,n} (x_\lambda - x_\mu) \quad (\text{vgl. } \S\, 22\, \text{I})$$

ist, also nicht identisch verschwindet.

Auch Darstellungen, in denen höhere Potenzsummen vorkommen, sind oft nützlich; sie sind aber nicht mehr eindeutig, da man ja die vorkommenden höheren Potenzsummen auch wieder durch die ersten n ausdrücken und so eine andere Darstellung gewinnen kann.

II. Wir behandeln jetzt einige Beispiele von symmetrischen Funktionen, bei denen sich sehr rasch eine Darstellung durch Potenzsummen ergibt. Vermöge der Newtonschen Formeln oder der Waringschen Formel kann man dann auch die Darstellung durch die Grundfunktionen daraus gewinnen.

A. Die symmetrische Funktion

$$\sum_{\lambda>\mu}^{1,n} (x_\lambda - x_\mu)^2,$$

wo die Summe über alle voneinander verschiedenen Glieder der angegebenen Form zu erstrecken ist, also $\binom{n}{2}$ Glieder hat, ist gleich dem symbolischen Produkt der beiden gleichen Matrizes

$$\begin{Vmatrix} 1 & 1 & \ldots & 1 \\ x_1 & x_2 & \ldots & x_n \end{Vmatrix}, \qquad \begin{Vmatrix} 1 & 1 & \ldots & 1 \\ x_1 & x_2 & \ldots & x_n \end{Vmatrix},$$

(vgl. die Formeln (18) und (25) des § 26, wo $k = n, l = 2$ zu setzen ist), also auch gleich

$$\begin{vmatrix} n & s_1 \\ s_1 & s_2 \end{vmatrix} = n s_2 - s_1^2.$$

Von hier aus kann man vermittels der Formeln (8) des § 32 sofort zu der Darstellung durch die symmetrischen Grundfunktionen gelangen:

$$\sum_{\lambda>\mu}^{1,n} (x_\lambda - x_\mu)^2 = n(a_1^2 - 2a_2) - a_1^2 = (n-1)\, a_1^2 - 2n\, a_2.$$

Man hätte dieses Resultat aber ebenso einfach mit den früheren Methoden gewinnen können, da man ja durch Ausquadrieren leicht findet:

$$\sum_{\lambda>\mu}^{1,n} (x_\lambda - x_\mu)^2 = (n-1)\, s_2 - 2 s_{11}.$$

B. Dasselbe Verfahren läßt sich auf die allgemeinere symmetrische Funktion anwenden:

$$\sum_{\lambda>\mu}^{1,n} (x_\lambda x_\mu)^p (x_\lambda^q - x_\mu^q)(x_\lambda^r - x_\mu^r),$$

wobei die Summe wieder $\binom{n}{2}$ Glieder hat. Sie ist nämlich gleich dem symbolischen Produkt der beiden Matrizes

$$\begin{Vmatrix} 1 & 1 & \ldots & 1 \\ x_1^q & x_2^q & \ldots & x_n^q \end{Vmatrix}, \quad \begin{Vmatrix} x_1^p & x_2^p & \ldots & x_n^p \\ x_1^{p+r} & x_2^{p+r} & \ldots & x_n^{p+r} \end{Vmatrix},$$

und also auch gleich

$$\begin{vmatrix} s_p & s_{q+p} \\ s_{p+r} & s_{p+q+r} \end{vmatrix} = s_p\, s_{p+q+r} - s_{p+q}\, s_{p+r}.$$

C. Die symmetrische Funktion

$$\prod_{\lambda>\mu}^{1,n} (x_\lambda - x_\mu)^2,$$

wo das Produkt $\binom{n}{2}$ Faktoren hat, ist nach § 22 I gleich dem Determinantenquadrat

$$\begin{vmatrix} 1 & x_1 & x_1^2 & \ldots & x_1^{n-1} \\ \cdot & \cdot & \cdot & \cdot & \cdot \\ 1 & x_n & x_n^2 & \ldots & x_n^{n-1} \end{vmatrix}^2,$$

also, wenn man die Produktregel für Determinanten anwendet und dabei die Spalten mit Spalten kombiniert, gleich

$$\begin{vmatrix} n & s_1 & s_2 & \ldots & s_{n-1} \\ s_1 & s_2 & s_3 & \ldots & s_n \\ \cdot & \cdot & \cdot & \cdot & \cdot \\ s_{n-1} & s_n & s_{n+1} & \ldots & s_{2n-2} \end{vmatrix}.$$

Im nächsten Kapitel werden wir für diese symmetrische Funktion auch eine Darstellung mit Hilfe der symmetrischen Grundfunktionen, ebenfalls in Determinantenform, kennenlernen (§ 44 III). Hier wollen wir nur für $n = 3$ mit Hilfe der Newtonschen Formeln die Rechnung durchführen. Es handelt sich dann um die Determinante

$$\begin{vmatrix} 3 & s_1 & s_2 \\ s_1 & s_2 & s_3 \\ s_2 & s_3 & s_4 \end{vmatrix}.$$

Addiert man zu den Elementen der letzten Zeile die mit a_1 multiplizierten Elemente der zweiten und die mit a_2 multiplizierten Elemente der ersten Zeile, so geht die letzte Zeile wegen der Newtonschen Formeln [1]) über in:

[1]) Dabei beachte man, daß $n = 3$, also $a_4 = 0$ zu setzen ist.

$$a_2, \quad -3a_3, \quad -a_3 s_1.$$

Ebenso geht die zweite Zeile, wenn man die mit a_1 multiplizierten Elemente der ersten addiert, über in:

$$2a_1, \quad -2a_2, \quad -a_2 s_1 - 3a_3.$$

Die Determinante wird also:

$$\begin{vmatrix} 3 & s_1 & s_2 \\ 2a_1 & -2a_2 & -a_2 s_1 - 3a_3 \\ a_2 & -3a_3 & -a_3 s_1 \end{vmatrix} = \begin{vmatrix} 3 & -a_1 & a_1^2 - 2a_2 \\ 2a_1 & -2a_2 & a_1 a_2 - 3a_3 \\ a_2 & -3a_3 & a_1 a_3 \end{vmatrix},$$

oder nach leichter Ausrechnung:

$$a_1^2 a_2^2 - 4a_1^3 a_3 - 4a_2^3 + 18 a_1 a_2 a_3 - 27 a_3^2.$$

D. Allgemeiner erhält man auch eine symmetrische Funktion, wenn man aus den n Variabeln auf alle möglichen Arten m Variable $x_{k_1}, x_{k_2}, \ldots, x_{k_m}$, wobei $k_1 < k_2 < \cdots < k_m$ ist, auswählt, mit ihnen das Produkt

$$\prod_{\lambda > \mu}^{1, m} (x_{k_\lambda} - x_{k_\mu})^2$$

bildet und dann alle derartigen Produkte, deren Anzahl gleich $\binom{n}{m}$ ist, addiert. Diese symmetrische Funktion ist wieder leicht durch Potenzsummen darzustellen. Das obige Produkt ist nämlich gleich

$$\begin{vmatrix} 1 & x_{k_1} & \ldots & x_{k_1}^{m-1} \\ 1 & x_{k_2} & \ldots & x_{k_2}^{m-1} \\ \cdot & \cdot & \cdot & \cdot \\ 1 & x_{k_m} & \ldots & x_{k_m}^{m-1} \end{vmatrix}^2 = \begin{vmatrix} 1 & 1 & \ldots & 1 \\ x_{k_1} & x_{k_2} & \ldots & x_{k_m} \\ \cdot & \cdot & \cdot & \cdot \\ x_{k_1}^{m-1} & x_{k_2}^{m-1} & \ldots & x_{k_m}^{m-1} \end{vmatrix}^2,$$

und daher ist die Summe aller Produkte nach § 26 IV gleich dem symbolischen Produkt der beiden gleichen Matrizes

$$\begin{Vmatrix} 1 & 1 & \ldots & 1 \\ x_1 & x_2 & \ldots & x_n \\ \cdot & \cdot & \cdot & \cdot \\ x_1^{m-1} & x_2^{m-1} & \ldots & x_n^{m-1} \end{Vmatrix}, \quad \begin{Vmatrix} 1 & 1 & \ldots & 1 \\ x_1 & x_2 & \ldots & x_n \\ \cdot & \cdot & \cdot & \cdot \\ x_1^{m-1} & x_2^{m-1} & \ldots & x_n^{m-1} \end{Vmatrix},$$

und also gleich der Determinante

$$\begin{vmatrix} n & s_1 & s_2 & \ldots & s_{m-1} \\ s_1 & s_2 & s_3 & \ldots & s_m \\ \cdot & \cdot & \cdot & \cdot & \cdot \\ s_{m-1} & s_m & s_{m+1} & \ldots & s_{2m-2} \end{vmatrix}.$$

Speziell für $m = 3$ ergibt sich die Formel

$$\sum_{j<k<l}^{1, n} (x_k - x_j)^2 (x_l - x_j)^2 (x_l - x_k)^2 = \begin{vmatrix} n & s_1 & s_2 \\ s_1 & s_2 & s_3 \\ s_2 & s_3 & s_4 \end{vmatrix}$$

Wenn man diese Determinante ebenso umformt wie vorhin, geht sie über in:

$$\begin{vmatrix} n & -a_1 & a_1^2 - 2a_2 \\ (n-1)\,a_1 & -2a_2 & a_1 a_2 - 3a_3 \\ (n-2)\,a_2 & -3a_3 & a_1 a_3 - 4a_4 \end{vmatrix},$$

und durch Ausrechnung ergibt sich schließlich:

$$\sum_{j<k<l}^{1,n} (x_k - x_j)^2 (x_l - x_j)^2 (x_l - x_k)^2$$
$$= (n-2)\,a_1^2 a_2^2 - (2n-2)\,a_1^3 a_3 - (4n-8)\,a_2^3 + (10n-12)\,a_1 a_2 a_3$$
$$- (4n-4)\,a_1^2 a_4 - 9na_3^2 + 8na_2 a_4.$$

Fünftes Kapitel.

Teilbarkeit.

§ 36. Teilbarkeit von Polynomen einer Variabeln.

I. Die Grundlage für die Teilbarkeitsgesetze bildet der

Satz 71. *Sind*

$$F(x) = a_0 x^m + a_1 x^{m-1} + \cdots + a_m,$$
$$f(x) = b_0 x^n + b_1 x^{n-1} + \cdots + b_n$$

Polynome und verschwindet $f(x)$ nicht identisch, so gibt es ein und nur ein Paar von Polynomen $q(x)$, $r(x)$ derart, daß $r(x)$ von geringerem Grad ist als $f(x)$ und daß die Gleichung

$$F(x) = f(x)\, q(x) + r(x).$$

besteht. Die Koeffizienten von $q(x)$ gehören dabei, wenn n der Grad von $f(x)$, also $b_0 \neq 0$ ist, dem Ring $\Re\left(\frac{a_0}{b_0}, \ldots, \frac{a_m}{b_0}, \frac{b_1}{b_0}, \ldots, \frac{b_n}{b_0}\right)$, also gewiß dem Körper $\mathfrak{K}(a_0, \ldots, a_m, b_0, \ldots, b_n)$ an; ebenso die durch b_0 dividierten Koeffizienten von $r(x)$.

Beim Beweis wollen wir $m \geqq n$ voraussetzen, indem wir das Polynom $F(x)$ nötigenfalls durch Glieder mit verschwindenden Koeffizienten ergänzen [1]). Dann ist der Grad von $F(x) - r(x)$ höchstens gleich m, und daher kann der Grad von $q(x)$ nach Satz 5 höchstens gleich $m - n$ sein. Setzt man daher versuchsweise

$$q(x) = q_0 x^{m-n} + q_1 x^{m-n-1} + \cdots + q_{m-n},$$

und, falls $n > 0$ ist,

$$r(x) = r_0 x^{n-1} + r_1 x^{n-2} + \cdots + r_{n-1},$$

so muß

$$a_0 x^m + \cdots + a_m = (b_0 x^n + \cdots + b_n)(q_0 x^{m-n} + \cdots + q_{m-n})$$
$$+ (r_0 x^{n-1} + \cdots + r_{n-1})$$

sein, wobei für $n = 0$ die letzte Klammergröße wegfällt. Diese Gleichung ist aber gleichbedeutend mit dem folgenden System von $m + 1$ Bedingungsgleichungen für die $m + 1$ unbekannten Koeffizienten q_μ, r_ν:

---

[1]) Der Ring, von dem in Satz 71 die Rede ist, ändert sich dadurch natürlich nicht.

$$\left.\begin{aligned} a_0 &= b_0\, q_0, \\ a_1 &= b_0\, q_1 + b_1\, q_0, \\ &\cdots\cdots\cdots\cdots\cdots \\ a_{m-n} &= b_0\, q_{m-n} + b_1\, q_{m-n-1} + \cdots + b_{m-n}\, q_0 \end{aligned}\right\} \; m-n+1 \text{ Gleichungen,}$$

$$\left.\begin{aligned} a_{m-n+1} &= b_1\, q_{m-n} + \cdots + b_{m-n+1}\, q_0 + r_0\,, \\ a_{m-n+2} &= b_2\, q_{m-n} + \cdots + b_{m-n+2}\, q_0 + r_1\,, \\ &\cdots\cdots\cdots\cdots\cdots \\ a_m &= b_n q_{m-n} + r_{n-1} \end{aligned}\right\} \; \begin{gathered} n \text{ Gleichungen} \\ (\text{nur für } n > 0), \end{gathered}$$

wo die b_ν, deren Index größer als n sein sollte, durch 0 zu ersetzen sind. Nun findet man aus den ersten $m - n + 1$ dieser Gleichungen, wenn man sie durch b_0 dividiert, der Reihe nach eindeutig $q_0, q_1, \ldots, q_{m-n}$ und sodann, wenn $n > 0$ ist, aus den letzten n ebenso eindeutig $r_0, r_1, \ldots, r_{n-1}$, und zwar alles innerhalb des angegebenen Ringes, womit der Satz bewiesen ist.

II. **Definition.** Das Polynom $F(x)$ heißt durch das nicht identisch verschwindende Polynom $f(x)$ teilbar, wenn der Quotient $\frac{F(x)}{f(x)}$ gleich einem Polynom $q(x)$ ist. $f(x)$ heißt dann ein Teiler von $F(x)$.

Insbesondere ist hiernach jedes nicht identisch verschwindende Polynom ein Teiler von sich selbst.

Man kann die Bedingung der Teilbarkeit auch so ausdrücken, daß das in Satz 71 auftretende Polynom $r(x)$ identisch verschwindet, weil ja $\frac{r(x)}{f(x)}$ ein Polynom sein muß. Aus Satz 71 ergibt sich daher speziell

Satz 72. *Ist das Polynom $F(x) = a_0\, x^m + \cdots + a_m$ teilbar durch das Polynom $f(x) = b_0 x^n + \cdots + b_n$, wo $b_0 \neq 0$, so ist der Quotient ein Polynom, dessen Koeffizienten dem Ring $\Re\left(\frac{a_0}{b_0}, \ldots, \frac{a_m}{b_0}, \frac{b_1}{b_0}, \ldots, \frac{b_n}{b_0}\right)$, also gewiß dem Körper $\Re(a_0, \ldots, a_m, b_0, \ldots, b_n)$ angehören.*

Wendet man Satz 71 speziell auf das lineare Polynom $f(x) = x - a$ an, so liefert er die Formel

$$F(x) = (x - a)\, q(x) + r,$$

wo r eine Konstante ist. Um sie zu berechnen, setzen wir für x die spezielle Größe a ein; es ergibt sich: $F(a) = r$, und wenn man das oben einsetzt, erhält man:

$$F(x) = (x - a)\, q(x) + F(a).$$

Da $r = 0$ die Bedingung für Teilbarkeit ist, folgt hieraus

Satz 73. *Ein Polynom $F(x)$ ist dann und nur dann durch $x - a$ teilbar, wenn $F(a)$ verschwindet. Der Quotient ist dann ein Polynom, dessen Koeffizienten dem durch die Größe a und die Koeffizienten von $F(x)$ bestimmten Ring angehören.*

Aus der Definition der Teilbarkeit folgen weiter sogleich die drei folgenden Tatsachen:

1. Ist $F(x)$ teilbar durch $f(x)$ und ist $G(x)$ ein beliebiges Polynom, so ist auch das Produkt $F(x)G(x)$ teilbar durch $f(x)$.

2. Sind $F_1(x)$, $F_2(x)$ teilbar durch $f(x)$, so ist auch $F_1(x) \pm F_2(x)$ teilbar durch $f(x)$, und allgemeiner ist auch $F_1(x)\,G_1(x) \pm F_2(x)\,G_2(x)$, wenn $G_1(x)$, $G_2(x)$ beliebige Polynome sind, teilbar durch $f(x)$. Denn aus

$$F_1(x) = f(x)\,q_1(x), \qquad F_2(x) = f(x)\,q_2(x)$$

folgt ja

$$F_1(x)\,G_1(x) \pm F_2(x)\,G_2(x) = f(x) \cdot [q_1(x)G_1(x) \pm q_2(x)G_2(x)].$$

3. Ist $f(x)$ ein Teiler von $F(x)$, so ist $cf(x)$, wenn c eine von 0 verschiedene Konstante, ebenfalls ein Teiler von $F(x)$. Zwei solche Teiler, deren Quotient also eine von 0 verschiedene Konstante ist, heißen (miteinander) äquivalent. So gibt es zu jedem Teiler unendlich viele äquivalente, die dann auch miteinander äquivalent sind. Unter allen äquivalenten Teilern werden wir häufig denjenigen eindeutig bestimmten bevorzugen, bei dem die höchste vorkommende Potenz von x den Koeffizienten 1 hat.

Man erkennt leicht, daß zwei Teiler $f_1(x)$, $f_2(x)$ dann und nur dann äquivalent sind, wenn jeder durch den andern teilbar ist. Denn wenn sie äquivalent sind, wenn also $f_2(x) = cf_1(x)$ ist, so ist jeder durch den andern teilbar; umgekehrt, wenn jeder durch den andern teilbar ist, so sind die Quotienten

$$\frac{f_1(x)}{f_2(x)}, \quad \frac{f_2(x)}{f_1(x)}$$

Polynome und, da ihr Produkt gleich 1, also vom Grad 0 ist, müssen sie nach Satz 5 ebenfalls vom Grad 0, also Konstanten sein.

Ist ein Polynom $f(x)$ auf zwei Arten in gleich viele Faktoren, die dann Teiler von $f(x)$ sind, zerlegt:

$$f(x) = \prod_{\nu=1}^{n} g_\nu(x) = \prod_{\nu=1}^{n} h_\nu(x),$$

und sind dabei die Faktoren des ersten Produktes von der Reihenfolge abgesehen mit den Faktoren des zweiten Produktes äquivalent, so heißen auch die zwei Zerlegungen (miteinander) äquivalent. So kann man zu jeder Zerlegung unendlich viele äquivalente Zerlegungen angeben, die dann auch miteinander äquivalent sind. Beispielsweise sind die Zerlegungen

$$\begin{aligned} 2x^2 - 8 &= (2x - 4)\,(x + 2) = (2x + 4)\,(x - 2) \\ &= (\sqrt{2}x + \sqrt{8})\,(\sqrt{2}x - \sqrt{8}) \end{aligned}$$

äquivalent, während unter den drei Zerlegungen

$$x^3 - x = (x^2 - 1)\,x = (x^2 - x)\,(x + 1) = (x^2 + x)\,(x - 1)$$

keine zwei äquivalenten sind.

III. Nunmehr beweisen wir eine wichtige Satzgruppe von Gauß (Disquisitiones arithmeticae § 42, Werke, Bd. 1, S. 34), wozu sich später bemerkenswerte Analoga ergeben werden.

Satz 74. *Sind die Koeffizienten von zwei Polynomen $f(x)$, $g(x)$ ganze Zahlen und sind die Koeffizienten des Produktes $f(x)\,g(x)$ alle durch eine Primzahl p teilbar, so sind die Koeffizienten von wenigstens einem der beiden Polynome $f(x)$, $g(x)$ ebenfalls alle durch p teilbar.*

Satz 75. *Sind die Koeffizienten des Polynoms $a_0x^m + \cdots + a_m$ ganze Zahlen und kennt man eine Zerlegung*

$$a_0x^m + \cdots + a_m = (b_0x^n + \cdots + b_n)\,(c_0x^{m-n} + \cdots + c_{m-n}),$$

wobei die b_ν, c_ν rationale Zahlen sind, so gibt es eine äquivalente Zerlegung

$$a_0x^m + \cdots + a_m = (b_0'x^n + \cdots + b_n')\,(c_0'x^{m-n} + \cdots + c_{m-n}'),$$

wo die b_ν', c_ν' sogar ganze Zahlen sind.

Satz 76. *Ist das Polynom $x^m + a_1x^{m-1} + \cdots + a_m$ teilbar durch das Polynom $x^n + b_1x^{n-1} + \cdots + b_n$ und sind die a_ν ganze, die b_ν wenigstens rationale Zahlen, so sind die b_ν notwendig ganze Zahlen.*

Zum Beweis von Satz 74 sei

$$\begin{aligned} f(x) &= b_0x^n + b_1x^{n-1} + \cdots + b_n,\\ g(x) &= c_0x^l + c_1x^{l-1} + \cdots + c_l,\\ f(x)\,g(x) &= a_0x^{n+l} + a_1x^{n+l-1} + \cdots + a_{n+l}. \end{aligned}$$

Nach Voraussetzung sind alle a_ν durch die Primzahl p teilbar. Nimmt man nun an, weder alle b_ν, noch alle c_ν seien durch p teilbar, so sei b_r die erste nicht durch p teilbare unter den Zahlen $b_0, \ldots, b_n$, und sei c_s die erste nicht durch p teilbare unter den Zahlen $c_0, \ldots, c_l$. Dann ist in der Formel

$$a_{r+s} = \cdots + b_{r-1}c_{s+1} + b_rc_s + b_{r+1}c_{s-1} + \cdots$$

rechts das Glied b_rc_s nicht durch p teilbar, wohl aber ist jedes vorausgehende Glied wegen seines ersten Faktors und jedes nachfolgende Glied wegen seines zweiten Faktors durch p teilbar. Somit ist die ganze rechte Seite und also auch a_{r+s} nicht durch p teilbar, entgegen der Voraussetzung. Die Annahme war also falsch, und Satz 74 ist damit bewiesen.

Zum Beweis von Satz 75 setzen wir

$$b_\nu = \frac{\beta_\nu}{\beta}, \quad c_\nu = \frac{\gamma_\nu}{\gamma},$$

wo $\beta_\nu, \beta, \gamma_\nu, \gamma$ ganze Zahlen sind; dann ist

$$\beta\gamma(a_0x^m + \cdots + a_m) = (\beta_0x^n + \cdots + \beta_n)\,(\gamma_0x^{m-n} + \cdots + \gamma_{m-n}).$$

Die Koeffizienten des rechtsstehenden Produktes sind also durch $\beta\gamma$ teilbar. Daher geht nach Satz 74 jeder in $\beta\gamma$ enthaltene Primfaktor auch in allen β_ν oder in allen γ_ν auf und läßt sich daher wegheben. So kann man die Primfaktoren von $\beta\gamma$ der Reihe nach wegheben, bis keiner mehr übrig ist; dann hat man eine Zerlegung der gewünschten Art.

Satz 76 ist eigentlich nur ein Spezialfall von Satz 75. Setzt man nämlich

$$\begin{aligned} &x^m + a_1x^{m-1} + \cdots + a_m\\ &= (x^n + b_1x^{n-1} + \cdots + b_n)\,(x^{m-n} + c_1x^{m-n-1} + \cdots + c_{m-n}), \end{aligned}$$

so sind die c_ν nach Satz 72 ebenfalls rationale Zahlen. Ist nun

$$x^m + a_1 x^{m-1} + \cdots + a_m$$
$$= (b_0' x^n + b_1' x^{n-1} + \cdots + b_n')(c_0' x^{m-n} + c_1' x^{m-n-1} + \cdots + c_{m-n}')$$

eine äquivalente Zerlegung mit ganzzahligen b_ν', c_ν' (Satz 75), so muß $b_0' c_0' = 1$, also $b_0' = \pm 1$, $c_0' = \pm 1$ sein und folglich, weil die Zerlegungen äquivalent sind, auch $b_\nu' = \pm b_\nu$, $c_\nu' = \pm c_\nu$. Die b_ν, c_ν sind also ganze Zahlen.

§ 37. Der größte gemeinsame Teiler von Polynomen einer Variabeln.

I. Die Teilbarkeitsgesetze für Polynome einer Variabeln sind im wesentlichen die gleichen, wie sie auch im Bereich der ganzen Zahlen herrschen. Um zu ihnen zu gelangen, prüfen wir zunächst die Frage nach den gemeinsamen Teilern von zwei Polynomen, wobei wir die Variable x bei den Funktionszeichen der Kürze halber unterdrücken wollen. Dazu dient ein Prozeß, der dem bekannten Euklidischen Algorithmus zur Bestimmung des größten gemeinsamen Teilers von zwei ganzen Zahlen nachgebildet ist.

Sind f_1, f_2 zwei Polynome und ist f_2 nicht identisch 0, so gibt es nach Satz 71 zwei eindeutig bestimmte Polynome q_1 und f_3 derart, daß f_3 von geringerem Grad als f_2 ist und daß

$$(1_1) \qquad f_1 = f_2 q_1 + f_3.$$

Wenn nun f_3 nicht identisch 0, so gibt es analog zwei Polynome q_2 und f_4 derart, daß f_4 von geringerem Grad als f_3 ist und daß

$$(1_2) \qquad f_2 = f_3 q_2 + f_4.$$

Wenn f_4 noch immer nicht identisch 0 ist, kann man in gleicher Weise fortfahren und erhält so allgemein:

$$(1_\nu) \qquad f_\nu = f_{\nu+1} q_\nu + f_{\nu+2}.$$

Das Verfahren läßt sich fortsetzen, solange $f_{\nu+2}$ nicht identisch verschwindet. Da aber der Grad von $f_{\nu+2}$ mit wachsendem ν immer kleiner wird, kann das Verfahren nicht unbegrenzt weitergehen, sondern muß einmal dadurch zu Ende kommen, daß ein $f_{\nu+2}$ identisch verschwindet. Tritt das etwa für $\nu = n$ ein, so sind die letzten zwei Gleichungen die folgenden:

$$(1_{n-1}) \qquad f_{n-1} = f_n q_{n-1} + f_{n+1},$$
$$(1_n) \qquad f_n = f_{n+1} q_n.$$

Nun sei g ein gemeinsamer Teiler von f_1 und f_2. Nach (1_1) ist dann g auch Teiler von f_3, also ein gemeinsamer Teiler von f_2 und f_3. Nach (1_2) ist dann g auch Teiler von f_4, also ein gemeinsamer Teiler von f_3 und f_4. So weiterschließend erkennt man, daß g auch Teiler von f_{n+1} ist. Umgekehrt ist aber jeder Teiler von f_{n+1} auch wirklich ein gemeinsamer Teiler von f_1 und f_2. Denn ein Teiler von f_{n+1} ist nach (1_n) auch Teiler von f_n, also nach (1_{n-1}) auch Teiler von f_{n-1}, und so weiter rückwärtsschließend findet man, daß er auch Teiler von f_2 und von f_1 ist.

Die gemeinsamen Teiler von f_1 und f_2 sind daher identisch mit den Teilern des Polynoms f_{n+1}; insbesondere ist f_{n+1} selbst ein gemeinsamer Teiler.

Jeder mit f_{n+1} äquivalente Teiler g hat augenscheinlich dieselbe Eigenschaft, daß nämlich die gemeinsamen Teiler von f_1 und f_2 identisch sind mit den Teilern von g. Umgekehrt, wenn ein gemeinsamer Teiler g diese Eigenschaft hat, ist er, weil dann sowohl g ein Teiler von f_{n+1} als auch f_{n+1} ein Teiler von g ist, mit f_{n+1} äquivalent (vgl. S. 171 Mitte). Unter allen mit f_{n+1} äquivalenten Teilern ist einer, bei dem die höchste vorkommende Potenz von x den Koeffizienten 1 hat; er entsteht, indem man f_{n+1} durch den Koeffizienten der höchsten Potenz von x dividiert. Diesen eindeutig bestimmten Teiler nennen wir den größten gemeinsamen Teiler von f_1 und f_2.

Ist $\mathfrak{k}$ der durch die Koeffizienten von f_1 und f_2 bestimmte Körper, so gehören wegen (1_1) die Koeffizienten von f_3 nach Satz 71 ebenfalls dem Körper $\mathfrak{k}$ an, sodann wegen (1_2) die Koeffizienten von f_4 ebenfalls, und so fortschließend erkennt man schließlich aus (1_{n-1}), daß auch die Koeffizienten von f_{n+1} dem Körper $\mathfrak{k}$ angehören. Wenn man dann f_{n+1} noch durch den Koeffizienten der höchsten Potenz dividiert, gehören die neuen Koeffizienten ebenfalls dem Körper $\mathfrak{k}$ an.

Diese Ergebnisse lassen sich sofort auf mehr als zwei Polynome übertragen. Hat man n Polynome

$$F_1, F_2, \ldots, F_n$$

und verschwindet mindestens eines, etwa F_1, nicht identisch, so sei

d_1 der größte gemeinsame Teiler von	F_1 und	F_2,
d_2 „ „ „ „ „	d_1 „	F_3,
d_3 „ „ „ „ „	d_2 „	F_4,
. . . .	. . .	. . .
d_{n-1} „ „ „ „ „	d_{n-2} „	F_n.

Die Koeffizienten von $d_1, d_2, \ldots, d_{n-1}$ erweisen sich dann der Reihe nach als dem durch die Koeffizienten von $F_1, \ldots, F_n$ bestimmten Körper angehörig. Nun ist jeder gemeinsame Teiler von $F_1, \ldots, F_n$ auch Teiler von d_1, also gemeinsamer Teiler von d_1 und F_3 und folglich auch Teiler von d_2 usw., schließlich auch Teiler von d_{n-1}. Umgekehrt ist jeder Teiler von d_{n-1} auch gemeinsamer Teiler von F_n und d_{n-2}, folglich auch von F_{n-1} und d_{n-3} usw., schließlich auch Teiler von F_2 und F_1. Natürlich ist d_{n-1} durch diese Eigenschaften und die Forderung, daß der Koeffizient der höchsten vorkommenden Potenz von x gleich 1 sein soll, wieder eindeutig bestimmt. Zusammenfassend ergibt sich also der

Satz 77. *Wenn von n Polynomen $F_1(x), \ldots, F_n(x)$ mindestens eines nicht identisch verschwindet, so haben sie einen gemeinsamen Teiler $d(x)$, der dadurch eindeutig bestimmt ist, daß die höchste in ihm vorkommende Potenz von x den Koeffizienten 1 hat und daß jeder gemeinsame Teiler der n Polynome auch ein Teiler von $d(x)$ ist. $d(x)$ heißt der größte gemeinsame Teiler der n Polynome; seine Koeffizienten gehören dem durch die Koeffizienten der n Polynome bestimmten Körper an.*

II. Der größte gemeinsame Teiler von n Polynomen läßt eine bemerkenswerte Darstellung zu, der man ohne weiteres ansieht, daß jeder gemeinsame Teiler auch in ihm als Teiler enthalten ist:

Satz 78. *Wenn von n Polynomen $F_1(x), \ldots, F_n(x)$ mindestens eines nicht identisch verschwindet, so daß sie einen größten gemeinsamen Teiler $d(x)$ haben, so läßt sich $d(x)$ auf mannigfache Art in der Form darstellen:*

$$d(x) = F_1(x)\,\Phi_1(x) + \cdots + F_n(x)\,\Phi_n(x),$$

wo $\Phi_1(x), \ldots, \Phi_n(x)$ Polynome sind, deren Koeffizienten dem durch die Koeffizienten von $F_1(x), \ldots, F_n(x)$ bestimmten Körper $\mathfrak{k}$ angehören.

Wir beweisen den Satz zunächst für zwei Polynome; diese seien f_1 und f_2, und es sei f_2 nicht identisch 0. Wir stellen nun wieder die Gleichungskette (1_1) bis (1_n) auf und beweisen zunächst die Formel

$$f_\mu = f_1 G_\mu + f_2 H_\mu, \tag{2}$$

wo G_μ, H_μ Polynome mit Koeffizienten aus dem Körper $\mathfrak{k}$ sind. Wegen

$$f_1 = f_1 \cdot 1 + f_2 \cdot 0,$$
$$f_2 = f_1 \cdot 0 + f_2 \cdot 1$$

ist die Formel (2) jedenfalls für $\mu = 1$ und $\mu = 2$ richtig. Wenn sie aber für $\mu = \nu$ und $\mu = \nu + 1$ gilt, so folgt aus (1_ν):

$$\begin{aligned} f_{\nu+2} &= f_\nu - f_{\nu+1}\, q_\nu \\ &= f_1 G_\nu + f_2 H_\nu - (f_1 G_{\nu+1} + f_2 H_{\nu+1})\, q_\nu \\ &= f_1 (G_\nu - G_{\nu+1} q_\nu) + f_2 (H_\nu - H_{\nu+1} q_\nu) \\ &= f_1 G_{\nu+2} + f_2 H_{\nu+2}. \end{aligned}$$

Die Formel (2) gilt also auch für $\mu = \nu + 2$ und daher allgemein. Insbesondere ist

$$f_{n+1} = f_1 G_{n+1} + f_2 H_{n+1}.$$

Da aber der größte gemeinsame Teiler d gleich $c f_{n+1}$ ist, wo c eine Konstante des Körpers $\mathfrak{k}$, so folgt:

$$d = f_1 \cdot c G_{n+1} + f_2 \cdot c H_{n+1},$$

und das ist eine Darstellung der verlangten Art.

Damit ist Satz 78 zunächst für $n = 2$ bewiesen. Um ihn allgemein zu beweisen, betrachten wir wieder die Polynome $d_1, \ldots, d_{n-1}$ von S. 174, deren letztes der größte gemeinsame Teiler von $F_1, \ldots, F_n$ ist. Nach dem Bewiesenen gibt es dann die folgenden Darstellungen:

$$\begin{aligned} d_1 &= F_1 P_1 + F_2 Q_1, \\ d_2 &= d_1 P_2 + F_3 Q_2, \\ &\cdots\cdots\cdots\cdots \\ d_{n-1} &= d_{n-2} P_{n-1} + F_n Q_{n-1}, \end{aligned}$$

wo die Koeffizienten der Polynome P_ν, Q_ν dem Körper $\mathfrak{k}$ angehören.

Wenn man hier den Ausdruck für d_1 in die zweite Gleichung einsetzt, sodann den entstehenden Ausdruck für d_2 in die dritte Gleichung usw., so erhält man schließlich für den größten gemeinsamen Teiler d_{n-1} einen Ausdruck von der in Satz 78 verlangten Form.

Die Darstellung in Satz 78 ist aber keineswegs eindeutig. Denn offenbar kann man z. B. Φ_1, Φ_2 unter Beibehaltung der übrigen Φ_ν ersetzen durch

$$\Phi_1 + F_2 H, \qquad \Phi_2 - F_1 H,$$

wo H ein beliebiges Polynom mit Koeffizienten aus $\mathfrak{k}$ ist.

III. **Definition.** n Polynome $F_1(x), \ldots, F_n(x)$ heißen (zueinander) **relativ prim,** wenn ihr größter gemeinsamer Teiler gleich 1 ist.

Dabei können $n-1$ von den n Polynomen sehr wohl einen von 1 verschiedenen größten gemeinsamen Teiler haben, brauchen also nicht zueinander relativ prim zu sein. Beispielsweise sind die drei Polynome

$$F_1(x) = (x-b)(x-c), \quad F_2(x) = (x-c)(x-a), \quad F_3(x) = (x-a)(x-b),$$

wo a, b, c voneinander verschieden sind, relativ prim. Denn jeder gemeinsame Teiler muß auch Teiler von

$$\frac{F_1(x)}{(a-b)(a-c)} + \frac{F_2(x)}{(b-c)(b-a)} + \frac{F_3(x)}{(c-a)(c-b)},$$

d. h. aber von 1 sein (vgl. § 17, Formel (18) für $f(x) = 1$). Dagegen sind je zwei dieser Polynome offenbar nicht relativ prim zueinander.

Wir beweisen nun vier Sätze über relativ prime Polynome.

Satz 79. *Haben die Polynome $F_1(x), \ldots, F_n(x)$ den größten gemeinsamen Teiler $d(x)$, so sind die Polynome $\frac{F_1(x)}{d(x)}, \ldots, \frac{F_n(x)}{d(x)}$ relativ prim.*

Hätten sie nämlich einen von 1 verschiedenen größten gemeinsamen Teiler d_1, so hätten die ursprünglichen Polynome den gemeinsamen Teiler dd_1, der kein Teiler des größten gemeinsamen Teilers d wäre.

Satz 80. *Sind $f_1(x)$ und $f_2(x)$ relativ prim und ist das Produkt $f_1(x)\,g(x)$ teilbar durch $f_2(x)$, so ist auch $g(x)$ teilbar durch $f_2(x)$.*

Da der größte gemeinsame Teiler von f_1 und f_2 gleich 1 ist, so gibt es nach Satz 78 gewisse Polynome Φ_1, Φ_2 derart, daß

$$1 = f_1 \Phi_1 + f_2 \Phi_2$$

ist. Durch Multiplikation mit g folgt hieraus:

$$g = f_1 g \Phi_1 + f_2 g \Phi_2.$$

Auf der rechten Seite sind nun beide Summanden durch f_2 teilbar; also muß auch g durch f_2 teilbar sein.

Satz 81. *Ist jedes der n Polynome $g_1(x), \ldots, g_n(x)$ relativ prim zu $f(x)$, so ist ihr Produkt $g_1(x) \cdots g_n(x)$ ebenfalls relativ prim zu $f(x)$.*

Da der größte gemeinsame Teiler von g_1 und f gleich 1 ist, so gibt es nach Satz 78 Polynome G_1, H_1 derart, daß

$$1 = g_1 G_1 + f H_1,$$

oder also

$$g_1 G_1 = 1 - f H_1$$

ist. Analog ist auch

$$g_2 G_2 = 1 - f H_2,$$

$$g_n G_n = 1 - f H_n.$$

Durch Multiplikation folgt hieraus:

$$g_1 g_2 \cdots g_n \cdot G_1 G_2 \cdots G_n = 1 - fP,$$

wo auch P ein Polynom ist. Demnach muß, wenn d der größte gemeinsame Teiler von $g_1 g_2 \cdots g_n$ und f ist, auch 1 durch d teilbar sein; also ist $d = 1$.

Satz 82. *Sind die n Polynome $f_1(x), \ldots, f_n(x)$ zu je zweien relativ prim und ist das Polynom $F(x)$ durch jedes von ihnen teilbar, so ist $F(x)$ auch durch ihr Produkt $f_1(x) \cdots f_n(x)$ teilbar.*

Die Faktoren des Produktes

$$f_1 \cdot \frac{F}{f_1}$$

sind nämlich Polynome. Ihr Produkt F ist teilbar durch f_2; da aber der erste Faktor f_1 relativ prim zu f_2 ist, so ist nach Satz 80 der zweite Faktor durch f_2 teilbar. Daher sind die beiden Faktoren des neuen Produktes

$$(f_1 f_2) \cdot \frac{F}{f_1 f_2}$$

ebenfalls Polynome, und ihr Produkt F ist teilbar durch f_3; aber der erste Faktor ist, da f_1 und f_2 nach Voraussetzung relativ prim zu f_3 sind, nach Satz 81 ebenfalls relativ prim zu f_3, also ist nach Satz 80 der zweite Faktor durch f_3 teilbar. Daher sind auch die beiden Faktoren des neuen Produktes

$$(f_1 f_2 f_3) \cdot \frac{F}{f_1 f_2 f_3}$$

wieder Polynome, und ihr Produkt F ist durch f_4 teilbar. Aber der erste Faktor ist nach Satz 81 relativ prim zu f_4, also muß der zweite Faktor durch f_4 teilbar sein usw.

§ 38. Reduzibilität und Irreduzibilität.

I. Wir legen jetzt einen beliebigen Körper $\mathfrak{k}$ zugrunde, dem die Koeffizienten aller vorkommenden Polynome angehören sollen. Ein Polynom $f(x)$ ist dann immer durch sich selbst und durch 1 teilbar; diese und die damit äquivalenten Teiler nennen wir trivial, alle anderen nichttrivial.

Das identisch verschwindende Polynom 0 ist durch jedes andere Polynom teilbar. Ein Polynom vom Grad 0 hat offenbar nur triviale Teiler. Ebenso ein Polynom vom ersten Grad; denn wenn es einen nichttrivialen Teiler hätte, also in zwei Faktoren mindestens ersten Grades zerfiele, so müßte ja sein Grad mindestens gleich 2 sein. Bei Polynomen höheren Grades aber muß die Frage, ob nichttriviale Teiler vorhanden sind, unter Umständen ganz verschieden beantwortet werden je nach dem Körper, den wir zugrunde legen. Handelt es sich z. B. um den Körper der reellen Zahlen, so hat das Polynom $x^2 + 1$ nur triviale Teiler; wird aber der Körper der komplexen Zahlen zugrunde gelegt, so sind noch die Teiler $x - i$ und $x + i$ (und die damit äquivalenten) vorhanden. Ebenso hat das Polynom $x^2 - 2$ im Körper $\mathfrak{R}(1)$ nur triviale Teiler; im Körper $\mathfrak{R}(\sqrt{2})$ und erst recht im Körper aller reellen oder aller komplexen Zahlen aber sind noch die Teiler $x - \sqrt{2}$ und $x + \sqrt{2}$ vorhanden. Das gibt Veranlassung zu der

Definition. Ein Polynom positiven Grades $f(x)$ heißt in einem Körper $\mathfrak{k}$, dem auch die Koeffizienten von $f(x)$ angehören müssen, **reduzibel**, wenn es (mindestens) einen nichttrivialen Teiler mit Koeffizienten aus $\mathfrak{k}$ hat. Andernfalls heißt $f(x)$ in $\mathfrak{k}$ **irreduzibel.**

Ist $d(x)$ ein nichttrivialer Teiler mit Koeffizienten aus $\mathfrak{k}$, so hat nach Satz 72 das Polynom $\frac{f(x)}{d(x)} = g(x)$ ebenfalls Koeffizienten aus $\mathfrak{k}$. Man kann daher die Definition auch so fassen, daß das Polynom $f(x)$ in $\mathfrak{k}$ reduzibel heißt, wenn es als Produkt von zwei nichttrivialen Teilern mit Koeffizienten aus $\mathfrak{k}$ dargestellt werden kann.

Ein Polynom ersten Grades ist, da es nur triviale Teiler hat, in jedem Körper irreduzibel. Weiter ist klar, daß ein im Körper $\mathfrak{k}$ reduzibles Polynom auch in jedem Erweiterungskörper $\mathfrak{k}_1$ von $\mathfrak{k}$ (vgl. Anfang des § 4) reduzibel ist. Dagegen kann ein in $\mathfrak{k}$ irreduzibles Polynom in $\mathfrak{k}_1$ sehr wohl reduzibel werden. So ist $x^2 + 1$ in $\mathfrak{R}(1)$ irreduzibel, in $\mathfrak{R}(i)$ aber reduzibel.

Satz 83. *Wenn die Koeffizienten der $n + 1$ Polynome $F_1(x), \ldots, F_n(x)$, $f(x)$ einem Körper $\mathfrak{k}$ angehören, wenn ferner $f(x)$ in $\mathfrak{k}$ irreduzibel ist und wenn das Produkt $F_1(x) \ldots F_n(x)$ durch $f(x)$ teilbar ist, so ist wenigstens einer der Faktoren $F_\nu(x)$ durch $f(x)$ teilbar.*

Beweis. Sei d_ν der größte gemeinsame Teiler von F_ν und f. Nach Satz 77 hat d_ν Koeffizienten aus $\mathfrak{k}$. Da aber f in $\mathfrak{k}$ irreduzibel ist, muß d_ν ein trivialer Teiler von f sein. Daher ist entweder d_ν mit f äquivalent, also F_ν durch f teilbar, oder es ist $d_\nu = 1$, also F_ν zu f relativ prim. Wenn also keines der Polynome F_ν durch f teilbar wäre, so wären sie alle relativ prim zu f, und nach Satz 81 wäre auch ihr Produkt relativ prim zu f, während es doch durch f teilbar ist.

II. Nunmehr können wir auch den Fundamentalsatz beweisen, der dem Satz von der eindeutigen Zerlegung einer ganzen Zahl in Primfaktoren entspricht:

Satz 84. *Ein Polynom positiven Grades $F(x)$ ist in einem Körper $\mathfrak{k}$, dem auch die Koeffizienten von $F(x)$ angehören müssen, entweder selbst irreduzibel oder es läßt sich in irreduzible Faktoren zerlegen:*

$$F(x) = \prod_{\nu=1}^{n} f_\nu(x),$$

und zwar von äquivalenten Zerlegungen abgesehen nur auf eine Art.

Ist das Polynom F reduzibel, so kann man es in zwei Faktoren geringeren Grades zerlegen. Ist (mindestens) einer von diesen wieder reduzibel, so kann man ihn weiter zerlegen, und da bei jeder Zerlegung die Faktoren von geringerem Grad werden, muß das Verfahren einmal zu Ende kommen, indem nur noch irreduzible Faktoren da sind. Damit ist bereits eine Zerlegung der verlangten Art gewonnen. Hat man nun zwei solche Zerlegungen

$$(1) \qquad F = \prod_{\nu=1}^{n} f_\nu = \prod_{\mu=1}^{m} g_\mu,$$

so ist das erste Produkt teilbar durch g_1, also muß nach Satz 83 einer der Faktoren f_ν durch g_1 teilbar sein. Durch passende Numerierung kann man erreichen, daß f_1 durch g_1 teilbar ist. Da aber f_1 irreduzibel, so muß g_1 ein trivialer Teiler, also mit f_1 äquivalent sein. Indem man nötigenfalls die zweite der Zerlegungen (1) durch eine äquivalente ersetzt, kann man dann erreichen, daß geradezu $g_1 = f_1$ ist. Dann aber reduziert sich die Gleichung (1) auf:

$$\prod_{\nu=2}^{n} f_\nu = \prod_{\mu=2}^{m} g_\mu;$$

hieraus folgt wieder bei geeigneter Numerierung, daß g_2 mit f_2 äquivalent ist, und man kann dann $g_2 = f_2$ annehmen usw. Die Zerlegung ist also in der Tat, von äquivalenten abgesehen, nur auf eine Art möglich.

III. Ist ein Polynom F in einem Körper $\mathfrak{k}$, dem auch seine Koeffizienten angehören, in irreduzible Faktoren zerlegt:

$$(2) \qquad F = \prod_{\nu=1}^{n} f_\nu,$$

so kann man sofort alle Teiler von F angeben, die Koeffizienten aus $\mathfrak{k}$ haben. Zunächst sind nämlich alle Teilprodukte des obigen Produktes, also alle Polynome der Form

$$\prod_{\lambda=1}^{m} f_{\nu_\lambda} \qquad (1 \leqq m \leqq n),$$

wo $\nu_1, \ldots, \nu_m$ eine Kombination der Indizes $1, 2, \ldots, n$ ist, solche Teiler. Aber man sieht leicht, daß damit im wesentlichen alle Teiler erschöpft sind, indem jeder andere Teiler positiven Grades mit einem von den erwähnten äquivalent ist. In der Tat, ist G irgendein Teiler positiven Grades von F mit Koeffizienten aus $\mathfrak{k}$ und setzt man demgemäß $F = GH$, so hat H nach Satz 72 ebenfalls Koeffizienten aus $\mathfrak{k}$. Ist H vom Grad 0, so ist der Teiler G äquivalent mit F, also mit dem Produkt (2), womit dieser Fall erledigt ist. Ist aber H von positivem Grad und zerlegt man G und H im Körper $\mathfrak{k}$ in irreduzible Faktoren

$$G = \prod_{\lambda=1}^{l} g_\lambda, \qquad H = \prod_{\mu=1}^{m} h_\mu,$$

so ist

$$\prod_{\nu=1}^{n} f_\nu = F = GH = \prod_{\lambda=1}^{l} g_\lambda \cdot \prod_{\mu=1}^{m} h_\mu.$$

Wegen der Eindeutigkeit der Zerlegung folgt hieraus, daß das Produkt der g_λ mit einem Teilprodukt der f_ν äquivalent ist; w. z. b. w.

Sind die n Polynome $F_1, \ldots, F_n$ in einem Körper $\mathfrak{k}$, dem auch ihre Koeffizienten angehören, in irreduzible Faktoren zerlegt:

$$F_\nu = \prod_{\mu=1}^{m_\nu} f_{\nu\mu} \qquad (\nu = 1, 2, \ldots, n),$$

so kann man auch sofort ihren größten gemeinsamen Teiler angeben. Nach Satz 77 hat dieser nämlich Koeffizienten aus $\mathfrak{k}$, und die Teiler mit Koeffizienten aus $\mathfrak{k}$ können nach Obigem alle bestimmt werden. Dabei ergibt sich der größte gemeinsame Teiler auf folgende Weise:

Man sucht in der Faktorentabelle

$$\begin{array}{l} f_{11}, f_{12}, \ldots, f_{1m_1}, \\ f_{21}, f_{22}, \ldots, f_{2m_2}, \\ \cdot \quad \cdot \quad \cdot \quad \cdot \quad \cdot \quad \cdot \quad \cdot \\ f_{n1}, f_{n2}, \ldots, f_{nm_n} \end{array}$$

in der ersten Zeile einen Faktor, zu dem in jeder Zeile sich ein äquivalenter findet. Ist ein solcher nicht vorhanden, so sind die n Polynome relativ prim. Ist aber einer vorhanden, so streicht man in jeder Zeile einen äquivalenten weg und sucht dann in der ersten Zeile einen weiteren Faktor, zu dem in jeder Zeile noch ein äquivalenter steht usw. Das Produkt aller so gefundenen Faktoren der ersten Zeile ist augenscheinlich der größte gemeinsame Teiler oder wenigstens mit ihm äquivalent.

§ 39. Teilbarkeit und Reduzibilität bei Polynomen von mehreren Variabeln.

I. Die Teilbarkeitsgesetze sind für Polynome mehrerer Variabeln großenteils dieselben wie für Zahlen und für Polynome einer Variabeln. Die Beweise müssen aber zum Teil anders geführt werden, weil es gerade zu dem grundlegenden Satz 71 kein Analogon gibt und infolgedessen auch der Euklidische Algorithmus nicht übertragen werden kann.

Definition. Das Polynom $F(x_1, \ldots, x_k)$ heißt durch das nicht identisch verschwindende Polynom $f(x_1, \ldots, x_k)$ teilbar, wenn der Quotient $\frac{F(x_1, \ldots, x_k)}{f(x_1, \ldots, x_k)}$ gleich einem Polynom $q(x_1, \ldots, x_k)$ ist. $f(x_1, \ldots, x_k)$ heißt dann ein Teiler von $F(x_1, \ldots, x_k)$.

Aus dieser Definition folgen wieder sogleich die vier folgenden Tatsachen, wobei wir die Variabeln $x_1, \ldots, x_k$ bei den Funktionszeichen der Kürze halber unterdrücken:

1. Ist F teilbar durch f und ist G ein beliebiges Polynom, so ist auch das Produkt FG teilbar durch f.

2. Sind F_1, F_2 teilbar durch f, so ist auch $F_1 \pm F_2$ teilbar durch f, und allgemeiner ist auch $F_1G_1 \pm F_2G_2$, wenn G_1, G_2 beliebige Polynome sind, teilbar durch f.

3. Ist f ein Teiler von F, so ist cf, wenn c eine von 0 verschiedene Konstante, ebenfalls ein Teiler von F. Zwei solche Teiler, deren Quotient also eine von 0 verschiedene Konstante ist, heißen wieder (miteinander) äquivalent. Genau wie auf S. 171, jedoch mit Berufung auf Satz 9 statt Satz 5, erkennt man, daß zwei Teiler dann und nur dann äquivalent sind, wenn jeder durch den andern teilbar ist. Zu jedem Teiler gibt es unendlich viele äquivalente, die dann auch miteinander äquivalent sind; von diesen werden wir häufig denjenigen eindeutig bestimmten bevorzugen, bei dem das Hauptglied (S. 33) den Koeffizienten 1 hat. Ist ein Polynom f auf zwei Arten in gleich viel Faktoren zerlegt und sind dabei die Faktoren der ersten Zerlegung, von der Reihenfolge abgesehen, mit den Faktoren der zweiten Zerlegung äquivalent, so heißen auch die zwei Zerlegungen wieder (miteinander) äquivalent.

4. Jedes Polynom ist durch sich selbst und durch 1 teilbar. Diese Teiler und die damit äquivalenten nennen wir trivial, alle anderen nichttrivial.

Definition. Ein Polynom positiven Grades $f(x_1, \ldots, x_k)$ heißt in einem Körper $\mathfrak{k}$, dem auch seine Koeffizienten angehören müssen, **reduzibel**, wenn es (mindestens) einen nichttrivialen Teiler mit Koeffizienten aus $\mathfrak{k}$ hat. Andernfalls heißt das Polynom in $\mathfrak{k}$ **irreduzibel.**

Mit Rücksicht auf den bald zu beweisenden Satz 86 kann die Definition auch wieder so gefaßt werden, daß das Polynom in $\mathfrak{k}$ reduzibel heißt, wenn es als Produkt von zwei nichttrivialen Teilern mit Koeffizienten aus $\mathfrak{k}$ dargestellt werden kann.

Ein Polynom ersten Grades ist wieder in jedem Körper irreduzibel; denn wenn es in zwei Faktoren mindestens ersten Grades zerfiele, so müßte es mindestens vom Grad 2 sein. Ist ein Polynom mit Koeffizienten aus einem Körper $\mathfrak{k}$ reduzibel in $\mathfrak{k}$, so läßt es sich in Faktoren geringeren Grades zerlegen und durch Weiterzerlegung gelangt man notwendig zu einer Zerlegung in Faktoren, die in $\mathfrak{k}$ irreduzibel sind. Die Eindeutigkeit kann aber erst später bewiesen werden (Satz 94).

II. Zwischen den unendlich vielen Potenzprodukten von k Variabeln

$$x_1^{\nu_1} x_2^{\nu_2} \cdots x_k^{\nu_k} \qquad (\nu_\varkappa = 0, 1, 2, \ldots)$$

läßt sich auf mannigfache Art eine Ordnungsbeziehung „$<$" definieren, so daß folgende Gesetze gelten, wo U_1, U_2, U_3 abkürzende Zeichen für Potenzprodukte sind:

1. Von den drei Relationen $U_1 = U_2$, $U_1 < U_2$, $U_2 < U_1$ ist stets eine und nur eine richtig.
2. Wenn $U_1 < U_2$ und $U_2 < U_3$, so ist auch $U_1 < U_3$.
3. Wenn $U_1 < U_2$, so ist auch $U_1 U_3 < U_2 U_3$.

Die Gesetze 1 und 2 charakterisieren überhaupt eine Ordnungsbeziehung; das Gesetz 3 ist die Besonderheit, die wir hier im Auge haben. Aus den Gesetzen folgt, wenn $U_1 < U_2$ und $U_3 < U_4$ ist:

$$U_1 U_3 < U_2 U_3, \quad U_2 U_3 < U_2 U_4, \quad \text{also} \quad U_1 U_3 < U_2 U_4.$$

Daraus schließen wir:

4. Wenn $U_1 U_3 = U_2 U_4$ und $U_1 < U_2$, so ist $U_4 < U_3$.

Jede solche Ordnungsbeziehung nennen wir eine Spezialordnung.

Beispiel 1: Wir wählen k verschiedene Primzahlen $p_1, \ldots, p_k$ und ordnen die Zahlen

$$p_1^{\nu_1} p_2^{\nu_2} \cdots p_k^{\nu_k} \qquad (\nu_\varkappa = 0, 1, 2, \ldots),$$

die dann ja alle voneinander verschieden sind, der Größe nach. Ist dabei $p_1^{\nu_1} \cdots p_k^{\nu_k}$ die n-te Zahl, und setzen wir $x_1^{\nu_1} \cdots x_k^{\nu_k} = U_n$, so bilden die Potenzprodukte in der Reihenfolge $U_1, U_2, U_3, \ldots$ eine Spezialordnung. Je nach der Wahl der Primzahlen können sich so verschiedene Spezialordnungen ergeben.

Beispiel 2: Wir setzen fest, daß

$$x_1^{\nu_1} x_2^{\nu_2} \cdots x_k^{\nu_k} < x_1^{\mu_1} x_2^{\mu_2} \cdots x_k^{\mu_k}$$

sein soll, wenn die erste nicht verschwindende unter den Zahlen

$$\mu_1 - \nu_1, \; \mu_2 - \nu_2, \ldots, \mu_k - \nu_k$$

positiv ist. Bei dieser sog. „lexikographischen" Spezialordnung können wir allerdings, wenn $k > 1$ ist, die Potenzprodukte nicht wie vorhin mit $1, 2, 3, \ldots$ numerieren, weil z. B. schon für $k = 2$ dem Potenzprodukt $x_1^2 x_2^2$ noch unendlich viele „vorausgehen" (u. a. nämlich alle der Form $x_1 x_2^{\nu}$).

Beispiel 3: Wir setzen fest, daß

$$x_1^{\nu_1} x_2^{\nu_2} \cdots x_k^{\nu_k} < x_1^{\mu_1} x_2^{\mu_2} \cdots x_k^{\mu_k}$$

sein soll, wenn die erste nicht verschwindende unter den Zahlen

$$(\mu_1 + \cdots + \mu_k) - (\nu_1 + \cdots + \nu_k), \qquad \mu_1 - \nu_1, \; \mu_2 - \nu_2, \ldots, \mu_{k-1} - \nu_{k-1}$$

positiv ist. Bei dieser Spezialordnung kann nur dann $U_1 < U_2$ sein, wenn U_1 höchstens vom selben Grad ist wie U_2. Zu jedem Potenzprodukt U gibt es also (bei festem k) nur endlich viele U_ν, für welche $U_\nu < U$ ist; daher lassen sich diesmal die Potenzprodukte wieder mit $1, 2, 3, \ldots$ numerieren.

Beispiel 4: Zu jeder Spezialordnung gibt es auch eine Umkehrung, bei der allemal $U_1 < U_2$ ist, wenn zuerst $U_2 < U_1$ war. So ergibt sich aus Beispiel 3 eine besonders wichtige Spezialordnung durch die Festsetzung, daß

$$x_1^{\nu_1} x_2^{\nu_2} \cdots x_k^{\nu_k} < x_1^{\mu_1} x_2^{\mu_2} \cdots x_k^{\mu_k}$$

sein soll, sobald die erste nicht verschwindende unter den Zahlen

$$(\nu_1 + \cdots + \nu_k) - (\mu_1 + \cdots + \mu_k), \qquad \nu_1 - \mu_1, \; \nu_2 - \mu_2, \ldots, \nu_{k-1} - \mu_{k-1}$$

positiv ist.

Zum Studium der Teilbarkeit von Polynomen ist es zweckmäßig, die Glieder eines Polynoms in bestimmter Weise anzuordnen. Sind $U_1, U_2, \ldots, U_n$ verschiedene Potenzprodukte und $a_1, a_2, \ldots, a_n$ ebensoviele Konstanten, so ist

$$(1) \qquad a_1 U_1 + a_2 U_2 + \cdots + a_n U_n$$

ein Polynom. Bedeutet S irgendeine Spezialordnung, so sagen wir, das Polynom (1) sei nach S geordnet oder es habe die Spezialordnung S, wenn in S die Beziehungen gelten:

$$U_1 < U_2 < U_3 < \cdots < U_n.$$

Nehmen wir insbesondere die Spezialordnung des vierten Beispiels, und sind die a_ν von 0 verschieden, so ist $a_1 U_1$ das **Hauptglied** des Polynoms (s. S. 33); von dem Rest ist dann $a_2 U_2$ das Hauptglied usw. Daher nennen wir diese Spezialordnung die **Hauptspezialordnung**.

Sind die Polynome

$$f = b_1 U_1 + b_2 U_2 + \cdots + b_m U_m \qquad (b_1 \neq 0),$$
$$g = c_1 U_1' + c_2 U_2' + \cdots + c_n U_n' \qquad (c_1 \neq 0)$$

nach einer Spezialordnung S geordnet, so kommt in dem Produkt fg das Glied $b_1 c_1 U_1 U_1'$ vor, und für jedes andere vorkommende Potenzprodukt U gilt in der Spezialordnung S die Beziehung $U_1 U_1' < U$. Daher ist, wenn das Produkt $fg = F$ ebenfalls nach der Spezialordnung S geordnet wird, $b_1 c_1 U_1 U_1'$ das erste Glied, und es ergibt sich

Satz 85. *Ist das Polynom $f(x_1, \ldots, x_k)$ ein Teiler von $F(x_1, \ldots, x_k)$, so muß bei jeder Spezialordnung das erste Glied von f ein Teiler des ersten Gliedes von F sein. Insbesondere ist also das Hauptglied von f ein Teiler des Hauptgliedes von F.*

Mit Hilfe dieses Satzes erkennt man oft ohne langes Probieren auf den ersten Blick die Nichtteilbarkeit. Beispielsweise kann von den Polynomen

$$F(x_1, x_2) = A x_1^2 x_2^3 + B x_1^3 + C x_1 x_2^2 + D x_2^3 + E x_1 x_2,$$
$$f(x_1, x_2) = a x_1^2 x_2 + b x_1^2 + c x_1 + d x_2$$

das erste niemals durch das zweite teilbar sein. Allerdings ist das Hauptglied des ersten durch das Hauptglied des zweiten teilbar ($A x_1^2 x_2^3$ durch $a x_1^2 x_2$). Aber wenn man etwa die Umkehrung der lexikographischen Spezialordnung (siehe oben zweites Beispiel) zugrunde legt, sind die Anfangsglieder $B x_1^3$ und $a x_1^2 x_2$, und da ist das erste nicht durch das zweite teilbar ($B \neq 0$, $a \neq 0$ vorausgesetzt).

III. Nunmehr beweisen wir die wichtigsten Sätze über Teilbarkeit, wobei die eingeklammerte Nummer eines Satzes jedesmal auf den gleichen Satz für Polynome **einer** Variabeln hinweist.

Satz 86 (72). *Ist das Polynom*

$$F(x_1, \ldots, x_k) = a_1 U_1 + a_2 U_2 + \cdots + a_m U_m$$

teilbar durch das Polynom

$$f(x_1, \ldots, x_k) = b_1 U_1' + b_2 U_2' + \cdots + b_n U_n',$$

wo die U_μ, U_ν' Potenzprodukte[1]) *und die a_μ, b_ν Konstanten sind, so ist der Quotient ein Polynom, dessen Koeffizienten dem Körper $\mathfrak{K}(a_1, \ldots, a_m, b_1, \ldots, b_n)$ angehören. Sie gehören sogar dem Ring $\mathfrak{R}\left(\frac{a_1}{b_1}, \ldots, \frac{a_m}{b_1}, \frac{b_2}{b_1}, \ldots, \frac{b_n}{b_1}\right)$ an, wenn $b_1 \neq 0$ ist und $b_1 U_1'$ bei irgend einer Spezialordnung S das erste Glied von f, also insbesondere, wenn $b_1 U_1'$ das Hauptglied von f ist.*

---

[1]) Natürlich sollen die U_μ voneinander verschieden sein, ebenso die U_ν'.

Da f als Teiler von F nicht identisch verschwinden kann, ist mindestens ein b_ν von 0 verschieden, und folglich ist die erste Aussage in der zweiten enthalten; wir brauchen also nur die zweite zu beweisen. Nach Voraussetzung gibt es ein Polynom

$$g(x_1, \ldots, x_k) = c_1 U_1'' + c_2 U_2'' + \cdots + c_l U_l'',$$

so daß

$$(b_1 U_1' + \cdots + b_n U_n')(c_1 U_1'' + \cdots + c_l U_l'') = a_1 U_1 + \cdots + a_m U_m$$

ist. Wir denken uns die Polynome auf der linken Seite nach der Spezialordnung S geordnet. Beim Ausmultiplizieren kann dann das Potenzprodukt $U_1' U_1''$ nur einmal auftreten; es hat den Koeffizienten $b_1 c_1$, und durch Gleichsetzung mit dem Koeffizienten desselben Potenzproduktes der rechten Seite ergibt sich c_1 als Größe des angegebenen Ringes.

Nun nehmen wir an, für $c_1, \ldots, c_{\lambda-1}$ sei die Zugehörigkeit zum Ring schon erkannt. Um dann dasselbe von c_λ zu beweisen, betrachten wir das Potenzprodukt $U_1' U_\lambda''$; es kann beim Ausmultiplizieren mehrmals vorkommen. Aber wenn etwa

$$U_1' U_\lambda'' = U_\nu' U_\mu'',$$

so ist $\nu > 1$ und wegen der Spezialordnung dann $\mu < \lambda$, so daß c_μ bereits zum Ring gehört. Durch Gleichsetzung der beiderseitigen Koeffizienten von $U_1' U_\lambda''$ $(= U_\nu' U_\mu'')$ und Division durch b_1 ergibt sich daher:

$$c_\lambda + \frac{b_\nu}{b_1} c_\mu + \cdots = \cdots,$$

wo durch die Punkte nur Größen angedeutet sind, die schon zum Ring gehören, so daß dann von c_λ dasselbe gilt.

Auch die Gaußschen Sätze lassen sich unschwer auf Polynome mehrerer Variabeln ausdehnen.

Satz 87 (74). *Sind die Koeffizienten von zwei Polynomen*

$$f = f(x_1, \ldots, x_k), \qquad g = g(x_1, \ldots, x_k)$$

ganze Zahlen und sind die Koeffizienten des Produktes fg alle durch eine Primzahl p teilbar, so sind die Koeffizienten von wenigstens einem der beiden Polynome f, g ebenfalls alle durch p teilbar.

Satz 88 (75). *Sind die Koeffizienten des Polynoms $F(x_1, \ldots, x_k)$ ganze Zahlen und kennt man eine Zerlegung*

$$F(x_1, \ldots, x_k) = f(x_1, \ldots, x_k)\, g(x_1, \ldots, x_k),$$

wo die Koeffizienten von f und g rationale Zahlen sind, so gibt es eine äquivalente Zerlegung

$$F(x_1, \ldots, x_k) = f_1(x_1, \ldots, x_k)\, g_1(x_1, \ldots, x_k),$$

wo die Koeffizienten von f_1 und g_1 sogar ganze Zahlen sind.

Satz 89 (76). *Die Koeffizienten des Polynoms $F(x_1, \ldots, x_k)$ seien ganze Zahlen, und das bei einer gewissen Spezialordnung S erste Glied habe den Koeffizienten 1. Wenn dann $F(x_1, \ldots, x_k)$ einen Teiler $f(x_1, \ldots, x_k)$ hat, dessen*

Koeffizienten rationale Zahlen sind, und zwar der Koeffizient des bei der Spezialordnung S ersten Gliedes gleich 1, so sind alle Koeffizienten von $f(x_1, \ldots, x_k)$ notwendig ganze Zahlen.

Zum Beweis von Satz 87 ordnen wir die Polynome f, g nach irgendeiner Spezialordnung S:

$$f = b_1 U_1 + \cdots + b_m U_m,$$
$$g = c_1 U_1' + \cdots + c_n U_n'.$$

Wenn wir nun annehmen, daß weder alle b_μ noch alle c_ν durch p teilbar sind, so sei b_r der erste nicht durch p teilbare unter den Koeffizienten $b_1, \ldots, b_m$, und sei c_s der erste nicht durch p teilbare unter den Koeffizienten $c_1, \ldots, c_n$. Dann betrachten wir in dem Produkt $f \cdot g$ den Koeffizienten des Potenzproduktes $U_r U_s'$. Er setzt sich zusammen aus $b_r c_s$ und vielleicht noch einigen anderen Summanden der Form $b_\mu c_\nu$, wobei dann aber wegen der Spezialordnung entweder $\mu < r$ oder $\nu < s$ sein muß, so daß diese anderen Summanden durch p teilbar sind. Da aber b_r und c_s nicht durch p teilbar sind, so ist auch ihr Produkt $b_r c_s$ und folglich in dem Produkt fg der ganze Koeffizient von $U_r U_s'$ nicht durch p teilbar, was der Voraussetzung widerspricht.

Zum Beweis von Satz 88 bringen wir alle Koeffizienten von f auf einen gemeinsamen Nenner β und alle Koeffizienten von g auf einen gemeinsamen Nenner γ. Dann haben die Polynome

$$f_1 = \beta f, \quad g_1 = \gamma g$$

ganze Zahlen als Koeffizienten, und man hat die Formel

$$\beta\gamma F = f_1 g_1.$$

Die Koeffizienten des rechtsstehenden Produktes sind also durch $\beta\gamma$ teilbar. Wenn man aber $\beta\gamma$ in Primfaktoren zerlegt, so geht nach Satz 87 jeder Primfaktor auch in allen Koeffizienten von f_1 oder in allen Koeffizienten von g_1 auf. und läßt sich daher wegheben. Sind alle Primfaktoren weggehoben, so hat man eine Zerlegung der gewünschten Art.

Satz 89 folgt nun leicht aus Satz 88. Wird nämlich

$$F = fg \tag{2}$$

gesetzt, so sind die Koeffizienten von g nach Satz 86 ebenfalls rationale Zahlen, und der Koeffizient des bei der Spezialordnung S ersten Gliedes von g ist gleich 1. Betrachtet man nun die nach Satz 88 existierende mit (2) äquivalente Zerlegung

$$F = f_1 g_1 \tag{3}$$

mit ganzen Zahlen als Koeffizienten, so seien β und γ die Koeffizienten der bei der Spezialordnung S ersten Glieder von f_1 und g_1. Dann ist aber $\beta\gamma = 1$, so daß wir auch $\beta = 1$, $\gamma = 1$ annehmen dürfen. Da aber die Zerlegungen (2) und (3) äquivalent sind, folgt hieraus:

$$f = f_1, \quad g = g_1;$$

also sind die Koeffizienten von f und g ganze Zahlen; w. z. b. w.

IV. Etwas schwieriger sind die folgenden vier Sätze zu beweisen:

Satz 90 (83). *Wenn die Koeffizienten der $n+1$ Polynome*

$$F_1(y_1, \ldots, y_l), \ldots, F_n(y_1, \ldots, y_l), \quad f(y_1, \ldots, y_l)$$

einem Körper $\mathfrak{k}$ angehören, wenn ferner $f(y_1, \ldots, y_l)$ in $\mathfrak{k}$ irreduzibel ist, und wenn das Produkt $F_1 \cdots F_n$ durch f teilbar ist, so ist wenigstens einer der Faktoren F_ν durch f teilbar.

Satz 91. *Sind die Koeffizienten der beiden Polynome*

$$f = f(x_1, \ldots, x_k), \quad g = g(x_1, \ldots, x_k)$$

selbst Polynome von l Variabeln $y_1, \ldots, y_l$ mit Koeffrzienten aus einem Körper $\mathfrak{k}$, und sind die Koeffizienten des Produktes fg alle durch ein in $\mathfrak{k}$ irreduzibles Polynom $p = p(y_1, \ldots, y_l)$ teilbar, so sind die Koeffizienten von wenigstens einem der Polynome f, g ebenfalls alle durch p teilbar.

Satz 92. *Sind die Koeffizienten des Polynoms $F(x_1, \ldots, x_k)$ selbst Polynome von l Variabeln $y_1, \ldots, y_l$ mit Koeffizienten aus einem Körper $\mathfrak{k}$, und kennt man eine Zerlegung*

$$F(x_1, \ldots, x_k) = f(x_1, \ldots, x_k)\, g(x_1, \ldots, x_k),$$

wo die Koeffizienten von f, g rationale Funktionen von $y_1, \ldots, y_l$ mit Koeffizienten aus $\mathfrak{k}$ sind, so gibt es eine äquivalente Zerlegung

$$F(x_1, \ldots, x_k) = f_1(x_1, \ldots, x_k)\, g_1(x_1, \ldots, x_k),$$

wo die Koeffizienten von f_1 und g_1 sogar Polynome von $y_1, \ldots, y_l$ mit Koeffizienten aus $\mathfrak{k}$ sind.

Satz 93. *Das Polynom $F(x_1, \ldots, x_k)$ sei teilbar durch das Polynom $f(x_1, \ldots, x_k)$. Ferner seien die Koeffizienten von F selbst Polynome von l Variabeln $y_1, \ldots, y_l$ mit Koeffizienten aus einem Körper $\mathfrak{k}$, und die Koeffizienten von f seien rationale Funktionen von $y_1, \ldots, y_l$ mit Koeffizienten aus $\mathfrak{k}$. Wenn dann bei irgendeiner Spezialordnung die ersten Glieder von F und f den Koeffizienten 1 haben, so sind die Koeffizienten von f notwendig Polynome von $y_1, \ldots, y_l$ mit Koeffizienten aus $\mathfrak{k}$.*

Satz 90 deckt sich für $l = 1$ mit Satz 83. Wir nehmen jetzt an, er sei für einen gewissen Wert l als richtig erkannt, und beweisen zuerst, daß dann die Sätze 91, 92, 93 für diesen Wert von l gelten, woraus wir weiter folgern werden, daß Satz 90 auch gilt, wenn l durch $l+1$ ersetzt wird. Damit werden dann die vier Sätze allgemein bewiesen sein.

Der Beweis von Satz 91 ist wörtlich der gleiche wie der von Satz 87; dabei folgt die Nichtteilbarkeit von $b_r c_s$ durch p aus dem als richtig vorausgesetzten Satz 90. Ebenso stimmen die Beweise für die Sätze 92, 93 mit denen für die Sätze 88, 89 überein, wobei nur statt „ganze Zahl", „rationale Zahl", „Primfaktor" jedesmal zu setzen ist: „Polynom mit Koeffizienten aus $\mathfrak{k}$", „rationale Funktion mit Koeffizienten aus $\mathfrak{k}$", „in $\mathfrak{k}$ irreduzibles Polynom", und wobei Satz 91 an Stelle von Satz 87 zu verwenden ist.

Um nun Satz 90 programmgemäß auf $l+1$ Variable auszudehnen, denken wir F_ν und f als Polynome der $l+1$ Variabeln $y_1, \ldots, y_l, x$. Wenn dann f die Variable x nicht enthält, so ist, da Satz 90 für l Variable bereits gilt, mindestens eines der Polynome F_ν, als Funktion von $y_1, \ldots, y_l$ allein betrachtet, durch f teilbar. Der Quotient $\frac{F_\nu}{f}$, in dessen Nenner die Variable x nicht auftritt, läßt sich also auch so darstellen, daß die Variabeln $y_1, \ldots, y_l$ nicht im Nenner auftreten. Nach Satz 31 ist dann $\frac{F_\nu}{f}$ ein Polynom von $y_1, \ldots, y_l, x$; also F_ν durch f teilbar, womit dieser Fall erledigt ist.

Wenn aber f die Variable x wirklich enthält, setzen wir

$$F_\nu(y_1, \ldots, y_l, x) = A_{\nu 0}\, x^k + A_{\nu 1}\, x^{k-1} + \cdots + A_{\nu k},$$
$$f(y_1, \ldots, y_l, x) = a_0\, x^m + a_1\, x^{m-1} + \cdots + a_m,$$

wo die $A_{\nu\varkappa}$, a_μ Polynome von $y_1, \ldots, y_l$ mit Koeffizienten aus $\mathfrak{k}$ sind. Nun ist leicht zu sehen, daß das in $\mathfrak{k}$ irreduzible Polynom $f(y_1, \ldots, y_l, x)$, als Funktion von x allein betrachtet, im Körper $\mathfrak{K}(\mathfrak{k}, y_1, \ldots, y_l)$ irreduzibel ist. Wäre es nämlich reduzibel und hätte man demgemäß eine Zerlegung

$$f = a_0\, x^m + \cdots + a_m = (b_0\, x^n + \cdots + b_n)\,(c_0\, x^{m-n} + \cdots + c_{m-n}),$$

wo die b_ν, c_ν rationale Funktionen von $y_1, \ldots, y_l$ mit Koeffizienten aus $\mathfrak{k}$ sind, so würde die nach Satz 92 existierende äquivalente Zerlegung besagen, daß f auch als Funktion der $l+1$ Variabeln $y_1, \ldots, y_l, x$ in $\mathfrak{k}$ reduzibel wäre, entgegen der Voraussetzung.

Nach Satz 83 muß nun wenigstens eines der Polynome F_ν, als Polynom von x allein betrachtet, durch f teilbar sein; der Quotient hat dann nach Satz 72 Koeffizienten aus dem Körper $\mathfrak{K}(\mathfrak{k}, y_1, \ldots, y_l)$, und folglich kann man setzen:

$$(4) \qquad \frac{F_\nu}{f} = \frac{A_{\nu 0} x^k + \cdots + A_{\nu k}}{a_0 x^m + \cdots + a_m} = \frac{p_0 x^{k-m} + \cdots + p_{k-m}}{q},$$

wo die p_ν und q Polynome von $y_1, \ldots, y_l$ mit Koeffizienten aus $\mathfrak{k}$ sind. Daher ist

$$q(A_{\nu 0}\, x^k + \cdots + A_{\nu k}) = (a_0\, x^m + \cdots + a_m)\,(p_0\, x^{k-m} + \cdots + p_{k-m}).$$

Wenn nun q keine Konstante, so muß ein in $\mathfrak{k}$ irreduzibler Teiler von q nach Satz 91 in allen a_ν oder in allen p_ν als Teiler stecken. Daß er in allen a_ν steckt, ist aber unmöglich, weil ja $f = a_0\, x^m + \cdots + a_m$ in $\mathfrak{k}$ irreduzibel ist; also steckt er in allen p_ν und kann daher auf der rechten Seite von (4) weggehoben werden. So lassen sich nacheinander die in $\mathfrak{k}$ irreduzibeln Faktoren von q wegheben, bis im Nenner nur noch eine Konstante steht. Dann besagt die Formel (4) aber, daß F_ν durch f teilbar ist. Damit ist nun alles bewiesen.

Aus Satz 90 folgt jetzt leicht der Fundamentalsatz von der eindeutigen Zerlegbarkeit:

Satz 94 (84). *Ein Polynom positiven Grades $F(y_1, \ldots, y_l)$ ist in einem Körper $\mathfrak{k}$, dem auch seine Koeffizienten angehören müssen, entweder selbst irreduzibel oder es läßt sich in irreduzible Faktoren zerlegen:*

$$F(y_1, \ldots, y_l) = \prod_{\nu=1}^{n} f_\nu(y_1, \ldots, y_l),$$

und zwar von äquivalenten Zerlegungen abgesehen nur auf eine Art.

Der Beweis ist ganz der gleiche wie bei Satz 84, wobei nur statt Satz 83 jetzt Satz 90 heranzuziehen ist.

§ 40. Der größte gemeinsame Teiler von Polynomen mehrerer Variabeln.

I. Den weiteren Teilbarkeitsgesetzen schicken wir einen Hilfssatz voraus, der auch späterhin noch gute Dienste leisten wird:

Satz 95. *Die n nicht identisch verschwindenden Polynome von k Variabeln* $x_1, \ldots, x_k$:

$$F_1(x_1, \ldots, x_k), \ldots, F_n(x_1, \ldots, x_k)$$

mögen von den Graden $m_1, \ldots, m_n$ *sein und mögen durch die lineare Transformation*

$$x_\lambda = a_{\lambda 1} y_1 + a_{\lambda 2} y_2 + \cdots + a_{\lambda k} y_k \qquad (\lambda = 1, 2, \ldots, k),$$

bei der natürlich

$$\begin{vmatrix} a_{11} & a_{12} & \ldots & a_{1k} \\ \cdot & \cdot & \cdot & \cdot \\ a_{k1} & a_{k2} & \ldots & a_{kk} \end{vmatrix} \neq 0$$

sein muß (vgl. § 25), der Reihe nach übergehen in

$$G_1(y_1, \ldots, y_k), \ldots, G_n(y_1, \ldots, y_k).$$

Dann ist auch G_ν *stets vom Grad* m_ν [1]. *Zudem lassen sich die Koeffizienten* $a_{\lambda\mu}$ *der linearen Transformation so als ganze Zahlen wählen, daß in dem Polynom* $G_\nu(y_1, \ldots, y_k)$ *die Potenzen* $y_1^{m_\nu}, \ldots, y_k^{m_\nu}$ *wirklich vorkommen, d. h. nicht den Koeffizienten 0 haben, und zwar gleichzeitig für* $\nu = 1, 2, \ldots, n$.

Ist nämlich

$$F_\nu(x_1, \ldots, x_k) = \sum_{\lambda_1 \ldots \lambda_k} A^{(\nu)}_{\lambda_1 \ldots \lambda_k} x_1^{\lambda_1} \cdots x_k^{\lambda_k} \qquad (\lambda_1 + \cdots + \lambda_k \leqq m_\nu),$$

so muß, weil F_ν vom Grad m_ν sein soll, unter denjenigen $A^{(\nu)}_{\lambda_1 \ldots \lambda_k}$, bei denen die Summe der unteren Indizes gleich m_ν ist, mindestens eines von 0 verschieden sein. Nun ist

$$\begin{aligned} G_\nu(y_1, \ldots, y_k) &= \sum_{\lambda_1 \ldots \lambda_k} A^{(\nu)}_{\lambda_1 \ldots \lambda_k} (a_{11} y_1 + \cdots + a_{1k} y_k)^{\lambda_1} \cdots (a_{k1} y_1 + \cdots + a_{kk} y_k)^{\lambda_k} \\ &= \sum_{\mu_1 \ldots \mu_k} B^{(\nu)}_{\mu_1 \ldots \mu_k} y_1^{\mu_1} \cdots y_k^{\mu_k}, \end{aligned}$$

---

[1]) Umgekehrt entspricht einem nicht identisch verschwindenden Polynom $G(y_1, \ldots, y_k)$ vermöge der inversen Transformation stets ein Polynom gleichen Grades $F(x_1, \ldots, x_k)$, das also auch nicht identisch verschwindet. Man darf deshalb die Größen $y_1, \ldots, y_k$ als neue „unabhängige Variable" ansprechen.

wobei in jedem Glied $\mu_1 + \cdots + \mu_k \leqq m_\nu$ ist. Daher ist zunächst G_ν höchstens vom Grad m_ν. Wäre der Grad aber kleiner als m_ν, so würde durch die inverse Transformation sich auch F_ν als von kleinerem Grad erweisen. Daher ist G_ν genau vom Grad m_ν. Der Koeffizient von $y_\varkappa^{m_\nu}$ ist gleich

$$B^{(\nu)}_{0 \ldots m_\nu \ldots 0} = \sum_{\lambda_1 \ldots \lambda_k} A^{(\nu)}_{\lambda_1 \ldots \lambda_k} a_{1\varkappa}^{\lambda_1} \cdots a_{k\varkappa}^{\lambda_k} \qquad (\lambda_1 + \cdots + \lambda_k = m_\nu).$$

Jeder solche Koeffizient ist also, ebenso wie die in Satz 95 auftretende Determinante, ein nicht identisch verschwindendes Polynom von $a_{11}, a_{12}, \ldots, a_{kk}$; nach Satz 29 kann man daher für $a_{11}, a_{12}, \ldots, a_{kk}$ solche ganzen Zahlen setzen, daß diese Polynome lauter von 0 verschiedene Größen werden, womit Satz 95 bereits bewiesen ist.

Wenn nun eines der Polynome F_ν in Faktoren zerfällt:

$$(1) \qquad F_\nu(x_1, \ldots, x_k) = \prod_{\mu=1}^{m} f_{\nu\mu}(x_1, \ldots, x_k),$$

so ergibt sich vermöge der linearen Transformation eine analoge Zerlegung

$$(2) \qquad G_\nu(y_1, \ldots, y_k) = \prod_{\mu=1}^{m} g_{\nu\mu}(y_1, \ldots, y_k),$$

wo $g_{\nu\mu}$ vom gleichen Grad wie $f_{\nu\mu}$ ist, und umgekehrt zieht eine Zerlegung der Gestalt (2) vermöge der inversen Transformation stets eine Zerlegung der Gestalt (1) nach sich. Wenn dabei die Koeffizienten der Polynome $f_{\nu\mu}$ einem Körper $\mathfrak{k}$ angehören, so gehören die Koeffizienten der $g_{\nu\mu}$ ebenfalls dem Körper $\mathfrak{k}$ an und ebenso umgekehrt, weil ja die Koeffizienten der linearen Transformation ganze und die der inversen Transformation dann immer noch rationale Zahlen sind.

II. Satz 95 setzt uns in den Stand, die Existenz des größten gemeinsamen Teilers nachzuweisen und diesen Teiler auch zu finden.

Satz 96 (77). *Wenn von n Polynomen*

$$F_1(x_1, \ldots, x_k), \ldots, F_n(x_1, \ldots, x_k)$$

mindestens eines nicht identisch verschwindet, so haben sie einen gemeinsamen Teiler $d(x_1, \ldots, x_k)$, der dadurch eindeutig bestimmt ist, daß sein Hauptglied den Koeffizienten 1 hat und daß jeder gemeinsame Teiler der n Polynome auch ein Teiler von $d(x_1, \ldots, x_k)$ ist. $d(x_1, \ldots, x_k)$ heißt der größte gemeinsame Teiler der n Polynome; seine Koeffizienten gehören dem durch die Koeffizienten der n Polynome bestimmten Körper $\mathfrak{k}$ an.

Wenn Satz 96 bewiesen ist und wenn die F_ν in irgend einem Körper $\mathfrak{k}_1$ eindeutig in irreduzible Faktoren zerlegt sind (Satz 94), dann kann man den größten gemeinsamen Teiler d genau wie auf S. 180 finden. Man hüte sich aber vor dem Irrtum, daß die in Satz 96 behauptete Existenz von d auf diese Art aus Satz 94 gefolgert werden könne. Denn die Zerlegung in irreduzible Faktoren kann, wenn man einen andern Körper zugrunde legt, eine andere werden. Man kann daher auf diese Art nur schließen, daß unter

Zugrundelegung eines festen Körpers $\mathfrak{k}_1$ ein gemeinsamer Teiler d_1 mit Koeffizienten aus $\mathfrak{k}_1$ existiert derart, daß alle andern gemeinsamen Teiler mit Koeffizienten aus $\mathfrak{k}_1$ auch Teiler von d_1 sind. Es könnte aber immer noch gemeinsame Teiler geben, die nicht Koeffizienten aus $\mathfrak{k}_1$ haben und nicht Teiler von d_1 sind. Bei Zugrundelegung eines andern Körpers $\mathfrak{k}_2$ könnte dann ein nicht mit d_1 äquivalenter Teiler d_2 die entsprechende Rolle spielen. Im Gegensatz dazu ist aber in Satz 96 gar nicht von einem Körper $\mathfrak{k}_1$ oder $\mathfrak{k}_2$ die Rede, sondern der Sinn des Satzes ist gerade der, daß der größte gemeinsame Teiler d gar nicht vom Körper abhängt, daß er also immer derselbe ist, wie auch der durch die Koeffizienten der n Polynome bestimmte Körper etwa erweitert werden mag.

Um nun Satz 96 zu beweisen, bemerken wir zunächst, daß, wenn es einen Teiler d mit den verlangten Eigenschaften gibt, er dadurch eindeutig bestimmt ist. Denn von zwei solchen Teilern d und d' muß ja jeder ein Teiler des andern sein; sie sind also (vgl. S. 181 oben) äquivalent und, da ihre Hauptglieder den Koeffizienten 1 haben, ist $d' = d$.

Um nun wirklich einen solchen Teiler d zu finden, bezeichnen wir mit m_ν den Grad von F_ν (soweit F_ν nicht identisch verschwindet). Wir dürfen dann voraussetzen, daß die Potenz $x_1^{m_\nu}$ in F_ν wirklich vorkommt. Sollte das nämlich nicht der Fall sein, so ist nur nötig, durch die lineare Transformation von Satz 95 zu den Funktionen G_ν überzugehen und deren größten gemeinsamen Teiler zu bestimmen. Durch die inverse Transformation entsteht dann ein gemeinsamer Teiler der F_ν, der nach Division durch den Koeffizienten seines Hauptgliedes alle verlangten Eigenschaften hat.

Sei also

$$(3)\qquad F_\nu(x_1, \ldots, x_k) = a_\nu x_1^{m_\nu} + \cdots = a_\nu(x_1^{m_\nu} + \cdots) \qquad (a_\nu \neq 0).$$

Das angeschriebene Glied ist das Hauptglied. Die F_ν haben, als Polynome von x_1 allein betrachtet, einen größten gemeinsamen Teiler

$$(4)\qquad d(x_1) = x_1^n + \cdots,$$

dessen Koeffizienten dem Körper $\mathfrak{K}(\mathfrak{k}, x_2, \ldots, x_k)$ angehören, also rationale Funktionen von $x_2, \ldots, x_k$ mit Koeffizienten aus $\mathfrak{k}$ sind. Nach Satz 93, wo $k = 1$ und $l = k - 1$ zu nehmen ist, sind sie dann sogar Polynome von $x_2, \ldots, x_k$ mit Koeffizienten aus $\mathfrak{k}$. Daher ist $d(x_1)$ ein Polynom von $x_1, x_2, \ldots, x_k$ mit Koeffizienten aus $\mathfrak{k}$:

$$d(x_1) = d(x_1, x_2, \ldots, x_k),$$

und nachdem es, als Polynom von x_1 allein betrachtet, ein Teiler von F_ν ist, müssen die Koeffizienten von

$$\frac{F_\nu}{d} = \frac{a_\nu x_1^{m_\nu} + \cdots}{x_1^n + \cdots} = a_\nu x_1^{m_\nu - n} + \cdots$$

nach Satz 72 dem Ring $\mathfrak{R}(\mathfrak{k}, x_2, \ldots, x_k)$ angehören, also Polynome von $x_2, \ldots, x_k$ mit Koeffizienten aus $\mathfrak{k}$ sein. Daher ist d auch als Polynom von $x_1, \ldots, x_k$ betrachtet ein gemeinsamer Teiler von allen F_ν. Sein Hauptglied muß nach

Satz 85 ein Teiler von $a_\nu x_1^{m_\nu}$ sein, ist also das Glied x_1^n und hat daher den Koeffizienten 1. Jeder andere gemeinsame Teiler d_1 von allen F_ν muß ebenfalls einen Teiler von $a_\nu x_1^{m_\nu}$ zum Hauptglied haben, also die Gestalt

$$d_1 = cx_1^l + \cdots$$

besitzen, wo cx_1^l das Hauptglied ist. Als Polynom von x_1 allein betrachtet muß d_1 aber ein Teiler von d sein, so daß

$$\frac{d}{d_1} = \frac{x_1^n + \cdots}{cx_1^l + \cdots} = \frac{\frac{1}{c} x_1^n + \cdots}{x_1^l + \cdots}$$

ein Polynom von x_1 ist, dessen Koeffizienten nach Satz 72 wieder Polynome von $x_2, \ldots, x_k$ sind. Daher ist d_1 auch als Polynom von $x_1, \ldots, x_k$ betrachtet ein Teiler von d, und somit hat d alle in Satz 96 verlangten Eigenschaften. Zugleich ergibt sich die

Regel. Um den größten gemeinsamen Teiler von Polynomen mehrerer Variabeln zu bestimmen, sorge man nötigenfalls durch eine lineare Transformation dafür, daß eine Variable, etwa x_1, in jedem Polynom in der durch den Grad des Polynoms bestimmten Potenz wirklich auftritt. Alsdann braucht man nur in bezug auf x_1 den größten gemeinsamen Teiler zu bestimmen, was natürlich durch den Euklidischen Algorithmus geschehen kann.

III. Nunmehr ist es leicht, auch den Begriff der relativ primen Polynome und die anderen Teilbarkeitssätze auf Polynome von mehreren Variabeln auszudehnen.

Definition. n Polynome $F_1, \ldots, F_n$ von k Variabeln heißen (zueinander) relativ prim, wenn ihr größter gemeinsamer Teiler gleich 1 ist.

Satz 97 (79). *Haben die Polynome $F_1, \ldots, F_n$ von k Variabeln den größten gemeinsamen Teiler d, so sind die Polynome $\frac{F_1}{d}, \ldots, \frac{F_n}{d}$ relativ prim.*

Der Beweis ist genau wie bei Satz 79.

Satz 98 (80). *Sind f_1, f_2, g Polynome von k Variabeln, sind ferner f_1 und f_2 zueinander relativ prim, und ist das Produkt $f_1 g$ teilbar durch f_2, so ist auch g teilbar durch f_2.*

Der Beweis von Satz 80 läßt sich nicht übertragen. Man kommt aber sofort ans Ziel, wenn man die Polynome f_1, f_2, g, soweit sie nicht konstant oder irreduzibel sind, in irreduzible Faktoren zerlegt denkt, etwa in dem durch ihre Koeffizienten bestimmten Körper. Da das, von äquivalenten Zerlegungen abgesehen, nur auf eine Weise möglich ist, muß, weil $\frac{f_1 g}{f_2}$ ein Polynom sein soll, jeder irreduzible Faktor von f_2, da er in f_1 nicht enthalten ist, sich nach Satz 90 gegen einen Faktor von g wegheben.

Satz 99 (81). *Sind $g_1, \ldots, g_n, f$ Polynome von k Variabeln, und ist jedes g_ν relativ prim zu f, so ist ihr Produkt $g_1 \cdots g_n$ ebenfalls relativ prim zu f.*

Der Beweis von Satz 81 läßt sich wieder nicht übertragen. Aber auch hier führt die Zerlegung aller reduzibeln Polynome in irreduzible Faktoren sofort zum Ziel.

Satz 100 (82). *Sind die Polynome $f_1, \ldots, f_n$ von k Variabeln zu je zweien relativ prim, und ist das Polynom F durch jedes von ihnen teilbar, so ist F auch durch ihr Produkt $f_1 \cdots f_n$ teilbar.*

Hier läßt sich der Beweis von Satz 82 wörtlich übertragen, wobei nur statt der Sätze 80, 81 jetzt die Sätze 98, 99 heranzuziehen sind. Man kommt aber auch durch Zerlegung in irreduzible Faktoren wieder direkt ans Ziel.

Satz 101 (78). *Wenn von n Polynomen*

$$F_1(x_1, \ldots, x_k), \ldots, F_n(x_1, \ldots, x_k)$$

mindestens eines nicht identisch verschwindet, so daß sie einen größten gemeinsamen Teiler $d(x_1, \ldots, x_k)$ haben, so gibt es n Polynome

$$\Phi_1(x_1, \ldots, x_k), \ldots, \Phi_n(x_1, \ldots, x_k)$$

mit Koeffizienten aus dem durch die Koeffizienten der F_ν bestimmten Körper $\mathfrak{k}$ und derart, daß

$$F_1\Phi_1 + \cdots + F_n\Phi_n = d \cdot \Omega$$

ist, wo das Polynom Ω nicht identisch verschwindet und die Variable x_1 nicht enthält.

Die Sonderrolle, die hierbei die Variable x_1 spielt, könnte natürlich ebensogut einer beliebigen anderen Variabeln x_ν (aber nicht mehreren gleichzeitig) zugeteilt werden.

Zum Beweis des Satzes sei d_1 der größte gemeinsame Teiler der F_ν, wenn diese als Polynome von x_1 allein betrachtet werden, also

$$d_1 = \frac{c_0 x_1^m + c_1 x_1^{m-1} + \cdots + c_m}{c_0},$$

wo die $c_0, \ldots, c_m$ Polynome von $x_2, \ldots, x_k$ mit Koeffizienten aus $\mathfrak{k}$ sind, die wir als relativ prim annehmen dürfen, da ja ihr größter gemeinsamer Teiler weggehoben werden kann. Dann ist d, als Polynom von x_1 allein betrachtet, ein Teiler von d_1, also in bezug auf x_1 höchstens vom Grad m. Ist F_ν in bezug auf x_1 vom Grad m_ν und setzt man demgemäß

$$\frac{F_\nu}{d_1} = \frac{\gamma_0 x_1^{m_\nu - m} + \cdots + \gamma_{m_\nu - m}}{\delta},$$

wo auch die γ_ν, δ Polynome von $x_2, \ldots, x_k$ mit Koeffizienten aus $\mathfrak{k}$ sind, so ist

$$(5) \qquad c_0 \delta F_\nu = (c_0 x_1^m + \cdots + c_m)(\gamma_0 x_1^{m_\nu - m} + \cdots + \gamma_{m_\nu - m}),$$

und nach Satz 91, wo $k = 1$ und $l = k - 1$ zu nehmen ist, muß jeder irreduzible Teiler von $c_0\delta$ entweder in allen c_ν oder in allen γ_ν als Teiler enthalten sein. Da aber die c_ν relativ prim sind, ist er in den γ_ν enthalten und läßt sich wegheben. Nachdem so jeder irreduzible Teiler von $c_0\delta$ in (5) weggehoben ist, zeigt es sich, daß

$$g = g(x_1, \ldots, x_k) = c_0 x_1^m + \cdots + c_m$$

ein gemeinsamer Teiler aller F_ν und also ein Teiler von d ist. Der Quotient

$$\frac{d}{g} = h$$

ist dann, weil d in bezug auf x_1 höchstens vom Grad m sein konnte und auch der Nenner g vom Grad m in bezug auf x_1 ist, ein Polynom von $x_2, \ldots, x_k$ allein mit Koeffizienten aus $\mathfrak{k}$.

Nach Satz 78 ist nun

$$d_1 = F_1 \Phi_1^* + \cdots + F_n \Phi_n^*,$$

wo die Φ_ν^* Polynome von x_1 sind mit Koeffizienten aus dem Körper $\mathfrak{K}(\mathfrak{k}, x_2, \ldots, x_k)$. Oder also

$$d_1 = \frac{F_1 \Psi_1 + \cdots + F_n \Psi_n}{\Omega},$$

wo $\Psi_1, \ldots, \Psi_n, \Omega$ Polynome von $x_1, \ldots, x_k$ mit Koeffizienten aus $\mathfrak{k}$ sind und wobei Ω die Variable x_1 nicht enthält. Da nun $d = gh = c_0 d_1 h$, so ist also

$$d \cdot \Omega = F_1 \cdot c_0 h \Psi_1 + \cdots + F_n \cdot c_0 h \Psi_n,$$

und das ist die zu beweisende Formel, wenn man $c_0 h \Psi_\nu = \Phi_\nu$ setzt.

IV. In § 22 I wurde die Formel bewiesen:

$$(6) \qquad \begin{vmatrix} 1 & x_1 & \ldots & x_1^{n-1} \\ 1 & x_2 & \ldots & x_2^{n-1} \\ \ldots & \ldots & \ldots & \ldots \\ 1 & x_n & \ldots & x_n^{n-1} \end{vmatrix} = \prod_{\lambda > \mu}^{1,n} (x_\lambda - x_\mu).$$

Sie läßt sich mit den jetzigen Hilfsmitteln viel schneller gewinnen. Zum Zweck des Beweises seien $x_1, \ldots, x_n$ unabhängige Variable. Wenn man in der Determinante von den Elementen der λ-ten Zeile die der μ-ten subtrahiert, werden sie durch $x_\lambda - x_\mu$ teilbar; daher ist die Determinante selbst als Polynom von $x_1, \ldots, x_n$ durch $x_\lambda - x_\mu$ teilbar. Sie ist also durch jeden Faktor des auf der rechten Seite von (6) stehenden Produktes teilbar, und da diese Faktoren offenbar zu je zweien relativ prim sind, ist sie nach Satz 100 durch das ganze Produkt teilbar. Aber die Determinante und das Produkt sind von gleichem Grad, nämlich $\frac{n(n-1)}{2}$, also ist ihr Quotient eine Konstante, und zwar gleich 1, weil Determinante und Produkt offenbar beide das Glied $x_2 x_3^2 \cdots x_n^{n-1}$ enthalten.

§ 41. Entscheidung über Reduzibilität oder Irreduzibilität.

I. Die Zerlegung eines Polynoms in irreduzible Faktoren oder der Nachweis, daß es selbst irreduzibel ist (in einem gewissen Körper), macht oft große Schwierigkeiten. So dürfte die einfache Frage, ob das Polynom $x^2 - e$ im Körper $\mathfrak{K}(e, \pi)$, wo e die Basis der natürlichen Logarithmen und π

die Ludolphsche Zahl bedeutet, irreduzibel ist, nach dem heutigen Stand der Wissenschaft noch nicht zu entscheiden sein. Indessen hat dieser Körper für die Algebra auch wenig Interesse. Am meisten interessiert natürlich der Körper $\mathfrak{R}(1)$, und in diesem ist die Frage völlig geklärt. Es gilt nämlich der

Satz 102. *Ein nicht konstantes Polynom $F(x)$ mit rationalen Koeffizienten kann im Körper $\mathfrak{R}(1)$ stets durch einen Rechenprozeß von endlich vielen Schritten in irreduzible Faktoren zerlegt bzw. selbst als irreduzibel erkannt werden*[1]).

Beim Beweis dürfen wir die Koeffizienten von $F(x)$ als ganze Zahlen annehmen, da die Multiplikation mit dem Hauptnenner die Faktorenzerlegung nicht berührt. Wenn nun $F(x)$ einen nichttrivialen Teiler $f(x)$ mit rationalen Koeffizienten hat, so läßt sich $F(x)$ zerlegen in

$$F(x) = f(x)\, g(x), \tag{1}$$

und nach Satz 75 dürfen die Koeffizienten von $f(x)$ und $g(x)$ ebenfalls als ganze Zahlen vorausgesetzt werden. Nach Satz 28 gibt es, wenn m der Grad von $F(x)$ ist, höchstens m ganze Zahlen λ, für die $F(\lambda) = 0$ ist. Durch höchstens $2m$ Versuche findet man also m verschiedene ganze Zahlen $\lambda_1, \ldots, \lambda_m$, so daß

$$F(\lambda_\mu) \neq 0 \qquad (\mu = 1, 2, \ldots, m)$$

ist. Nach (1) muß dann aber die ganze Zahl $f(\lambda_\mu)$ ein Teiler der ganzen Zahl $F(\lambda_\mu)$ sein. Da eine ganze von 0 verschiedene Zahl nur endlich viele Teiler hat und da diese durch endlich viele Versuche ermittelt werden können, kommen für die $f(\lambda_\mu)$ nur endlich viele Möglichkeiten in Frage, und man kann sie alle angeben. Nach der Lagrangeschen Interpolationsformel (18) des § 17 ist aber, weil $f(x)$ als nichttrivialer Teiler von $F(x)$ höchstens vom $(m-1)$-ten Grad ist,

$$f(x) = f(\lambda_1)\frac{(x-\lambda_2)\cdots(x-\lambda_m)}{(\lambda_1-\lambda_2)\cdots(\lambda_1-\lambda_m)} + \cdots + f(\lambda_m)\frac{(x-\lambda_1)\cdots(x-\lambda_{m-1})}{(\lambda_m-\lambda_1)\cdots(\lambda_m-\lambda_{m-1})}.$$

Setzt man hier für $f(\lambda_1), \ldots, f(\lambda_m)$ die endlich vielen möglichen Systeme von je m Zahlen ein, so erhält man endlich viele Polynome, die allein als mögliche Teiler von $F(x)$ in Frage kommen. Unter diesen scheiden alle mit nicht ganzzahligen Koeffizienten aus, und von jedem der übrigbleibenden ist dann zu prüfen, ob es wirklich ein Teiler von $F(x)$ ist, was wieder nur endlich viele Schritte erfordert (vgl. den Beweis zu Satz 71).

Nach diesem Verfahren lassen sich alle nichttrivialen Teiler ermitteln. Ergibt sich dabei gar keiner, so ist $F(x)$ irreduzibel. Andernfalls ist zum mindestens jeder nichttriviale Teiler niedersten Grades irreduzibel. Ist $f(x)$ ein solcher, so ist dann der Quotient $\frac{F(x)}{f(x)}$ in gleicher Weise zu behandeln, und so fortfahrend kommt man nach endlich vielen Schritten wirklich zur vollen Zerlegung in irreduzible Faktoren.

---

[1]) Für Polynome mehrerer Variabeln vgl. unten IV (Satz 109).

II. Theoretisch ist mit Satz 102 die Frage der Faktorenzerlegung in $\mathfrak{K}(1)$ entschieden. Aber praktisch ist das angegebene Verfahren meistens zu umständlich. Man kann es zwar etwas abkürzen durch die Bemerkung, daß von zwei Faktoren, in die ein Polynom m-ten Grades zerfällt, nicht beide einen Grad haben können, der größer als $\frac{m}{2}$ ist, und daß es deshalb genügt, Teiler zu suchen, deren Grad höchstens $\frac{m}{2}$ ist. Aber viel wird dadurch nicht gewonnen, und deshalb sind gewisse Kriterien von Nutzen, die die Rechnung wesentlich abkürzen oder ganz ersparen. Ein sehr brauchbares ist der

Satz 103. *In dem Polynom*

$$\sum_{\nu=0}^{l} a_\nu x^{n-\nu} + \sum_{\nu=l+1}^{n} p a_\nu x^{n-\nu}$$

wo $0 \leqq l \leqq n-1$, *seien die* a_ν *ganze Zahlen und* p *eine Primzahl. Wenn dann* a_l *und* a_n *nicht durch* p *teilbar sind, so hat das Polynom (wenigstens) einen in* $\mathfrak{K}(1)$ *irreduzibeln Teiler, dessen Grad* $\geqq n-l$ *ist.*

Ist das Polynom nämlich nicht selbst in $\mathfrak{K}(1)$ irreduzibel und denken wir es daher zerlegt in:

$$(2) \qquad (b_0 x^r + \cdots + b_r)(c_0 x^{n-r} + \cdots + c_{n-r}),$$

so dürfen die b_ν, c_ν nach Satz 75 wieder ganzzahlig angenommen werden. Dann ist

$$b_r c_{n-r} = p a_n;$$

also ist von den Zahlen b_r, c_{n-r} eine, aber auch nur eine, durch p teilbar. Ist das etwa b_r und ist der erste Faktor in (2) noch nicht in $\mathfrak{K}(1)$ irreduzibel, so läßt er sich wieder in zwei Faktoren mit ganzen Zahlen als Koeffizienten zerlegen, und bei dem einen muß der letzte Koeffizient durch p teilbar sein. So weiterschließend kommen wir auch zu einem in $\mathfrak{K}(1)$ irreduzibeln Faktor, dessen letzter Koeffizient durch p teilbar ist. Wir können annehmen, daß in (2) bereits diese Zerlegung vorliegt, wobei also der erste Faktor in $\mathfrak{K}(1)$ irreduzibel ist und wobei b_r durch p teilbar, c_{n-r} aber nicht durch p teilbar ist.

Jetzt zeigen wir, daß $r \geqq n-l$ ist, womit dann der Satz 103 bewiesen sein wird. Wäre nämlich $r < n-l$, so wäre $n-r > l$, und durch Identifizierung des Produktes (2) mit dem gegebenen Polynom würden sich u. a. die Gleichungen ergeben:

$$\begin{aligned} pa_n &= b_r c_{n-r}, \\ pa_{n-1} &= b_{r-1} c_{n-r} + b_r c_{n-r-1}, \\ &\cdots\cdots\cdots\cdots \\ pa_{n-r} &= b_0 c_{n-r} + b_1 c_{n-r-1} + \cdots + b_r c_{n-2r}, \end{aligned}$$

wo die c_ν, deren Index negativ sein sollte, durch 0 zu ersetzen sind. Da b_r, nicht aber c_{n-r} durch p teilbar ist, würde man hieraus der Reihe nach folgern, daß auch $b_{r-1}, b_{r-2}, \ldots, b_0$ durch p teilbar sind. Dann wäre aber der Koeffizient

$$a_l = b_0 c_l + b_1 c_{l-1} + \cdots + b_r c_{l-r} \qquad (c_\nu = 0 \text{ für } \nu < 0)$$

ebenfalls durch p teilbar, im Widerspruch mit der Voraussetzung.

Speziell für $l = 0$ ergibt sich aus Satz 103 das folgende von Schönemann (Journal f. Math. 32) und Eisenstein (ebenda 39) aufgestellte Irreduzibilitätskriterium:

Satz 104. *Hat das Polynom $a_0 x^n + a_1 x^{n-1} + \cdots + a_n$ ganzzahlige Koeffizienten, sind ferner alle a_ν außer a_0 durch eine Primzahl p teilbar und ist a_n nicht durch p^2 teilbar, so ist das Polynom im Körper $\mathfrak{K}(1)$ irreduzibel.*

III. Weitgehende Verallgemeinerungen dieses Satzes sind vom Verfasser (Math. Annal. 60), M. Bauer (Journal f. Math. 128, 132), G. Dumas (Journal de math. sér. 6, vol. 2), H. Blumberg (Transactions of the American math. society 17), Öystein Ore (Math. Zeitschr. 18) angegeben worden. Ein gänzlich anders geartetes Irreduzibilitätskriterium werden wir im zweiten Band kennenlernen (Satz 23). Hier wollen wir jetzt noch einige Kriterien angeben, die sich auf andere Körper beziehen.

Satz 105. *Sind $x_1, \ldots, x_n$ unabhängige Variable und $a_1, \ldots, a_n$ ihre symmetrischen Grundfunktionen*[1]) (§ 30, *Formel* (7)), *so ist das Polynom*

$$x^n + a_1 x^{n-1} + \cdots + a_n$$

irreduzibel im Körper $\mathfrak{K}(a_1, \ldots, a_n)$, ja sogar im Körper $\mathfrak{K}(\mathfrak{k}^*, a_1, \ldots, a_n)$, unter $\mathfrak{k}^*$ den Körper der komplexen Zahlen verstanden.

Beweis. Im Körper $\mathfrak{K}(x_1, \ldots, x_n)$ und erst recht im Körper $\mathfrak{K}(\mathfrak{k}^*, x_1, \ldots, x_n)$ zerfällt das Polynom in lineare Faktoren

$$x^n + a_1 x^{n-1} + \cdots + a_n = (x - x_1)(x - x_2) \cdots (x - x_n)$$

(vgl. Formel (5) und (6) des § 30).

Wenn es nun auch im Körper $\mathfrak{K}(\mathfrak{k}^*, a_1, \ldots, a_n)$ reduzibel wäre und etwa die Zerlegung

$$x^n + \cdots + a_n = (x^r + \cdots + b_r)(x^{n-r} + \cdots + c_{n-r})$$

gelten würde, so wäre auch

$$(x - x_1) \cdots (x - x_n) = (x^r + \cdots + b_r)(x^{n-r} + \cdots + c_{n-r}).$$

Da die Faktoren der linken Seite als lineare Polynome von x in jedem Körper irreduzibel sind, so müßte das Produkt von r dieser Faktoren, und zwar bei geeigneter Numerierung der x_ν das Produkt der ersten r, gleich dem ersten Faktor der rechten Seite sein. Insbesondere wäre also

$$(-1)^r x_1 \cdots x_r = b_r.$$

Es wäre also die nichtsymmetrische Funktion $x_1 \cdots x_r$ der n Variabeln $x_1, \ldots, x_n$ gleich der dem Körper $\mathfrak{K}(\mathfrak{k}^*, a_1, \ldots, a_n)$ angehörenden Größe $(-1)^r b_r$, also eine symmetrische Funktion (mit Koeffizienten aus $\mathfrak{k}^*$), was nicht sein kann.

---

[1]) Also nicht etwa Konstanten! Die Bezeichnung deckt sich hier mit der in Kap. 4 angewandten.

Satz 106. *Sind $a_1, a_2, \ldots, a_n$ unabhängige Variable, so ist das Polynom*

$$x^n + a_1 x^{n-1} + \cdots + a_n$$

irreduzibel im Körper $\mathfrak{K}(a_1, \ldots, a_n)$, ja sogar im Körper $\mathfrak{K}(\mathfrak{k}^*, a_1, \ldots, a_n)$, unter $\mathfrak{k}^*$ den Körper der komplexen Zahlen verstanden.

Wäre es nämlich reduzibel und würde etwa die Zerlegung gelten:

$$(3) \quad \begin{cases} x^n + a_1 x^{n-1} + \cdots + a_n \\ \quad = (x^r + b_1 x^{r-1} + \cdots + b_r)(x^{n-r} + c_1 x^{n-r-1} + \cdots + c_{n-r}), \end{cases}$$

wo also die b_ν, c_ν rationale Funktionen von $a_1, \ldots, a_n$ mit Koeffizienten aus $\mathfrak{k}^*$ sind, so müßten die b_ν, c_ν nach Satz 93 sogar Polynome von $a_1, \ldots, a_n$ sein. Dann müßte aber die Formel (3) richtig bleiben, wenn man darin die Variabeln $a_1, \ldots, a_n$ durch irgendwelche andere Größen, z. B. durch die symmetrischen Grundfunktionen von n neuen Variabeln $x_1, \ldots, x_n$ ersetzt. Das würde aber dem Satz 105 widersprechen.

Ein Analogon zu Satz 103 ist

Satz 107. *In dem Polynom*

$$P(x) = \sum_{\nu=0}^{l} a_\nu x^{n-\nu} + \sum_{\nu=l+1}^{n} p a_\nu x^{n-\nu},$$

wo $0 \leqq l \leqq n-1$ ist, seien die a_ν und p selbst Polynome von k Variabeln $y_1, \ldots, y_k$ mit Koeffizienten aus einem Körper $\mathfrak{k}$, und zwar sei p in $\mathfrak{k}$ irreduzibel. Wenn dann a_l und a_n nicht durch p teilbar sind, so hat das Polynom $P(x)$ (wenigstens) einen in $\mathfrak{K}(\mathfrak{k}, y_1, \ldots, y_k)$ irreduzibeln Teiler, dessen Grad $\geqq n-l$ ist.

Der Beweis ist analog wie bei Satz 103. Ist das Polynom nicht selbst irreduzibel in $\mathfrak{K}(\mathfrak{k}, y_1, \ldots, y_k)$ und denken wir es daher zerlegt in

$$(4) \qquad (b_0 x^r + \cdots + b_r)(c_0 x^{n-r} + \cdots + c_{n-r}),$$

so dürfen die b_ν, c_ν nach Satz 92 als Polynome von $y_1, \ldots, y_k$ mit Koeffizienten aus $\mathfrak{k}$ angenommen werden. Dann ist

$$b_r c_{n-r} = p a_n;$$

also ist von den Polynomen b_r, c_{n-r} nach Satz 90 eines, aber auch nur eines, durch p teilbar. Ist das etwa $b_r \ldots$; jetzt wörtlich weiter wie beim Beweis von Satz 103, wobei nur „$\mathfrak{K}(\mathfrak{k}, y_1, \ldots, y_k)$" statt „$\mathfrak{K}(1)$" und „Polynom von $y_1, \ldots, y_k$ mit Koeffizienten aus $\mathfrak{k}$" statt „ganze Zahl" zu schreiben ist.

Speziell für $l = 0$ erhält man das Analogon zu dem Satz von Schönemann-Eisenstein:

Satz 108. *Sind die Koeffizienten des Polynoms*

$$f(x) = a_0 x^n + a_1 x^{n-1} + \cdots + a_n$$

selbst Polynome von k Variabeln $y_1, \ldots, y_k$ mit Koeffizienten aus einem Körper $\mathfrak{k}$, sind ferner alle a_ν außer a_0 durch ein in $\mathfrak{k}$ irreduzibles Polynom $p = p(y_1, \ldots, y_k)$ teilbar und ist a_n nicht durch p^2 teilbar, so ist das Polynom $f(x)$ im Körper $\mathfrak{K}(\mathfrak{k}, y_1, \ldots, y_k)$ irreduzibel.

IV. Wir wenden uns jetzt zu Polynomen mehrerer Variabeln. Da läßt sich aber die Frage auf Polynome einer Variabeln zurückführen, wie folgender Satz zeigt:

Satz 109. *Ist $\mathfrak{k}$ ein Körper und hat man eine Methode, nach der man jedes Polynom positiven Grades von einer Variabeln mit Koeffizienten aus $\mathfrak{k}$ in seine irreduzibeln Faktoren zerlegen bzw. es als irreduzibel erkennen kann (in $\mathfrak{k}$), so kann man bei einem Polynom mit beliebig vielen Variabeln dasselbe leisten.*

Nach Satz 102 trifft die Voraussetzung insbesondere für den Körper $\mathfrak{k} = \mathfrak{K}(1)$ zu.

Den Beweis von Satz 109 erbringen wir nun durch vollständige Induktion. Wir nehmen an, für $k-1$ Variable sei er als richtig erkannt (für eine Variable ist er ja trivial), und betrachten dann ein Polynom von k Variabeln mit Koeffizienten aus $\mathfrak{k}$:

$$F(x_1, \ldots, x_k).$$

Ist F vom Grad m, so dürfen und wollen wir annehmen, daß die Potenz x_1^m in F wirklich vorkommt. Denn das läßt sich nach Satz 95 nötigenfalls durch eine lineare Transformation mit ganzzahligen Koeffizienten erreichen.

Hat nun $F(x_1, \ldots, x_k)$ einen nichttrivialen Teiler $f(x_1, \ldots, x_k)$ vom r-ten Grad mit Koeffizienten aus $\mathfrak{k}$, so muß in ihm die Potenz x_1^r wirklich vorkommen. Denn in der Zerlegung

$$(5) \qquad F(x_1, \ldots, x_k) = f(x_1, \ldots, x_k) \cdot g(x_1, \ldots, x_k)$$

ist $g(x_1, \ldots, x_k)$ nach Satz 9 vom Grad $m-r$, und wenn x_1^r in f nicht vorkäme, so würde in dem Produkt fg die Potenz x_1^m nicht vorkommen, entgegen der Voraussetzung.

Indem wir f durch einen äquivalenten Teiler ersetzen, können wir annehmen, daß x_1^r in f den Koeffizienten 1 hat. Nun ist, wenn $\lambda_1, \ldots, \lambda_m$ irgendwelche voneinander verschiedene ganze Zahlen sind,

$$F(x_1, \ldots, x_{k-1}, \lambda_\mu) \neq 0 \qquad (\mu = 1, 2, \ldots, m),$$

weil ja das linksstehende Polynom von $x_1, \ldots, x_{k-1}$ die Potenz x_1^m enthält, also nicht identisch verschwindet. Die Gleichung (5) lehrt dann, daß das Polynom $f(x_1, \ldots, x_{k-1}, \lambda_\mu)$ ein Teiler des Polynoms $F(x_1, \ldots, x_{k-1}, \lambda_\mu)$ ist. Da man aber ein Polynom von nur $k-1$ Variabeln in seine irreduzibeln Teiler (in $\mathfrak{k}$) zerlegen kann, so kann man auch alle Teiler von $F(x_1, \ldots, x_{k-1}, \lambda_\mu)$ angeben, und zwar gibt es nur eine endliche Zahl nichtäquivalenter. Für das Polynom $f(x_1, \ldots, x_{k-1}, \lambda_\mu)$ kommen also, da der Koeffizient von x_1^r gleich 1 sein soll, nur eine endliche Anzahl von Möglichkeiten in Frage, und man kann sie alle angeben. Nach der Lagrangeschen Interpolationsformel (18) des § 17 ist aber, da der Grad r des nichttrivialen Teilers f kleiner als m sein muß:

$$f(x_1, \ldots, x_{k-1}, x_k) = f(x_1, \ldots, x_{k-1}, \lambda_1) \frac{(x_k - \lambda_2) \ldots (x_k - \lambda_m)}{(\lambda_1 - \lambda_2) \ldots (\lambda_1 - \lambda_m)} + \cdots$$

$$+ f(x_1, \ldots, x_{k-1}, \lambda_m) \frac{(x_k - \lambda_1) \ldots (x_k - \lambda_{m-1})}{(\lambda_m - \lambda_1) \ldots (\lambda_m - \lambda_{m-1})}.$$

Setzt man hier auf der rechten Seite für

$$f(x_1, \ldots, x_{k-1}, \lambda_1), \ldots, f(x_1, \ldots, x_{k-1}, \lambda_m)$$

die endlich vielen möglichen Polynome ein, so erhält man endlich viele Polynome $f(x_1, \ldots, x_{k-1}, x_k)$, die allein als Teiler von $F(x_1, \ldots, x_k)$ in Frage kommen können. Bei jedem ist dann zu prüfen, ob es wirklich ein Teiler ist, was auf die Frage hinausläuft, ob ein gewisses lineares Gleichungssystem Lösungen hat [1]); das kann aber nach § 24 stets entschieden werden und die Lösung kann angegeben werden.

Somit lassen sich alle Teiler von F bestimmen, und daraus ergibt sich die Zerlegung in irreduzible Faktoren wieder wie oben am Schluß von I.

§ 42. Gebrochene Funktionen.

I. Eine rationale Funktion (von einer oder mehreren Variabeln) läßt sich auf unendlich viele Arten als Quotient von Polynomen darstellen. Unter diesen Darstellungen ist eine besonders ausgezeichnet:

Satz 110. *Eine rationale Funktion* $\frac{F}{G}$, *wo* F *und* G *gegebene Polynome von einer oder mehreren Variabeln sind, läßt sich auf eine und nur eine Art so als Quotient von zwei relativ primen Polynomen* $\frac{P}{Q}$ *darstellen, daß das Hauptglied (s. S. 33) des Nenners* Q *den Koeffizienten* 1 *hat. Die Koeffizienten von* P *und* Q *gehören dem durch die Koeffizienten von* F *und* G *bestimmten Körper an. Diese Darstellung heißt reduziert.*

Um eine solche Darstellung zu erhalten, brauchen wir nur mit dem größten gemeinsamen Teiler der Polynome F und G und mit dem Koeffizienten des Hauptgliedes von G zu kürzen. Nehmen wir nun an, es gäbe mehrere solche Darstellungen, etwa

$$\frac{P}{Q} = \frac{P^*}{Q^*},$$

so ist $PQ^* = P^*Q$, also PQ^* durch Q teilbar. Da aber P relativ prim zu Q, so muß Q^* nach Satz 98 durch Q teilbar sein. Ebenso ergibt sich, daß auch Q durch Q^* teilbar sein muß. Daher ist $\frac{Q}{Q^*}$ eine Konstante, und da die Hauptglieder in Q und Q^* gleiche Koeffizienten haben, muß die Konstante gleich 1 sein; also ist $Q^* = Q$ und folglich auch $P^* = P$.

---

[1]) Um nämlich zu prüfen, ob das Polynom $f(x_1, \ldots, x_k)$ vom Grad r ein Teiler des Polynoms $F(x_1, \ldots, x_k)$ vom Grad m ist, macht man den Ansatz

$$F(x_1, \ldots, x_k) = f(x_1, \ldots, x_k)\, g(x_1, \ldots, x_k),$$

wo $g(x_1, \ldots, x_k)$ ein vollständiges Polynom vom Grad $m - r$ mit noch unbekannten Koeffizienten ist. Durch Ausmultiplizieren und Vergleichen gleicher Potenzprodukte links und rechts erhält man dann ein System linearer Bedingungsgleichungen für die unbekannten Koeffizienten von $g(x_1, \ldots, x_k)$.

Satz 111. *n rationale Funktionen*

$$\frac{F_1}{G_1}, \frac{F_2}{G_2}, \ldots, \frac{F_n}{G_n},$$

wo die F_ν, G_ν gegebene Polynome von einer oder mehreren Variabeln sind, lassen sich auf e i n e u n d n u r e i n e *Art als Quotiente*

$$\frac{F_1}{G_1} = \frac{P_1}{Q}, \quad \frac{F_2}{G_2} = \frac{P_2}{Q}, \ldots, \frac{F_n}{G_n} = \frac{P_n}{Q}$$

derart darstellen, daß die $n+1$ Polynome $P_1, \ldots, P_n, Q$ relativ prim sind und daß das Hauptglied des gemeinsamen Nenners Q den Koeffizienten 1 hat. Die Koeffizienten von P_ν und Q gehören dem durch die Koeffizienten von $F_1, G_1, \ldots, F_n, G_n$ bestimmten Körper $\mathfrak{k}$ an. Q heißt der H a u p t n e n n e r *der n Funktionen.*

Zunächst lassen sich die Funktionen auf gemeinsamen Nenner bringen, derart, daß die Koeffizienten des Nenners und aller Zähler dem Körper $\mathfrak{k}$ angehören. Das ist schon S. 36 unten bemerkt worden, und wir haben auch seither, wenn mehrere rationale Funktionen gleichzeitig auftraten, schon immer eine solche Darstellung zugrunde gelegt. Wir dürfen und wollen daher annehmen, daß von vornherein alle Nenner G_ν einander gleich sind. Eine Darstellung der gewünschten Art erhalten wir dann, indem wir mit dem größten gemeinsamen Teiler der $n+1$ Polynome $F_1, \ldots, F_n, G_1$ und mit dem Koeffizienten des Hauptgliedes von G_1 kürzen.

Nehmen wir nun an, es gäbe noch eine solche von der ersten verschiedene Darstellung

$$\text{(1)} \qquad \frac{P_1}{Q} = \frac{P_1^*}{Q^*}, \quad \frac{P_2}{Q} = \frac{P_2^*}{Q^*}, \ldots, \frac{P_n}{Q} = \frac{P_n^*}{Q^*},$$

so folgt hieraus:

$$\text{(2)} \qquad \frac{Q^*}{Q} = \frac{P_1^*}{P_1} = \frac{P_2^*}{P_2} = \cdots = \frac{P_n^*}{P_n}.$$

Sollte ein P_ν und folglich auch P_ν^* identisch verschwinden, so fällt der betreffende Bruch in (2) fort. Die in (2) auf mehrere Arten dargestellte rationale Funktion ist, da die beiden Darstellungen (1) voneinander verschieden sein sollen, nicht konstant. Stellen wir sie daher als reduzierten Bruch dar:

$$\text{(3)} \qquad \frac{R^*}{R},$$

was nach dem Beweis von Satz 110 durch eventuelles Kürzen geschieht, so ist von den Polynomen R, R^* mindestens eines nicht konstant. Indem wir Q und Q^* nötigenfalls ihre Rollen tauschen lassen, können wir annehmen, daß R nicht konstant ist. Da aber der Bruch (3) aus jedem der Brüche (2) durch Kürzen entsteht, so sind $Q, P_1, \ldots, P_n$ durch R teilbar [1]), während sie

[1]) Die identisch verschwindenden P_ν waren bei dieser Beweisführung auszuschließen. Ein identisch verschwindendes P_ν ist aber durch jedes Polynom, also auch durch R, teilbar.

doch relativ prim sein sollten. Die Annahme von zwei verschiedenen Darstellungen der verlangten Art war also falsch.

II. Als Anwendung beweisen wir noch einen Satz über relativ prime Polynome:

Satz 112. *Sind die n Polynome von k Variabeln*

$$F_1(x_1, \ldots, x_k), \ldots, F_n(x_1, \ldots, x_k)$$

relativ prim und betrachtet man sie speziell als Polynome einer einzelnen Variabeln allein, etwa x_1, *so sind sie als solche ebenfalls relativ prim.*

Nehmen wir nämlich an, sie seien als Polynome von x_1 nicht relativ prim, so sei

$$x_1^m + r_1 x_1^{m-1} + \cdots + r_m \tag{4}$$

ihr größter gemeinsamer Teiler. Dabei ist $m \geqq 1$, und $r_1, \ldots, r_m$ sind nach dem Schlußsatz von Satz 77 rationale Funktionen von $x_2, \ldots, x_k$. Ist $g_0(x_2, \ldots, x_k)$ ihr Hauptnenner und wird demgemäß

$$r_\mu = \frac{g_\mu(x_2, \ldots, x_k)}{g_0(x_2, \ldots, x_k)} \qquad (\mu = 1, 2, \ldots, m) \tag{5}$$

gesetzt, so sind $g_0, g_1, \ldots, g_m$ zueinander relativ prim. Wir behaupten, daß jetzt auch das Polynom von $x_1, x_2, \ldots, x_k$

$$g_0(x_2, \ldots, x_k) \cdot x_1^m + g_1(x_2, \ldots, x_k) \cdot x_1^{m-1} + \cdots + g_m(x_2, \ldots, x_k) \tag{6}$$

ein gemeinsamer Teiler der Polynome $F_1, \ldots, F_n$ ist, während diese doch als relativ prim vorausgesetzt wurden.

Nach Satz 92 gibt es nämlich, wenn wir mit ν eine beliebige der Zahlen $1, 2, \ldots, n$ bezeichnen und F_ν speziell als Polynom von x_1 allein auffassen, einen mit (4) äquivalenten Teiler von F_ν:

$$h_0(x_2, \ldots, x_k) \cdot x_1^m + h_1(x_2, \ldots, x_k) \cdot x_1^{m-1} + \cdots + h_m(x_2, \ldots, x_k), \tag{7}$$

wo die h_μ Polynome von $x_2, \ldots, x_k$ sind, und derart, daß F_ν auch als Polynom von allen Variabeln $x_1, \ldots, x_k$ durch das Polynom (7) teilbar ist. Wegen der Äquivalenz ist dann

$$\frac{h_0}{g_0} = \frac{h_1}{g_1} = \cdots = \frac{h_m}{g_m}. \tag{8}$$

Sollte ein g_μ und folglich auch h_μ identisch verschwinden, so fällt der betreffende Bruch in (8) weg. Stellen wir die in (8) auf mehrere Arten dargestellte rationale Funktion von $x_2, \ldots, x_k$ als reduzierten Bruch $\frac{\varphi}{\psi}$ dar, so kann das wieder durch Kürzen geschehen, und daher ist ψ ein gemeinsamer Teiler der Polynome $g_0, g_1, \ldots, g_m$. Da diese aber relativ prim sind, muß $\psi = 1$ sein. Die Brüche (8) sind also gleich dem Polynom

$$\varphi = \varphi(x_2, \ldots, x_k);$$

daher ist auch

$$h_0 x_1^m + h_1 x_1^{m-1} + \cdots + h_m = \varphi \cdot (g_0 x_1^m + g_1 x_1^{m-1} + \cdots + g_m).$$

Das besagt aber, daß das Polynom (6) ein Teiler des Polynoms (7) ist, und da letzteres ein Teiler von F_ν, so ist das Polynom (6) ebenfalls ein Teiler von F_ν; w. z. b. w.

III. Satz 66 sagt aus, daß eine symmetrische rationale Funktion sich als Quotient von symmetrischen Polynomen darstellen läßt. Der dort geführte Beweis liefert aber keine reduzierte Darstellung. Demgegenüber beweisen wir jetzt den

Satz 113. *In der reduzierten Darstellung* (*Satz* 110) *einer symmetrischen rationalen Funktion sind Zähler und Nenner symmetrische Polynome.*

Seien $x_1, \ldots, x_n$ die unabhängigen Variabeln und

$$\frac{F(x_1, x_2, \ldots, x_n)}{G(x_1, x_2, \ldots, x_n)} \tag{9}$$

die reduzierte Darstellung einer symmetrischen Funktion. Da die Funktion symmetrisch ist, bleibt sie ungeändert, wenn x_1 mit x_2 vertauscht wird; folglich ist

$$\frac{F(x_1, x_2, \ldots, x_n)}{G(x_1, x_2, \ldots, x_n)} = \frac{F(x_2, x_1, \ldots, x_n)}{G(x_2, x_1, \ldots, x_n)}. \tag{10}$$

Hier steht nun links nach Annahme die reduzierte Darstellung. Daher sind auch rechts Zähler und Nenner relativ prim, und wenn c der Koeffizient des Hauptgliedes des Nenners ist, so geht die rechte Seite, wenn man mit c kürzt, ebenfalls in die reduzierte Darstellung über. Es ist also

$$G(x_2, x_1, \ldots, x_n) = cG(x_1, x_2, \ldots, x_n), \tag{11}$$

und aus (10) folgt dann auch:

$$F(x_2, x_1, \ldots, x_n) = cF(x_1, x_2, \ldots, x_n). \tag{12}$$

Wir zeigen jetzt, daß $c = 1$ ist. Wäre nämlich $c \neq 1$, so würde aus (11), indem man speziell $x_1 = x_2$ setzt, folgen: $G(x_2, x_2, \ldots, x_n) = 0$. Das Polynom $G(x_1, x_2, \ldots, x_n)$ würde also, als Polynom von x_1 allein betrachtet, für $x_1 = x_2$ verschwinden und wäre daher nach Satz 73 durch $x_1 - x_2$ teilbar. Die Koeffizienten des Quotienten

$$\frac{G(x_1, x_2, \ldots, x_n)}{x_1 - x_2} = P(x_1) \tag{13}$$

würden dabei nach Satz 73 dem Ring $\Re(\mathfrak{r}, x_2, \ldots, x_n)$ angehören, wenn $\mathfrak{r}$ der durch die Koeffizienten von G bestimmte Ring ist. Das besagt aber, daß der Quotient (13) auch als Funktion der n Variabeln $x_1, \ldots, x_n$ ein Polynom wäre oder also, daß $G(x_1, x_2, \ldots, x_n)$ auch als Polynom der n Variabeln $x_1, \ldots, x_n$ durch $x_1 - x_2$ teilbar wäre. Ebenso würde aus (12) folgen, daß auch $F(x_1, x_2, \ldots, x_n)$ durch $x_1 - x_2$ teilbar wäre, während $F(x_1, x_2, \ldots, x_n)$ und $G(x_1, x_2, \ldots, x_n)$ doch relativ prim sind. Daher ist in der Tat $c = 1$ und aus (11) und (12) folgt:

$$G(x_2, x_1, \ldots, x_n) = G(x_1, x_2, \ldots, x_n),$$
$$F(x_2, x_1, \ldots, x_n) = F(x_1, x_2, \ldots, x_n).$$

Da aber die Variabeln x_1, x_2 in keiner Weise vor den anderen ausgezeichnet sind, kann ebenso geschlossen werden, daß G und F unverändert bleiben, wenn irgend zwei Variabeln miteinander vertauscht werden. Da aber jede Permutation, wie S. 45 ausgeführt wurde, dadurch erzeugt werden kann, daß man einmal oder mehrmals nacheinander je zwei Elemente vertauscht, so bleiben die Polynome G und F auch unverändert, wenn man die Variabeln beliebig permutiert; sie sind also symmetrisch; w. z. b. w.

§ 43. Die Resultante von zwei Polynomen.

I. Wir kehren jetzt zum Fall von zwei Polynomen einer Variabeln zurück. Seien

$$(1)\qquad \begin{cases} F(x) = a_0 x^m + a_1 x^{m-1} + \cdots + a_m & (a_0 \neq 0), \\ f(x) = b_0 x^n + b_1 x^{n-1} + \cdots + b_n & (b_0 \neq 0) \end{cases}$$

zwei nicht konstante Polynome vom Grad m bzw. n (also $m > 0, n > 0$). Ist ihr größter gemeinsamer Teiler $d(x)$ vom Grad k, so setzen wir

$$(2)\qquad \begin{cases} \dfrac{F(x)}{d(x)} = F_1(x) = \alpha_0 x^{m-k} + \alpha_1 x^{m-k-1} + \cdots + \alpha_{m-k}, \\ \dfrac{f(x)}{d(x)} = f_1(x) = \beta_0 x^{n-k} + \beta_1 x^{n-k-1} + \cdots + \beta_{n-k}, \end{cases}$$

wobei dann $\alpha_0 \neq 0$ und $\beta_0 \neq 0$ ist. Nach Satz 79 sind $F_1(x)$ und $f_1(x)$ relativ prim.

Nun suchen wir ein Polynom $\Phi(x)$ vom höchstens $(n-1)$-ten Grad und ein Polynom $\varphi(x)$ vom höchstens $(m-1)$-ten Grad

$$(3)\qquad \begin{cases} \Phi(x) = \xi_1 x^{n-1} + \xi_2 x^{n-2} + \cdots + \xi_n, \\ \varphi(x) = \eta_1 x^{m-1} + \eta_2 x^{m-2} + \cdots + \eta_m \end{cases}$$

derart zu bestimmen, daß

$$(4)\qquad F(x)\Phi(x) + f(x)\varphi(x) \quad 0$$

ist. Ausführlicher geschrieben besagt das:

$$(5)\qquad \begin{cases} \quad (a_0 x^m + \cdots + a_m)(\xi_1 x^{n-1} + \cdots + \xi_n) \\ + (b_0 x^n + \cdots + b_n)(\eta_1 x^{m-1} + \cdots + \eta_m) = 0, \end{cases}$$

und diese Identität erweist sich nach Ausmultiplizieren der Klammern als gleichbedeutend mit dem folgenden System von $n + m$ homogenen linearen Gleichungen mit $n + m$ Unbekannten ξ_ν, η_μ:

$$(6)\qquad \begin{cases} a_0\xi_1 & & + b_0\eta_1 & = 0, \\ a_1\xi_1 + a_0\xi_2 & & + b_1\eta_1 + b_0\eta_2 & = 0, \\ \cdots & & \cdots & \\ a_m\xi_1 + \cdots + a_{m-n+1}\xi_n & & + b_n\eta_1 + \cdots + b_1\eta_m & = 0, \\ \cdots & & \cdots & \\ & a_m\xi_n & + b_n\eta_m & = 0. \end{cases}$$

Darin sind die a_μ, b_ν, deren Indizes außerhalb der Intervalle $(0, m)$ bzw. $(0, n)$ liegen sollten, durch 0 zu ersetzen.

Anderseits ist aber die Gleichung (4) wegen (2) gleichbedeutend mit

$$(7) \qquad F_1(x)\,\Phi(x) + f_1(x)\,\varphi(x) = 0.$$

Daher ist das Produkt $F_1(x)\,\Phi(x)$ teilbar durch $f_1(x)$; da aber $F_1(x)$ zu $f_1(x)$ relativ prim ist, muß nach Satz 80 schon $\Phi(x)$ durch $f_1(x)$ teilbar sein. Es ist also

$$(8) \qquad \Phi(x) = h(x)\,f_1(x),$$

wo $h(x)$ ein Polynom, und aus (7) folgt dann

$$(9) \qquad \varphi(x) = -\,h(x)\,F_1(x).$$

Da $f_1(x)$ vom Grad $n-k$ und $\Phi(x)$ höchstens vom Grad $n-1$, so folgt aus (8), daß $h(x)$ von geringerem als dem k-ten Grad ist. Wenn daher $k=0$, d. h. wenn $F(x)$ und $f(x)$ relativ prim sind, so muß $h(x)$ identisch verschwinden. Daher verschwinden nach (8) und (9) auch $\Phi(x)$ und $\varphi(x)$ identisch, was besagt, daß das Gleichungssystem (6) nur die triviale Lösung $\xi_\nu = 0$, $\eta_\mu = 0$ hat. Nach Satz 45 ist dann der Rang dieses Systems gleich $n+m$.

Ist aber $k>0$, so darf $h(x)$ ein willkürliches Polynom vom höchstens $(k-1)$-ten Grad sein:

$$h(x) = C_1 x^{k-1} + C_2 x^{k-2} + \cdots + C_k.$$

Die Gleichungen (8) und (9) besagen dann, ausführlicher geschrieben:

$$\xi_1 x^{n-1} + \cdots + \xi_n = \quad (C_1 x^{k-1} + \cdots + C_k)\,(\beta_0 x^{n-k} + \cdots + \beta_{n-k}),$$
$$\eta_1 x^{m-1} + \cdots + \eta_m = -\,(C_1 x^{k-1} + \cdots + C_k)\,(\alpha_0 x^{m-k} + \cdots + \alpha_{m-k}),$$

oder also:

$$(10) \quad \begin{cases} \xi_1 = C_1\beta_0, & \eta_1 = -\,C_1\alpha_0, \\ \xi_2 = C_1\beta_1 + C_2\beta_0, & \eta_2 = -\,C_1\alpha_1 - C_2\alpha_0, \\ \cdots\cdots\cdots & \cdots\cdots\cdots \\ \xi_n = C_1\beta_{n-1} + \cdots + C_k\beta_{n-k}, & \eta_m = -\,C_1\alpha_{m-1} - \cdots - C_k\alpha_{m-k}, \end{cases}$$

wo die α_μ, β_ν, deren Index größer als $m-k$ bzw. $n-k$ ist, durch 0 zu ersetzen sind.

Die Formeln (10) stellen daher die allgemeine Auflösung des Gleichungssystems (6) dar. Alle Lösungen

$$\xi_1, \xi_2, \ldots, \xi_n, \quad \eta_1, \eta_2, \ldots, \eta_m$$

lassen sich demnach aus den k folgenden linear zusammensetzen (die λ-te entsteht aus (10), wenn $C_\lambda = 1$, aber $C_\mu = 0$ für $\mu \neq \lambda$ gesetzt wird):

$$\begin{array}{llllll} \beta_0, \beta_1, & \ldots & \beta_{n-1}, & -\alpha_0, -\alpha_1, & \ldots\ldots & ,-\alpha_{m-1}, \\ 0, \beta_0, & \ldots & \beta_{n-2}, & 0, -\alpha_0, & \ldots\ldots & ,-\alpha_{m-2}, \\ \cdots & \cdots & \cdots & \cdots & \cdots & \cdots \\ 0, 0, \ldots, & \beta_0, \ldots, & \beta_{n-k}, & 0, & 0, \ldots, -\alpha_0, \ldots, & -\alpha_{m-k}, \end{array}$$

und diese sind nach Satz 47 voneinander unabhängig, weil die aus den ersten k Spalten gebildete Determinante gleich $\beta_0^k \neq 0$ ist. Da somit das

Gleichungssystem (6) mit $n+m$ Unbekannten genau k unabhängige Lösungen hat, so ist sein Rang nach Satz 48 gleich $n+m-k$.

Die Matrix des Gleichungssystems (6) schreibt sich bequemer, wenn man die Zeilen zu Spalten macht, wobei ja der Rang unverändert bleibt. Sie sieht dann so aus:

$$(11)\qquad \left\|\begin{matrix} a_0 & a_1 & \cdot & \cdot & \cdot & \cdot & \cdot & \cdot & a_m & & & \\ & a_0 & a_1 & \cdot & \cdot & \cdot & \cdot & \cdot & \cdot & a_m & & \\ & & \cdot & \cdot & \cdot & \cdot & \cdot & \cdot & \cdot & \cdot & \cdot & \\ & & & a_0 & a_1 & \cdot & \cdot & \cdot & \cdot & \cdot & \cdot & a_m \\ b_0 & b_1 & \cdot & \cdot & \cdot & b_n & & & & & & \\ & b_0 & b_1 & \cdot & \cdot & \cdot & b_n & & & & & \\ & & \cdot & \cdot & \cdot & \cdot & \cdot & \cdot & \cdot & \cdot & \cdot & \\ & & & & & & b_0 & b_1 & \cdot & \cdot & \cdot & b_n \end{matrix}\right\| \begin{matrix} \left.\vphantom{\begin{matrix}a\\a\\a\\a\end{matrix}}\right\} n \\ \left.\vphantom{\begin{matrix}a\\a\\a\\a\end{matrix}}\right\} m \end{matrix}$$

wo die leeren Stellen (nicht die Punkte) durch Nullen zu besetzen sind, und wir erhalten den

Satz 114. *Haben die Polynome positiven Grades*

$$F(x) = a_0 x^m + a_1 x^{m-1} + \cdots + a_m \qquad (a_0 \neq 0),$$
$$f(x) = b_0 x^n + b_1 x^{n-1} + \cdots + b_n \qquad (b_0 \neq 0)$$

einen größten gemeinsamen Teiler $d(x)$ vom Grad k, so ist die Matrix (11) vom Rang $r = m + n - k$. Ist umgekehrt r der Rang der Matrix (11), so ist der größte gemeinsame Teiler vom Grad $k = m + n - r$.

Bemerkung. Der Euklidische Algorithmus zur Bestimmung von $d(x)$ kann bei gegebenen Gradzahlen m, n, k immer noch sehr verschieden verlaufen; er kann nach dem ersten Schritt abbrechen, kann aber auch viel länger dauern und liefert daher keine einheitliche Darstellung für $d(x)$. Trotzdem gibt es eine solche. Für $k = m$ ist ja offenbar $d(x) = \frac{F(x)}{a_0}$, und für $k = n$ ist $d(x) = \frac{f(x)}{b_0}$. Wenn aber $k < m$ und $k < n$ ist, gilt die Formel

$$(12)\qquad d(x) = \frac{1}{C}\left|\begin{matrix} a_0 & a_1 & \cdot & \cdot & \cdot & a_m & & & & & & 0 \\ \cdot & \cdot & \cdot & \cdot & \cdot & \cdot & \cdot & \cdot & \cdot & \cdot & \cdot & \cdot \\ & & a_0 & a_1 & & & \cdot & \cdot & \cdot & & a_m & 0 \\ b_0 & b_1 & \cdot & \cdot & \cdot & b_n & & & & & & 0 \\ \cdot & \cdot & \cdot & \cdot & \cdot & \cdot & \cdot & \cdot & \cdot & \cdot & \cdot & \cdot \\ & & b_0 & b_1 & & \cdot & \cdot & \cdot & \cdot & \cdot & b_n & 0 \\ & & & & & 1 & 0 & \cdot & \cdot & \cdot & 0 & x^k \\ & & & & & 0 & 1 & \cdot & \cdot & \cdot & 0 & x^{k-1} \\ & & & & & \cdot & \cdot & \cdot & \cdot & \cdot & \cdot & \\ & & & & & 0 & 0 & \cdot & \cdot & \cdot & 1 & 1 \end{matrix}\right| \begin{matrix} \left.\vphantom{\begin{matrix}a\\a\\a\end{matrix}}\right\} n-k \\ \left.\vphantom{\begin{matrix}a\\a\\a\end{matrix}}\right\} m-k \\ \left.\vphantom{\begin{matrix}a\\a\\a\\a\end{matrix}}\right\} k+1 \end{matrix},$$

wobei die leeren Felder durch Nullen zu besetzen sind und C der Koeffizient von x^k in der ausgerechneten Determinante ist. Wir werden aber diese Formel nicht gebrauchen und wollen sie auch nicht beweisen; den Beweis hat der Verf. in den Sitzungsberichten der Bayer. Akademie 1928 erbracht.

II. Die Matrix (11) hat $m + n$ Zeilen und ebenso viele Spalten. Man beachte bei ihr, daß das Element b_n in der ersten b-Zeile nicht nur zufällig unter a_1 geraten ist, sondern wirklich dorthin gehört; ebenso gehört das b_1 der letzten Zeile genau unter das a_m der ersten Zeile. Zufall ist es dagegen, daß das b_0 der letzten Zeile unter dem b_n der zweiten b-Zeile steht, und in der Determinante (12) ist das Untereinanderstehen der Elemente in den mittleren Spalten nur durch Zufälligkeiten bedingt.

Die $(m + n)$-reihige Determinante der Matrix (11) heißt die Resultante oder Sylvestersche Determinante der Polynome $F(x), f(x)$ (in dieser Reihenfolge). Wir bezeichnen sie mit $R(F, f)$; wo die Angabe der Variabeln nötig scheint, werden wir auch ausführlicher

$$R_x(F, f) \text{ oder } R_x(F(x), f(x))$$

schreiben. Zum Beispiel ist

$$R_x(a_0x^2 + a_1x + a_2,\ b_0x + b_1) = \begin{vmatrix} a_0 & a_1 & a_2 \\ b_0 & b_1 & 0 \\ 0 & b_0 & b_1 \end{vmatrix},$$

oder ausgerechnet:

$$(13)\qquad R_x(a_0x^2 + a_1x + a_2,\ b_0x + b_1) = a_0b_1^2 - a_1b_0b_1 + a_2b_0^2.$$

Ferner ist

$$R_x(a_0x^2 + a_1x + a_2,\ b_0x^2 + b_1x + b_2) = \begin{vmatrix} a_0 & a_1 & a_2 & 0 \\ 0 & a_0 & a_1 & a_2 \\ b_0 & b_1 & b_2 & 0 \\ 0 & b_0 & b_1 & b_2 \end{vmatrix},$$

oder, wie man leicht nachrechnet:

$$(14)\qquad \begin{cases} R_x(a_0x^2 + a_1x + a_2,\ b_0x^2 + b_1x + b_2) \\ = (a_0b_2 - a_2b_0)^2 - (a_0b_1 - a_1b_0)(a_1b_2 - a_2b_1). \end{cases}$$

Wir ergänzen die Resultantendefinition noch durch die Formeln

$$(15)\qquad R_x(a_0x^m + a_1x^{m-1} + \cdots + a_m,\ b_0) = b_0^m \quad (a_0 \neq 0,\ b_0 \neq 0),$$

$$(16)\qquad R_x(a_0,\ b_0x^n + b_1x^{n-1} + \cdots + b_n) = a_0^n \quad (a_0 \neq 0,\ b_0 \neq 0),$$

die für $m = n = 0$ miteinander übereinstimmen.

Nach Satz 114 ist der Rang gleich $m + n$, d. h. die Resultante von 0 verschieden, wenn $k = 0$ ist, und umgekehrt. Damit ist bewiesen:

Satz 115. *Zwei Polynome positiven Grades $F(x), f(x)$ sind dann und nur dann relativ prim, wenn ihre Resultante $R(F, f)$ nicht verschwindet.*

Wenn man in der Determinante der Matrix (11) zu den Elementen der letzten Spalte die mit x multiplizierten Elemente der vorletzten, die mit x^2 multiplizierten Elemente der drittletzten usw., schließlich die mit x^{m+n-1} multiplizierten Elemente der ersten Spalte addiert, ergibt sich für diese Determinante, die ja gleich $R(F, f)$ ist, die Darstellung

$$R(F,f) = \begin{vmatrix} a_0 & a_1 & \cdot & \cdot & \cdot & a_m & & & & & x^{n-1}F(x) \\ \cdot & \cdot & \cdot & \cdot & \cdot & \cdot & \cdot & \cdot & \cdot & \cdot & \cdot \\ & & & & & a_0 & a_1 & \cdot & \cdot & \cdot & F(x) \\ b_0 & b_1 & \cdot & \cdot & \cdot & b_n & & & & & x^{m-1}f(x) \\ \cdot & \cdot & \cdot & \cdot & \cdot & \cdot & \cdot & \cdot & \cdot & \cdot & \cdot \\ & & & & & b_0 & b_1 & \cdot & \cdot & \cdot & f(x) \end{vmatrix}.$$

Indem man diese Determinante nach den Elementen der letzten Spalte entwickelt, erhält man eine Relation der Form

$$(17)\qquad R(F,f) = F(x)\,\Phi(x) + f(x)\,\varphi(x)$$

und den

Satz 116. *Sind $F(x)$, $f(x)$ zwei Polynome vom positiven Grad m bzw. n, so läßt sich die Resultante $R(F,f)$ in der Form (17) darstellen, wo $\Phi(x)$, $\varphi(x)$ Polynome vom höchstens $(n-1)$-ten bzw. $(m-1)$-ten Grad sind, deren Koeffizienten dem durch die Koeffizienten von $F(x)$ und $f(x)$ bestimmten Ring angehören.*

III. Die Resultante hat einige bemerkenswerte Eigenschaften. Zunächst ist, wenn $F(x)$ und $f(x)$ ihre Rollen tauschen,

$$R(f,F) = \begin{vmatrix} b_0 & \cdot & \cdot & \cdot & b_n & & & & \\ & \cdot & \cdot & \cdot & \cdot & \cdot & \cdot & \cdot & \cdot \\ & & & b_0 & \cdot & \cdot & \cdot & \cdot & b_n \\ a_0 & \cdot & \cdot & \cdot & a_m & & & & \\ & \cdot & \cdot & \cdot & \cdot & \cdot & \cdot & \cdot & \cdot \\ & & & a_0 & \cdot & \cdot & \cdot & \cdot & a_m \end{vmatrix} \begin{matrix} \left.\vphantom{\begin{matrix}a\\a\\a\end{matrix}}\right\} m \\ \left.\vphantom{\begin{matrix}a\\a\\a\end{matrix}}\right\} n \end{matrix}$$

und, da diese Determinante augenscheinlich durch mn Zeilenvertauschungen in die Determinante der Matrix (11) übergeführt werden kann, ist

$$(18)\qquad R(f,F) = (-1)^{mn}\,R(F,f).$$

Diese Formel gilt nach den Definitionsformeln (15), (16) auch noch, wenn (mindestens) eine der Zahlen m, n gleich 0 sein sollte.

Offenbar ist $R(F,f)$ in bezug auf die Variabeln $a_0, a_1, \ldots, a_m$ ein homogenes Polynom vom Grad n und in bezug auf die Variabeln $b_0, b_1, \ldots, b_n$ ein homogenes Polynom vom Grad m. Die Resultante hat also die Form

$$(19)\qquad R(F,f) = \sum C_{\mu_1\ldots\mu_n\nu_1\ldots\nu_m}\, a_{\mu_1}\cdots a_{\mu_n}\, b_{\nu_1}\cdots b_{\nu_m},$$

wobei die Koeffizienten $C_{\mu_1\ldots\nu_m}$ augenscheinlich ganze Zahlen sind. Dabei ist in jedem Glied die Summe der Indizes

$$\mu_1 + \cdots + \mu_n + \nu_1 + \cdots + \nu_m,$$

die das Gewicht des Gliedes heißt, gleich mn. Jedes Glied der Sylvesterschen Determinante enthält nämlich ein Element a_{μ_1} aus der ersten Zeile, ein Element a_{μ_2} aus der zweiten Zeile, ..., ein Element b_{ν_1} aus der $(n+1)$-ten Zeile, ..., ein Element b_{ν_m} aus der $(n+m)$-ten Zeile. Dabei gehört

$$\begin{array}{l} a_{\mu_1} \text{ der } (\mu_1 + 1)\text{-ten Spalte,} \\ a_{\mu_2} \text{ der } (\mu_2 + 2)\text{-ten Spalte,} \\ \cdots\cdots\cdots\cdots \\ a_{\mu_n} \text{ der } (\mu_n + n)\text{-ten Spalte,} \\ b_{\nu_1} \text{ der } (\nu_1 + 1)\text{-ten Spalte,} \\ \cdots\cdots\cdots\cdots \\ b_{\nu_m} \text{ der } (\nu_m + m)\text{-ten Spalte} \end{array}$$

an. Da aber aus jeder Spalte ein Element vorkommen muß, ist

$$\begin{aligned}(\mu_1 + 1) + (\mu_2 + 2) + \cdots + (\mu_n + n) + (\nu_1 + 1) + \cdots + (\nu_m + m) \\ = 1 + 2 + 3 + \cdots + (m + n),\end{aligned}$$

oder also

$$\begin{aligned}\mu_1 + \cdots + \mu_n + \nu_1 + \cdots + \nu_m \\ = \frac{(m+n)(m+n+1)}{2} - \frac{n(n+1)}{2} - \frac{m(m+1)}{2} = mn;\end{aligned}$$

w. z. b. w.

Satz 117. *Wenn die Koeffizienten der drei Polynome*

$$\begin{aligned} F(x) &= a_0 x^m + a_1 x^{m-1} + \cdots + a_m, \\ f(x) &= b_0 x^n + b_1 x^{n-1} + \cdots + b_n, \\ g(x) &= c_0 x^{n-m} + c_1 x^{n-m-1} + \cdots + c_{n-m}, \end{aligned}$$

wobei natürlich $n \geqq m$ *sein muß, die Bedingungen erfüllen:*

$$a_0 \neq 0, \quad b_0 \neq 0, \quad b_0 + a_0 c_0 \neq 0,$$

so ist $R(F, f + Fg) = R(F, f)$.

Dieser Satz ist für $m = 0$ nach (16) selbstverständlich, weil dann beide Resultanten gleich a_0^n sind. Sei also $m > 0$. Wird dann

$$f(x) + F(x)\, g(x) = d_0 x^n + d_1 x^{n-1} + \cdots + d_n$$

gesetzt, so ist

$$\begin{aligned} d_0 &= b_0 + a_0 c_0 \neq 0, \\ d_1 &= b_1 + a_1 c_0 + a_0 c_1, \\ &\cdots\cdots\cdots \\ d_n &= b_n + a_n c_0 + \cdots + a_m c_{n-m}, \end{aligned}$$

wo die a_ν, c_ν, deren Index nicht dem Intervall $(0, m)$ bzw. $(0, n - m)$ angehört, durch 0 zu ersetzen sind. Wenn man daher in der Determinante

$$R(F, f) = \left| \begin{array}{ccccccc} a_0 & \cdot & \cdot & \cdot & a_m & & \\ \cdot & \cdot & \cdot & \cdot & \cdot & \cdot & \cdot \\ & & & a_0 & \cdot & \cdot & a_m \\ b_0 & \cdot & \cdot & \cdot & b_n & & \\ \cdot & \cdot & \cdot & \cdot & \cdot & \cdot & \cdot \\ & & & b_0 & \cdot & \cdot & b_n \end{array} \right| \begin{array}{l} \left.\vphantom{\begin{array}{c}a\\a\\a\end{array}}\right\} n \\ \left.\vphantom{\begin{array}{c}a\\a\\a\end{array}}\right\} m \end{array}$$

zu den Elementen der $(n + \mu)$-ten Zeile die mit c_0 multiplizierten Elemente der μ-ten Zeile, die mit c_1 multiplizierten Elemente der $(\mu + 1)$-ten Zeile, ..., schließlich die mit c_{n-m} multiplizierten Elemente der $(\mu + n - m)$-ten Zeile addiert, so treten in der $(n + \mu)$-ten Zeile an Stelle der Elemente $b_0, b_1, \ldots, b_n$ die Elemente $d_0, d_1, \ldots, d_n$, während die Nullen unverändert bleiben. Führt man diese Operation für $\mu = 1, 2, \ldots, m$ durch, so wird also die Determinante übergeführt in:

$$\left|\begin{array}{cccccc} a_0 & \cdots & a_m & & & \\ \cdot & \cdot & \cdot & \cdot & \cdot & \cdot \\ & & a_0 & \cdots & & a_m \\ d_0 & \cdots & d_n & & & \\ \cdot & \cdot & \cdot & \cdot & \cdot & \cdot \\ & & d_0 & \cdots & & d_n \end{array}\right| \begin{array}{l} \left.\begin{array}{c} \\ \\ \\ \end{array}\right\} n \\ \left.\begin{array}{c} \\ \\ \\ \end{array}\right\} m, \end{array}$$

also in $R(F, f + Fg)$. Damit ist Satz 117 bewiesen.

Satz 118. *Sind $F(x)$, $f(x)$, $g(x)$ drei nicht identisch verschwindende Polynome, so gelten die Formeln*

$$R(fg, F) = R(f, F) \cdot R(g, F),$$
$$R(F, fg) = R(F, f) \cdot R(F, g).$$

Ist eines der drei Polynome vom nullten Grad, so folgt die Richtigkeit unmittelbar aus der durch die Formeln (15), (16) ergänzten Definition der Resultante. Sind aber alle Polynome mindestens vom ersten Grad, so setzen wir

$$F(x) = a_0 x^m + \cdots + a_m \qquad (a_0 \neq 0),$$
$$f(x) = b_0 x^n + \cdots + b_n \qquad (b_0 \neq 0),$$
$$g(x) = c_0 x^p + \cdots + c_p \qquad (c_0 \neq 0).$$

Nach (18) ist dann

$$R(f, F) = (-1)^{mn} R(F, f),$$
$$R(g, F) = (-1)^{mp} R(F, g),$$
$$R(fg, F) = (-1)^{m(n+p)} R(F, fg),$$

und daher genügt es, die erste Formel in Satz 118 zu beweisen. Zu dem Zweck betrachten wir die beiden $(m + n + p)$-reihigen Determinanten

$$\left|\begin{array}{ccccc|ccc} b_0 & \cdots & b_n & & & 0 & \cdots & 0 \\ \cdot & \cdot & \cdot & \cdot & \cdot & \cdot & \cdot & \cdot \\ & & b_0 & \cdots & b_n & 0 & \cdots & 0 \\ a_0 & \cdots & a_m & & & 0 & \cdots & 0 \\ \cdot & \cdot & \cdot & \cdot & \cdot & \cdot & \cdot & \cdot \\ & & a_0 & \cdots & a_m & 0 & \cdots & 0 \\ 0 & \cdot & \cdot & \cdot & 0 & 1 & \cdots & 0 \\ \cdot & \cdot & \cdot & \cdot & \cdot & \cdot & \cdot & \cdot \\ 0 & \cdot & \cdot & \cdot & 0 & 0 & \cdots & 1 \end{array}\right| \begin{array}{l} \left.\begin{array}{c} \\ \\ \\ \end{array}\right\} m \\ \left.\begin{array}{c} \\ \\ \\ \end{array}\right\} n \\ \left.\begin{array}{c} \\ \\ \\ \end{array}\right\} p, \end{array} \qquad \left|\begin{array}{ccccccc} c_0 & \cdots & c_p & & & & \\ & c_0 & \cdots & c_p & & & \\ \cdot & \cdot & \cdot & \cdot & \cdot & \cdot & \cdot \\ & & & & c_0 & \cdots & c_p \\ 0 & \cdots & 0 & a_0 & \cdots & a_m & \\ \cdot & \cdot & \cdot & \cdot & \cdot & \cdot & \cdot \\ 0 & \cdots & 0 & & a_0 & \cdots & a_m \end{array}\right| \begin{array}{l} \left.\begin{array}{c} \\ \\ \\ \\ \end{array}\right\} m + n \\ \left.\begin{array}{c} \\ \\ \\ \end{array}\right\} p. \end{array}$$

$$\underbrace{\qquad\qquad}_{m+n} \quad \underbrace{\qquad}_{p} \qquad\qquad \underbrace{\qquad}_{n} \quad \underbrace{\qquad\qquad}_{m+p}$$

Auf beide läßt sich Satz 40 anwenden, und dann erweist sich die erste gleich $R(f, F)$ und die zweite gleich $c_0^n R(g, F)$. Multipliziert man nun diese Determinanten miteinander nach der Produktregel, wobei man die Zeilen der ersten mit den Spalten der zweiten kombiniert, so ergibt sich zunächst:

$$c_0^n R(f, F)\cdot R(g, F) = \begin{vmatrix} d_0 & d_1 & . & . & . & . & d_{n+p} & & & \\ . & . & . & . & . & . & . & . & . & . \\ & & & & d_0 & . & . & . & d_{n+p} & \\ e_0 & e_1 & . & . & . & . & e_{m+p} & & & \\ . & . & . & . & . & . & . & . & . & . \\ & & & & e_0 & . & . & . & e_{m+p} & \\ 0 & . & . & . & 0 & a_0 & . & a_m & & \\ . & . & . & . & . & . & . & . & . & . \\ 0 & . & . & . & 0 & & a_0 & . & . & a_m \end{vmatrix} \begin{matrix} \left.\vphantom{\begin{matrix}a\\a\\a\end{matrix}}\right\} m \\ \left.\vphantom{\begin{matrix}a\\a\\a\end{matrix}}\right\} n \\ \left.\vphantom{\begin{matrix}a\\a\\a\end{matrix}}\right\} p, \end{matrix}$$

$$\underbrace{\qquad\qquad}_{n}\qquad \underbrace{\qquad\qquad}_{m+p}$$

wobei die d_ν, e_ν die Koeffizienten der Produkte

$$f(x)\,g(x) = d_0 x^{n+p} + d_1 x^{n+p-1} + \cdots + d_{n+p},$$
$$F(x)\,g(x) = e_0 x^{m+p} + e_1 x^{m+p-1} + \cdots + e_{m+p}$$

sind. Wenn man in der letzten Determinante von den Elementen der $(m+n)$-ten Zeile die mit c_μ multiplizierten Elemente der $(m+n+\mu)$-ten Zeile subtrahiert, und zwar für $\mu = 1, 2, \ldots, p$, so geht die $(m+n)$-te Zeile über in:

$$\underbrace{0\ldots0}_{n-1}\quad a_0c_0\quad a_1c_0\ldots a_mc_0\quad \underbrace{0\ldots0}_{p}.$$

Man kann daher den Faktor c_0 herausziehen. Wenn man dann in der übriggebliebenen Determinante von den Elementen der $(m+n-1)$-ten Zeile die mit c_μ multiplizierten Elemente der $(m+n-1+\mu)$-ten Zeile subtrahiert, und zwar für $\mu = 1, 2, \ldots, p$, so geht die $(m+n-1)$-te Zeile uber in:

$$\underbrace{0\ldots0}_{n-2}\quad a_0c_0\quad a_1c_0\ldots a_mc_0\quad \underbrace{0\ldots0}_{p+1}.$$

Man kann daher wieder einen Faktor c_0 herausziehen und in der übrigbleibenden Determinante die $(m+n-2)$-te Zeile ähnlich behandeln. Macht man diesen Prozeß im ganzen n-mal, so werden zuletzt auch die Elemente der $(m+1)$-ten Zeile gleich

$$a_0c_0\quad a_1c_0\ldots a_mc_0\quad \underbrace{0\ \ldots\ 0}_{p+n-1},$$

und man kann wieder einen Faktor c_0 herausziehen. Als Endresultat kommt schließlich

$$c_0^n R(f, F)\cdot R(g, F) = c_0^n \begin{vmatrix} d_0 & d_1 & . & . & . & d_{n+p} & & & & \\ . & . & . & . & . & . & . & . & . & . \\ & & & d_0 & . & . & . & . & . & d_{n+p} \\ a_0 & a_1 & . & . & . & a_m & & & & \\ . & . & . & . & . & . & . & . & . & . \\ & & & a_0 & . & . & . & . & . & a_m \end{vmatrix} \begin{matrix} \left.\vphantom{\begin{matrix}a\\a\\a\end{matrix}}\right\} m \\ \left.\vphantom{\begin{matrix}a\\a\\a\end{matrix}}\right\} n+p. \end{matrix}$$

Diese Determinante ist aber gleich der Resultante $R(fg, F)$, womit Satz 118 bewiesen ist.

Durch den Schluß von n auf $n+1$ folgt aus Satz 118 auch sofort:

$$R\left(\prod_{\nu=1}^{n} f_\nu, F\right) = \prod_{\nu=1}^{n} R(f_\nu, F), \tag{20}$$

$$R\left(F, \prod_{\nu=1}^{n} f_\nu\right) = \prod_{\nu=1}^{n} R(F, f_\nu). \tag{21}$$

und hieraus noch allgemeiner:

$$R\left(\prod_{\mu=1}^{m} F_\mu, \prod_{\nu=1}^{n} f_\nu\right) = \prod_{\mu=1}^{m} \prod_{\nu=1}^{n} R(F_\mu, f_\nu). \tag{22}$$

IV. Wir betrachten jetzt ein Polynom

$$g(x) = t_0 x^m + t_1 x^{m-1} + \cdots + t_m$$

vom positiven Grad m, dessen Koeffizienten unabhängige Variable sind. Dann ist

$$R_x(x-\xi, g(x)) = \begin{vmatrix} 1 & -\xi & & & \\ & 1 & -\xi & & \\ \cdots & \cdots & \cdots & \cdots & \cdots \\ & & & 1 & -\xi \\ t_0 & t_1 & \cdots & t_{m-1} & t_m \end{vmatrix}.$$

Wenn man hier zu den Elementen der letzten Spalte die mit $\xi^{\nu+1}$ multiplizierten Elemente der $(m-\nu)$-ten Spalte addiert, und zwar für $\nu = 0, 1, \ldots, m-1$, so ergibt sich:

$$R_x(x-\xi, g(x)) = \begin{vmatrix} 1 & -\xi & & & 0 \\ \cdots & \cdots & \cdots & \cdots & \cdots \\ & & & 1 & 0 \\ t_0 & t_1 & \cdots & t_{m-1} & g(\xi) \end{vmatrix};$$

also, indem man nach den Elementen der letzten Spalte entwickelt und beachtet, daß der Minor des Elementes $g(\xi)$ unterhalb der Hauptdiagonale lauter Nullen enthält:

$$R_x(x-\xi, g(x)) = g(\xi). \tag{23}$$

Nun seien $x_1, x_2, \ldots, x_n$ unabhängige Variable; dann ist nach (20) und (23)

$$R_x\left(\prod_{\nu=1}^{n}(x-x_\nu), g(x)\right) = \prod_{\nu=1}^{n} g(x_\nu). \tag{24}$$

Sind daher $a_1, a_2, \ldots, a_n$ die symmetrischen Grundfunktionen von $x_1, x_2, \ldots, x_n$, also

$$\prod_{\nu=1}^{n}(x-x_\nu) = x^n + a_1 x^{n-1} + \cdots + a_n,$$

so besagt die vorige Formel soviel wie

$$R_x(x^n + a_1 x^{n-1} + \cdots + a_n,\ t_0 x^m + t_1 x^{m-1} + \cdots + t_m)$$
$$= \prod_{\nu=1}^{n} (t_0 x_\nu^m + t_1 x_\nu^{m-1} + \cdots + t_m),$$

oder also, indem man die Resultante ausführlich hinschreibt:

$$(25)\qquad \prod_{\nu=1}^{n} (t_0 x_\nu^m + t_1 x_\nu^{m-1} + \cdots + t_m) = \begin{vmatrix} 1 & a_1 & \dots & a_n & & & \\ \cdot & \cdot & \cdot & \cdot & \cdot & \cdot & \cdot \\ & & & 1 & a_1 & \dots & a_n \\ t_0 & t_1 & \dots & t_m & & & \\ \cdot & \cdot & \cdot & \cdot & \cdot & \cdot & \cdot \\ & & & t_0 & t_1 & \dots & t_m \end{vmatrix}$$

Anderseits ist aber das linksstehende Produkt nach den Formeln (1), (2) des § 33 gleich

$$\sum_{\mu_1 \dots \mu_n} s_{m-\mu_1, m-\mu_2, \dots, m-\mu_n} t_{\mu_1} t_{\mu_2} \dots t_{\mu_n},$$

wobei $0 \leqq \mu_1 \leqq \mu_2 \leqq \cdots \leqq \mu_n \leqq m$.

Betrachtet man nun die Determinante in (25) als homogenes Polynom n-ten Grades von $t_0, t_1, \dots, t_m$, so ist der Koeffizient von t_m^n gleich 1, und alle anderen Koeffizienten gehören dem Ring $\mathfrak{R}(a_1, a_2, \dots, a_n)$ an. Da der Koeffizient von $t_{\mu_1} t_{\mu_2} \dots t_{\mu_n}$ aber gleich der Potenzproduktsumme

$$s_{m-\mu_1, m-\mu_2, \dots, m-\mu_n}$$

ist, so ist damit Satz 70 neu bewiesen, woraus dann in wenigen Zeilen auch wieder der Fundamentalsatz über symmetrische Funktionen folgt (vgl. S. 158). Dieser Beweis stammt im Prinzip von Faber (Archiv d. Math. u. Phys. 3. Reihe, Bd. 16).

§ 44. Die Diskriminante eines Polynoms.

I. Ein Spezialfall der Resultante ist die Diskriminante. Sei wieder

$$(1)\qquad F(x) = a_0 x^m + a_1 x^{m-1} + \cdots + a_m \qquad (a_0 \neq 0)$$

ein Polynom vom positiven Grad m. Seine Ableitung ist

$$(2)\qquad F'(x) = m a_0 x^{m-1} + (m-1) a_1 x^{m-2} + \cdots + a_{m-1}.$$

Schreiben wir, falls $m > 1$ ist, die Resultante von $F(x)$ und $F'(x)$ als Sylvestersche Determinante an, so haben die Elemente der ersten Spalte den gemeinsamen Faktor a_0. Daher hat auch die Resultante den Faktor a_0, und nach der Definitionsformel (15) des vorigen Paragraphen gilt dasselbe für $m = 1$. Wir wollen daher unter Beifugung eines für die späteren Entwicklungen zweckmäßigen Vorzeichens setzen:

$$(3)\qquad R(F, F') = (-1)^{\frac{m(m-1)}{2}} a_0 D(F).$$

Dabei ist dann, wenn der Grad m größer als 1 ist,

$$(4)\quad D(F) = (-1)^{\frac{m(m-1)}{2}} \begin{vmatrix} 1 & a_1 & \cdots\cdots & a_m & & \\ & a_0 & a_1 & \cdots\cdots & a_m & \\ \cdots & \cdots & \cdots & \cdots & \cdots & \cdots \\ & & & a_0 & \cdots\cdots & a_m \\ m & (m-1)\,a_1 & \cdots & a_{m-1} & & \\ \cdots & \cdots & \cdots & \cdots & \cdots & \cdots \\ & & & m a_0 & \cdots & a_{m-1} \end{vmatrix} \begin{matrix} \left.\vphantom{\begin{matrix}1\\1\\1\\1\end{matrix}}\right\} m-1 \\ \left.\vphantom{\begin{matrix}1\\1\\1\end{matrix}}\right\} m, \end{matrix}$$

dagegen für $m = 1$

$$(5)\qquad D(a_0 x + a_1) = 1 \qquad (a_0 \neq 0).$$

Wir nennen $D(F)$, oder ausführlicher $D_x(F(x))$, die **Diskriminante** von $F(x)$, wobei also $F(x)$ mindestens vom ersten Grad sein muß. Hiernach ist die Diskriminante des Polynoms (1) ein homogenes Polynom $(2m-2)$-ten Grades von $a_0, a_1, \ldots, a_m$:

$$D(F) = \sum_{\lambda_1 \ldots \lambda_{2m-2}} C_{\lambda_1 \lambda_2 \ldots \lambda_{2m-2}} a_{\lambda_1} a_{\lambda_2} \ldots a_{\lambda_{2m-2}}$$

mit ganzzahligen Koeffizienten, und in jedem Glied ist das **Gewicht**

$$\lambda_1 + \lambda_2 + \cdots + \lambda_{2m-2}$$

nach der Feststellung auf S. 207 f. gleich $m(m-1)$.

Beispiele von Diskriminanten sind:

$$D_x(a_0 x^2 + a_1 x + a_2) = -\begin{vmatrix} 1 & a_1 & a_2 \\ 2 & a_1 & 0 \\ 0 & 2a_0 & a_1 \end{vmatrix},$$

oder ausgerechnet:

$$(6)\qquad D_x(a_0 x^2 + a_1 x + a_2) = a_1^2 - 4a_0 a_2;$$

$$D_x(a_0 x^3 + a_1 x^2 + a_2 x + a_3) = -\begin{vmatrix} 1 & a_1 & a_2 & a_3 & 0 \\ 0 & a_0 & a_1 & a_2 & a_3 \\ 3 & 2a_1 & a_2 & 0 & 0 \\ 0 & 3a_0 & 2a_1 & a_2 & 0 \\ 0 & 0 & 3a_0 & 2a_1 & a_2 \end{vmatrix},$$

oder ausgerechnet:

$$(7)\qquad \begin{cases} D_x(a_0 x^3 + a_1 x^2 + a_2 x + a_3) \\ = a_1^2 a_2^2 - 4a_1^3 a_3 - 4a_0 a_2^3 + 18 a_0 a_1 a_2 a_3 - 27 a_0^2 a_3^2. \end{cases}$$

II. Für die Diskriminante eines Produktes gilt die **wichtige Formel**:

$$(8)\qquad D(fg) = D(f) \cdot D(g) \cdot [R(f, g)]^2.$$

Um sie zu beweisen, seien

$$f(x) = a_0 x^m + \cdots + a_m \qquad (m > 0),$$
$$g(x) = b_0 x^n + \cdots + b_n \qquad (n > 0)$$

zwei Polynome vom Grad m bzw. n. Dann ist das Produkt

$$f(x)\,g(x) = a_0 b_0 x^{m+n} + \cdots + a_m b_n$$

vom Grad $m+n$ und hat nach S. 65 oben die Ableitung $f(x)\,g'(x) + f'(x)\,g(x)$. Daher ist zufolge der Diskriminantendefinitionsformel (3)

$$(9) \qquad (-1)^{\frac{(m+n)(m+n-1)}{2}} a_0 b_0 D(fg) = R(fg, fg' + f'g).$$

Nach Satz 118 ist aber

$$R(fg, fg' + f'g) = R(f, fg' + f'g) \cdot R(g, fg' + f'g),$$

und außerdem nach Satz 117 und 118

$$R(f, fg' + f'g) = R(f, f'g) = R(f, f') \cdot R(f, g) = (-1)^{\frac{m(m-1)}{2}} a_0\, D(f) \cdot R(f, g)\,,$$

und analog

$$\begin{aligned} R(g, fg' + f'g) &= (-1)^{\frac{n(n-1)}{2}} b_0\, D(g) \cdot R(g, f) \\ &= (-1)^{\frac{n(n-1)}{2} + mn} b_0\, D(g) \cdot R(f, g)\,, \end{aligned}$$

wobei zuletzt noch von der Formel (18) auf S. 207 Gebrauch gemacht ist. Setzt man das alles oben in (9) ein, so folgt:

$$(-1)^{\frac{(m+n)(m+n-1)}{2}} D(fg) = (-1)^{\frac{m(m-1)}{2} + \frac{n(n-1)}{2} + mn} D(f)\, D(g)\, [R(f, g)]^2\,.$$

Hier sind aber die Exponenten von -1 beiderseits dieselben, so daß die Formel (8) damit bewiesen ist.

Durch den Schluß von n auf $n+1$ läßt sich die Formel (8) sogleich verallgemeinern zu:

$$(10) \qquad D\Big(\prod_{\nu=1}^{n} f_\nu\Big) = \prod_{\nu=1}^{n} D(f_\nu) \cdot \prod_{\lambda>\mu}^{1,n} [R(f_\lambda, f_\mu)]^2\,.$$

Setzt man hier speziell $f_\nu(x) = x - x_\nu$, so ist $D(f_\nu) = 1$ und

$$R(f_\lambda, f_\mu) = \begin{vmatrix} 1 & -x_\lambda \\ 1 & -x_\mu \end{vmatrix} = x_\lambda - x_\mu\,,$$

so daß man die Formel erhält:

$$(11) \qquad D\Big(\prod_{\nu=1}^{n} (x - x_\nu)\Big) = \prod_{\lambda>\mu}^{1,n} (x_\lambda - x_\mu)^2\,.$$

III. Bezeichnet man mit $a_1, a_2, \ldots, a_n$ die symmetrischen Grundfunktionen von $x_1, x_2, \ldots, x_n$, so ist

$$\prod_{\nu=1}^{n} (x - x_\nu) = x^n + a_1 x^{n-1} + \cdots + a_n\,,$$

und aus (11) folgt, wenn man die Diskriminante in der Determinantenform schreibt:

$$
(12)\quad \left\{
\begin{aligned}
&\prod_{\lambda>\mu}^{1,n}(x_\lambda - x_\mu)^2\\
&= (-1)^{\frac{n(n-1)}{2}}
\begin{vmatrix}
1 & a_1 & \dots & \dots & a_n & & \\
\dots & \dots & \dots & \dots & \dots & \dots & \dots\\
 & & 1 & a_1 & \dots & \dots & a_n\\
n & (n-1)\,a_1 & \dots & a_{n-1} & & & \\
\dots & \dots & \dots & \dots & \dots & \dots & \dots\\
 & & & n & (n-1)\,a_1 & \dots & a_{n-1}
\end{vmatrix}
\begin{aligned}
&\left.\vphantom{\begin{matrix}1\\ \dots\\ 1\end{matrix}}\right\} n-1\\
&\left.\vphantom{\begin{matrix}1\\ \dots\\ 1\end{matrix}}\right\} n\,.
\end{aligned}
\end{aligned}
\right.
$$

Damit ist die linksstehende symmetrische Funktion, die wir auf S. 166 durch die Potenzsummen ausgedrückt haben, auch durch die symmetrischen Grundfunktionen dargestellt. Insbesondere erhält man für $n = 3$ mit Benutzung der Formel (7), wo $a_0 = 1$ zu setzen ist:

$$(x_2 - x_1)^2 (x_3 - x_1)^2 (x_3 - x_2)^2 = a_1^2 a_2^2 - 4 a_1^3 a_3 - 4 a_2^3 + 18 a_1 a_2 a_3 - 27 a_3^2 ,$$

in Übereinstimmung mit S. 167.

§ 45. Abhängige Polynome. — Die Resultante von Polynomen mehrerer Variabeln.

I. $k + 1$ Polynome von k Variabeln

$$(1)\qquad f_1(x_1, \ldots, x_k), \ldots, f_{k+1}(x_1, \ldots, x_k)$$

mit Koeffizienten aus einem Körper $\mathfrak{k}$ sind nach Satz 56 voneinander abhängig. Das heißt, es gibt ein nicht identisch verschwindendes Polynom von $k + 1$ Variabeln $y_1, \ldots, y_{k+1}$:

$$(2)\qquad \Phi(y_1, \ldots, y_{k+1}) = \sum C_{\nu_1 \ldots \nu_{k+1}}\, y_1^{\nu_1} \cdots y_{k+1}^{\nu_{k+1}}$$

derart, daß das Polynom $\Phi(f_1, \ldots, f_{k+1})$ der k Variabeln $x_1, \ldots, x_k$ identisch verschwindet; dabei kann man die $C_{\nu_1 \ldots \nu_{k+1}}$ ebenfalls im Körper $\mathfrak{k}$ wählen (Satz 57 oder 60). Ist das Polynom (2) in $\mathfrak{k}$ reduzibel und denkt man es in irreduzible Faktoren zerlegt:

$$\Phi(y_1, \ldots, y_{k+1}) = \prod_{\nu\;1}^{n} \Psi_\nu(y_1, \ldots, y_{k+1})\,.$$

so ist auch

$$\prod_{\nu=1}^{n} \Psi_\nu(f_1, \ldots, f_{k+1}) = 0\,,$$

und folglich muß nach Satz 8 mindestens einer der Faktoren $\Psi_\nu(f_1, \ldots, f_{k+1})$ identisch verschwinden. Daher gibt es auch ein **irreduzibles** Polynom von $y_1, \ldots, y_{k+1}$, welches identisch verschwindet, sobald man die Variabeln $y_1, \ldots, y_{k+1}$ durch die Polynome $f_1, \ldots, f_{k+1}$ ersetzt. Unter Umständen gibt es sogar mehrere solcher irreduzibler Polynome, deren Quotient nicht konstant ist. Ist beispielsweise $k = 2$ und

$$f_1 = x_1 + x_2, \qquad f_2 = 2x_1 + 2x_2, \qquad f_3 = 3x_1 + 3x_2,$$

so ist

$$2f_1 - f_2 = 0, \quad f_1 + f_2 - f_3 = 0,$$

und die Polynome

$$2y_1 - y_2, \quad y_1 + y_2 - y_3$$

sind beide vom ersten Grad, also irreduzibel. Doch kommt das nur daher, daß hier schon zwischen je zwei der drei Polynome eine Abhängigkeit besteht. Andernfalls könnte das nicht sein, wie folgender Satz lehrt:

Satz 119. *Gehören die Koeffizienten der $k+1$ Polynome von k Variabeln*

$$f_1(x_1, \ldots, x_k), \ldots, f_{k+1}(x_1, \ldots, x_k)$$

einem Körper $\mathfrak{k}$ an, so gibt es ein in $\mathfrak{k}$ irreduzibles Polynom $P(y_1, \ldots, y_{k+1})$ derart, daß $P(f_1, \ldots, f_{k+1})$ identisch verschwindet. Sind unter den $k+1$ Polynomen k unabhängige, so ist $P(y_1, \ldots, y_{k+1})$ bis auf einen konstanten Faktor eindeutig bestimmt, und einem Polynom $Q(y_1, \ldots, y_{k+1})$ mit Koeffizienten aus $\mathfrak{k}$ kommt die Eigenschaft, daß $Q(f_1, \ldots, f_{k+1})$ identisch verschwindet, dann und nur dann zu, wenn es durch $P(y_1, \ldots, y_{k+1})$ teilbar ist.

Daß es ein solches irreduzibles Polynom P gibt, ist bereits gezeigt; daß einem durch P teilbaren Polynom Q die behauptete Eigenschaft zukommt, ist dann selbstverständlich. Wenn nun etwa $f_1, \ldots, f_k$ voneinander unabhängig sind, und wenn wir annehmen, daß ein Polynom Q mit Koeffizienten aus $\mathfrak{k}$, dem dieselbe Eigenschaft zukommt, nicht durch P teilbar wäre, so ist Q zu P relativ prim. Nach Satz 101 gibt es also zwei Polynome Φ_1 und Φ_2 mit Koeffizienten aus $\mathfrak{k}$ derart, daß das Polynom

$$P\Phi_1 + Q\Phi_2 = \Omega(y_1, \ldots, y_k)$$

nicht identisch verschwindet und die Variable y_{k+1} nicht enthält. Wird hier $f_1, \ldots, f_{k+1}$ an Stelle von $y_1, \ldots, y_{k+1}$ eingesetzt, so kommt links 0, und man erhält die Beziehung

$$\Omega(f_1, \ldots, f_k) = 0,$$

im Widerspruch damit, daß $f_1, \ldots, f_k$ voneinander unabhängig sein sollen. Daher muß Q durch P teilbar sein. Ist Q ebenfalls in $\mathfrak{k}$ irreduzibel, so muß ebenso P durch Q teilbar sein; also können sich P und Q nur um einen konstanten Faktor unterscheiden. Damit ist Satz 119 bewiesen.

II. Nunmehr seien die Polynome (1) von den positiven Graden $m_1, \ldots, m_{k+1}$, also nicht konstant; sie seien vollständig und ihre Koeffizienten seien unabhängige Variable $a_1, a_2, \ldots, a_r$. Die Anzahl r ist nach Satz 19 gleich

$$r = \binom{m_1 + k}{k} + \binom{m_2 + k}{k} + \cdots + \binom{m_{k+1} + k}{k}, \tag{3}$$

und die Numerierung der ersten $k+1$ Variabeln a_ν sei in Übereinstimmung mit § 28 IV, V so gewählt, daß

(4) $$f_\varkappa(x_1, \ldots, x_k) = a_\varkappa x_\varkappa^{m_\varkappa} + \cdots \qquad (\varkappa = 1, 2, \ldots, k),$$

(5) $$f_{k+1}(x_1, \ldots, x_k) = a_{k+1} + \cdots$$

ist. Außerdem setzen wir auch wieder

(6) $$m_1 m_2 \cdots m_k = l.$$

In § 28 II, III haben wir auf besondere Art ein Polynom konstruiert:

(7) $$\begin{cases} P(y_1, \ldots, y_{k+1}) = \sum\limits_{q_1, \ldots, q_{k+1}} C_{q_1 \ldots q_{k+1}} y_1^{q_1} \cdots y_{k+1}^{q_{k+1}} \\ (m_1 q_1 + \cdots + m_{k+1} q_{k+1} \leqq l m_{k+1}), \end{cases}$$

so daß (vgl. die dortige Formel (24))

(8) $$P(f_1, \ldots, f_{k+1}) = 0$$

ist. Die $C_{q_1 \ldots q_{k+1}}$ sind nach § 28 IV (S. 132) von der Form

(9) $$C_{q_1 \ldots q_{k+1}} = \frac{C'_{q_1 \ldots q_{k+1}}}{D_1},$$

wobei Zähler und Nenner mit ganzzahligen Koeffizienten versehene homogene Polynome von $a_1, \ldots, a_r$ sind und wobei

(10) $$C'_{0 \ldots 0l} = (-1)^l D_1$$

ist. D_1 enthält nur die Koeffizienten von $f_1, \ldots, f_k$, und zwar nur die, welche zu den Gliedern höchsten Grades gehören; außerdem ist D_1 in bezug auf die Koeffizienten von $f_\varkappa$ homogen von einem gewissen Grad $j_\varkappa$, und es ist

(11) $$\text{Hauptglied von } D_1 = a_1^{j_1} a_2^{j_2} \cdots a_k^{j_k}.$$

$C'_{0 \ldots 0}$ ist nach § 28 V in bezug auf die Koeffizienten von $f_\varkappa$ ($\varkappa = 1, \ldots, k$) ebenfalls homogen vom Grad $j_\varkappa$ und in bezug auf die Koeffizienten von f_{k+1} homogen vom Grad l, und es ist

(12) $$\text{Hauptglied von } C'_{0 \ldots 0} \quad a_1^{j_1} \cdots a_k^{j_k} a_{k+1}^l.$$

Nun sei d der größte gemeinsame Teiler aller $C'_{q_1 \ldots q_{k+1}}$ (also nach (10) auch Teiler von D_1). Dann hat d rationale Koeffizienten und das Hauptglied hat den Koeffizienten 1 (vgl. die Definition in Satz 96). Da aber in D_1 der Koeffizient des Hauptgliedes ebenfalls gleich 1 ist, so hat d nach Satz 89 lauter ganzzahlige Koeffizienten, und aus Satz 86 kann man weiter entnehmen, daß die Koeffizienten der Polynome

(13) $$D_{q_1 \ldots q_{k+1}} = \frac{C'_{q_1 \ldots q_{k+1}}}{d}, \quad D_0 = \frac{D_1}{d}$$

ebenfalls ganze Zahlen sind. Wegen (10) ist dabei

(14) $$D_{0 \ldots 0l} = (-1)^l D_0.$$

Das Polynom D_0 enthält, da es ein Teiler von D_1 ist, nur die Koeffizienten von $f_1, \ldots, f_k$, und zwar nur die, welche zu den Gliedern höchsten Grades gehören; mit Rücksicht auf Satz 10 ist es homogen in bezug auf die Koeffizienten von $f_\varkappa$, etwa vom Grad $l_\varkappa$. Das Hauptglied von D_0 ist dann nach Satz 9 ein Teiler des Hauptgliedes von D_1 und hat den Koeffizienten 1, da ja die Hauptglieder von D_1 und d den Koeffizienten 1 haben; also ist

(15) $$\text{Hauptglied von } D_0 = a_1^{l_1} a_2^{l_2} \cdots a_k^{l_k}.$$

Das Polynom d ist dann wegen der zweiten Formel (13) in bezug auf die Koeffizienten von $f_\varkappa$ homogen vom Grad $j_\varkappa - l_\varkappa$, und das Hauptglied von d ist nach Satz 9 gleich dem Quotienten der Hauptglieder von D_1 und D_0; also ist

(16) $$\text{Hauptglied von } d = a_1^{j_1-l_1} a_2^{j_2-l_2} \cdots a_k^{j_k-l_k}.$$

Schließlich ist $D_{0\ldots 0}$ wegen der ersten Formel (13) in bezug auf die Koeffizienten von $f_\varkappa$ $(\varkappa = 1, \ldots, k)$ homogen vom Grad $j_\varkappa - (j_\varkappa - l_\varkappa) = l_\varkappa$ und in bezug auf die Koeffizienten von f_{k+1} homogen vom Grad l; das Hauptglied von $D_{0\ldots 0}$ ist gleich dem Quotienten der Hauptglieder von $C'_{0\ldots 0}$ und d, also ist

(17) $$\text{Hauptglied von } D_{0\ldots 0} = a_1^{l_1} \cdots a_k^{l_k} a_{k+1}^{l}.$$

III. Jetzt betrachten wir das Polynom

(18) $$P_1(y_1, \ldots, y_{k+1}) = D_0 \cdot P(y_1, \ldots, y_{k+1}) = \sum_{q_1 \ldots q_{k+1}} D_{q_1 \ldots q_{k+1}} y_1^{q_1} \cdots y_{k+1}^{q_{k+1}},$$

dessen Koeffizienten relativ prime[1]) mit ganzzahligen Koeffizienten versehene Polynome von $a_1, \ldots, a_r$ sind. Nach (8) ist natürlich

(19) $$P_1(f_1, \ldots, f_{k+1}) = 0,$$

und wir wollen jetzt zeigen, daß das Polynom $P_1(y_1, \ldots, y_{k+1})$ irreduzibel ist im Körper $\mathfrak{K}(a_1, \ldots, a_r)$, ja sogar im Körper $\mathfrak{K}(\mathfrak{k}^*, a_1, \ldots, a_r)$, unter $\mathfrak{k}^*$ den Körper der komplexen Zahlen verstanden. P_1 ist nämlich wegen

(20) $$m_1 q_1 + \cdots + m_{k+1} q_{k+1} \leqq l m_{k+1} \qquad (\text{vgl. (7)})$$

in bezug auf y_{k+1} höchstens vom Grad l, und da das Glied

$$D_{0\ldots 0l}\, y_{k+1}^{l}$$

vorkommt, sogar genau vom Grad l; aber y_{k+1}^l kommt wegen (20) mit keinem anderen y_ν multipliziert vor. Wenn wir daher annehmen, P_1 sei in $\mathfrak{K}(\mathfrak{k}^*, a_1, \ldots, a_r)$ reduzibel und lasse sich etwa zerlegen in:

(21) $$P_1(y_1, \ldots, y_{k+1}) = Q(y_1, \ldots, y_{k+1}) \cdot R(y_1, \ldots, y_{k+1}),$$

so sind Q und R in bezug auf y_{k+1} von kleinerem als dem l-ten Grad, und nach Satz 92 dürfen die Koeffizienten von Q und R als Polynome von $a_1, \ldots, a_r$ angenommen werden (mit Koeffizienten aus $\mathfrak{k}^*$). Indem wir Q und R eventuell ihre Rollen tauschen lassen, dürfen wir wegen (19) und (21) annehmen, daß

(22) $$Q(f_1, \ldots, f_{k+1}) = 0$$

ist. Nun sei Q in bezug auf y_{k+1} etwa vom Grad $p(< l)$ und also

(23) $$Q = E y_{k+1}^p + \cdots,$$

wo dann E ein Teiler von $D_{0\ldots 0l}$, also wegen (14) ein Teiler von D_0 ist.

---

[1]) Das folgt aus (13) mit Hilfe von Satz 97.

Die Gleichung (22) muß richtig bleiben, wenn wir die Variabeln $a_1, \ldots, a_r$ durch irgendwelche spezielle Größen ersetzen. Wir wollen nun derart spezialisieren, daß

$$(24) \qquad f_\varkappa = a_\varkappa \prod_{\nu=1}^{m_\varkappa} (x_\varkappa - \nu) \qquad (\varkappa = 1, 2, \ldots, k),$$

$$(25) \qquad f_{k+1} = b_1 x_1 + \cdots + b_k x_k$$

ist, wo die $a_1, \ldots, a_k$ ihre frühere Bedeutung als unabhängige Variable behalten und die $b_1, \ldots, b_k$ weitere unabhängige Variable sein sollen[1]). Die l Polynome dieser Variabeln

$$(26) \qquad \begin{cases} \nu_1 b_1 + \cdots + \nu_k b_k \\ (\nu_1 = 1, 2, \ldots, m_1; \ldots; \nu_k = 1, 2, \ldots, m_k) \end{cases}$$

sind dann alle voneinander verschieden.

Bei der angegebenen Spezialisierung sind außer $a_\varkappa$ alle Koeffizienten von Gliedern höchsten Grades in $f_\varkappa$ gleich 0. Daher reduziert sich D_0 auf sein Hauptglied (15), ist also von 0 verschieden. Also ist E als Teiler von D_0 auch nach der Spezialisierung von 0 verschieden; das Polynom (23) wird daher auch nach der Spezialisierung nicht identisch verschwinden und in bezug auf y_{k+1} noch immer vom Grad $p(< l)$ sein. Setzt man jetzt (nach der Spezialisierung) in der Identität (22) für $x_1, \ldots, x_k$ eines der l Wertsysteme

$$x_1 = \nu_1 \qquad (\nu_1 = 1, 2, \ldots, m_1),$$

$$\cdots\cdots\cdots\cdots$$

$$x_k = \nu_k \qquad (\nu_k = 1, 2, \ldots, m_k)$$

ein, so wird nach (24): $f_1 = 0, \ldots, f_k = 0$, und aus (22) folgt:

$$Q(0, \ldots, 0, f_{k+1}) = 0 \qquad \text{für} \qquad f_{k+1} = b_1\nu_1 + \cdots + b_k\nu_k.$$

Hier steht links ein Polynom p-ten Grades von f_{k+1}, und für f_{k+1} sind l verschiedene Größen angegeben, für die es verschwindet. Das ist aber wegen $p < l$ nach Satz 28 nicht möglich. Die Annahme der Reduzibilität von P_1 war also falsch.

IV. Bei der Herleitung des Polynoms $P_1(y_1, \ldots, y_{k+1})$ war dem Polynom f_{k+1} eine Sonderstellung eingeräumt (vgl. § 28 III). Statt dessen können wir aber auch einem anderen $f_\varkappa$ diese Sonderstellung einräumen. Dann ergibt sich statt $P_1(y_1, \ldots, y_{k+1})$ ein Polynom $P_{1\varkappa}(y_1, \ldots, y_{k+1})$ mit entsprechenden Eigenschaften seiner Koeffizienten. Die Polynome $f_1, \ldots, f_k$ sind aber nach Satz 63 voneinander unabhängig, so daß das Polynom P_1 durch die Tatsache der Irreduzibilität und durch (19) nach Satz 119 bis auf einen konstanten Faktor eindeutig bestimmt ist. Die Koeffizienten von $P_{1\varkappa}$ sind daher zu denen von P_1 proportional. Da aber die Koeffizienten von P_1 und analog auch die von $P_{1\varkappa}$ relativ prime mit ganzzahligen Koeffizienten versehene Polynome von $a_1, \ldots, a_r$ sind, so unterscheidet sich $P_{1\varkappa}$ von P_1 nur durch

---

[1]) Hier wird die Voraussetzung benutzt, daß f_{k+1} von positivem Grad ist: denn andernfalls wäre die Spezialisierung (25) nicht möglich.

einen Zahlenfaktor, und dieser kann nur ± 1 sein, da unter den erwähnten ganzzahligen Koeffizienten bei P_1 und analog auch bei $P_{1\varkappa}$ die Zahl 1 auftritt (z. B. hat das Glied (17) den Koeffizienten 1).

Man erhält also, von einem Faktor ± 1 abgesehen, immer dasselbe Polynom P_1, gleichgültig, welchem der $k+1$ Polynome $f_\varkappa$ die Sonderstellung eingeräumt wird. Nun hat aber die Sonderstellung von f_{k+1} uns zu der Einsicht geführt, daß $D_{0\ldots 0}$ in bezug auf die Koeffizienten von f_{k+1} homogen vom Grad

$$l = \frac{m_1 m_2 \cdots m_{k+1}}{m_{k+1}}$$

ist. Analog können wir also schließen, daß $D_{0\ldots 0}$ in bezug auf die Koeffizienten von irgendeinem $f_\varkappa$ homogen vom Grad

$$\frac{m_1 m_2 \cdots m_{k+1}}{m_\varkappa}$$

ist. Die in (17) auftretenden Exponenten $l_\varkappa$ haben also die Werte

$$(27) \qquad l_\varkappa = \frac{m_1 m_2 \cdots m_{k+1}}{m_\varkappa} \qquad (\varkappa = 1, 2, \ldots, k).$$

Wir bezeichnen jetzt das von $x_1, \ldots, x_k$ freie Glied in $f_\varkappa$ mit $c_\varkappa$ (speziell ist also $c_{k+1} = a_{k+1}$). Dann werden in den Koeffizienten von $P_1(y_1, \ldots, y_{k+1})$ auch die Variabeln $c_1, \ldots, c_{k+1}$ vorkommen. Wir wollen das durch die ausführlichere Schreibweise andeuten:

$$(28) \qquad P_1(y_1, \ldots, y_{k+1}) = P_1^*(c_1, \ldots, c_{k+1}, y_1, \ldots, y_{k+1}),$$

wo dann in den Koeffizienten von P_1^* die $c_1, \ldots, c_{k+1}$ nicht mehr vorkommen. Hiernach ist

$$(29) \qquad P_1^*(c_1, \ldots, c_{k+1}, f_1, \ldots, f_{k+1}) = 0.$$

Betrachten wir jetzt die Polynome

$$\varphi_\varkappa(x_1, \ldots, x_k) = f_\varkappa(x_1, \ldots, x_k) - c_\varkappa \qquad (\varkappa = 1, 2, \ldots, k+1),$$

so gehen diese aus $f_\varkappa(x_1, \ldots, x_k)$ dadurch hervor, daß die von $x_1, \ldots, x_k$ freien Glieder zu 0 spezialisiert werden. Zwischen ihnen besteht also nach (29) die Abhängigkeit

$$P_1^*(0, \ldots, 0, \varphi_1, \ldots, \varphi_{k+1}) = 0,$$

die aber soviel besagt wie:

$$P_1^*(0, \ldots, 0, f_1 - c_1, \ldots, f_{k+1} - c_{k+1}) = 0.$$

Daher muß das Polynom von $y_1, \ldots, y_{k+1}$

$$(30) \qquad P_1^*(0, \ldots, 0, y_1 - c_1, \ldots, y_{k+1} - c_{k+1})$$

nach Satz 119 durch das irreduzible Polynom (28) teilbar sein. Beide Polynome sind aber, als Polynome von y_{k+1} allein betrachtet, höchstens vom Grad l, und da der Koeffizient von y_{k+1}^l in beiden gleich $D_{0\ldots 0l}$ ist [1]), sind sie genau vom Grad l und einander gleich:

[1]) Weil nämlich in $D_{0\ldots 0l}$ nur die Koeffizienten von $f_1, \ldots, f_k$ vorkommen, die zu den Gliedern höchsten Grades gehören, so daß $D_{0\ldots 0l}$ unverändert bleibt, wenn die c_ν zu 0 spezialisiert werden.

(31) $P_1^*(c_1, \ldots, c_{k+1}, y_1, \ldots, y_{k+1}) = P_1^*(0, \ldots, 0, y_1 - c_1, \ldots, y_{k+1} - c_{k+1})$.

Nun ist dieses Polynom, weil es nach (28) gleich $P_1(y_1, \ldots, y_{k+1})$ ist, als Polynom von $y_1, \ldots, y_{k+1}$ im Körper $\mathfrak{K}(\mathfrak{k}^*, a_1, \ldots, a_r)$ irreduzibel. Da außerdem seine Koeffizienten relativ prime Polynome von $a_1, \ldots, a_r$ sind, so ist es auch als Polynom von $y_1, \ldots, y_{k+1}, a_1, \ldots, a_r$ im Körper $\mathfrak{k}^*$ irreduzibel. Daraus folgt aber, daß auch das Polynom

(32) $$P_1^*(c_1, \ldots, c_{k+1}, 0, \ldots, 0) = P_1^*(0, \ldots, 0, -c_1, \ldots, -c_{k+1})$$

als Polynom von $a_1, \ldots, a_r$ in $\mathfrak{k}^*$ irreduzibel ist; denn eine Zerlegung müßte bestehen bleiben, wenn man die Variabeln $c_1, \ldots, c_{k+1}$, die ja unter den $a_1, \ldots, a_r$ enthalten sind, durch irgendwelche anderen Größen, etwa durch $c_1 - y_1, \ldots, c_{k+1} - y_{k+1}$ ersetzt. Dann geht aber das Polynom (32) (vgl. die rechte Seite) über in das Polynom (31), das als irreduzibel erkannt ist.

Das Polynom (32), das nach (28) und (18) auch gleich

$$P_1(0, \ldots, 0) = D_{0 \ldots 0}$$

ist, heißt die Resultante der Polynome $f_1, \ldots, f_{k+1}$:

$$R\begin{pmatrix} f_1, \ldots, f_k, f_{k+1} \\ x_1, \ldots, x_k, 1 \end{pmatrix},$$

wobei die $f_\varkappa$ und die $x_\varkappa$ in dieser Reihenfolge zu schreiben sind. Bei Umordnung wird sich die Resultante mit einem konstanten Faktor multiplizieren, der aber augenscheinlich nur gleich ± 1 sein kann, weil ihre Koeffizienten ganze Zahlen sind, unter denen die Zahl 1 vorkommt.

Die **Definition der Resultante** lautet hiernach [1]):

Sind $f_1(x_1, \ldots, x_k), \ldots, f_{k+1}(x_1, \ldots, x_k)$ vollständige Polynome von den positiven Graden $m_1, \ldots, m_{k+1}$ mit unabhängigen Variabeln $a_1, \ldots, a_r$ als Koeffizienten, und ist die Numerierung dieser Variabeln durch die Formeln

$$f_\varkappa(x_1, \ldots, x_k) = a_\varkappa x_\varkappa^{m_\varkappa} + \cdots \qquad (\varkappa = 1, 2, \ldots, k),$$
$$f_{k+1}(x_1, \ldots, x_k) = a_{k+1} + \cdots$$

teilweise festgelegt, so sei

$$P_1(y_1, \ldots, y_{k+1}) = \sum_{q_1 \ldots q_{k+1}} D_{q_1 \ldots q_{k+1}} y_1^{q_1} \ldots y_{k+1}^{q_{k+1}}$$

dasjenige im Körper $\mathfrak{K}(a_1, \ldots, a_r)$ und dann von selbst auch im Körper $\mathfrak{K}(\mathfrak{k}^*, a_1, \ldots, a_r)$ (wo $\mathfrak{k}^*$ den Körper der komplexen Zahlen bedeutet) irreduzible Polynom, welches so beschaffen ist, daß $P_1(f_1, \ldots, f_{k+1})$ identisch verschwindet, und welches durch

---

[1]) Die ersten brauchbaren Untersuchungen über die Resultante von $k+1$ Polynomen stammen von Mertens: Sitzungsberichte der math.-nat. Klasse der Wiener Akademie, zweite Abteilung, Bd. 93 (1886) und Bd. 108 (1899). Einen leichteren Zugang hat Hurwitz gezeigt: Annali di matematica, ser. 3, tom. 20 (1913); ferner F. S. Macaulay: The algebraic theory of modular systems (1916). Unsere Definition ist von allen verschieden, doch decken sich die Begriffe.

die Zusatzforderung eindeutig bestimmt ist, daß die $D_{q_1 \ldots q_{k+1}}$ relativ prime Polynome von $a_1, \ldots, a_r$ sind, wobei das Hauptglied von $D_{0\ldots0}$ den Koeffizienten 1 haben soll. Dann ist $D_{0\ldots0}$ die Resultante:

$$D_{0\ldots0} = R\begin{pmatrix} f_1, \ldots, f_k, f_{k+1} \\ x_1, \ldots, x_k, 1 \end{pmatrix}.$$

Danach können wir nun einen Teil des Bewiesenen zusammenfassen in den

Satz 120. *Die vorstehend definierte Resultante ist ein mit ganzzahligen Koeffizienten versehenes im Körper der komplexen Zahlen, also erst recht im Körper $\mathfrak{K}(1)$, irreduzibles Polynom*[1]) *der Koeffizienten von $f_1, \ldots, f_{k+1}$. Sie ist in bezug auf die Koeffizienten von $f_\varkappa$ homogen vom Grad*

$$l_\varkappa = \frac{m_1 m_2 \cdots m_{k+1}}{m_\varkappa} \qquad (\varkappa = 1, 2, \ldots, k+1),$$

und ihr Hauptglied ist

$$a_1^{l_1} a_2^{l_2} \cdots a_{k+1}^{l_{k+1}}.$$

Bemerkung. Sind die Koeffizienten $a_1, \ldots, a_r$ der Polynome $f_1, \ldots, f_{k+1}$ keine unabhängige Variable, sondern irgendwelche spezielle Größen, so ist unter der Resultante natürlich der Ausdruck zu verstehen, der aus der oben definierten Resultante entsteht, wenn darin die Variabeln $a_1, \ldots, a_r$ durch die betreffenden speziellen Größen ersetzt werden. Dabei ist aber vorausgesetzt, daß durch die Spezialisierung keine Graderniedrigung der Polynome $f_\varkappa$ eintritt.

Beispiel: Die Polynome seien linear:

$$f_\varkappa = a_{\varkappa 1} x_1 + \cdots + a_{\varkappa k} x_k + a_{\varkappa, k+1} \qquad (\varkappa = 1, 2, \ldots, k+1).$$

Dann muß die Resultante das Glied (Hauptglied)

$$a_{11} a_{22} \cdots a_{kk} a_{k+1, k+1}$$

enthalten. Nun ist

$$a_{\varkappa 1} \cdot x_1 + \cdots + a_{\varkappa k} \cdot x_k + (a_{\varkappa, k+1} - f_\varkappa) \cdot 1 = 0$$
$$(\varkappa = 1, \ldots, k+1),$$

woraus nach Satz 44 folgt:

$$\begin{vmatrix} a_{11} & \ldots & a_{1k} & a_{1,k+1} - f_1 \\ \cdot & \cdot & \cdot & \cdot \\ a_{k+1,1} & \ldots & a_{k+1,k} & a_{k+1,k+1} - f_{k+1} \end{vmatrix} = 0.$$

Daher stellt die Determinante

$$\begin{vmatrix} a_{11} & \ldots & a_{1k} & a_{1,k+1} - y_1 \\ \cdot & \cdot & \cdot & \cdot \\ a_{k+1,1} & \ldots & a_{k+1,k} & a_{k+1,k+1} - y_{k+1} \end{vmatrix} = \Phi(y_1, \ldots, y_{k+1}),$$

[1]) Die Resultante ist sogar absolut irreduzibel, d. h. in bezug auf jeden (abstrakten) Erweiterungskörper von $\mathfrak{K}(1)$ irreduzibel. Vgl. dazu § 56 I.

solange die $a_{\varkappa\lambda}$ unabhängige Variable sind, ein nicht identisch verschwindendes Polynom von $y_1, \ldots, y_{k+1}$ dar, das für $y_1 = f_1, \ldots, y_{k+1} = f_{k+1}$ verschwindet; da es linear ist, ist es auch irreduzibel. Außerdem sind seine Koeffizienten relativ prim; denn da der Koeffizient von y_λ die a der λ-ten Zeile augenscheinlich nicht enthält, kann auch ihr größter gemeinsamer Teiler diese a nicht enthalten, muß also von allen a frei sein.

Mit Rücksicht auf das oben angegebene Hauptglied ist daher das Polynom Φ bereits das in der Resultantendefinition vorkommende Polynom P_1, und die Resultante ist daher einfach die Determinante

$$\begin{vmatrix} a_{11} & \ldots a_{1k} & a_{1,k+1} \\ \cdot & \cdot\;\cdot\;\cdot\;\cdot & \cdot \\ a_{k+1,1} & \ldots a_{k+1,k} & a_{k+1,k+1} \end{vmatrix}.$$

V. Wir zeigen jetzt, daß die Resultantendefinition für $k = 1$ mit der für diesen Fall in § 43 gegebenen übereinstimmt, indem

$$R\begin{pmatrix} f_1, & f_2 \\ x, & 1 \end{pmatrix} = R(f_1, f_2)$$

ist. Wenn nämlich

$$(33)\qquad \begin{cases} f_1(x) = \alpha_0 x^m + \alpha_1 x^{m-1} + \cdots + \alpha_m, \\ f_2(x) = \beta_0 x^n + \beta_1 x^{n-1} + \cdots + \beta_n \end{cases}$$

zwei Polynome von den positiven Graden m, n sind mit unabhängigen Variabeln als Koeffizienten, so ist in unserer Bezeichnungsweise

$$\alpha_0 = a_1, \qquad \beta_n = a_2, \qquad m = m_1, \qquad n = m_2$$

zu setzen. Sind nun x und t zwei Variable, so haben die Polynome von x

$$f_1(x) - f_1(t) = \alpha_0 x^m + \cdots + \alpha_{m-1} x + \alpha_m - f_1(t),$$
$$f_2(x) - f_2(t) = \beta_0 x^n + \cdots + \beta_{n-1} x + \beta_n - f_2(t)$$

nach Satz 73 den Teiler $x - t$ gemein, sie sind also nicht relativ prim. Nach Satz 115 verschwindet daher ihre Sylvestersche Determinante [1]):

$$(34)\qquad \begin{vmatrix} \alpha_0 \cdot \;\cdot \;\cdot \;\cdot & \alpha_{m-1} & \alpha_m - f_1(t) & & \\ \cdot\;\cdot\;\cdot & \cdot\;\cdot\;\cdot & \cdot\;\cdot\;\cdot & \cdot\;\cdot\;\cdot & \cdot \\ & \alpha_0 \cdot \;\cdot \;\cdot \;\cdot & & \alpha_{m-1} & \alpha_m - f_1(t) \\ \beta_0 \cdot \;\cdot \;\cdot \; \beta_{n-1} & \beta_n - f_2(t) & & & \\ \cdot\;\cdot\;\cdot & \cdot\;\cdot\;\cdot & \cdot\;\cdot\;\cdot & \cdot\;\cdot\;\cdot & \cdot \\ & & \beta_0 \cdot \;\cdot \;\cdot \;\cdot & \beta_{n-1} & \beta_n - f_2(t) \end{vmatrix} = 0,$$

wo statt t natürlich auch x stehen könnte. Oder ausgerechnet:

$$(35)\qquad \sum_{q,r} D_{qr} f_1^q f_2^r = 0.$$

---

[1]) Man sieht das übrigens auch ohne Satz 115 ganz direkt ein. Denn wenn man in der Determinante (34) zu den Elementen der letzten Spalte die mit t multiplizierten Elemente der vorletzten, die mit t^2 multiplizierten Elemente der drittletzten usw., die mit t^{m+n-1} multiplizierten Elemente der ersten Spalte addiert, entstehen in der letzten Spalte lauter Nullen.

Dabei ist insbesondere

$$(36)\qquad D_{00} = \begin{vmatrix} \alpha_0 & \cdot & \cdot & \cdot & \alpha_{m-1} & \alpha_m & & & \\ \cdot & \cdot & \cdot & \cdot & \cdot & \cdot & \cdot & \cdot & \cdot \\ & & & & \alpha_0 & \cdot & \cdot & \cdot & \alpha_{m-1} \quad \alpha_m \\ \beta_0 & \cdot & \cdot & \cdot & \beta_{n-1} & \beta_n & & & \\ \cdot & \cdot & \cdot & \cdot & \cdot & \cdot & \cdot & \cdot & \cdot \\ & & & & \beta_0 & \cdot & \cdot & \cdot & \beta_{n-1} \quad \beta_n \end{vmatrix},$$

$$(37)\qquad D_{0m} = (-1)^m \cdot \alpha_0^n, \quad D_{n0} = (-1)^{mn+n} \beta_0^m.$$

Die Gleichung (35) bedeutet eine Abhängigkeit zwischen den Polynomen f_1, f_2. Aber das Polynom

$$(38)\qquad \sum_{q,r} D_{qr}\, y_1^q\, y_2^r = (-1)^m \alpha_0^n\, y_2^m + \cdots$$

ist **irreduzibel**, weil es in bezug auf y_2 bereits den Grad hat, den das irreduzible Polynom $P_1(y_1, y_2)$ oben in III haben muß. Ferner sind die Koeffizienten D_{qr} wegen (37) gewiß relativ prim; endlich ist

$$D_{00} = \alpha_0^n \beta_n^m + \cdots = a_1^{m_2} a_2^{m_1} + \cdots,$$

und das angegebene Glied ist das Hauptglied. Hiernach muß das Polynom (38) gerade das in der Resultantendefinition auftretende eindeutig bestimmte Polynom $P_1(y_1, y_2)$ sein [1]), und die Resultante $R\begin{pmatrix} f_1, f_2 \\ x, 1 \end{pmatrix}$ ist also gleich D_{00}. Wegen (36) ist das aber auch unser früheres $R(f_1, f_2)$.

§ 46. Weitere Eigenschaften der Resultante.

I. Wir legen jetzt, indem wir an der Bezeichnungsweise des vorigen Paragraphen festhalten, den Variabeln $a_1, \ldots, a_r$ gewisse **Gewichte** bei, und zwar **soll eine Variable, die in $f_\varkappa$ der Koeffizient eines Potenzproduktes vom Grad $m_\varkappa - p$ ist, das Gewicht p haben.** Insbesondere haben also die zu den Gliedern höchsten Grades gehörigen Koeffizienten das Gewicht 0. Die Identität

$$(1)\qquad \sum D_{q_1 \cdots q_{k+1}} f_1^{q_1} \cdots f_{k+1}^{q_{k+1}} = 0$$

muß richtig bleiben, wenn darin die $a_\mu, x_\varkappa$ durch irgendwelche anderen Größen ersetzt werden. Wir wollen etwa, unter t eine neue Variable verstehend, $x_1, \ldots, x_k$ ersetzen durch $t x_1, \ldots, t x_k$ und jeden Koeffizienten a_μ durch $a_\mu t^p$, wenn p sein Gewicht ist. Dann geht $f_\varkappa(x_1, \ldots, x_k)$ über in $t^{m_\varkappa} f_\varkappa(x_1, \ldots, x_k)$, und $D_{q_1 \cdots q_{k+1}}$ mag übergehen in $D^*_{q_1 \cdots q_{k+1}}$; speziell ist

$$(2)\qquad D^*_{0 \cdots 0 l} = D_{0 \cdots 0 l},$$

weil ja hier nur die a_μ vom Gewicht 0 auftreten (S. 217 unten). Aus (1) folgt dann:

---

[1]) Aus der Determinantenform (34) ist auch sofort die Identität (31) zu erkennen; dabei ist $\alpha_m = c_1$, $\beta_n = c_2$ zu setzen.

$$\sum D^*_{q_1 \ldots q_{k+1}} t^{m_1 q_1 + \cdots + m_{k+1} q_{k+1}} f_1^{q_1} \cdots f_{k+1}^{q_{k+1}} = 0.$$

Nach Satz 119 muß daher das Polynom von $y_1, \ldots, y_{k+1}$

$$\sum D^*_{q_1 \ldots q_{k+1}} t^{m_1 q_1 + \cdots + m_{k+1} q_{k+1}} y_1^{q_1} \cdots y_{k+1}^{q_{k+1}}$$

durch das irreduzible Polynom von $y_1, \ldots, y_{k+1}$

$$\sum D_{q_1 \ldots q_{k+1}} y_1^{q_1} \cdots y_{k+1}^{q_{k+1}}$$

teilbar sein. Da aber beide von gleichem Grad sind, und da der Koeffizient von y_{k+1}^l im ersten gleich

$$D^*_{0 \ldots 0 l} t^{m_{k+1} l} = D_{0 \ldots 0 l} t^{m_1 m_2 \cdots m_{k+1}}$$

und im zweiten gleich $D_{0 \ldots 0 l}$ ist, so können sie sich nur um den konstanten Faktor $t^{m_1 m_2 \cdots m_{k+1}}$ unterscheiden. Insbesondere ist also

$$D^*_{0 \ldots 0} = D_{0 \ldots 0} t^{m_1 m_2 \cdots m_{k+1}}.$$

Die Resultante und folglich jedes ihrer Glieder hat sich daher mit

$$t^{m_1 m_2 \cdots m_{k+1}}$$

multipliziert. Das liefert den

Satz 121. *In der auf S. 221 definierten Resultante ist jedes Glied vom Gewicht $m_1 m_2 \cdots m_{k+1}$, wenn man als Gewicht eines Gliedes*

$$C a_{\mu_1} a_{\mu_2} \cdots a_{\mu_n} \qquad (n = l_1 + l_2 + \cdots + l_{k+1} \text{ nach Satz 120})$$

die Summe der Gewichte der Faktoren $a_{\mu_1}, a_{\mu_2}, \ldots, a_{\mu_n}$ bezeichnet.

Speziell für $k = 1$ deckt sich der hier eingeführte Gewichtsbegriff mit dem bereits auf S. 207 im Fall $k = 1$ definierten Gewicht. Da auch die allgemeine Resultante für $k = 1$ nach § 45 V sich mit der früheren Resultante $R(f_1, f_2)$ deckt, liefert der Satz 121 für $k = 1$ genau das, was bereits auf S. 207 f. über das Gewicht der Resultantenglieder festgestellt wurde.

II. Auch der Satz 116 läßt sich auf den allgemeinen Resultantenbegriff übertragen:

Satz 122. *Die Resultante der $k + 1$ Polynome positiven Grades*

$$f_1(x_1, \ldots, x_k), \ldots, f_{k+1}(x_1, \ldots, x_k)$$

läßt sich in der Form

$$\sum_{\varkappa=1}^{k+1} f_\varkappa(x_1, \ldots, x_k)\, \Phi_\varkappa(x_1, \ldots, x_k)$$

darstellen, wo die Koeffizienten der Polynome $\Phi_\varkappa(x_1, \ldots, x_k)$ dem durch die Koeffizienten der Polynome $f_1, \ldots, f_{k+1}$ bestimmten Ring $\mathfrak{r}$ angehören.

Der Beweis ergibt sich unmittelbar aus der Identität

$$\sum D_{q_1 \ldots q_{k+1}} f_1^{q_1} \cdots f_{k+1}^{q_{k+1}} = 0,$$

indem man von der Summe das Glied $D_{0 \ldots 0}$, welches ja die Resultante ist, abspaltet und alle anderen Glieder nach rechts bringt. Dann hat nämlich jedes Glied der rechten Seite (mindestens) einen Faktor $f_\varkappa$, und die Resultante erscheint in der Form $\Sigma f_\varkappa \Phi_\varkappa$, die natürlich keineswegs eindeutig ist. Da die Resultante in bezug auf alle Variabeln $a_1, \ldots, a_r$ homogen vom Grad $l_1 + \cdots + l_{k+1}$ ist, und da die Funktionen $f_\varkappa$ in diesen Variabeln homogen und linear sind, so kann man die $\Phi_\varkappa$ offenbar so wählen, daß sie darin ebenfalls homogen, und zwar von dem positiven Grad $l_1 + \cdots + l_{k+1} - 1$ sind, indem ja Glieder anderen Grades sich in ihrer Gesamtheit gegenseitig zerstören müssen und daher wegbleiben können. Die Koeffizienten der $\Phi_\varkappa$ gehören dann wirklich dem angegebenen Ring $\mathfrak{r}$ und nicht etwa erst dem Ring $\mathfrak{R}(\mathfrak{r}, 1)$ an. Man sieht übrigens leicht, worauf es aber hier nicht ankommt, daß unser Verfahren direkt solche homogene Polynome $\Phi_\varkappa$ liefert.

Eine sehr wichtige Ergänzung zu Satz 122 ist

Satz 123. *Sind die Koeffizienten der $k+1$ Polynome positiven Grades*

$$f_1(x_1, \ldots, x_k), \ldots, f_{k+1}(x_1, \ldots, x_k)$$

unabhängige Variable $a_1, \ldots, a_r$, so ist ein Polynom dieser Variabeln $H(a_1, \ldots, a_r)$ dann und nur dann in der Form

$$\sum_{\varkappa=1}^{k+1} f_\varkappa(x_1, \ldots, x_k)\, \Phi_\varkappa(a_1, \ldots, a_r, x_1, \ldots, x_k),$$

wo die $\Phi_\varkappa$ Polynome sind, darstellbar, wenn $H(a_1, \ldots, a_r)$ durch die Resultante $R\begin{pmatrix} f_1, \ldots, f_k, f_{k+1} \\ x_1, \ldots, x_k, 1 \end{pmatrix}$ teilbar ist.

Die Resultante sei zur Abkürzung mit R bezeichnet. Daß eine solche Darstellung möglich ist, wenn H durch R teilbar ist, ist nach Satz 122 klar; man braucht ja nur die dort angegebene Darstellung für die Resultante mit $\frac{H}{R}$ zu multiplizieren. Wenn umgekehrt H eine solche Darstellung zuläßt und wenn wir annehmen, daß H nicht durch R teilbar wäre, so sind H und R relativ prim, weil R irreduzibel ist. Nach Satz 101 gibt es dann Polynome $\Psi_1(a_1, \ldots, a_r)$, $\Psi_2(a_1, \ldots, a_r)$ derart, daß das Polynom

$$H\Psi_1 + R\Psi_2 = \Omega(a_1, \ldots, a_r) \tag{3}$$

nicht identisch verschwindet und eine beliebig auswählbare der Variabeln $a_1, \ldots, a_r$ nicht enthält. Wenn wir wie auf S. 220 das konstante Glied von $f_\varkappa$ mit $c_\varkappa$ bezeichnen und auch wieder die Polynome

$$\varphi_\varkappa = f_\varkappa - c_\varkappa \qquad (\varkappa = 1, \ldots, k+1) \tag{4}$$

einführen, deren konstante Glieder 0 sind, können wir es insbesondere so einrichten, daß Ω die Variable c_{k+1} nicht enthält.

Nach (3) ist natürlich auch Ω in der Form

$$\Omega(a_1, \ldots, a_r) = \sum_{\varkappa=1}^{k+1} f_\varkappa(x_1, \ldots, x_k)\, \Phi_\varkappa(a_1, \ldots, a_r, x_1, \ldots, x_k) \tag{5}$$

darstellbar, da ja H und R diese Gestalt haben. Wir betrachten jetzt Ω speziell als Polynom von $c_1, \ldots, c_k$ und setzen demgemäß

$$\Omega(a_1, \ldots, a_r) = \Sigma A_{\nu_1 \ldots \nu_k} c_1^{\nu_1} \cdots c_k^{\nu_k},$$

wo die $A_{\nu_1\ldots\nu_k}$ nicht alle verschwinden und jedenfalls die Variable c_{k+1} nicht enthalten, weil ja c_{k+1} in Ω nicht vorkommt. Aus (5) und (4) folgt dann die Identität

$$\sum A_{\nu_1\ldots\nu_k} c_1^{\nu_1}\cdots c_k^{\nu_k} = \sum_{\varkappa=1}^{k+1}(c_\varkappa + \varphi_\varkappa)\,\Phi_\varkappa\,.$$

Wenn man hierin die Variabeln $c_\varkappa$ zu $-\varphi_\varkappa$ spezialisiert, ergibt sich

$$\Sigma A_{\nu_1\ldots\nu_k}(-\varphi_1)^{\nu_1}\cdots(-\varphi_k)^{\nu_k} = 0$$

oder also wegen (4)

$$\Sigma A_{\nu_1\ldots\nu_k}(c_1 - f_1)^{\nu_1}\cdots(c_k - f_k)^{\nu_k} = 0\,.$$

Diese Identität besagt, daß die Polynome $f_1, \ldots, f_k$ voneinander abhängig sind. Das widerspricht aber dem Satz 63; die Annahme, daß H nicht durch R teilbar ist, war also falsch.

Bemerkung. Mit Hilfe von Satz 123 lassen sich auch die Sätze 117 und 118 leicht auf die allgemeine Resultante übertragen. Doch wollen wir hier davon absehen, weil sich mit den Hilfsmitteln des nächsten Kapitels die betreffenden Sätze viel kürzer werden beweisen lassen (vgl. § 58 II).

§ 47. Die Resultante homogener Polynome.

I. Wir betrachten jetzt die $k+1$ homogenen Polynome

$$(1)\qquad f_1(x_1,\ldots,x_{k+1}),\ldots,f_{k+1}(x_1,\ldots,x_{k+1})$$

von den positiven Graden $m_1, \ldots, m_{k+1}$. Wird

$$(2)\qquad f_\varkappa(x_1,\ldots,x_k,1) = f_\varkappa^*(x_1,\ldots,x_k)\qquad(\varkappa = 1, 2, \ldots, k+1)$$

gesetzt, so definieren wir durch die Formel

$$(3)\qquad R\begin{pmatrix} f_1,\ldots,f_k,f_{k+1}\\ x_1,\ldots,x_k,x_{k+1}\end{pmatrix} = R\begin{pmatrix} f_1^*,\ldots,f_k^*,f_{k+1}^*\\ x_1,\ldots,x_k,\ 1\end{pmatrix}$$

das linksstehende Zeichen und nennen es die Resultante der $k+1$ homogenen Polynome $f_1,\ldots,f_{k+1}$ in bezug auf die $k+1$ Variabeln $x_1, \ldots, x_{k+1}$. Die Definitionsformel (3) ist so zu verstehen, daß die Koeffizienten der Polynome zunächst als unabhängige Variabeln gedacht werden[1]), die nachträglich auch spezialisiert werden dürfen.

Es ist z. B.

$$R\begin{pmatrix} a_0x_1^2 + a_1x_1x_2 + a_2x_2^2, & b_0x_1 + b_1x_2\\ x_1 & , \quad x_2\end{pmatrix}$$

$$= R\begin{pmatrix} a_0x_1^2 + a_1x_1 + a_2, & b_0x_1 + b_1\\ x_1 & , \quad 1\end{pmatrix}$$

$$= \begin{vmatrix} a_0 & a_1 & a_2\\ b_0 & b_1 & 0\\ 0 & b_0 & b_1\end{vmatrix} = a_0b_1^2 - a_1b_0b_1 + a_2b_0^2,$$

und daher, wenn man nachträglich speziell $a_0 = 0$ setzt,

[1]) so daß die $f_\varkappa$ vollständige Polynome der Grade $m_\varkappa$ sind.

15*

$$R\begin{pmatrix} a_1 x_1 x_2 + a_2 x_2^2, & b_0 x_1 + b_1 x_2 \\ x_1 & , & x_2 \end{pmatrix} = -a_1 b_0 b_1 + a_2 b_0^2.$$

Dagegen ist nicht, wie man nach (3) vielleicht denken könnte,

$$R\begin{pmatrix} a_1 x_1 x_2 + a_2 x_2^2, & b_0 x_1 + b_1 x_2 \\ x_1 & , & x_2 \end{pmatrix} = R\begin{pmatrix} a_1 x_1 + a_2, & b_0 x_1 + b_1 \\ x_1 & , & 1 \end{pmatrix}$$

$$= \begin{vmatrix} a_1 & a_2 \\ b_0 & b_1 \end{vmatrix} = a_1 b_1 - a_2 b_0.$$

Offenbar geht $f_\varkappa$ aus $f_\varkappa^*$ dadurch hervor, daß jeder Koeffizient, wenn p sein Gewicht (S. 224) ist, mit x_{k+1}^p multipliziert wird. Auf Grund von Satz 121 ist daher

$$(4)\qquad R\begin{pmatrix} f_1, \ldots, f_k, & f_{k+1} \\ x_1, \ldots, x_k, & 1 \end{pmatrix} = x_{k+1}^M R\begin{pmatrix} f_1^*, \ldots, f_k^*, & f_{k+1}^* \\ x_1, \ldots, x_k, & 1 \end{pmatrix},$$

wobei

$$(5)\qquad M = m_1 m_2 \cdots m_{k+1}$$

ist. Nach (3) ist also auch

$$(6)\qquad R\begin{pmatrix} f_1, \ldots, f_k, & f_{k+1} \\ x_1, \ldots, x_k, & 1 \end{pmatrix} = x_{k+1}^M R\begin{pmatrix} f_1, \ldots, f_k, & f_{k+1} \\ x_1, \ldots, x_k, & x_{k+1} \end{pmatrix}.$$

II. Über diesen neuen Resultantenbegriff beweisen wir jetzt den wichtigen

Satz 124. *Ist x_ν eine beliebige der Variabeln $x_1, \ldots, x_{k+1}$, so ist*

$$x_\nu^M R\begin{pmatrix} f_1, \ldots, f_k, & f_{k+1} \\ x_1, \ldots, x_k, & x_{k+1} \end{pmatrix} = \sum_{\varkappa=1}^{k+1} f_\varkappa(x_1, \ldots, x_{k+1})\, \Phi_{\nu\varkappa}(x_1, \ldots, x_{k+1}),$$

wo M das Produkt der Grade von $f_1, \ldots, f_{k+1}$ bedeutet und wo die Koeffizienten der Polynome $\Phi_{\nu\varkappa}$ dem durch die Koeffizienten der Polynome $f_1, \ldots, f_{k+1}$ bestimmten Ring angehören.

Für $\nu = k+1$ ist das wegen (6) eine unmittelbare Folge von Satz 122. Um den Satz für beliebiges ν zu beweisen, dürfen wir die Koeffizienten der Polynome $f_\varkappa$ natürlich als unabhängige Variable annehmen. Speziell den Koeffizienten von $x_\nu^{m_\varkappa}$ in $f_\varkappa$ bezeichnen wir mit $b_{\nu\varkappa}$ und setzen:

$$(7)\qquad f_\varkappa(x_1, \ldots, x_{k+1}) - b_{\nu\varkappa} x_\nu^{m_\varkappa} = \varphi_{\nu\varkappa}(x_1, \ldots, x_{k+1}).$$

Betrachten wir die Resultante (3) speziell als Polynom der $k+1$ Variabeln $b_{\nu 1}, \ldots, b_{\nu, k+1}$ und setzen demgemäß

$$(8)\qquad R\begin{pmatrix} f_1, \ldots, f_k, & f_{k+1} \\ x_1, \ldots, x_k, & x_{k+1} \end{pmatrix} = F(b_{\nu 1}, \ldots, b_{\nu, k+1}),$$

so ist, da der Satz 124 für $\nu = k+1$ bereits feststeht,

$$x_{k+1}^M F(b_{\nu 1}, \ldots, b_{\nu, k+1}) = \sum_{\varkappa=1}^{k+1} f_\varkappa \Phi_\varkappa = \sum_{\varkappa=1}^{k+1} (b_{\nu\varkappa} x_\nu^{m_\varkappa} + \varphi_{\nu\varkappa})\, \Phi_\varkappa.$$

Aus dieser Identität folgt, indem man die Variabeln $b_{\nu\varkappa}$ zu $-\dfrac{\varphi_{\nu\varkappa}}{x_\nu^{m_\varkappa}}$ spezialisiert,

$$x_{k+1}^M F\left(-\frac{\varphi_{\nu 1}}{x_\nu^{m_1}}, \ldots, -\frac{\varphi_{\nu, k+1}}{x_\nu^{m_{k+1}}}\right) = 0$$

oder, indem man den Faktor x_{k+1}^M unterdrückt und für $\varphi_{\nu\varkappa}$ die Ausdrücke aus (7) einsetzt:

$$\text{(9)} \qquad F\left(b_{\nu 1} - \frac{f_1}{x_\nu^{m_1}}, \ldots, b_{\nu, k+1} - \frac{f_{k+1}}{x_\nu^{m_{k+1}}}\right) = 0.$$

Wir bezeichnen jetzt vorübergehend die Variable x_ν mit y_{k+1} und die anderen x_λ in irgendeiner Reihenfolge mit $y_1, \ldots, y_k$. Demgemäß setzen wir

$$\text{(10)} \qquad f_\varkappa(x_1, \ldots, x_{k+1}) = g_{\nu\varkappa}(y_1, \ldots, y_{k+1}) \qquad (\varkappa = 1, 2, \ldots, k+1)$$

und außerdem

$$\text{(11)} \qquad g_{\nu\varkappa}(y_1, \ldots, y_k, 1) = g_{\nu\varkappa}^*(y_1, \ldots, y_k).$$

Aus (9) folgt dann speziell für $x_\nu = 1$, also für $y_{k+1} = 1$:

$$\text{(12)} \qquad F(b_{\nu 1} - g_{\nu 1}^*, \ldots, b_{\nu, k+1} - g_{\nu, k+1}^*) = 0.$$

Entwickelt man die linke Seite nach Potenzprodukten von $g_{\nu 1}^*, \ldots, g_{\nu, k+1}^*$ (Taylorscher Satz, § 16) und schafft alle Glieder mit Ausnahme des von sämtlichen $g_{\nu\varkappa}^*$ freien Gliedes nach rechts, so ergibt sich eine Formel der Gestalt

$$F(b_{\nu 1}, \ldots, b_{\nu, k+1}) = \sum_{\varkappa=1}^{k+1} g_{\nu\varkappa}^*(y_1, \ldots, y_k) \Psi_{\nu\varkappa}(y_1, \ldots, y_k)$$

oder also nach (8):

$$R\begin{pmatrix} f_1, \ldots, f_k, f_{k+1} \\ x_1, \ldots, x_k, x_{k+1} \end{pmatrix} = \sum_{\varkappa=1}^{k+1} g_{\nu\varkappa}^*(y_1, \ldots, y_k) \Psi_{\nu\varkappa}(y_1, \ldots, y_k),$$

und daraus folgt nach Satz 123, daß die Resultante

$$R\begin{pmatrix} f_1, \ldots, f_k, f_{k+1} \\ x_1, \ldots, x_k, x_{k+1} \end{pmatrix} = R\begin{pmatrix} f_1^*, \ldots, f_k^*, f_{k+1}^* \\ x_1, \ldots, x_k, 1 \end{pmatrix}$$

durch die Resultante

$$R\begin{pmatrix} g_{\nu 1}^*, \ldots, g_{\nu k}^*, g_{\nu, k+1}^* \\ y_1, \ldots, y_k, 1 \end{pmatrix} = R\begin{pmatrix} g_{\nu 1}, \ldots, g_{\nu k}, g_{\nu, k+1} \\ y_1, \ldots, y_k, y_{k+1} \end{pmatrix}$$

teilbar ist. Da aber beide Resultanten auf Grund von Satz 120 irreduzible Polynome der gleichen Variabeln sind, so unterscheiden sie sich lediglich um einen konstanten Faktor, und dieser kann nur ± 1 sein (vgl. die Schlußweise auf S. 220 ganz oben).

Da nun der Satz 124 für $\nu = k + 1$ bereits feststeht, so ist

$$y_{k+1}^M R\begin{pmatrix} g_{\nu 1}, \ldots, g_{\nu k}, g_{\nu, k+1} \\ y_1, \ldots, y_k, y_{k+1} \end{pmatrix} = \sum_{\varkappa=1}^{k+1} g_{\nu\varkappa}(y_1, \ldots, y_{k+1}) P_{\nu\varkappa}(y_1, \ldots, y_{k+1})$$

und also auch

$$y_{k+1}^M R\begin{pmatrix} f_1, \ldots, f_k, f_{k+1} \\ x_1, \ldots, x_k, x_{k+1} \end{pmatrix} = \pm \sum_{\varkappa=1}^{k+1} g_{\nu\varkappa}(y_1, \ldots, y_{k+1}) P_{\nu\varkappa}(y_1, \ldots, y_{k+1}),$$

wo die Koeffizienten der Polynome $P_{\nu\varkappa}$ dem in Satz 124 genannten Ring angehören. Diese Formel besagt aber nach der Bedeutung der $y_\varkappa$ und $g_{\nu\varkappa}$ soviel wie:

$$x_\nu^M R\begin{pmatrix} f_1, \ldots, f_k, & f_{k+1} \\ x_1, \ldots, x_k, & x_{k+1} \end{pmatrix} = \sum_{\varkappa=1}^{k+1} f_\varkappa(x_1, \ldots, x_{k+1})\, \Phi_{\nu\varkappa}(x_1, \ldots, x_{k+1}),$$

womit Satz 124 bewiesen ist.

Sechstes Kapitel.

Existenz der Wurzeln von Gleichungen und Gleichungssystemen.

§ 48. Auflösung von Gleichungen durch Schöpfung neuer Größen.

I. Sei $f(x)$ ein Polynom mit Koeffizienten aus einem Körper $\mathfrak{k}$. Dann kann man sich die Aufgabe stellen, eine Größe ξ zu bestimmen, für welche $f(\xi)$ verschwindet. Jede solche Größe ξ heißt eine Wurzel des Polynoms $f(x)$ oder auch eine Lösung oder Wurzel der Gleichung $f(x) = 0$. In der Gleichung bezeichnet dann x keine Variable mehr, sondern eine Unbekannte; d. h. es ist ein Zeichen, das erst durch eine noch nicht bekannte Größe ξ zu ersetzen ist, wenn die Gleichung richtig sein soll; daß es eine solche Größe ξ (eine Wurzel) gibt, ist damit nicht gesagt. Grad und Koeffizienten des Polynoms $f(x)$ werden auch als Grad und Koeffizienten der Gleichung $f(x) = 0$ bezeichnet. Dabei werden wir meistens den Koeffizienten der höchsten Potenz von x gleich 1 voraussetzen, was offenbar keine Beschränkung der Allgemeinheit bedeutet.

Die Gleichung ersten Grades

$$ax + b = 0 \qquad (a \neq 0)$$

macht keine Schwierigkeiten; sie hat offenbar eine und nur eine Wurzel, nämlich die Größe

$$-\frac{b}{a},$$

und diese gehört dem durch die Koeffizienten der Gleichung bestimmten Körper an. Anders ist es bei Gleichungen höheren Grades. Da kommt es zwar auch vor, daß es in dem gegebenen Körper $\mathfrak{k}$ eine Wurzel gibt. Ist z. B. $\mathfrak{k} = \mathfrak{K}(1)$ und betrachten wir die Gleichung $x^2 - 3x + 2 = 0$, so sind $x = 1$ und $x = 2$ Wurzeln in $\mathfrak{k}$. Oder ist etwa $\mathfrak{k} = \mathfrak{K}(\sqrt{2})$ und betrachten wir die Gleichung $x^2 - 2 = 0$, so sind $x = \sqrt{2}$ und $x = -\sqrt{2}$ Wurzeln in $\mathfrak{k}$.

Im allgemeinen wird es aber in $\mathfrak{k}$ keine Wurzeln geben. Dann kann es zunächst sein, daß uns ein umfassenderer Körper $\mathfrak{k}_1$ zur Verfügung steht, in dem eine Wurzel vorhanden ist. Ist z. B. $\mathfrak{k} = \mathfrak{K}(1)$, so hat die Gleichung $x^2 - 2 = 0$ in $\mathfrak{k}$ keine Wurzel; ziehen wir aber den umfassenderen Körper $\mathfrak{k}_1 = \mathfrak{K}(\sqrt{2})$ oder gar den Körper aller reellen oder aller komplexen Zahlen heran, so sind $x = \sqrt{2}$ und $x = -\sqrt{2}$ Wurzeln in dem betreffenden Körper.

Ganz anders ist es dagegen mit der Gleichung

$$x^2 - a = 0,$$

wo a eine Variable ist. Hier ist es naturgemäß, den Körper $\mathfrak{K}(a)$ oder auch $\mathfrak{K}(\mathfrak{k}^*, a)$, wo $\mathfrak{k}^*$ den Körper der komplexen Zahlen bedeutet, zugrunde zu legen. Wenn nun die Gleichung in einem dieser Körper eine Wurzel ξ hätte, so wäre das Polynom $x^2 - a$ nach Satz 73 durch $x - \xi$ teilbar, also reduzibel, während es nach Satz 108, wo $p = a$ zu setzen ist, doch irreduzibel ist. Hier steht uns aber offenbar auch kein umfassenderer Körper zur Verfügung, in dem eine Wurzel vorhanden wäre. Denn an umfassenderen Körpern kennen wir ja bis jetzt nur solche, die durch Adjunktion weiterer Variabeln oder Funktionen entstehen, wodurch an der Irreduzibilität des Polynoms $x^2 - a$ nichts geändert wird (vgl. die Fassung von Satz 108).

Der Fall, daß in einem gegebenen Körper keine Wurzel vorhanden ist, ist uns bereits in § 4 II begegnet; dort war es die Gleichung $x^2 = -1$, die im Körper der reellen Zahlen keine Wurzel hat. Damals haben wir aber die Wurzelexistenz schließlich doch erzwungen, indem wir den Körper der reellen Zahlen durch Schöpfung neuer Größen zum Körper der komplexen Zahlen erweiterten. In ganz analoger Weise läßt sich nun in allen Fällen, in denen eine Gleichung in einem gegebenen Körper, dem auch die Koeffizienten angehören, keine Wurzel hat, der Körper durch Schöpfung neuer Größen zu einem Erweiterungskörper (oder Oberkörper, vgl. § 4 I) erweitern, in welchem eine Wurzel vorhanden ist.

II. Sei wieder $\mathfrak{k}$ ein Körper (Zahlen- oder Funktionenkörper); ferner sei

$$(1) \qquad f(x) = x^n + \vartheta_1 x^{n-1} + \cdots + \vartheta_n$$

ein Polynom mit Koeffizienten aus $\mathfrak{k}$, und zwar sei $f(x)$ in $\mathfrak{k}$ irreduzibel und mindestens vom zweiten Grad. Ähnlich wie wir in § 4 nach dem Vorgang von Hamilton Zahlenpaare betrachtet haben, führen wir jetzt nach König[1]) Systeme von je n Größen des Körpers $\mathfrak{k}$ ein, wobei wir die Größen von $\mathfrak{k}$ mit kleinen griechischen Buchstaben und die Systeme mit großen lateinischen Buchstaben bezeichnen, etwa:

$$A = (\alpha_0, \alpha_1, \ldots, \alpha_{n-1}).$$

Zwei solche Systeme

$$A = (\alpha_0, \alpha_1, \ldots, \alpha_{n-1}), \quad B = (\beta_0, \beta_1, \ldots, \beta_{n-1})$$

sehen wir nur dann als gleich an, was wir durch die Formel $A = B$ ausdrücken, wenn sie identisch sind, wenn also

$$\alpha_0 = \beta_0, \ \alpha_1 = \beta_1, \ldots, \alpha_{n-1} = \beta_{n-1}$$

ist. Ferner setzen wir fest, daß das System

$$(\alpha, 0, 0, \ldots, 0)$$

nur eine andere Schreibweise für die Größe α des Körpers $\mathfrak{k}$ sein soll:

---

[1]) Julius König, Einleitung in die allgemeine Theorie der algebraischen Größen. Leipzig 1903.

$$(\alpha, 0, 0, \ldots, 0) = \alpha.$$

Jede Größe des Körpers $\mathfrak{k}$ läßt sich also auf eine und nur eine Weise auch als System schreiben; insbesondere wird die Zahl 0 durch das System $(0, 0, \ldots, 0)$ dargestellt.

Nun wollen wir für die Systeme gewisse Rechenoperationen definieren und dann die Rechengesetze beweisen. Sind

$$A = (\alpha_0, \alpha_1, \ldots, \alpha_{n-1}), \qquad B = (\beta_0, \beta_1, \ldots, \beta_{n-1})$$

zwei Systeme, so definieren wir als Summe $A + B$ das System

$$(\alpha_0 + \beta_0, \ \alpha_1 + \beta_1, \ldots, \ \alpha_{n-1} + \beta_{n-1})$$

und als Differenz $A - B$ das System

$$(\alpha_0 - \beta_0, \ \alpha_1 - \beta_1, \ldots, \ \alpha_{n-1} - \beta_{n-1}).$$

Wenn es sich dabei um zwei Systeme der speziellen Form $(\alpha, 0, \ldots, 0)$ handelt, die nach unserer Festsetzung Größen aus $\mathfrak{k}$ bezeichnen, so läuft diese Definition offenbar auf die gewöhnliche Summe und Differenz dieser Größen hinaus. Weiter ergeben sich sofort die folgenden Gesetze:

I. Sind A, B Systeme, so ist auch $A + B$ ein (durch A und B eindeutig bestimmtes) System.

II. $$A + B = B + A.$$

III. $$A + (B + C) = (A + B) + C.$$

IV. $$A + 0 = A.$$

V. Sind A, B Systeme, so gibt es ein und nur ein System X, das der Forderung $B + X = A$ Genüge leistet, und zwar ist $X = A - B$, so daß also die Formel gilt:

$$B + (A - B) = A.$$

Bemerkung. Statt $0 - B$, d. h. $(0, 0, \ldots, 0) - B$, schreiben wir auch kürzer $-B$.

Das Produkt AB der beiden Systeme

$$A = (\alpha_0, \alpha_1, \ldots, \alpha_{n-1}), \qquad B = (\beta_0, \beta_1, \ldots, \beta_{n-1})$$

definieren wir folgendermaßen: Führen wir die Polynome

$$\alpha_0 + \alpha_1 x + \cdots + \alpha_{n-1} x^{n-1} = a(x), \tag{2}$$

$$\beta_0 + \beta_1 x + \cdots + \beta_{n-1} x^{n-1} = b(x) \tag{3}$$

ein, so gibt es nach Satz 71 ein und nur ein Paar von Polynomen $q(x)$, $r(x)$ derart, daß $r(x)$ höchstens vom Grad $n - 1$ ist und daß die Identität

$$a(x)\, b(x) = f(x)\, q(x) + r(x)$$

besteht. Dabei haben $q(x)$, $r(x)$ Koeffizienten aus $\mathfrak{k}$. Wird demgemäß

$$r(x) = \varrho_0 + \varrho_1 x + \cdots + \varrho_{n-1} x^{n-1}$$

gesetzt, so definieren wir:

$$AB = (\varrho_0, \varrho_1, \ldots, \varrho_{n-1});$$

statt AB schreiben wir auch $A \cdot B$ oder $A \times B$. Insbesondere ist hiernach

$$(\alpha, 0, \ldots, 0) \cdot (\beta, 0, \ldots, 0) = (\alpha\beta, 0, \ldots, 0),$$

so daß das Produkt solcher speziellen Systeme, welche Größen aus $\mathfrak{T}$ bezeichnen, auf das gewöhnliche Produkt dieser Größen hinausläuft.

Auf Grund der Produktdefinition gelten nun ohne weiteres die zwei Gesetze:

VI. Sind A, B Systeme, so ist auch $A\,B$ ein (durch A und B eindeutig bestimmtes) System.

VII. $$A\,B = B\,A\,.$$

Aber noch mehr. Ist $C = (\gamma_0, \gamma_1, \ldots, \gamma_{n-1})$ ein weiteres System und wird

$$\gamma_0 + \gamma_1 x + \cdots + \gamma_{n-1} x^{n-1} = c(x) \tag{4}$$

gesetzt, so gewinnen wir das Produkt $(A\,B)\,C$ definitionsgemäß, indem wir setzen:

$$\begin{cases} a(x)\,b(x) = f(x)\,q(x) + r(x), \\ r(x)\,c(x) = f(x)\,q_1(x) + r_1(x). \end{cases} \tag{5}$$

Wenn dann

$$r_1(x) = \varrho_{01} + \varrho_{11} x + \cdots + \varrho_{n-1,1} x^{n-1},$$

so ist

$$(A\,B)\,C = (\varrho_{01}, \varrho_{11}, \ldots, \varrho_{n-1,1})\,.$$

Dagegen gewinnen wir das Produkt $A(B\,C)$ aus dem Ansatz

$$\begin{cases} b(x)\,c(x) = f(x)\,q_2(x) + r_2(x), \\ a(x)\,r_2(x) = f(x)\,q_3(x) + r_3(x). \end{cases} \tag{6}$$

Wenn dann

$$r_3(x) = \varrho_{03} + \varrho_{13} x + \cdots + \varrho_{n-1,3} x^{n-1},$$

so ist

$$A(BC) = (\varrho_{03}, \varrho_{13}, \ldots, \varrho_{n-1,3})\,.$$

Nun folgt aber aus (5):

$$a(x)\,b(x)\,c(x) = f(x)\cdot[q(x)\,c(x) + q_1(x)] + r_1(x)$$

und aus (6):

$$a(x)\,b(x)\,c(x) = f(x)\cdot[a(x)\,q_2(x) + q_3(x)] + r_3(x)\,.$$

Da aber die Polynome $r_1(x)$, $r_3(x)$ beide höchstens vom Grad $n-1$ sind, so müssen sie nach Satz 71 einander gleich sein; es ist also $(\varrho_{01}, \varrho_{11}, \ldots, \varrho_{n-1,1}) = (\varrho_{03}, \varrho_{13}, \ldots, \varrho_{n-1,3})$, und daraus folgt das Gesetz:

VIII. $$A(BC) = (AB)C.$$

Setzen wir jetzt weiter

$$\begin{cases} a(x)\,c(x) = f(x) q_4(x) + r_4(x), & r_4(x) = \varrho_{04} + \varrho_{14} x + \cdots + \varrho_{n-1,4} x^{n-1}, \\ b(x)\,c(x) = f(x) q_5(x) + r_5(x), & r_5(x) = \varrho_{05} + \varrho_{15} x + \cdots + \varrho_{n-1,5} x^{n-1}, \end{cases} \tag{7}$$

so ist

$$AC = (\varrho_{04}, \varrho_{14}, \ldots, \varrho_{n-1,4}),$$
$$BC = (\varrho_{05}, \varrho_{15}, \ldots, \varrho_{n-1,5}),$$

und daher auf Grund der Summendefinition:

$$AC + BC = (\varrho_{04} + \varrho_{05}, \varrho_{14} + \varrho_{15}, \ldots, \varrho_{n-1,4} + \varrho_{n-1,5}).$$

Anderseits folgt aber aus (7):

$$[a(x)+b(x)]\,c(x)=f(x)\,[q_4(x)+q_5(x)]+[r_4(x)+r_5(x)]$$

und daher auf Grund der Produktdefinition:

$$(A+B)\,C=(\varrho_{04}+\varrho_{05},\ \varrho_{14}+\varrho_{15},\ldots,\ \varrho_{n-1,4}+\varrho_{n-1,5}).$$

Damit ist das folgende Gesetz bewiesen:

IX. $$(A+B)\,C=AC+BC.$$

Da definitionsgemäß $0=(0,0,\ldots,0)$, so ergibt sich das Produkt $0\cdot A$ aus dem Ansatz

$$(0+0\cdot x+\cdots+0\cdot x^{n-1})\,(\alpha_0+\alpha_1 x+\cdots+\alpha_{n-1}x^{n-1})=f(x)q(x)+r(x).$$

Dabei ist aber offenbar $q(x)=0$, $r(x)=0$ und also

$$0\cdot A=(0,0,\ldots,0)=0.$$

Damit ist auch das folgende Gesetz bewiesen:

X. $$0\cdot A=0.$$

Schließlich ist

$$1=(1,0,\ldots,0),$$

so daß sich das Produkt $1\cdot A$ aus dem Ansatz

$$(1+0\cdot x+\cdots+0\cdot x^{n-1})\,(\alpha_0+\alpha_1 x+\cdots+\alpha_{n-1}x^{n-1})=f(x)q(x)+r(x)$$

ergibt, wobei aber offenbar

$$q(x)=0,\qquad r(x)=\alpha_0+\alpha_1 x+\cdots+\alpha_{n-1}x^{n-1}.$$

Demnach ist

XI. $$1\cdot A=A.$$

Nunmehr kommen wir zum Quotienten. Seien wieder

$$A=(\alpha_0,\alpha_1,\ldots,\alpha_{n-1}),\quad B=(\beta_0,\beta_1,\ldots,\beta_{n-1})$$

zwei Systeme, und zwar[1]) $B\neq 0$. Wir fragen, ob es ein System

$$X=(\xi_0,\xi_1,\ldots,\xi_{n-1})$$

gibt derart, daß $BX=A$ ist. Definitionsgemäß läuft das darauf hinaus, das Polynom

(8) $$\xi_0+\xi_1 x+\cdots+\xi_{n-1}x^{n-1}=h(x)$$

so zu bestimmen, daß es Koeffizienten aus $\mathfrak{k}$ hat und daß

(9) $$b(x)h(x)=f(x)q_6(x)+a(x)$$

ist, wo $q_6(x)$ ein weiteres Polynom bedeutet, das dann ebenfalls Koeffizienten aus $\mathfrak{k}$ hat.

Wegen $B\neq 0$ verschwindet das Polynom $b(x)$ nicht identisch, und da $f(x)$ nach Voraussetzung in $\mathfrak{k}$ irreduzibel ist, sind $b(x)$ und $f(x)$ relativ prim. Nach Satz 78 gibt es also Polynome $\Phi_1(x)$, $\Phi_2(x)$ mit Koeffizienten aus $\mathfrak{k}$ derart, daß

(10) $$b(x)\Phi_1(x)+f(x)\Phi_2(x)=1$$

---

[1]) Das Zeichen „$\neq$“ hat natürlich auch hier die Bedeutung: „nicht gleich“.

ist. Wenn dann die Identität (9) gelten soll, so folgt aus ihr durch Multiplikation mit $\Phi_1(x)$

$$b(x)\,\Phi_1(x)\,h(x) = f(x)\,\Phi_1(x)\,q_6(x) + a(x)\,\Phi_1(x),$$

wofür man mit Rücksicht auf (10) auch schreiben kann:

$$a(x)\,\Phi_1(x) = f(x)\,[-\Phi_2(x)\,h(x) - \Phi_1(x)\,q_6(x)] + h(x).$$

Diese Formel besagt aber, daß für das Polynom $h(x)$ nur das nach Satz 71 eindeutig bestimmte Polynom vom höchstens $(n-1)$-ten Grad in Frage kommen kann, für welches in Verbindung mit einem weiteren Polynom $q_7(x)$ die Identität besteht:

$$(11) \qquad a(x)\,\Phi_1(x) = f(x)\,q_7(x) + h(x).$$

Dieses Polynom $h(x)$ leistet aber auch wirklich das Verlangte. Denn es hat nach Satz 71 Koeffizienten aus $\mathfrak{k}$, und aus (11) folgt durch Multiplikation mit $b(x)$ unter Berücksichtigung von (10):

$$\begin{aligned} b(x)h(x) &= a(x)b(x)\,\Phi_1(x) - f(x)b(x)q_7(x) \\ &= a(x)\,[1 - f(x)\,\Phi_2(x)] - f(x)b(x)q_7(x) \\ &= f(x)\,[-a(x)\,\Phi_2(x) - b(x)q_7(x)] + a(x); \end{aligned}$$

es gilt also eine Identität der Form (9), wie es sein sollte.

Das hiernach eindeutig bestimmte System $X = (\xi_0, \xi_1, \ldots, \xi_{n-1})$ bezeichnet man mit $\frac{A}{B}$ oder auch $A : B$, so daß wir folgendes Gesetz aussprechen können:

XII. Sind A, B Systeme, und zwar $B \neq 0$, so gibt es ein und nur ein System X, das der Forderung $BX = A$ Genüge leistet; man bezeichnet es mit $X = \frac{A}{B}$ oder auch $X = A : B$, so daß also die Formel gilt:

$$B \cdot \frac{A}{B} = B \cdot (A : B) = A \qquad \text{für } B \neq 0.$$

Die bewiesenen zwölf Rechengesetze stimmen genau mit den zwölf Gesetzen des § 1 überein, woraus folgt, daß die Systeme einen Körper bilden (vgl. die allgemeine Körperdefinition in § 2), und zwar einen Erweiterungskörper von $\mathfrak{k}$. Wir dürfen also mit den Systemen rechnen, wie wir es mit Zahlen und sonstigen bisher betrachteten Größen gewohnt sind. Insbesondere gilt z. B. der Satz, daß ein Produkt dann und nur dann verschwindet, d. h. gleich 0 ist, wenn wenigstens einer der Faktoren verschwindet.

Die Potenzen mit ganzzahligen Exponenten werden genau wie bei Zahlen definiert, z. B. ist $A^2 = A \cdot A$, $A^{-1} = \frac{1}{A}$, und es gelten dann die bekannten Gesetze.

III. Nun betrachten wir das spezielle System

$$(12) \qquad J = (0, 1, 0, \ldots, 0).$$

Die sukzessiven Potenzen sind auf Grund der Produktdefinition:

$$(13)\qquad \begin{cases} J^2 = (0, 0, 1, \ldots, 0), \\ \cdot\ \cdot\ \cdot\ \cdot\ \cdot\ \cdot\ \cdot\ \cdot\ \cdot\ \cdot \\ J^{n-1} = (0, 0, 0, \ldots, 1), \end{cases}$$

$$(14)\qquad J^n = (-\vartheta_n, -\vartheta_{n-1}, \ldots, -\vartheta_1).$$

Ferner ist allgemein

$$\alpha \cdot (\beta_0, \beta_1, \ldots, \beta_{n-1}) = (\alpha, 0, \ldots, 0) \cdot (\beta_0, \beta_1, \ldots, \beta_{n-1}) = (\alpha\beta_0, \alpha\beta_1, \ldots, \alpha\beta_{n-1}),$$

und mit Anwendung dieser Formel ergibt sich:

$$(\alpha_0, \alpha_1, \ldots, \alpha_{n-1}) = (\alpha_0, 0, \ldots, 0) + (0, \alpha_1, \ldots, 0) + \cdots + (0, 0, \ldots, \alpha_{n-1}) = \alpha_0 + \alpha_1 J + \alpha_2 J^2 + \cdots + \alpha_{n-1} J^{n-1}.$$

Jedes System läßt sich daher, und zwar offenbar nur auf *eine* Weise als eine Summe dieser Form schreiben, ähnlich wie wir in § 4 die Zahlenpaare (komplexen Zahlen) in der Form $\alpha + \alpha' i$ schreiben konnten. Nach (14) ist daher insbesondere

$$J^n = -\vartheta_n - \vartheta_{n-1} J - \cdots - \vartheta_1 J^{n-1}$$

oder also

$$J^n + \vartheta_1 J^{n-1} + \vartheta_2 J^{n-2} + \cdots + \vartheta_n = 0.$$

Das besagt aber, daß J *eine Wurzel der Gleichung* $f(x) = 0$ *ist. Unsere Absicht, für die Gleichung* $f(x) = 0$ *die Existenz einer Wurzel zu erzwingen, ist also durch Einführung der Systeme wirklich erreicht worden.*

Bemerkung. Wenn man unter $\mathfrak{k}$ den Körper der reellen Zahlen versteht und die auseinandergesetzte Methode speziell auf die in diesem Körper irreduzible Gleichung $x^2 + 1 = 0$ anwendet, ergibt sich genau die in § 4 dargestellte Theorie der komplexen Zahlen.

IV. Da sich mit den Systemen genau so rechnen läßt wie mit den bisher betrachteten Größen, so ist es zweckmäßig, sie ebenfalls als *Größen* zu bezeichnen, den Begriff „Größe" also in ähnlicher Weise zu erweitern, wie wir in § 4 den Begriff „Zahl" erweitert haben. Auch die üblichen Wörter *Summand, Faktor* u. a. werden dann in erweitertem Sinne gebraucht. Dabei ist diese Schöpfung neuer Größen auch dann möglich, wenn schon ein anderer Körper bekannt ist, in dem die Gleichung $f(x) = 0$ eine Wurzel hat. *Nur dürfen dann diese verschiedenartigen Größen nicht nebeneinander verwandt werden.* Legen wir z. B. den Körper $\mathfrak{k} = \mathfrak{R}(1)$ zugrunde, so ist das Polynom $f(x) = x^2 - 2$ irreduzibel. Wir können daher Systeme (α_0, α_1) einführen, wobei α_0, α_1 Größen aus $\mathfrak{R}(1)$, also rationale Zahlen sind, und müssen dabei auf Grund der Identität

$$(\alpha_0 + \alpha_1 x)(\beta_0 + \beta_1 x) = (x^2 - 2) \cdot \alpha_1\beta_1 + (\alpha_0\beta_0 + 2\alpha_1\beta_1) + (\alpha_0\beta_1 + \alpha_1\beta_0)\, x$$

die Produktdefinition folgendermaßen wählen:

$$(\alpha_0, \alpha_1) \cdot (\beta_0, \beta_1) = (\alpha_0\beta_0 + 2\alpha_1\beta_1,\ \alpha_0\beta_1 + \alpha_1\beta_0).$$

Dann ist $J = (0, 1)$ eine Wurzel der Gleichung $x^2 - 2 = 0$. Mit diesen Systemen läßt sich nun in gewohnter Weise rechnen, und dabei leistet insbesondere das System $J = (0, 1)$ die gleichen Dienste, die sonst von der reellen Zahl $\sqrt{2}$ geleistet werden, auf deren Gebrauch wir aber jetzt verzichten müssen. Denn andernfalls würde das Rechengesetz XII seine Gültigkeit verlieren; in der Tat wäre dann einerseits

$$(J - \sqrt{2}) \cdot (J + \sqrt{2}) = J^2 - 2 = 0,$$

anderseits aber auch

$$(J - \sqrt{2}) \cdot 0 = 0,$$

so daß die Gleichung $(J - \sqrt{2}) \cdot X = 0$, obwohl $J - \sqrt{2} \neq 0$ wäre, durch die beiden Größen $X = J + \sqrt{2}$ und $X = 0$ befriedigt würde.

Das Beispiel zeigt auch, wie wesentlich es war, das Polynom $f(x)$ als irreduzibel vorauszusetzen. Wir haben nämlich die Irreduzibilität zum Beweis des Gesetzes XII gebraucht, und ohne Irreduzibilität würde dieses Gesetz auch nicht mehr gelten. Bei Zugrundelegung des Körpers $\mathfrak{K}(\sqrt{2})$ wäre z. B. das Polynom $f(x) = x^2 - 2$ reduzibel, und in der Tat würde dann bei Einführung des Systems $J = (0, 1)$ das Gesetz XII, wie wir soeben sahen, seine Gültigkeit verlieren.

Allgemein sei bemerkt, daß wir bei Reduzibilität von $f(x)$ zwar genau wie oben die Systeme einführen könnten. Es würden dann aber nur die Gesetze I bis XI gelten, das Gesetz XII dagegen nicht. Die Systeme würden daher keinen Körper, sondern nur einen Ring bilden, und zwar einen Ring ohne die Individualeigenschaft, daß ein Produkt nur verschwindet, wenn ein Faktor verschwindet. Solche Ringe wollten wir aber in diesem Buch ausschließen (vgl. die Fußnote S. 30).

§ 49. Fortgesetzte Körpererweiterung.

I. Wir legen jetzt wieder einen Körper $\mathfrak{k}$ (Zahlen- oder Funktionenkörper) zugrunde und schaffen uns, von einem in $\mathfrak{k}$ irreduzibeln Polynom $f(x)$ höheren als ersten Grades ausgehend [1], auf die in § 48 beschriebene Weise einen Erweiterungskörper, in dem die Gleichung $f(x) = 0$ eine Wurzel J hat. Der Erweiterungskörper heißt algebraisch in bezug auf den Grundkörper $\mathfrak{k}$, weil die Größe J, durch deren Adjunktion er aus $\mathfrak{k}$ entsteht, einer algebraischen Gleichung mit Koeffizienten aus $\mathfrak{k}$ genügt; in § 53 wird sich zudem zeigen, daß jede in dem Erweiterungskörper vorhandene Größe einer solchen Gleichung genügt [2]. Mit den Größen des Erweiterungskörpers lassen sich dann auch Körper und Ringe bilden, und zwar wird eine Menge von mehreren

[1]) Dabei nehmen wir natürlich an, daß es ein solches Polynom gibt. Wenn das nicht der Fall ist, d. h. wenn der Körper $\mathfrak{k}$ schon algebraisch abgeschlossen ist (vgl. unten am Schluß dieses Paragraphen), ist ja eine Körpererweiterung gar nicht nötig, da schon jede Gleichung in $\mathfrak{k}$ auflösbar ist.

[2]) Wenn dagegen ein Erweiterungskörper von $\mathfrak{k}$ gewisse Größen enthalt, die keiner solchen Gleichung genügen, z. B. Variable, so heißt er transzendent in bezug auf $\mathfrak{k}$.

Größen genau wie in § 2 einen Körper bilden, wenn Summe, Differenz, Produkt, Quotient[1]) von je zwei Größen der Menge ihr ebenfalls angehören, und genau wie in § 3 wird sie einen Ring bilden, wenn wenigstens Summe, Differenz, Produkt von je zwei ihrer Größen ihr ebenfalls angehören. Insbesondere bildet die Menge aller Größen des Erweiterungskörpers einen Körper, und zwar den ganzen Erweiterungskörper selbst.

Auch Polynome und gebrochene rationale Funktionen von beliebig vielen unabhängigen Variabeln lassen sich bilden, deren Koeffizienten beliebige Größen des Erweiterungskörpers sind. Natürlich gelten dann auch für solche rationale Funktionen wieder dieselben Rechengesetze, so daß wir auch sie als Größen bezeichnen und mit ihnen ebenfalls Körper und Ringe bilden können.

Zur Bezeichnung von Körpern und Ringen werden wir uns der seitherigen Bezeichnungsweise weiter bedienen. Zum Beispiel bedeutet $\mathfrak{R}(J^2)$ den „durch J^2 bestimmten Ring“, d. h. den Ring aller Größen der Form

$$\alpha_1 J^2 + \alpha_2 J^4 + \cdots + \alpha_m J^{2m},$$

wobei die α_μ ganze rationale Zahlen sind. $\mathfrak{K}(\mathfrak{k}, J)$ bedeutet den „durch $\mathfrak{k}$ und J bestimmten Körper“, d. h. den Körper aller Größen der Form

$$\frac{\alpha_0 + \alpha_1 J + \cdots + \alpha_m J^m}{\beta_0 + \beta_1 J + \cdots + \beta_l J^l},$$

wo die α_μ, β_λ Größen aus $\mathfrak{k}$ sind; offenbar ist $\mathfrak{K}(\mathfrak{k}, J)$ gerade der ganze konstruierte Erweiterungskörper von $\mathfrak{k}$. Ist x eine Variable, so bedeutet $\mathfrak{K}(\mathfrak{k}, J, x)$ den „durch $\mathfrak{k}, J, x$ bestimmten Körper“, d. h. die Menge aller rationalen Funktionen von x mit Koeffizienten aus $\mathfrak{K}(\mathfrak{k}, J)$ usw.

Alles, was in den vorausgehenden Kapiteln über Körper und Ringe gesagt wurde, gilt dann unverändert auch für die jetzt eingeführten allgemeineren Körper und Ringe, da ja alles nur auf den Rechengesetzen I bis XII beruht. Auch der Begriff der Irreduzibilität behält natürlich seinen Sinn, wenn einer der jetzt eingeführten Körper zugrunde gelegt wird. Dann können wir aber mit der Schöpfung neuer Größen beliebig fortfahren. Ist nämlich $\mathfrak{k}_1$ irgendein Körper in dem jetzt zulässigen Sinne und $f_1(x)$ ein in $\mathfrak{k}_1$ irreduzibles nicht lineares Polynom, so können wir nach der gleichen Methode wieder einen Erweiterungskörper konstruieren, in dem eine Wurzel der Gleichung $f_1(x) = 0$ vorhanden ist, und können mit den Größen dieses Erweiterungskörpers und noch beliebig vielen neuen Variabeln wieder neue Körper und Ringe bilden. Ist $\mathfrak{k}_2$ ein solcher Körper und $f_2(x)$ ein in $\mathfrak{k}_2$ irreduzibles nicht lineares Polynom, so können wir wieder neue Größen schaffen und neue Körper und Ringe bilden usw. So gelangen wir immer zu neuen Größen, mit denen wir Körper und Ringe bilden und die wir auch als Koeffizienten von Polynomen und rationalen Funktionen verwenden können. Dabei werden wir wieder die in § 2 und 3 eingeführten Symbole $\mathfrak{K}(\gamma)$, $\mathfrak{K}(\mathfrak{k}, \gamma)$, $\mathfrak{R}(\mathfrak{r}, \gamma)$ usw. verwenden, deren Bedeutung ohne weiteres klar ist. Z. B. ist der durch $\mathfrak{k}$ und γ bestimmte

[1]) Ausgeschlossen sind natürlich Quotienten mit dem Nenner 0.

Körper $\mathfrak{K}(\mathfrak{k}, \gamma)$ wieder die Gesamtheit aller Größen, die sich in der Form (3) Seite 8 darstellen lassen, wo die a_ν, b_μ Größen aus $\mathfrak{k}$ sind. Doch ist dabei zu beachten, daß wir von dem Körper $\mathfrak{K}(\mathfrak{k}, \gamma)$ nur dann reden dürfen, wenn wir mit den Größen aus $\mathfrak{k}$ und mit γ nach den Körpergesetzen rechnen und infolgedessen die genannten Größen (3) auf Seite 8 wirklich bilden können, d. h., wenn uns schon vorher ein Körper $\mathfrak{k}_1$ zur Verfügung steht, der alle Größen aus $\mathfrak{k}$ und auch die Größe γ enthält. $\mathfrak{K}(\mathfrak{k}, \gamma)$ ist dann ein Unterkörper von $\mathfrak{k}_1$ oder der ganze Körper $\mathfrak{k}_1$ selbst. Ohne die vorherige Existenz eines solchen Körpers $\mathfrak{k}_1$ ist das Symbol $\mathfrak{K}(\mathfrak{k}, \gamma)$ sinnlos [1]). Ebenso kann man z. B. von dem Ring $\mathfrak{R}(\mathfrak{r}, \gamma)$ nur dann reden, wenn schon vorher ein Ring $\mathfrak{r}_1$ zur Verfügung steht, der alle Größen aus $\mathfrak{r}$ und auch die Größe γ enthält. Andernfalls ist das Symbol $\mathfrak{R}(\mathfrak{r}, \gamma)$ sinnlos.

Alle in den vorausgehenden Kapiteln bewiesenen Sätze, z. B. auch die vielen Teilbarkeitssätze, beruhen lediglich auf den Ring- und Körpergesetzen. Sie bleiben daher bestehen, wenn die in ihren Prämissen vorkommenden allgemeinen Größen, Körper und Ringe in dem vorbeschriebenen allgemeinen Sinne verstanden werden. Die Sätze gewinnen dadurch, ohne daß die Beweise sich im geringsten ändern, einen erweiterten Inhalt und werden von jetzt an auch mit diesem erweiterten Inhalt angewandt werden.

Ferner darf von jetzt an, wenn von einem Körper oder Ring die Rede ist, immer ein Körper bzw. Ring in dem obigen allgemeinen Sinne verstanden werden, sofern nicht im Einzelfall ausdrücklich etwas anderes bemerkt ist. Schließlich wollen wir zur Vermeidung häufiger Wiederholungen hier gleich ein für allemal folgendes verabreden: Bei jeder Untersuchung über Gleichungen oder rationale Funktionen ist, auch ohne daß das jedesmal gesagt wird, stets angenommen, daß die sämtlichen Koeffizienten einem gewissen Körper $\mathfrak{k}$ (in dem jetzt gültigen allgemeinen Sinne) angehören, weil wir sonst ja überhaupt nicht rechnen könnten. Dieser Körper $\mathfrak{k}$ kann im Verlauf einer Rechnung noch durch Adjunktion zu einem Oberkörper erweitert werden, z. B. durch Adjunktion von Variabeln oder von Wurzeln einer Gleichung mit Koeffizienten aus $\mathfrak{k}$.

Die Aussage oder Forderung, daß r Größen $x_1, \ldots, x_r$ unabhängige Variable sind, hat jetzt den Sinn, daß zuvor ein Körper $\mathfrak{k}$ zugrunde gelegt ist und daß keine Beziehung

$$\sum a_{\lambda_1 \ldots \lambda_r} x_1^{\lambda_1} \cdots x_r^{\lambda_r} = 0$$

mit Koeffizienten aus $\mathfrak{k}$ besteht, bei der nicht alle Koeffizienten verschwinden. Der Körper $\mathfrak{K}(\mathfrak{k}, x_1, \ldots, x_r)$ ist dann eine r-fach transzendente Erweiterung von $\mathfrak{k}$. Die Größen $x_1, \ldots, x_r$ sind unabhängige Variable in bezug

[1]) Ein solcher Körper würde z. B. nicht zur Verfügung stehen, wenn wir in § 48 IV mit den Größen J und $\sqrt{2}$ den Körper $\mathfrak{K}(J, \sqrt{2})$ bilden wollten; diesen Körper gibt es nicht.

auf den Grundkörper $\mathfrak{k}$; in bezug auf manche andere Körper, z. B. auf $\mathfrak{K}(\mathfrak{k}, x_1^2 + x_2^2)$, sind sie es augenscheinlich nicht. Wenn wir daher in Zukunft eine Untersuchung oder die Formulierung eines Lehrsatzes mit der Forderung beginnen, daß gewisse Dinge, z. B. hingeschriebene Buchstaben, unabhängige Variable sein sollen, so denken wir immer, ohne daß das jedesmal gesagt wird, einen Körper zugrunde gelegt, in bezug auf welchen die genannten Dinge unabhängige Variable sein sollen; am einfachsten nimmt man den Körper $\mathfrak{K}(1)$, doch darf es auch irgend ein anderer sein. Wenn wir aber in einem fortgeschrittenen Stadium unabhängige Variable einführen, insbesondere, wenn wir, nachdem schon vorher welche eingeführt waren, „neue" oder „weitere" unabhängige Variable einführen, so ist stets der nach allen vorher schon vorgenommenen Erweiterungen entstandene Körper, der also alle schon vorher eingeführten Größen enthält, zugrunde gelegt.

II. Nun ist es leicht, den folgenden Satz zu beweisen:

Satz 125. *Ist* $\mathfrak{k}$ *ein Körper und*

$$F(x) = x^n + a_1 x^{n-1} + \cdots + a_n \qquad (n > 1)$$

ein Polynom mit Koeffizienten aus $\mathfrak{k}$, *so zerfällt* $F(x)$ *entweder schon im Körper* $\mathfrak{k}$ *in lineare Faktoren, oder es gibt wenigstens einen Erweiterungskörper* $\mathfrak{k}_1$, *in dem* $F(x)$ *in lineare Faktoren zerfällt (nach Satz 84 nur auf eine Art):*

$$F(x) = (x - J_1)(x - J_2) \cdots (x - J_n).$$

Beweis. Wir denken uns zunächst $F(x)$ in $\mathfrak{k}$ in irreduzible Faktoren zerlegt:

$$F(x) = \prod_{\mu=1}^{m} f_\mu(x).$$

Sind die $f_\mu(x)$ sämtlich linear, so liegt bereits eine Zerfällung der verlangten Art vor, und ein Erweiterungskörper ist nicht nötig. Sei also etwa $f_1(x)$ nicht linear. Dann können wir einen Erweiterungskörper konstruieren, in dem $f_1(x)$ eine Wurzel J_1 hat, so daß $f_1(x)$ nach Satz 73 durch $x - J_1$ teilbar ist. Nun denken wir $F(x)$ im Körper $\mathfrak{K}(\mathfrak{k}, J_1)$ in irreduzible Faktoren zerlegt; unter ihnen ist der lineare Faktor $x - J_1$. Sind die anderen nicht sämtlich linear, so läßt sich wieder ein Erweiterungskörper konstruieren, in dem sich von einem nicht linearen Fakter ein linearer $x - J_2$ abspalten läßt usw.

Dieser Beweis zeigt deutlich, daß der Erweiterungskörper sich im allgemeinen auf mehr als eine Weise konstruieren läßt. Man kann ja statt mit $f_1(x)$ auch mit einem anderen nicht linearen Faktor anfangen, und im Laufe des Prozesses wird die Anzahl der Möglichkeiten, zwischen denen man jeweils wählen kann, noch wachsen. Auch bleibt, wenn in einem Körper $\mathfrak{k}_1$ eine Zerfällung in lineare Faktoren stattfindet, die gleiche Zerfällung selbstverständlich in jedem Erweiterungskörper von $\mathfrak{k}_1$ bestehen.

Ist in einem geeigneten Körper $\mathfrak{k}_1$ die Zerfällung von $F(x)$ in lineare Faktoren geleistet, so ist es leicht, alle in $\mathfrak{k}_1$ gelegenen Wurzeln der Gleichung $F(x) = 0$ anzugeben. Denn die Gleichung

$$(x - J_1)(x - J_2) \cdots (x - J_n) = 0$$

wird dann und nur dann erfüllt sein, wenn wenigstens einer der Faktoren verschwindet, also für $x = J_1, J_2, \ldots, J_n$. Man nennt daher die n Größen $J_1, J_2, \ldots J_n$ die n in $\mathfrak{k}_1$ gelegenen Wurzeln der Gleichung $F(x) = 0$, so daß eine Gleichung n-ten Grades stets in einem geeigneten Körper n Wurzeln hat, die übrigens nicht alle voneinander verschieden zu sein brauchen, worüber Näheres in § 51. Auch in jedem möglichen Erweiterungskörper $\mathfrak{k}_2$ von $\mathfrak{k}_1$ sind offenbar nur die gleichen n Wurzeln vorhanden, weil ja die obige Zerfällung in $\mathfrak{k}_1$ zugleich eine Zerfällung in $\mathfrak{k}_2$ ist. Daß ein Polynom n-ten Grades in keinem Körper mehr als n verschiedene Wurzeln haben kann, ist übrigens schon in Satz 28 mit andern Worten ausgedrückt.

III. Aus Satz 125 folgt sofort, daß man jeden Körper $\mathfrak{k}$ auch so erweitern kann, daß beliebig viele Polynome

$$F_1(x), F_2(x), \ldots, F_m(x)$$

in lineare Faktoren zerfallen. Denn man braucht ja nur den Satz 125 auf das Produkt

$$F_1(x)\, F_2(x) \cdots F_m(x)$$

anzuwenden. Darüber hinaus hat Steinitz bewiesen (vgl. das Zitat auf S. 7), daß sich jeder Körper $\mathfrak{k}$ auch derart zu einem Körper $\mathfrak{k}_1$ erweitern läßt, daß jedes Polynom mit Koeffizienten aus $\mathfrak{k}$, ja sogar jedes Polynom mit Koeffizienten aus $\mathfrak{k}_1$, in lineare Faktoren zerfällt; allerdings läßt sich $\mathfrak{k}_1$ nicht mehr auf unsere Weise durch einen Prozeß von endlich vielen Schritten konstruieren. Ein Körper, in dem jedes Polynom $F(x)$ in lineare Faktoren zerfällt, heißt algebraisch abgeschlossen, so daß der Steinitzsche Satz sich auch so aussprechen läßt, daß jeder Körper zu einem algebraisch abgeschlossenen erweitert werden kann (falls er nicht selbst schon algebraisch abgeschlossen ist). Wir werden indessen den Steinitzschen Satz nicht brauchen. Zu seinem Beweis wären mengentheoretische Überlegungen erforderlich, die aus dem Rahmen dieses Buches herausfallen.

§ 50. Der sogenannte Fundamentalsatz der Algebra.

I. Der sog. „Fundamentalsatz der Algebra" besagt:

Satz 126. *Gehören die Koeffizienten des Polynoms positiven Grades $f(x)$ dem Körper der komplexen Zahlen an, so hat die Gleichung $f(x) = 0$ in diesem Körper eine Wurzel.*

Daraus kann dann sofort geschlossen werden, daß im Körper der komplexen Zahlen jedes Polynom von höherem als erstem Grad reduzibel ist und in lineare Faktoren zerfällt. Denn ein Polynom höheren Grades hat ja in diesem Körper eine Wurzel ξ und ist daher nach Satz 73 durch $x - \xi$ teilbar; der Quotient muß dann ebenfalls wieder einen linearen Teiler haben usw. Wir können daher auch sagen, der Körper der komplexen Zahlen ist algebraisch abgeschlossen.

Der Fundamentalsatz der Algebra führt seinen Namen heute nicht mehr mit vollem Recht. Gewiß ist er ein ganz fundamentaler Satz — aber nicht der Algebra, sondern der Funktionentheorie. Für die Algebra selbst ist er eigentlich entbehrlich; denn alles, was wir über die Wurzeln von Gleichungen zu sagen haben werden [1]), die ganze in Bd. II zu behandelnde Theorie der Galoisschen Gruppe, läßt sich ebensogut und sogar besser als an den Satz 126 auch an den Satz 125 anknüpfen, der ja ebenfalls die Wurzelexistenz verbürgt. So können wir z. B. von den Wurzeln der „Kreisteilungsgleichung"

$$x^{n-1} + x^{n-2} + \cdots + x + 1 = 0$$

reden und ihre Theorie vollständig entwickeln, ohne uns im geringsten um die Frage zu kümmern, ob diese Wurzeln im Körper der komplexen Zahlen vorhanden sind oder in einem Erweiterungskörper gesucht werden müssen. Anderseits ist es aber in der Algebra unerläßlich, sich auch mit Gleichungen zu beschäftigen, deren Koeffizienten keine Zahlen sind, sondern Variable (natürlich in unserem algebraischen, nicht im funktionentheoretischen Sinn) enthalten. Bei diesen muß die Wurzelexistenz aus Satz 125 geschöpft werden, während der Fundamentalsatz gar nichts nützen würde.

Trotzdem dürfen wir aber den Fundamentalsatz hier nicht übergehen, nicht nur aus historischen Gründen, sondern vor allem deshalb, weil durch ihn ein großes Teilgebiet der Algebra, nämlich die Algebra des Körpers der komplexen Zahlen, der doch der wichtigste von allen Körpern ist, eine wundervolle Abrundung und Selbständigkeit gewinnt. Der Satz ist zuerst 1799 von Gauß bewiesen worden (in seiner Doktorarbeit, Werke Bd. 3, S. 1), der später seinem ersten von geometrischen Vorstellungen nicht ganz freien Beweis noch drei andere hinzugefügt hat. Weitere Beweise stammen von Cauchy, Argand und zahlreichen anderen Autoren. Alle Beweise sind mehr oder weniger funktionentheoretisch, und man überlegt sich auch leicht, daß mit rein algebraischen Hilfsmitteln ein Beweis überhaupt nicht geführt werden kann, sofern man als rein algebraische eben nur die mit dem Körperbegriff gegebenen Hilfsmittel, das sind ausschließlich die Operationen der Addition, Subtraktion, Multiplikation, Division, betrachtet, aber den Begriff des Größer- und Kleinerseins und den Grenzbegriff ausschließt. Auf solche Weise ließe sich ja nicht einmal die Wurzelexistenz für die Gleichung $x^2 - 2 = 0$ nachweisen. Denn man mag auf die Koeffizienten dieser Gleichung Additionen, Subtraktionen usw. anwenden, so viele man will, man wird stets im Körper $\mathfrak{K}(1)$ bleiben und also nie zu der irrationalen Wurzel $\sqrt{2}$ gelangen.

Die verschiedenen Beweise des Fundamentalsatzes unterscheiden sich aber sehr wesentlich in bezug auf den Umfang der dabei notwendigen nichtalgebraischen Bestandteile. Der Tendenz dieses Buches kann nur ein Beweis gerecht werden, der möglichst wenig nichtalgebraische Bestandteile enthält.

---

[1]) Abgesehen von den Fragen, die sich auf die numerische Berechnung der Wurzeln beziehen, Fragen, die aber eigentlich auch mehr in die Funktionentheorie und Arithmetik als in die Algebra gehören.

Das Minimum an nichtalgebraischen Bestandteilen, mit dem man heute den Fundamentalsatz beweisen kann, ist der Nachweis der untenstehenden Sätze 127, 128, 129. Bereits der zweite Gaußsche Beweis kommt damit aus, doch ist der algebraische Teil recht umständlich. Er ist später von verschiedenen Autoren vereinfacht worden, aber zunächst immer noch umständlich geblieben. Erst in jüngster Zeit haben Artin und Schreier (Abhandl. aus dem math. Seminar Hamburg 1927) sowie Dörge (Sitzber. der Berliner Akademie 1928) den glücklichen Gedanken gehabt, den Satz 125 heranzuziehen, der den Beweis ganz wesentlich abzukürzen gestattet. Dieser Beweis soll hier entwickelt werden [1]).

II. Wir wollen im folgenden der Kürze halber die Koeffizienten einer Gleichung reell bzw. komplex nennen, um auszudrücken, daß sie reelle bzw. komplexe Zahlen sind; ebenso soll eine Gleichungswurzel, wenn sie dem Körper der reellen bzw. komplexen Zahlen angehört, einfach als reelle bzw. komplexe Wurzel bezeichnet werden [2]). Wir erledigen jetzt zuerst den nichtalgebraischen Bestandteil des Beweises.

Satz 127. *Ist $f(x)$ ein Polynom mit reellen Koeffizienten und sind α, β zwei reelle Zahlen derart, daß $f(\alpha) < 0$, $f(\beta) > 0$, so gibt es zwischen α und β (wenigstens) eine reelle Wurzel der Gleichung $f(x) = 0$.*

Satz 128. *Eine Gleichung ungeraden Grades mit reellen Koeffizienten hat (wenigstens) eine reelle Wurzel.*

Satz 129. *Ist a eine komplexe Zahl, so hat die Gleichung $x^2 - a = 0$ (wenigstens) eine komplexe Wurzel. Anders ausgedrückt: Es gibt eine komplexe Zahl, deren Quadrat gleich a ist.*

Zum Beweis von Satz 127 sei n der Grad von $f(x)$. Wir nehmen etwa $\alpha < \beta$ an; der Fall $\alpha > \beta$ läßt sich ja sofort auf den Fall $\alpha < \beta$ zurückführen, indem man das Polynom $-f(x)$ statt $f(x)$ betrachtet. Nun ist die Ungleichung $f(x) < 0$ für $x = \alpha$ richtig, für $x = \beta$ falsch. Sei ξ die untere Grenze derjenigen Zahlen x des Intervalles $\alpha \leqq x \leqq \beta$, für die die Ungleichung falsch ist; wir behaupten, daß $f(\xi) = 0$ ist.

Wäre nämlich $f(\xi) < 0$, so wäre gewiß $\xi \neq \beta$, also $\xi < \beta$, und daher für genügend kleine positive Werte von h auch $\xi + h < \beta$, und nach dem Taylorschen Satz

---

1) Übrigens hat man neuerdings auch den nichtalgebraischen Teil des Beweises wieder der Algebra einverleibt, nachdem man die aus der Algebra verbannte Funktionentheorie durch drei besondere Türen mit den Aufschriften „Bewertete Körper", „Geordnete Körper", Reelle Körper" wieder hereingelassen hat. Doch wollen wir darauf in diesem Buche nicht mehr eingehen.

2) Das Wort „komplexe Wurzel" wird sonst auch vielfach als Gegensatz zu „reelle Wurzel" gebraucht. Deshalb sei ausdrücklich bemerkt, daß wir ihm diesen Sinn hier nicht beilegen. Vielmehr kann eine komplexe Wurzel auch jede reelle Zahl sein, da ja der Körper der komplexen Zahlen insbesondere auch alle reellen Zahlen enthält.

$$\begin{aligned} f(\xi + h) &= f(\xi) + hf'(\xi) + \cdots + \frac{h^n}{n!} f^{(n)}(\xi) \\ &\leqq f(\xi) + h(|f'(\xi)| + |f''(\xi)| + \cdots + |f^{(n)}(\xi)|) \\ &< f(\xi) + \tfrac{1}{2}|f(\xi)| \\ &= \tfrac{1}{2} f(\xi) < 0 . \end{aligned} \quad \left.\begin{matrix} \\ \text{wenn nur } h \\ \text{klein genug} \\ \\ \end{matrix}\right\}$$

Gilt das etwa für $0 < h \leqq \varepsilon$, so müßte hiernach die untere Grenze der Zahlen x des Intervalles $\alpha \leqq x \leqq \beta$, für die die Ungleichung $f(x) < 0$ falsch ist, $\geqq \xi + \varepsilon$ sein, während sie doch gleich ξ sein sollte.

Wäre dagegen $f(\xi) > 0$, so wäre gewiß $\xi \neq \alpha$, also $\xi > \alpha$, und daher für genügend kleine positive Werte von h auch $\xi - h > \alpha$, und nach dem Taylorschen Satz

$$\begin{aligned} f(\xi - h) &= f(\xi) - hf'(\xi) + \cdots \pm \frac{h^n}{n!} f^{(n)}(\xi) \\ &\geqq f(\xi) - h(|f'(\xi)| + |f''(\xi)| + \cdots + |f^{(n)}(\xi)|) \\ &> f(\xi) - \tfrac{1}{2} f(\xi) \\ &= \tfrac{1}{2} f(\xi) > 0. \end{aligned} \quad \left.\begin{matrix} \\ \text{wenn nur } h \\ \text{klein genug} \\ \\ \end{matrix}\right\}$$

Gilt das etwa für $0 < h \leqq \varepsilon$, so müßte hiernach die untere Grenze der Zahlen x des Intervalles $\alpha \leqq x \leqq \beta$, für die die Ungleichung $f(x) < 0$ falsch ist, $\leqq \xi - \varepsilon$ sein, während sie doch gleich ξ sein sollte.

Hiernach kann $f(\xi)$ nur gleich 0 sein und damit ist Satz 127 bewiesen. Um aus ihm Satz 128 herzuleiten, betrachten wir das Polynom von ungeradem Grad mit reellen Koeffizienten:

$$f(x) = x^n + a_1 x^{n-1} + \cdots + a_n .$$

Für eine genügend große positive Zahl β ist

$$\begin{aligned} f(\beta) &\geqq \beta^n - (|a_1|\beta^{n-1} + |a_2|\beta^{n-2} + \cdots + |a_n|) \\ &\geqq \beta^n - \beta^{n-1}(|a_1| + |a_2| + \cdots + |a_n|) \\ &= \beta^{n-1}[\beta - (|a_1| + |a_2| + \cdots + |a_n|)] > 0 . \end{aligned}$$

Dagegen, weil n ungerade, also $(-\beta)^n = -\beta^n$ ist,

$$\begin{aligned} f(-\beta) &\leqq -\beta^n + |a_1|\beta^{n-1} + |a_2|\beta^{n-2} + \cdots + |a_n| \\ &\leqq -\beta^n + \beta^{n-1}(|a_1| + |a_2| + \cdots + |a_n|) \\ &= -\beta^{n-1}[\beta - (|a_1| + |a_2| + \cdots + |a_n|)] < 0 . \end{aligned}$$

Daher ist $f(-\beta) < 0, f(\beta) > 0$, so daß nach Satz 127 zwischen $-\beta$ und β eine Wurzel der Gleichung $f(x) = 0$ liegt.

Nun kommen wir an Satz 129. Dieser ist evident für $a = 0$, weil dann die Wurzel 0 vorhanden ist. Ist a reell und positiv, so ist, wenn $x^2 - a = f(x)$ gesetzt wird, $f(0) < 0$ und $f(a+1) > 0$, also gibt es nach Satz 127 eine reelle, und zwar positive Wurzel ξ, womit auch dieser Fall erledigt ist. Wir knüpfen daran eine Bemerkung. Da offenbar die Zerlegung

$$x^2 - a = (x - \xi)(x + \xi)$$

gilt, so ist für jede von ξ verschiedene positive Zahl η

$$\eta^2 - a = (\eta - \xi)(\eta + \xi) \neq 0.$$

Es gibt also nur eine positive Wurzel; man bezeichnet sie mit $\sqrt{a}$. Sind dann a_1, a_2 zwei positive Zahlen, so sind auch die Zahlen $\sqrt{a_1} \cdot \sqrt{a_2}$ und $\sqrt{a_1 a_2}$ positiv, und da beide die Gleichung $x^2 - a_1 a_2 = 0$ erfüllen, ergibt sich die bekannte Formel

$$\sqrt{a_1} \cdot \sqrt{a_2} = \sqrt{a_1 a_2}.$$

Wir wenden uns zum Fall, daß a reell und negativ ist, etwa $a = -b$, wo $b > 0$. In diesem Fall ist offenbar die rein imaginäre Zahl $\sqrt{b} \cdot i$ eine Wurzel der Gleichung.

Ist schließlich a nicht reell, also etwa

$$a = \alpha + \beta i,$$

wo α, β reell sind, und zwar $\beta \neq 0$, so sind die Zahlen

$$\gamma = \frac{\sqrt{\alpha^2 + \beta^2} + \alpha}{2}, \qquad \delta = \frac{\sqrt{\alpha^2 + \beta^2} - \alpha}{2}$$

positiv, und man sieht leicht, daß die komplexe Zahl $\xi = \sqrt{\gamma} \pm \sqrt{\delta} \cdot i$ bei passender Wahl des Vorzeichens eine Wurzel der fraglichen Gleichung ist. Denn man hat

$$\xi^2 = \gamma - \delta \pm 2\sqrt{\gamma}\sqrt{\delta}\, i = \alpha \pm 2\sqrt{\gamma\delta}\, i = \alpha \pm 2\sqrt{\frac{\beta^2}{4}}\, i = \alpha \pm |\beta|\, i,$$

so daß bei einem der beiden Vorzeichen gerade $\alpha + \beta i$ herauskommt.

III. Jetzt kommen wir zum algebraischen Teil des Beweises. Sei

$$f(x) = x^n + a_1 x^{n-1} + \cdots + a_{n-1} x + a_n$$

zunächst ein Polynom mit reellen Koeffizienten. Wir wollen beweisen, daß $f(x)$ eine komplexe Wurzel hat. Wenn der Grad n den Faktor 2 nicht enthält, also ungerade ist, trifft das nach Satz 128 zu. Den allgemeinen Beweis erbringen wir durch vollständige Induktion, indem wir annehmen, die Behauptung sei schon als richtig erkannt für alle Gleichungen, deren Grad n den Faktor 2 weniger als k-mal enthält, und dann zeigen, sie gilt auch, wenn der Grad n den Faktor 2 genau k-mal enthält. Offenbar enthält dann die ganze Zahl $\frac{n(n-1)}{2}$ den Faktor 2 weniger als k-mal, nämlich nur $(k-1)$-mal.

Bezeichnen wir jetzt mit $\mathfrak{k}^*$ den Körper der komplexen Zahlen, so hat das Polynom $f(x)$ nach Satz 125, wenn nicht in $\mathfrak{k}^*$ selbst, so doch in einem passenden Erweiterungskörper $\mathfrak{k}^{**}$ von $\mathfrak{k}^*$ gewiß n Wurzeln $J_1, J_2, \ldots, J_n$, und es gilt dann die Zerfällung

$$f(x) = x^n + a_1 x^{n-1} + \cdots + a_n = (x - J_1)(x - J_2) \cdots (x - J_n).$$

Hiernach sind die symmetrischen Grundfunktionen[1]) der Wurzeln $J_1, J_2, \ldots, J_n$ gleich den Koeffizienten $a_1, a_2, \ldots, a_n$, also reelle Zahlen, und nach Satz 68 ist dann jedes symmetrische Polynom der Wurzeln[1]) mit

[1]) Über den Begriff „Polynom (Funktion) der Wurzeln" vgl. man, da die n Wurzeln keine unabhängigen Variabeln, sondern ganz bestimmte spezielle Größen sind, den Schlußabsatz des § 9.

reellen Koeffizienten ebenfalls eine reelle Zahl. Insbesondere erweisen sich also die Koeffizienten des Polynoms

$$F(x) = \prod_{\lambda<\mu}^{1,n} [x - (J_\lambda + J_\mu + cJ_\lambda J_\mu)],$$

wenn c eine reelle Zahl bedeutet, nach Ausmultiplizieren als reelle Zahlen. Da aber der Grad von $F(x)$ gleich $\frac{n(n-1)}{2}$ ist, also den Faktor 2 weniger als k-mal enthält, hat $F(x)$ nach Voraussetzung eine komplexe Wurzel, also eine Wurzel in $\mathfrak{k}^*$. Daher muß wenigstens eine der im Erweiterungskörper $\mathfrak{k}^{**}$ gelegenen Wurzeln $J_\lambda + J_\mu + cJ_\lambda J_\mu$ sogar in $\mathfrak{k}^*$ liegen, d. h. eine komplexe Zahl sein. Zu jeder reellen Zahl c gibt es also ein Indexpaar λ, μ derart, daß $J_\lambda + J_\mu + cJ_\lambda J_\mu$ eine komplexe Zahl ist. Da es nur endlich viele Indexpaare gibt, muß einmal zu zwei verschiedenen Werten c, etwa zu c' und c'', dasselbe Indexpaar λ, μ gehören. Durch geeignete Numerierung können wir $\lambda = 1$, $\mu = 2$ annehmen. Dann ist also

$$J_1 + J_2 + c' J_1 J_2 = \text{eine komplexe Zahl},$$
$$J_1 + J_2 + c'' J_1 J_2 = \text{eine komplexe Zahl},$$

und hieraus folgt, daß $J_1 + J_2$ und $J_1 J_2$ selbst komplexe Zahlen sind, etwa

$$J_1 + J_2 = a,$$
$$J_1 J_2 = b.$$

Dann gilt aber die Zerfällung

$$x^2 - ax + b = (x - J_1)(x - J_2),$$

und folglich hat das Polynom $x^2 - ax + b$, dessen Koeffizienten komplexe Zahlen sind, in $\mathfrak{k}^{**}$ die Wurzeln J_1, J_2.

Anderseits ist aber, wenn d eine (nach Satz 129 existierende) komplexe Zahl bedeutet, deren Quadrat gleich $\frac{a^2}{4} - b$ ist, offenbar auch

$$x^2 - ax + b = \left(x - \frac{a}{2} + d\right)\left(x - \frac{a}{2} - d\right).$$

Daher hat $x^2 - ax + b$ in $\mathfrak{k}^*$ die Wurzeln $\frac{a}{2} - d$ und $\frac{a}{2} - d$, und diese sind nach dem letzten Absatz von § 49 II zugleich die Wurzeln in dem Erweiterungskörper $\mathfrak{k}^{**}$, also, von der Reihenfolge abgesehen, mit J_1, J_2 identisch. Folglich sind J_1, J_2 komplexe Zahlen, womit für $f(x)$ sogar zwei komplexe Wurzeln nachgewiesen sind.

IV. Bis jetzt ist bewiesen, daß jedes Polynom mit reellen Koeffizienten eine komplexe Wurzel hat. Betrachten wir aber jetzt ein Polynom $f(x)$ mit beliebigen komplexen Koeffizienten und ist $g(x)$ das Polynom mit den konjugiert-komplexen Koeffizienten, so hat das Produktpolynom

$$f(x)\, g(x) = F(x)$$

offenbar reelle Koeffizienten, also nach dem Bewiesenen eine komplexe Wurzel ξ. Dann ist

$$f(\xi)\,g(\xi)=0,$$

so daß wenigstens eine der beiden Größen $f(\xi)$, $g(\xi)$ verschwindet. Falls $f(\xi)$ verschwindet, hat das Polynom $f(x)$ die Wurzel ξ. Falls $g(\xi)$ verschwindet, ist nach Satz 2, wenn mit $\bar{\xi}$ die konjugiert-komplexe Zahl von ξ bezeichnet wird, auch $f(\bar{\xi})=0$; also hat $f(x)$ jetzt die Wurzel $\bar{\xi}$. Damit ist in jedem Fall eine komplexe Wurzel nachgewiesen.

§ 51. Isomorphismus der Wurzelsysteme. — Mehrfache Wurzeln.

I. Sei $\mathfrak{k}$ ein Körper und $F(x)$ ein Polynom mit Koeffizienten aus $\mathfrak{k}$:

$$F(x)=x^n+a_1x^{n-1}+\cdots+a_n. \tag{1}$$

Nach Satz 125 zerfällt $F(x)$ in einem geeigneten Erweiterungskörper in Linearfaktoren

$$F(x)=(x-\xi_1)(x-\xi_2)\cdots(x-\xi_n). \tag{2}$$

Der Erweiterungskörper läßt sich aber, wie beim Beweis von Satz 125 bemerkt, im allgemeinen auf mehrere Arten konstruieren. Dazu kommt, wenn $\mathfrak{k}$ ein Zahlenkörper ist, nach Satz 126 noch die Möglichkeit, wieder einen Zahlenkörper zu Hilfe zu nehmen, etwa den Körper aller komplexen Zahlen. Auch könnte man noch beliebig viele andere Mittel zur Konstruktion eines geeigneten Erweiterungskörpers ersinnen.

Wir denken uns jetzt zwei geeignete Erweiterungskörper $\mathfrak{k}_\xi$ und $\mathfrak{k}_\eta$. In $\mathfrak{k}_\xi$ bezeichnen wir die Wurzeln wie oben mit $\xi_1,\ldots,\xi_n$, in $\mathfrak{k}_\eta$ mit $\eta_1,\ldots,\eta_n$. Wie bereits in § 48 IV ausgeführt, dürfen wir die beiden Erweiterungskörper nicht gleichzeitig in die Rechnung einführen, sondern wir müssen uns für die eine oder andere Wahl entscheiden. Da wäre es nun zunächst denkbar, daß in $\mathfrak{k}_\xi$ die Wurzeln ganz andere algebraische Eigenschaften haben als in $\mathfrak{k}_\eta$, daß beispielsweise die $\xi_1,\ldots,\xi_n$ alle voneinander verschieden sind, aber die $\eta_1,\ldots,\eta_n$ teilweise einander gleich. Nun ist von größter Wichtigkeit, daß Derartiges in Wahrheit nicht passieren kann. Vielmehr werden wir folgendes beweisen:

Die Wurzeln $\eta_1,\ldots,\eta_n$ entsprechen bei geeigneter Numerierung den Wurzeln $\xi_1,\ldots,\xi_n$ derart, daß jede zwischen $\xi_1,\ldots,\xi_n$ bestehende Relation mit Koeffizienten aus $\mathfrak{k}$

$$P(\xi_1,\ldots,\xi_n)=0$$

auch zwischen $\eta_1,\ldots,\eta_n$ besteht:

$$P(\eta_1,\ldots,\eta_n)=0,$$

und daß umgekehrt jede zwischen $\eta_1,\ldots,\eta_n$ bestehende Relation mit Koeffizienten aus $\mathfrak{k}$ auch zwischen $\xi_1,\ldots,\xi_n$ besteht[1]).

---

[1]) Übrigens ist die geeignete Numerierung im allgemeinen nicht nur auf *eine* Weise möglich. Zulässig sind vielmehr genau alle die Numerierungen, die aus einer zulässigen durch die Substitutionen der Galoisschen Gruppe hervorgehen (Bd. II, Kap. IV).

Wir können diesen Sachverhalt auch so ausdrücken, daß wir sagen, die Körper $\mathfrak{K}(\mathfrak{k}, \xi_1, \ldots, \xi_n)$ und $\mathfrak{K}(\mathfrak{k}, \eta_1, \ldots, \eta_n)$ sind miteinander isomorph (vgl. S. 6), und zwar besteht ein Isomorphismus, bei welchem den Wurzeln $\xi_1, \ldots, \xi_n$ die Wurzeln $\eta_1, \ldots, \eta_n$ zugeordnet sind[1]), weshalb wir auch sagen wollen, daß die beiden Wurzelsysteme $\xi_1, \ldots, \xi_n$ und $\eta_1, \ldots, \eta_n$ miteinander isomorph sind. In der Tat besteht der Körper $\mathfrak{K}(\mathfrak{k}, \xi_1, \ldots, \xi_n)$ aus allen Größen der Form

$$\frac{\sum A_{\lambda_1 \ldots \lambda_n} \xi_1^{\lambda_1} \cdots \xi_n^{\lambda_n}}{\sum B_{\lambda_1 \ldots \lambda_n} \xi_1^{\lambda_1} \cdots \xi_n^{\lambda_n}} \tag{3}$$

und der Körper $\mathfrak{K}(\mathfrak{k}, \eta_1, \ldots, \eta_n)$ aus allen Größen der Form

$$\frac{\sum A_{\lambda_1 \ldots \lambda_n} \eta_1^{\lambda_1} \cdots \eta_n^{\lambda_n}}{\sum B_{\lambda_1 \ldots \lambda_n} \eta_1^{\lambda_1} \cdots \eta_n^{\lambda_n}}, \tag{4}$$

wobei die Koeffizienten $A_{\lambda_1 \ldots \lambda_n}$, $B_{\lambda_1 \ldots \lambda_n}$ Größen aus $\mathfrak{k}$ sind. Wir wollen nun jeder Größe der Form (3) diejenige Größe der Form (4) zuordnen, die dieselben Koeffizienten hat, also insbesondere der Größe ξ_ν die Größe η_ν. Wenn dann eine Größe aus $\mathfrak{K}(\mathfrak{k}, \xi_1, \ldots, \xi_n)$ sich auf verschiedene Arten in der Form (3) darstellen läßt, so läuft die obige gesperrt gedruckte Behauptung darauf hinaus, daß die entsprechenden Ausdrücke der Form (4) ebenfalls sinnvoll sind, d. h. nichtverschwindende Nenner haben, und daß sie dieselbe Größe aus $\mathfrak{K}(\mathfrak{k}, \eta_1, \ldots, \eta_n)$ darstellen. Durch unsere Zuordnung wird daher jeder Größe aus $\mathfrak{K}(\mathfrak{k}, \xi_1, \ldots, \xi_n)$ eindeutig nur eine Größe aus $\mathfrak{K}(\mathfrak{k}, \eta_1, \ldots, \eta_n)$ zugeordnet, und ebenso gilt auch das Umgekehrte. Da hierbei offenbar der Summe von zwei Größen aus $\mathfrak{K}(\mathfrak{k}, \xi_1, \ldots, \xi_n)$ wieder die Summe der zwei zugeordneten Größen aus $\mathfrak{K}(\mathfrak{k}, \eta_1, \ldots, \eta_n)$ zugeordnet ist und da Entsprechendes auch für Differenz, Produkt, Quotient gilt, so ist die Zuordnung ein Isomorphismus.

Unsere Behauptung besagt demnach, daß alle möglichen Wurzelsysteme einer Gleichung bei passender Numerierung miteinander isomorph sind. Dieser Isomorphismus gibt uns das Recht, von den n Wurzeln einer Gleichung n-ten Grades ohne Angabe des Erweiterungskörpers zu sprechen, weil er verbürgt, daß die Theorie der Wurzeln ganz unabhängig davon ist, welches System von Wurzeln oder also, welchen Erweiterungskörper wir gewählt haben.

II. Um nun den behaupteten Isomorphismus zu beweisen, denken wir zunächst $F(x)$ im Körper $\mathfrak{k}$ in irreduzible Faktoren zerlegt:

$$F(x) = \prod_{\mu=1}^{m} f_\mu(x). \tag{5}$$

---

[1]) Dagegen brauchen die Körper $\mathfrak{k}_\xi$ und $\mathfrak{k}_\eta$, die beliebige Oberkörper von $\mathfrak{K}(\mathfrak{k}, \xi_1, \ldots, \xi_n)$ bzw. $\mathfrak{K}(\mathfrak{k}, \eta_1, \ldots, \eta_n)$ sein können, nicht miteinander isomorph zu sein.

Dann ist $f_1(x)$ im Erweiterungskorper $\mathfrak{k}_\xi$ durch mindestens eines der Polynome

$$x - \xi_1, x - \xi_2, \ldots, x - \xi_n$$

teilbar; denn andernfalls wäre $f_1(x)$ zu allen relativ prim und wäre folglich nach Satz 81 auch zu ihrem Produkt $F(x)$ relativ prim, was nicht der Fall ist. Wir wollen die ξ_ν so numerieren, daß $f_1(x)$ durch $x - \xi_1$ teilbar ist, und analog mögen die η_ν so numeriert werden, daß $f_1(x)$ im Erweiterungskörper $\mathfrak{k}_\eta$ durch $x - \eta_1$ teilbar ist. Es ist also

$$(6_\xi) \qquad \text{in } \mathfrak{k}_\xi: \quad f_1(\xi_1) = 0,$$
$$(6_\eta) \qquad \text{in } \mathfrak{k}_\eta: \quad f_1(\eta_1) = 0.$$

Wenn nun $P(x)$ ein Polynom mit Koeffizienten aus $\mathfrak{k}$ ist derart, daß in $\mathfrak{k}_\xi$ die Relation $P(\xi_1) = 0$ gilt, so hat $P(x)$ mit $f_1(x)$ den Teiler $x - \xi_1$ gemein. Daher ist $P(x)$ nicht relativ prim zu $f_1(x)$. Der größte gemeinsame Teiler von $P(x)$ und $f_1(x)$ ist also nicht konstant und hat nach Satz 77 Koeffizienten aus $\mathfrak{k}$. Da aber $f_1(x)$ in $\mathfrak{k}$ irreduzibel ist, also nur triviale Teiler hat, so muß $f_1(x)$ selbst mit diesem größten gemeinsamen Teiler äquivalent sein, also ist $P(x)$ durch $f_1(x)$ teilbar, und man hat eine Zerlegung

$$P(x) = f_1(x) \cdot g(x),$$

wo nach Satz 72 auch $g(x)$ Koeffizienten aus $\mathfrak{k}$ hat. Daraus folgt aber, daß in $\mathfrak{k}_\eta$ die Relation gilt:

$$P(\eta_1) = f_1(\eta_1) \cdot g(\eta_1) = 0 \qquad (\text{wegen } (6_\eta)).$$

Die in $\mathfrak{k}_\xi$ bestehende Relation $P(\xi_1) = 0$ zieht also in $\mathfrak{k}_\eta$ die Relation $P(\eta_1) = 0$ nach sich, und ebenso beweist man auch das Umgekehrte.

Nun führen wir den Beweis durch vollständige Induktion zu Ende, indem wir annehmen, die Numerierung der ersten k Wurzeln $\xi_1, \ldots, \xi_k$ und $\eta_1, \ldots, \eta_k$ sei bereits so gelungen, daß jede in $\mathfrak{k}_\xi$ bestehende Relation

$$P(\xi_1, \ldots, \xi_k) = 0$$

mit Koeffizienten aus $\mathfrak{k}$ auch in $\mathfrak{k}_\eta$ die entsprechende Relation

$$P(\eta_1, \ldots, \eta_k) = 0$$

nach sich zieht und umgekehrt; wir wollen zeigen, daß dann auch die Wurzeln ξ_{k+1}, η_{k+1} sich so auswählen lassen, daß das Entsprechende gilt.

Dazu denken wir $F(x)$ im Körper $\mathfrak{K}(\mathfrak{k}, \xi_1, \ldots, \xi_k)$ in irreduzible Faktoren zerlegt:

$$(7) \qquad F(x) = (x - \xi_1) \cdots (x - \xi_k) \prod_{\lambda=1}^{l} \varphi_\lambda(x).$$

Die Koeffizienten von $\varphi_\lambda(x)$ gehören dem Körper $\mathfrak{K}(\mathfrak{k}, \xi_1, \ldots, \xi_k)$ an, lassen sich also in der Form

$$(8) \qquad \frac{\sum a_{\lambda_1 \ldots \lambda_k} \xi_1^{\lambda_1} \cdots \xi_k^{\lambda_k}}{\sum b_{\lambda_1 \ldots \lambda_k} \xi_1^{\lambda_1} \cdots \xi_k^{\lambda_k}}$$

darstellen, wo die $a_{\lambda_1 \ldots \lambda_k}$ und $b_{\lambda_1 \ldots \lambda_k}$ Größen aus $\mathfrak{k}$ sind. Es werden also im allgemeinen auch Bruchstriche vorkommen, und indem man diese durch Multiplikation mit einem geeigneten Faktor beseitigt, wird die Formel (7) übergehen in:

$$(9) \quad \omega(\xi_1, \ldots, \xi_k) F(x) = (x - \xi_1) \cdots (x - \xi_k) \prod_{\lambda=1}^{l} \psi_\lambda(\xi_1, \ldots, \xi_k, x),$$

wo nun ω und ψ_λ Polynome der angeschriebenen Größen sind mit Koeffizienten aus $\mathfrak{k}$; natürlich ist

$$(10) \qquad \omega(\xi_1, \ldots, \xi_k) \neq 0.$$

Nach dem, was wir über die Numerierung der ersten k Wurzeln vorausgesetzt haben, gilt dann im Körper $\mathfrak{K}(\mathfrak{k}, \eta_1, \ldots, \eta_k)$ auch die analoge Formel

$$(11) \quad \omega(\eta_1, \ldots, \eta_k) F(x) = (x - \eta_1) \cdots (x - \eta_k) \prod_{\lambda=1}^{l} \psi_\lambda(\eta_1, \ldots, \eta_k, x),$$

und es ist

$$(12) \qquad \omega(\eta_1, \ldots, \eta_k) \neq 0,$$

weil aus $\omega(\eta_1, \ldots, \eta_k) = 0$ auch $\omega(\xi_1, \ldots, \xi_k) = 0$ folgen würde, im Widerspruch mit (10).

Da aber in $\mathfrak{k}_\xi$ bzw. $\mathfrak{k}_\eta$ die Zerlegungen

$$F(x) = (x - \xi_1)(x - \xi_2) \cdots (x - \xi_n),$$
$$F(x) = (x - \eta_1)(x - \eta_2) \cdots (x - \eta_n)$$

gelten, kann man statt (9) und (11) auch schreiben:

$$(13_\xi) \quad \omega(\xi_1, \ldots, \xi_k) \cdot (x - \xi_{k+1}) \cdots (x - \xi_n) = \prod_{\lambda=1}^{l} \psi_\lambda(\xi_1, \ldots, \xi_k, x),$$

$$(13_\eta) \quad \omega(\eta_1, \ldots, \eta_k) \cdot (x - \eta_{k+1}) \cdots (x - \eta_n) = \prod_{\lambda=1}^{l} \psi_\lambda(\eta_1, \ldots, \eta_k, x).$$

Wegen (13_ξ) muß $\psi_1(\xi_1, \ldots, \xi_k, x)$ als Polynom von x durch mindestens eines der Polynome

$$x - \xi_{k+1}, \ldots, x - \xi_n$$

teilbar sein, und wir wollen die Numerierung so wählen, daß $\psi_1(\xi_1, \ldots, \xi_k, x)$ durch $x - \xi_{k+1}$ teilbar ist, woraus folgt:

$$(14_\xi) \qquad \psi_1(\xi_1, \ldots, \xi_k, \xi_{k+1}) = 0.$$

Ebenso wollen wir im Anschluß an (13_η) die Numerierung der $\eta_{k+1}, \ldots, \eta_n$ so wählen, daß $\psi_1(\eta_1, \ldots, \eta_k, x)$ durch $x - \eta_{k+1}$ teilbar ist, woraus folgt:

$$(14_\eta) \qquad \psi_1(\eta_1, \ldots, \eta_k, \eta_{k+1}) = 0.$$

Wenn nun $P(x_1, \ldots, x_k, x)$ ein Polynom von $k + 1$ Variabeln mit Koeffizienten aus $\mathfrak{k}$ ist derart, daß

$$P(\xi_1, \ldots, \xi_k, \xi_{k+1}) = 0,$$

so haben $P(\xi_1, \ldots, \xi_k, x)$ und $\psi_1(\xi_1, \ldots, \xi_k, x)$ als Polynome von x den Teiler

$x - \xi_{k+1}$ gemein; sie sind also nicht zueinander relativ prim, und da $\psi_1(\xi_1, \ldots, \xi_k, x)$ in $\mathfrak{K}(\mathfrak{k}, \xi_1, \ldots, \xi_k)$ irreduzibel ist, muß $P(\xi_1, \ldots, \xi_k, x)$ durch $\psi_1(\xi_1, \ldots, \xi_k, x)$ teilbar sein; es ist also

$$P(\xi_1, \ldots, \xi_k, x) = \psi_1(\xi_1, \ldots, \xi_k, x) \cdot \chi(x).$$

Dabei sind die Koeffizienten von $\chi(x)$ wieder von der Form (8), und nach Beseitigung der Nenner ergibt sich eine Relation der Form:

$$(15)\begin{cases} g(\xi_1, \ldots, \xi_k) \cdot P(\xi_1, \ldots, \xi_k, x) = \psi_1(\xi_1, \ldots, \xi_k, x) \cdot h(\xi_1, \ldots, \xi_k, x), \\ g(\xi_1, \ldots, \xi_k) \neq 0, \end{cases}$$

wo g und h Polynome der angeschriebenen Größen mit Koeffizienten aus $\mathfrak{k}$ sind. Dann ist aber entsprechend auch wieder

$$(16)\begin{cases} g(\eta_1, \ldots, \eta_k) \cdot P(\eta_1, \ldots, \eta_k, x) = \psi_1(\eta_1, \ldots, \eta_k, x) \cdot h(\eta_1, \ldots, \eta_k, x), \\ g(\eta_1, \ldots, \eta_k) \neq 0, \end{cases}$$

und daraus folgt mit Benutzung von (14_η):

$$P(\eta_1, \ldots, \eta_k, \eta_{k+1}) = \frac{\psi_1(\eta_1, \ldots, \eta_k, \eta_{k+1}) \cdot h(\eta_1, \ldots, \eta_k, \eta_{k+1})}{g(\eta_1, \ldots, \eta_k)} = 0.$$

Die in $\mathfrak{k}_\xi$ bestehende Relation $P(\xi_1, \ldots, \xi_k, \xi_{k+1}) = 0$ zieht also in $\mathfrak{k}_\eta$ die Relation $P(\eta_1, \ldots, \eta_k, \eta_{k+1}) = 0$ nach sich, und ebenso zeigt man auch das Umgekehrte. Damit ist alles bewiesen.

III. Wie bereits erwähnt, brauchen die n Wurzeln eines Polynoms $f(x)$ vom Grad n nicht alle voneinander verschieden zu sein. Sind etwa k Wurzeln gleich ξ, so heißt ξ eine k-fache Wurzel.

Dann ist

$$(17) \qquad f(x) = (x - \xi)^k g(x),$$

wo $g(x)$ ein nicht durch $x - \xi$ teilbares Polynom ist, also nicht mehr die Wurzel ξ hat.

Für die Ableitung $f'(x)$ ergibt sich aus (17) die Formel

$$(18) \qquad \begin{aligned} f'(x) &= k(x - \xi)^{k-1} g(x) + (x - \xi)^k g'(x) \\ &= (x - \xi)^{k-1} g_1(x), \end{aligned}$$

wobei $g_1(x)$ nicht durch $x - \xi$ teilbar ist. Speziell für $k = 1$ ist also $f'(x)$ nicht durch $x - \xi$ teilbar, $f'(x)$ hat also nicht die Wurzel ξ. Für $k \geqq 2$ aber hat $f'(x)$ die Wurzel ξ noch $(k-1)$-fach, und aus (18) folgt weiter, indem man wieder die Ableitung bildet

$$(19) \qquad \begin{aligned} f''(x) &= (k-1)(x - \xi)^{k-2} g_1(x) + (x - \xi)^{k-1} g_1'(x) \\ &= (x - \xi)^{k-2} g_2(x), \end{aligned}$$

wo $g_2(x)$ nicht durch $x - \xi$ teilbar ist.

Durch Fortsetzung dieses Prozesses erkennt man allgemein, daß für $\lambda \leqq k$

$$(20) \qquad f^{(\lambda)}(x) = (x - \xi)^{k-\lambda} g_\lambda(x)$$

ist, wo $g_\lambda(x)$ nicht durch $x - \xi$ teilbar ist. Damit ist bewiesen:

Satz 130. *Eine einfache Wurzel von $f(x)$ ist keine Wurzel von $f'(x)$. Für $k > 1$ aber ist eine k-fache Wurzel von $f(x)$ zugleich*

eine $(k-1)$-fache Wurzel von $f'(x)$,

. . . .

eine einfache Wurzel von $f^{(k-1)}(x)$,

keine Wurzel von $f^{(k)}(x)$.

Die Frage, ob ein Polynom mehrfache Wurzeln hat, kann nun leicht entschieden werden, ohne daß man die Wurzeln wirklich zu bestimmen braucht. Ist nämlich ξ eine mehrfache Wurzel von $f(x)$, so ist ξ auch Wurzel von $f'(x)$; daher sind $f(x)$ und $f'(x)$ beide durch $x-\xi$ teilbar, also nicht relativ prim. Wenn umgekehrt $f(x)$ und $f'(x)$ nicht relativ prim sind, so ist ihr größter gemeinsamer Teiler $d(x)$ mindestens vom ersten Grad, hat also eine Wurzel ξ und ist dann durch $x-\xi$ teilbar. Daher sind auch $f(x)$ und $f'(x)$ durch $x-\xi$ teilbar, so daß ξ eine gemeinsame Wurzel von $f(x)$ und $f'(x)$ ist. Aber ξ ist sogar eine mehrfache Wurzel von $f(x)$; denn wenn es nur eine einfache wäre, so könnte es nach Satz 130 keine Wurzel von $f'(x)$ sein.

Die notwendige und hinreichende Bedingung für die Existenz mehrfacher Wurzeln ist also die, daß $f(x)$ und $f'(x)$ nicht relativ prim sind, was nach Satz 115 gleichbedeutend damit ist, daß die Resultante $R(f, f')$ verschwindet. Da diese Resultante aber, von einem nicht verschwindenden Faktor abgesehen, die Diskriminante $D(f)$ ist, gewinnen wir den

Satz 131. *Ein Polynom $f(x)$ hat dann und nur dann (mindestens) eine mehrfache Wurzel, wenn die Diskriminante $D(f)$ verschwindet.*

Weiter folgt aus diesen Betrachtungen der

Satz 132. *Wenn ein Polynom $f(x)$ Koeffizienten aus einem Körper $\mathfrak{k}$ hat und in $\mathfrak{k}$ irreduzibel ist, so hat es nur einfache Wurzeln.*

Wäre nämlich eine mehrfache Wurzel vorhanden, so wären $f(x)$ und $f'(x)$ nicht relativ prim; ihr größter gemeinsamer Teiler wäre also ein nichttrivialer Teiler von $f(x)$ mit Koeffizienten aus $\mathfrak{k}$, so daß $f(x)$ reduzibel wäre.

IV. Nun sei

(21) $$f(x) = x^n + a_1 x^{n-1} + \cdots + a_n$$

ein Polynom vom Grad n; der durch seine Koeffizienten bestimmte Körper sei $\mathfrak{k}$. Ferner seien $\xi_1, \ldots, \xi_m$ die voneinander verschiedenen[1]) Wurzeln von $f(x)$. Wenn dabei allgemein ξ_μ eine k_μ-fache Wurzel ist, so ist

(22) $$f(x) = \prod_{\mu=1}^{m} (x-\xi_\mu)^{k_\mu}.$$

Dann ist $f'(x)$ teilbar durch $(x-\xi_\mu)^{k_\mu-1}$, aber nicht durch $(x-\xi_\mu)^{k_\mu}$, und der größte gemeinsame Teiler $d(x)$ von $f(x)$ und $f'(x)$ ist also

[1]) Sind alle einander gleich, so ist einfach $m = 1$ zu setzen.

$$d(x) = \prod_{\mu=1}^{m} (x - \xi_\mu)^{k_\mu - 1} \tag{23}$$

Daher ist

$$\frac{f(x)}{d(x)} = \prod_{\mu=1}^{m} (x - \xi_\mu). \tag{24}$$

Die Polynome $d(x)$, $\frac{f(x)}{d(x)}$ haben Koeffizienten aus $\mathfrak{k}$ und können nach den Methoden des vorigen Kapitels gefunden werden. Man kann also, ohne die Wurzeln von $f(x)$ zu kennen, ein Polynom mit Koeffizienten aus $\mathfrak{k}$ angeben, nämlich $\frac{f(x)}{d(x)}$, das genau die gleichen Wurzeln hat wie $f(x)$, aber jede nur einfach.

Aber noch mehr. Man kann die Wurzeln von verschiedener Vielfachheit voneinander trennen. Sei nämlich

$d(x)$ der größte gemeinsame Teiler von $f(x)$ und $f'(x)$,
$d_1(x)$ " " " " " $d(x)$ " $d'(x)$,
$d_2(x)$ " " " " " $d_1(x)$ " $d_1'(x)$,

usw., bis schließlich einmal $d_p(x) = 1$ wird. Dann behaupten wir, daß

$$\left\{\begin{aligned} \frac{f(x)}{d(x)} : \frac{d(x)}{d_1(x)} &= \varphi_1(x), \\ \frac{d(x)}{d_1(x)} : \frac{d_1(x)}{d_2(x)} &= \varphi_2(x), \\ &\cdots\cdots\cdots \\ \frac{d_{p-2}(x)}{d_{p-1}(x)} : \frac{d_{p-1}(x)}{d_p(x)} &= \varphi_p(x), \\ \frac{d_{p-1}(x)}{d_p(x)} &= \varphi_{p+1}(x) \end{aligned}\right. \tag{25}$$

Polynome mit lauter einfachen Wurzeln sind, und zwar sind

die Wurzeln von $\varphi_1(x)$ die einfachen Wurzeln von $f(x)$,
" " " $\varphi_2(x)$ " zweifachen " " $f(x)$,
" " " $\varphi_3(x)$ " dreifachen " " $f(x)$,
. . . .

Wenn dabei etwa λ-fache Wurzeln nicht vorhanden sind, so ist $\varphi_\lambda(x) = 1$.

Zum Beweis dieser Behauptungen sei

$$f(x) = \psi_1(x)\, \psi_2(x)^2\, \psi_3(x)^3 \ldots \psi_l(x)^l, \tag{26}$$

wobei allgemein $\psi_\lambda(x)$ gerade die λ-fachen Wurzeln von $f(x)$ je einfach enthält und $\psi_\lambda(x) = 1$ zu setzen ist, wenn λ-fache Wurzeln nicht vorkommen; der Koeffizient der höchsten Potenz von x in jedem $\psi_\lambda(x)$ sei gleich 1. Zunächst wird man vermuten, daß die Zerlegung (26) erst ausgeführt werden kann, wenn man die Wurzeln bereits kennt. Demgegenüber laufen aber unsere Behauptungen offenbar darauf hinaus, daß das nicht nötig ist, indem nämlich einfach $l = p + 1$ und

$$\psi_1(x) = \varphi_1(x),\ \psi_2(x) = \varphi_2(x), \ldots,\ \psi_l(x) = \varphi_l(x)$$

ist. Nun ist nach dem bereits Gesagten (vgl. Formel (23))

$$d(x) = \psi_2(x)\,\psi_3(x)^2 \ldots \psi_l(x)^{l-1}, \tag{27}$$

und hieraus folgt analog:

$$\left\{\begin{array}{l} d_1(x) = \psi_3(x)\,\psi_4(x)^2 \ldots \psi_l(x)^{l-2}, \\ \ldots\ldots\ldots\ldots\ldots\ldots\ldots \\ d_{l-2}(x) = \psi_l(x), \\ d_{l-1}(x) = 1, \end{array}\right. \tag{28}$$

so daß wirklich $l = p + 1$ ist. Aus den Gleichungen (26), (27), (28) ergibt sich aber durch Division:

$$\frac{f(x)}{d(x)} = \psi_1(x)\,\psi_2(x) \ldots \psi_l(x),$$

$$\frac{d(x)}{d_1(x)} = \psi_2(x)\,\psi_3(x) \ldots \psi_l(x),$$

$$\ldots\ldots\ldots\ldots\ldots\ldots$$

$$\frac{d_{l-2}(x)}{d_{l-1}(x)} = \psi_l(x),$$

und hieraus wiederum durch Division mit Rücksicht auf (25):

$$\varphi_1(x) = \psi_1(x),$$

$$\varphi_2(x) = \psi_2(x),$$

$$\ldots\ldots\ldots$$

$$\varphi_l(x) = \psi_l(x);$$

w. z. b. w.

§ 52. Funktionen der Wurzeln. — Resultante und Diskriminante.

I. Ist $\varphi(x_1, \ldots, x_n)$ ein Polynom oder allgemeiner eine rationale Funktion von n Variabeln und ersetzt man darin die Variabeln $x_1, \ldots, x_n$ durch die Wurzeln $\xi_1, \ldots, \xi_n$ einer Gleichung n-ten Grades, so wird der entstehende Ausdruck $\varphi(\xi_1, \ldots, \xi_n)$, wie gelegentlich bereits geschehen, als Polynom bzw. rationale Funktion der Wurzeln bezeichnet, sofern er keinen verschwindenden Nenner enthält (vgl. den Schlußabsatz von § 9). Besonderes Interesse verdienen die symmetrischen Funktionen der Wurzeln.

Sind $\xi_1, \ldots, \xi_n$ die Wurzeln der Gleichung n-ten Grades

$$a_0 x^n + a_1 x^{n-1} + \cdots + a_n = 0$$

oder also der Gleichung

$$x^n + \frac{a_1}{a_0} x^{n-1} + \cdots + \frac{a_n}{a_0} = 0,$$

so besteht nach § 49 II die Zerlegung

(1) $x^n + \frac{a_1}{a_0} x^{n-1} + \cdots + \frac{a_n}{a_0} = (x - \xi_1)(x - \xi_2) \cdots (x - \xi_n)$

oder also nach Multiplikation mit a_0:

(2) $a_0 x^n + a_1 x^{n-1} + \cdots + a_n = a_0 (x - \xi_1)(x - \xi_2) \cdots (x - \xi_n)$.

Aus (1) erkennt man sogleich, daß

$$\frac{a_1}{a_0}, \frac{a_2}{a_0}, \ldots, \frac{a_n}{a_0}$$

die symmetrischen Grundfunktionen der Wurzeln sind. Ist also $\mathfrak{k}$ der durch die Koeffizienten der Gleichung bestimmte Körper

$$\mathfrak{k} = \mathfrak{K}(a_0, a_1, \ldots, a_n),$$

so gehören die symmetrischen Grundfunktionen der Wurzeln dem Körper $\mathfrak{k}$ an, und nach Satz 68 sind dann alle symmetrischen Polynome der Wurzeln mit Koeffizienten aus $\mathfrak{k}$ oder einem Oberkörper $\mathfrak{k}_1$ von $\mathfrak{k}$ Größen des Körpers $\mathfrak{k}$ bzw. des Oberkörpers $\mathfrak{k}_1$.

II. Wenn die beiden Polynome

(3) $$f(x) = a_0 x^n + a_1 x^{n-1} + \cdots + a_n,$$

(4) $$g(x) = b_0 x^m + b_1 x^{m-1} + \cdots + b_m,$$

deren Grade n, m positiv seien, (mindestens) eine gemeinsame Wurzel ξ haben, so haben sie den gemeinsamen Teiler $x - \xi$; sie sind also nicht relativ prim, und folglich verschwindet nach Satz 115 ihre Resultante

(5) $$R(f, g) = \begin{vmatrix} a_0 a_1 \ldots a_n & & \\ \cdots\cdots\cdots & & \\ & & a_0 a_1 \ldots a_n \\ b_0 b_1 \ldots b_m & & \\ \cdots\cdots\cdots & & \\ & & b_0 b_1 \ldots b_m \end{vmatrix}.$$

Umgekehrt, wenn die Resultante verschwindet, ist der größte gemeinsame Teiler nicht konstant, hat also (mindestens) eine Wurzel ξ, und diese ist dann auch eine gemeinsame Wurzel von $f(x)$ und $g(x)$. Daraus folgt der

Satz 133. *Die notwendige und hinreichende Bedingung dafür, daß zwei Polynome positiven Grades $f(x)$, $g(x)$ (mindestens) eine gemeinsame Wurzel haben, ist:* $R(f, g) = 0$.

Sind $\xi_1, \ldots, \xi_n$ die Wurzeln von $f(x)$, so ist das Produkt

(6) $$\prod_{\nu=1}^{n} g(\xi_\nu)$$

ein symmetrisches Polynom von $\xi_1, \ldots, \xi_n$ und gehört daher dem Körper

$$\mathfrak{K}(a_0, a_1, \ldots, a_n, b_0, b_1, \ldots, b_m)$$

an [1]). Das Verschwinden dieses Produktes gibt offenbar auch eine notwendige

[1]) Es sei hier einmal daran erinnert, daß wir diesen Körper auf Grund der Verabredung von § 49 I (S. 240) wirklich bilden können.

und hinreichende Bedingung dafür, daß eine der Größen ξ_ν eine Wurzel von $g(x)$ ist, daß also $f(x)$ und $g(x)$ eine gemeinsame Wurzel haben. Hiernach liegt die Vermutung nahe, daß das Produkt in enger Beziehung zur Resultante steht. In der Tat ist

$$f(x) = a_0(x - \xi_1) \cdots (x - \xi_n),$$

und aus den Formeln (20), (16), (23) des § 43 ergibt sich dann:

$$(7) \qquad R(f, g) = R(a_0, g(x)) \cdot \prod_{\nu=1}^{n} R(x - \xi_\nu, g(x)) = a_0^m \prod_{\nu=1}^{n} g(\xi_\nu).$$

Sind $\eta_1, \ldots, \eta_m$ die Wurzeln von $g(x)$, so ist

$$g(x) = b_0 \prod_{\mu=1}^{m} (x - \eta_\mu),$$

und wenn man das in (7) einsetzt, ergibt sich:

$$(8) \qquad R(f, g) = a_0^m b_0^n \prod_{\nu=1}^{n} \prod_{\mu=1}^{m} (\xi_\nu - \eta_\mu).$$

Aus dieser Darstellung der Resultante folgt sofort wieder der Satz 133.

Die zum Beweis der Formel (7) herangezogenen Formeln des § 43 sind dort durch mühsame Determinantenumformungen gewonnen worden. Man kann aber zur Formel (7) auch wesentlich schneller auf folgende Weise gelangen: Seien

$$x_1, x_2, \ldots, x_n,$$
$$u_0, u_1, \ldots, u_m$$

unabhängige Variable und seien $c_1, c_2, \ldots, c_n$ die symmetrischen Grundfunktionen von $x_1, \ldots, x_n$, so daß die Identität

$$x^n + c_1 x^{n-1} + \cdots + c_n = (x - x_1)(x - x_2) \cdots (x - x_n)$$

besteht und also

$$(9) \qquad x_\nu^n + c_1 x_\nu^{n-1} + \cdots + c_n = 0 \qquad (\nu = 1, \ldots, n)$$

ist. Dann ist die Determinante

$$(10) \qquad \begin{vmatrix} 1 & c_1 \ldots c_n & & \\ \cdot & \cdot & \cdot & \cdot \\ & & 1 & c_1 \ldots c_n \\ u_0 & u_1 \ldots u_m & & \\ \cdot & \cdot & \cdot & \cdot \\ & & u_0 & u_1 \ldots u_m \end{vmatrix}$$

speziell in bezug auf u_m ein Polynom vom Grad n, und zwar hat u_m^n den Koeffizienten 1. Das Polynom ist leicht in seine n linearen Teiler zu zerlegen. Addiert man nämlich zu den Elementen der letzten Spalte

die mit x_1^{m+n-1} multiplizierten Elemente der ersten Spalte,
„ „ x_1^{m+n-2} „ „ „ zweiten „ ,
. . . .
„ „ x_1 „ „ „ $(m+n-1)$-ten „ ,

so werden die Elemente der letzten Spalte die folgenden:

$$x_1^{m-1}(x_1^n + c_1 x_1^{n-1} + \cdots + c_n) = 0 \qquad \text{(nach (9))},$$
$$x_1^{m-2}(x_1^n + c_1 x_1^{n-1} + \cdots + c_n) = 0,$$
$$\cdots\cdots\cdots\cdots$$
$$(x_1^n + c_1 x_1^{n-1} + \cdots + c_n) = 0,$$
$$x_1^{n-1}(u_0 x_1^m + u_1 x_1^{m-1} + \cdots + u_m),$$
$$x_1^{n-2}(u_0 x_1^m + u_1 x_1^{m-1} + \cdots + u_m),$$
$$\cdots\cdots\cdots\cdots$$
$$(u_0 x_1^m + u_1 x_1^{m-1} + \cdots + u_m).$$

Diese Elemente haben daher den gemeinsamen Teiler

$$u_0 x_1^m + u_1 x_1^{m-1} + \cdots + u_m,$$

und daher hat die ganze Determinante als Polynom von u_m ebenfalls diesen Teiler. Entsprechend hat sie aber auch die Teiler

$$u_0 x_\nu^m + u_1 x_\nu^{m-1} + \cdots + u_m \qquad (\nu = 1, 2, \ldots, n),$$

und da diese n in bezug auf u_m linearen Teiler offenbar voneinander verschieden sind, so sind damit die n linearen Teiler gefunden, und die Determinante (10) ist also gleich

$$\text{(11)} \qquad \prod_{\nu=1}^{n} (u_0 x_\nu^m + u_1 x_\nu^{m-1} + \cdots + u_m).$$

Setzt man in der so gewonnenen Formel speziell

$$u_\mu = b_\mu \qquad (\mu = 0, 1, \ldots, m),$$
$$x_\nu = \xi_\nu \qquad (\nu = 1, 2, \ldots, n),$$

so wird $c_\nu = \frac{a_\nu}{a_0}$, und die Determinante (10) geht nach Multiplikation mit a_0^m über in die Resultante (5), während das Produkt (11) übergeht in (6). Damit ist die Formel (7) aufs neue bewiesen. Aus ihr folgen auch leicht wieder die Sätze 117 und 118, die in § 43 nur durch mühsame Determinantenumformungen gewonnen wurden.

Ein weiterer wichtiger Satz, dessen Beweis nach den früheren Methoden sehr mühsam wäre, während er jetzt fast trivial erscheint, ist der

Satz 134. *Sind $f(x), g(x)$ zwei Polynome von den Graden n, m, so ist*

$$R_x(f(\alpha x - \beta), g(\alpha x - \beta)) = \alpha^{mn} R_x(f(x), g(x)) \text{ für } \alpha \neq 0.$$

In der Tat, wenn wieder $f(x)$, $g(x)$ die Polynome (3), (4) sind, so ist

$$f(\alpha x - \beta) = a_0 \alpha^n x^n + \cdots,$$
$$g(\alpha x - \beta) = b_0 \alpha^m x^m + \cdots,$$

und wenn wieder ξ_ν bzw. η_μ die Wurzeln von $f(x)$ bzw. $g(x)$ sind, so sind $\frac{\xi_\nu+\beta}{\alpha}$ bzw. $\frac{\eta_\mu+\beta}{\alpha}$ die Wurzeln von $f(\alpha x-\beta)$ bzw. $g(\alpha x-\beta)$, und die Anwendung der Formel (8) ergibt:

$$\begin{aligned} R_x(f(\alpha x-\beta), g(\alpha x-\beta)) &= (a_0\alpha^n)^m\,(b_0\alpha^m)^n \prod_{\nu=1}^{n}\prod_{\mu=1}^{m}\left(\frac{\xi_\nu+\beta}{\alpha}-\frac{\eta_\mu+\beta}{\alpha}\right) \\ &= a_0^m b_0^n \alpha^{mn} \prod_{\nu=1}^{n}\prod_{\mu=1}^{m}(\xi_\nu-\eta_\mu) \\ &= \alpha^{mn} R_x(f(x), g(x)); \end{aligned}$$

w. z. b. w.

III. Auch die Diskriminante eines Polynoms **läßt sich** durch seine Wurzeln darstellen. Ist

$$f(x) = a_0x^n + a_1x^{n-1} + \cdots + a_n \tag{12}$$

ein Polynom n-ten Grades ($n \geqq 2$), so ist nach § 44 I

$$D(f(x)) = (-1)^{\frac{n(n-1)}{2}}\frac{1}{a_0}R(f(x), f'(x)).$$

Mit Rücksicht auf (7) ist also, wenn wieder $\xi_1, \ldots, \xi_n$ die Wurzeln von $f(x)$ sind,

$$D(f(x)) = (-1)^{\frac{n(n-1)}{2}} a_0^{n-2}\prod_{\nu=1}^{n} f'(\xi_\nu). \tag{13}$$

Nun ist aber

$$f(x) = (x-\xi_1)\,\varphi_1(x), \tag{14}$$

wobei

$$\varphi_1(x) = a_0(x-\xi_2)\cdots(x-\xi_n). \tag{15}$$

Aus (14) folgt, indem man beiderseits die Ableitung bildet:

$$f'(x) = (x-\xi_1)\,\varphi_1'(x) + \varphi_1(x),$$

also speziell

$$f'(\xi_1) = \varphi_1(\xi_1)$$

oder mit Rücksicht auf (15)

$$f'(\xi_1) = a_0(\xi_1-\xi_2)(\xi_1-\xi_3)\cdots(\xi_1-\xi_n).$$

Analog ist auch

$$\begin{aligned} f'(\xi_2) &= a_0(\xi_2-\xi_1)(\xi_2-\xi_3)\cdots(\xi_2-\xi_n), \\ &\cdots\cdots\cdots \\ f'(\xi_n) &= a_0(\xi_n-\xi_1)(\xi_n-\xi_2)\cdots(\xi_n-\xi_{n-1}). \end{aligned}$$

Setzt man das in (13) ein, so kommt:

$$D(f(x)) = (-1)^{\frac{n(n-1)}{2}} a_0^{2n-2}\prod_{\nu\neq\mu}^{1,n}(\xi_\nu-\xi_\mu)$$

oder, indem man für $\nu < \mu$: $\xi_\nu-\xi_\mu = -(\xi_\mu-\xi_\nu)$ setzt:

$$(16)\qquad D(f(x)) = a_0^{2n-2} \prod_{\nu>\mu}^{1,n} (\xi_\nu - \xi_\mu)^2,$$

in Übereinstimmung mit der Formel (11) des § 44, wo $a_0 = 1$ gesetzt war.

Aus dieser Darstellung der Diskriminante folgt auch unmittelbar wieder der Satz 131.

§ 53. Transformation von Gleichungen.

I. In diesem Paragraphen sei $\mathfrak{k}$ ein Körper und

$$(1)\qquad f(x) = x^n + a_1 x^{n-1} + \cdots + a_n$$

ein Polynom mit Koeffizienten aus $\mathfrak{k}$; seine Wurzeln seien $\xi_1, \ldots, \xi_n$.

Dann sind die Koeffizienten $a_1, \ldots, a_n$ die symmetrischen Grundfunktionen der Wurzeln (§ 52 I). Ist $\varphi(\xi_1, \ldots, \xi_n)$ irgendeine symmetrische rationale Funktion der n Wurzeln mit Koeffizienten aus $\mathfrak{k}$, so erweist sich $\varphi(\xi_1, \ldots, \xi_n)$ auf Grund der Sätze 113 und 68 als eine Größe aus $\mathfrak{k}$.

Nun sei $\psi(x)$ eine rationale Funktion mit Koeffizienten aus $\mathfrak{k}$ derart, daß die Ausdrücke

$$(2)\qquad \eta_1 = \psi(\xi_1),\quad \eta_2 = \psi(\xi_2)\quad, \ldots,\quad \eta_n = \psi(\xi_n)$$

keine verschwindenden Nenner enthalten, also wirkliche Größen sind; dann kann man sich die Aufgabe stellen, die Gleichung n-ten Grades

$$(3)\qquad F(y) = 0$$

anzugeben, deren n Wurzeln die Größen (2) sind. Diese Gleichung ist natürlich die folgende:

$$(4)\qquad \big(y - \psi(\xi_1)\big)\big(y - \psi(\xi_2)\big) \cdots \big(y - \psi(\xi_n)\big) = 0.$$

Man nennt sie die durch die Transformation

$$(5)\qquad y = \psi(x)$$

aus der Gleichung $f(x) = 0$ entstehende Transformierte. Ihre Koeffizienten erweisen sich nach Ausmultiplizieren als symmetrische rationale Funktionen der Wurzeln $\xi_1, \ldots, \xi_n$ mit Koeffizienten aus $\mathfrak{k}$ und sind daher selbst Größen aus $\mathfrak{k}$. Indem man diese symmetrischen Funktionen nach den Methoden des vierten Kapitels berechnet, kann man also die gewünschte Transformierte aufstellen, ohne die Wurzeln $\xi_1, \ldots, \xi_n$ erst zu kennen.

Die Berechnung einer Transformierten mit Hilfe symmetrischer Funktionen ist im allgemeinen umständlich. Man kann aber die Transformierte auf folgende Weise auch sofort hinschreiben: Nach Voraussetzung ist

$$(6)\qquad \psi(x) = \frac{h(x)}{g(x)},$$

wo $h(x)$, $g(x)$ Polynome mit Koeffizienten aus $\mathfrak{k}$ sind derart, daß die Größen

$$(7)\qquad g(\xi_1), g(\xi_2), \ldots, g(\xi_n)$$

alle von 0 verschieden sind. Infolgedessen ist auch ihr Produkt, d. h. nach S. 257, Formel (7), die Resultante

(8) $$R_x(f(x), g(x))$$

von 0 verschieden. Die gesuchte Transformierte ist nun die Gleichung

$$\prod_{\nu=1}^{n}\left[y - \frac{h(\xi_\nu)}{g(\xi_\nu)}\right] = 0$$

oder, was dasselbe ist:

(9) $$\frac{\prod_{\nu=1}^{n}[yg(\xi_\nu) - h(\xi_\nu)]}{\prod_{\nu=1}^{n} g(\xi_\nu)} = 0.$$

Hier ist aber der Nenner die Resultante (8), und ganz analog ist der Zähler die Resultante

$$R_x(f(x),\ \ yg(x) - h(x)).$$

Die gesuchte Transformierte ist also einfach die Gleichung

(10) $$R_x(f(x),\ \ yg(x) - h(x)) = 0,$$

und deren linke Seite kann sofort in Determinantenform hingeschrieben werden.

II. Oft ist es zur Berechnung der Transformierten zweckmäßig, die Ausdrücke (2) zuvor etwas umzuformen. Da nämlich, wenn wir wieder an die Darstellung (6) anknüpfen, die Resultante (8) von 0 verschieden ist, so sind nach Satz 115 die Polynome $f(x)$ und $g(x)$ relativ prim, und nach Satz 78 gibt es dann zwei Polynome $F(x)$, $G(x)$ mit Koeffizienten aus $\mathfrak{k}$ derart, daß

$$f(x)\,F(x) + g(x)\,G(x) = 1$$

ist. Daraus folgt speziell für $x = \xi_\nu$:

$$g(\xi_\nu)\,G(\xi_\nu) = 1,$$

und folglich ist

(11) $$\psi(\xi_\nu) = \frac{h(\xi_\nu)}{g(\xi_\nu)} = h(\xi_\nu)\,G(\xi_\nu).$$

Nach Satz 71 ist aber weiter

$$h(x)\,G(x) = f(x)\,q(x) + r(x),$$

wo $r(x)$ ein Polynom vom höchstens $(n-1)$-ten Grad ist und ebenfalls Koeffizienten aus $\mathfrak{k}$ hat, etwa

$$r(x) = b_0 + b_1 x + \cdots + b_{n-1}x^{n-1}.$$

Speziell für $x = \xi_\nu$ folgt hieraus mit Rücksicht auf (11):

(12) $$\psi(\xi_\nu) = b_0 + b_1\xi_\nu + \cdots + b_{n-1}\xi_\nu^{n-1}.$$

Somit genügt es, die Aufgabe für den Fall zu behandeln, daß die rationale Funktion $\psi(x)$ ein Polynom vom höchstens $(n-1)$-ten Grad ist:

$$\psi(x) = b_0 + b_1 x + \cdots + b_{n-1}x^{n-1}.$$

Die Transformation $y = \psi(x)$ wird in diesem Fall als eine Tschirnhaustransformation bezeichnet, die gesuchte Gleichung deshalb auch als Tschirnhaustransformierte.

Eine Tschirnhaustransformierte kann natürlich auf die in I angegebene Art durch Resultantenbildung berechnet werden. Sehr zweckmäßig ist außerdem auch folgendes Verfahren:

Aus (12) folgt

$$\xi_\nu \psi(\xi_\nu) = b_0 \xi_\nu + b_1 \xi_\nu^2 + \cdots + b_{n-1} \xi_\nu^n. \tag{13}$$

Da aber ξ_ν eine Wurzel der Gleichung $f(x) = 0$ ist, kann man ξ_ν^n in (13) ersetzen durch

$$-a_n - a_{n-1}\xi_\nu - \cdots - a_1 \xi_\nu^{n-1}, \tag{14}$$

so daß sich ergibt:

$$\xi_\nu \psi(\xi_\nu) = -b_{n-1} a_n + (b_0 - b_{n-1} a_{n-1})\xi_\nu + \cdots + (b_{n-2} - b_{n-1} a_1)\xi_\nu^{n-1}.$$

Multipliziert man diese Gleichung wieder mit ξ_ν, so läßt sich die Potenz ξ_ν^n abermals durch den Ausdruck (14) ersetzen, und so fortfahrend erhält man allgemein für $\xi_\nu^m \psi(\xi_\nu)$ einen Ausdruck der Form

$$\xi_\nu^m \psi(\xi_\nu) = b_{m0} + b_{m1}\xi_\nu + \cdots + b_{m,n-1}\xi_\nu^{n-1}.$$

Schreibt man diese Gleichung der Reihe nach für $m = 0, 1, \ldots, n-1$ auf, so erhält man, wenn man alle Glieder auf eine Seite bringt, das Gleichungssystem:

$$\begin{aligned}
[b_{00} - \psi(\xi_\nu)] \cdot 1 + b_{01} \cdot \xi_\nu + \cdots + b_{0,n-1} \cdot \xi_\nu^{n-1} &= 0, \\
b_{10} \cdot 1 + [b_{11} - \psi(\xi_\nu)] \cdot \xi_\nu + \cdots + b_{1,n-1} \cdot \xi_\nu^{n-1} &= 0, \\
\cdots\cdots\cdots\cdots\cdots\cdots\cdots\cdots\cdots & \\
b_{n-1,0} \cdot 1 + b_{n-1,1} \cdot \xi_\nu + \cdots + [b_{n-1,n-1} - \psi(\xi_\nu)] \cdot \xi_\nu^{n-1} &= 0.
\end{aligned}$$

Hieraus folgt aber nach Satz 44:

$$\begin{vmatrix}
b_{00} - \psi(\xi_\nu) & b_{01} & \cdots & b_{0,n-1} \\
b_{10} & b_{11} - \psi(\xi_\nu) & \cdots & b_{1,n-1} \\
\cdots & \cdots & \cdots & \cdots \\
b_{n-1,0} & b_{n-1,1} & \cdots & b_{n-1,n-1} - \psi(\xi_\nu)
\end{vmatrix} = 0,$$

und folglich ist $\psi(\xi_\nu)$ eine Wurzel der Gleichung

$$\begin{vmatrix}
b_{00} - y & b_{01} & \cdots & b_{0,n-1} \\
b_{10} & b_{11} - y & \cdots & b_{1,n-1} \\
\cdots & \cdots & \cdots & \cdots \\
b_{n-1,0} & b_{n-1,1} & \cdots & b_{n-1,n-1} - y
\end{vmatrix} = 0. \tag{15}$$

Das ist eine Gleichung n-ten Grades, und die Vermutung liegt daher nahe, daß es gerade die gesuchte Tschirnhaustransformierte mit den Wurzeln (12) ist.

Nach dem Bewiesenen ist das nun in der Tat richtig, wenn die $\psi(\xi_\nu)$ alle voneinander verschieden sind. Denn jedes $\psi(\xi_\nu)$ muß ja eine Wurzel der Gleichung (15) sein, und mit den n verschiedenen $\psi(\xi_\nu)$ sind dann alle Wurzeln von (15) erschöpft. Wenn aber einige $\psi(\xi_\nu)$ einander gleich sind, müßte erst noch gezeigt werden, daß die Gleichung (15) jede Wurzel $\psi(\xi_\nu)$

in der richtigen Vielfachheit besitzt. Dieser Mühe werden wir jedoch durch die folgende Überlegung enthoben:

Seien zunächst $\xi_1, \ldots, \xi_n$ unabhängige Variable und $a_1, \ldots, a_n$ ihre symmetrischen Grundfunktionen. Dann sind die n Größen (12) voneinander verschieden [1]), und die obige Schlußweise kann angewandt werden. Die Gleichung (15) hat also die Wurzeln (12), und daher besteht die Identität:

$$(16) \qquad \begin{vmatrix} b_{00} - y & b_{01} & \cdots & b_{0,n-1} \\ \cdot & \cdot & \cdot & \cdot \\ b_{n-1,0} & b_{n-1,1} & \cdots & b_{n-1,n-1} - y \end{vmatrix}$$
$$= (\psi(\xi_1) - y)(\psi(\xi_2) - y) \cdots (\psi(\xi_n) - y).$$

Dabei sind die $b_{\lambda\mu}$ ihrer Entstehungsweise nach Polynome von $a_1, \ldots, a_n$, also symmetrische Polynome der Variabeln $\xi_1, \ldots, \xi_n$. Da nun die Gleichung (16) eine Identität ist, so muß sie auch richtig bleiben, wenn darin die Variabeln $\xi_1, \ldots, \xi_n$ nachträglich durch irgendwelche spezielle Größen ersetzt werden. Hiernach ist die Gleichung (15) stets dieselbe wie

$$(\psi(\xi_1) - y)(\psi(\xi_2) - y) \cdots (\psi(\xi_n) - y) = 0,$$

sie hat also stets die n Wurzeln (12) und ist daher die gesuchte Tschirnhaustransformierte.

III. Die am meisten gebrauchte Tschirnhaustransformation ist die lineare

$$(17) \qquad y = x + b;$$

sie läßt sich noch viel schneller durchführen. Hier handelt es sich nämlich einfach um die Gleichung mit den Wurzeln $\xi_\nu + b$, und das ist offenbar die Gleichung

$$f(y - b) = 0.$$

Die Transformation (17) wird also einfach dadurch bewerkstelligt, daß man die Formel (17) nach x auflöst und den entstehenden Wert $x = y - b$ in die gegebene Gleichung $f(x) = 0$ einsetzt.

Auch die quadratische Transformation

$$(18) \qquad y = x^2$$

läßt sich nach einer Spezialmethode erledigen. Hier handelt es sich um die Gleichung mit den Wurzeln ξ_ν^2. Nun gilt für $f(x)$ die Zerlegung

$$x^n + a_1 x^{n-1} + \cdots + a_n = (x - \xi_1)(x - \xi_2) \cdots (x - \xi_n);$$

---

[1]) Nur wenn $b_1 = b_2 = \cdots = b_{n-1} = 0$ ist, trifft das nicht zu; vielmehr sind dann alle $\psi(\xi_\nu)$ einander gleich ($= b_0$). Aber in diesem trivialen Fall ist die Gleichung (15) augenscheinlich die folgende:

$$\begin{vmatrix} b_0 - y & 0 & \cdots & 0 \\ 0 & b_0 - y & \cdots & 0 \\ \cdot & \cdot & \cdot & \cdot \\ 0 & 0 & \cdots & b_0 - y \end{vmatrix} = 0,$$

oder also: $(b_0 - y)^n = 0$. Ihre n Wurzeln sind daher ebenso wie die n Größen (12) alle gleich b_0, so daß doch wieder die richtige Tschirnhaustransformierte vorliegt.

hieraus folgt, indem man x durch $-x$ ersetzt und dann mit $(-1)^n$ multipliziert:

$$x^n - a_1 x^{n-1} + \cdots + (-1)^n a_n = (x + \xi_1)(x + \xi_2) \cdots (x + \xi_n),$$

und indem man diese Gleichung mit der vorausgehenden multipliziert:

$$(x^n + a_2 x^{n-2} + a_4 x^{n-4} + \cdots)^2 - (a_1 x^{n-1} + a_3 x^{n-3} + a_5 x^{n-5} + \cdots)^2$$
$$= (x^2 - \xi_1^2)(x^2 - \xi_2^2) \cdots (x^2 - \xi_n^2).$$

Rechnet man links die Quadrate aus, so können, wie die rechte Seite zeigt und wie auch ohne weiteres direkt zu sehen ist, nur gerade Potenzen von x auftreten. Ergibt sich etwa

$$x^{2n} + c_1 x^{2n-2} + c_2 x^{2n-4} + \cdots + c_n,$$

so ist auch, indem man x^2 durch y ersetzt:

$$y^n + c_1 y^{n-1} + \cdots + c_n = (y - \xi_1^2)(y - \xi_2^2) \cdots (y - \xi_n^2).$$

Die gesuchte Tschirnhaustransformierte ist also:

$$y^n + c_1 y^{n-1} + \cdots + c_n = 0.$$

IV. Die bisher behandelte Transformationsaufgabe läßt sich bedeutend verallgemeinern. Sei $\psi(x_1, \ldots, x_n)$ eine rationale Funktion von n Variabeln. Dann kann man die Gleichung suchen, deren Wurzeln diejenigen Größen sind, die aus $\psi(x_1, \ldots, x_n)$ hervorgehen, wenn man die Variabeln $x_1, \ldots, x_n$ durch die Wurzeln $\xi_1, \ldots, \xi_n$ in beliebiger Reihenfolge ersetzt. Auch das ist natürlich wieder eine Aufgabe über symmetrische Funktionen. Wir behandeln nur ein besonders interessantes Beispiel.

Gesucht wird eine Gleichung vom Grad $\frac{n(n-1)}{2}$ mit den $\frac{n(n-1)}{2}$ Wurzeln

$$(19) \qquad (\xi_\lambda - \xi_\mu)^2 \qquad (\lambda > \mu).$$

Diese Gleichung ist natürlich, wenn die Unbekannte mit z bezeichnet wird,

$$(20) \qquad \prod_{\lambda>\mu}^{1,n} [z - (\xi_\lambda - \xi_\mu)^2] = 0.$$

Ihre Koeffizienten sind symmetrische Polynome der Wurzeln $\xi_1, \ldots, \xi_n$ mit ganzzahligen Koeffizienten, gehören also dem Ring $\mathfrak{R}(1, a_1, \ldots, a_n)$ an. Insbesondere das von z freie Glied ist

$$(-1)^{\frac{n(n-1)}{2}} \cdot \prod_{\lambda>\mu}^{1,n} (\xi_\lambda - \xi_\mu)^2;$$

nach S. 260, Formel (16) ist es also, vom Vorzeichen abgesehen, die Diskriminante von $f(x)$. Die Berechnung der übrigen Koeffizienten scheint zunächst schwieriger. Indessen können wir die gesuchte Gleichung auch auf andere Weise bilden, wobei wir die $\xi_1, \ldots, \xi_n$ zunächst wieder als unabhängige Variable denken; das Endresultat wird dann auch bei beliebiger Spezialisierung wieder richtig sein.

Wir bilden das Polynom von x und y

$$(21)\quad \begin{aligned} \frac{f(x+y)-f(x)}{y} &= f'(x) + \frac{y}{2} f''(x) + \cdots + \frac{y^{n-1}}{n!} f^{(n)}(x) \\ &= nx^{n-1} + g_1(y)\, x^{n-2} + \cdots + g_{n-1}(y), \end{aligned}$$

wo in der ersten Zeile der Taylorsche Satz angewandt wurde und wo in der zweiten Zeile die $g_\nu(y)$ leicht angebbare Polynome von y sind. Betrachten wir nun die Resultante

$$(22)\quad R_x\left(f(x), \frac{f(x+y)-f(x)}{y}\right) = \begin{vmatrix} 1 & a_1 & . & . & . & a_n & & & \\ . & . & . & . & . & . & . & . & . \\ & & & 1 & a_1 & . & . & . & a_n \\ n & g_1(y) & . & . & g_{n-1}(y) & & & & \\ . & . & . & . & . & . & . & . & . \\ & & & & n & g_1(y) & . & . & g_{n-1}(y) \end{vmatrix},$$

so ist diese ein Polynom von y, das wir mit $P(y)$ bezeichnen wollen. Nach S. 257, Formel (7) ist dann auch

$$(23)\quad \begin{aligned} P(y) &= \prod_{\nu=1}^{n} \frac{f(\xi_\nu + y) - f(\xi_\nu)}{y} \\ &= \prod_{\nu=1}^{n} \left[f'(\xi_\nu) + \frac{y}{2} f''(\xi_\nu) + \cdots + \frac{y^{n-1}}{n!} f^{(n)}(\xi_\nu) \right], \end{aligned}$$

und da $f^{(n)}(x) = n!$ ist, hat y^{n-1} in der Klammer den Koeffizienten 1. Folglich ist $P(y)$ vom Grad $n(n-1)$ und die Potenz $y^{n(n-1)}$ hat den Koeffizienten 1.

Nun folgt aber aus (23), weil $f(\xi_\nu) = 0$ ist,

$$y^n P(y) = \prod_{\nu=1}^{n} [f(\xi_\nu + y) - f(\xi_\nu)] = \prod_{\nu=1}^{n} f(\xi_\nu + y).$$

Daher ist speziell für $y = \xi_\lambda - \xi_\mu$

$$(\xi_\lambda - \xi_\mu)^n P(\xi_\lambda - \xi_\mu) = \prod_{\nu=1}^{n} f(\xi_\nu + \xi_\lambda - \xi_\mu),$$

also gleich 0, weil der dem Index $\nu = \mu$ entsprechende Faktor des Produkts gleich $f(\xi_\lambda) = 0$ ist. Für $\xi_\lambda - \xi_\mu \neq 0$ ist also $P(\xi_\lambda - \xi_\mu) = 0$. Da die ξ_ν unabhängige Variable sind, sind die für $\lambda \neq \mu$ entstehenden $n(n-1)$ Größen $\xi_\lambda - \xi_\mu$ voneinander und von 0 verschieden. Nach dem soeben Bewiesenen sind sie aber Wurzeln der Gleichung $P(y) = 0$; da diese vom Grad $n(n-1)$ ist, sind es gerade alle Wurzeln, und man hat daher für $P(y)$ die Zerlegung

$$\begin{aligned} P(y) &= \prod_{\lambda \neq \mu}^{1,n} [y - (\xi_\lambda - \xi_\mu)] \\ &= \prod_{\lambda > \mu}^{1,n} [y - (\xi_\lambda - \xi_\mu)] \cdot \prod_{\mu > \lambda}^{1,n} [y - (\xi_\lambda - \xi_\mu)]\,. \end{aligned}$$

Oder, indem man im letzten Produkt λ mit μ vertauscht:

$$P(y) = \prod_{\lambda>\mu}^{1,n} [y - (\xi_\lambda - \xi_\mu)] \cdot \prod_{\lambda>\mu}^{1,n} [y - (\xi_\mu - \xi_\lambda)]$$
$$= \prod_{\lambda>\mu}^{1,n} [y^2 - (\xi_\lambda - \xi_\mu)^2] .$$

Hieraus erkennt man, daß das Polynom $P(y)$ nur gerade Potenzen von y enthält, also die Form $P_1(y^2)$ hat. Ferner lehrt dann der Vergleich der letzten Formel mit (20), daß das so gewonnene Polynom $P_1(z)$ gerade die gesuchte linke Seite der Gleichung (20) ist.

§ 54. Systeme von Gleichungen mit mehreren Unbekannten.

I. Wir betrachten zunächst ein System von l Gleichungen positiven Grades mit nur einer Unbekannten:

$$(1) \qquad f_1(x) = 0, \; f_2(x) = 0 \;, \ldots, \; f_l(x) = 0 .$$

Ist ξ eine Lösung dieses Systems, d. h. eine gemeinsame Wurzel der l Gleichungen, so haben die l Polynome $f_1(x), \ldots, f_l(x)$ den gemeinsamen Teiler $x - \xi$. Daher ist $x - \xi$ auch ein Teiler ihres größten gemeinsamen Teilers $d(x)$, und folglich ist ξ eine Wurzel der Gleichung $d(x) = 0$. Umgekehrt ist offenbar jede Wurzel von $d(x)$ auch eine Wurzel des obigen Systems. Damit ist das Problem auf den Fall einer Gleichung $d(x) = 0$ zurückgeführt.

Das Gleichungssystem (1) wird nach dem Gesagten dann und nur dann (mindestens) eine Wurzel haben, wenn $d(x)$ eine Wurzel hat, wenn also $d(x)$ mindestens vom Grad 1 ist, d. h. wenn die l Polynome (1) nicht relativ prim sind. Die notwendige und hinreichende Bedingung dafür ist im Fall $l = 2$ nach Satz 115

$$R_x(f_1, f_2) = 0 .$$

Um auch im allgemeinen Fall eine solche Bedingung zu erhalten, wenden wir einen Kunstgriff von Kronecker an. Sind nämlich

$$(2) \qquad \begin{cases} u_1, u_2, \ldots, u_l , \\ v_1, v_2, \ldots, v_l \end{cases}$$

$2l$ unabhängige Variable, so betrachten wir die Resultante

$$(3) \qquad R_x\Big(\sum_{\lambda=1}^{l} u_\lambda f_\lambda, \; \sum_{\lambda=1}^{l} v_\lambda f_\lambda\Big) .$$

Sie ist augenscheinlich ein Polynom der Variabeln (2), dessen Koeffizienten dem durch die Koeffizienten von $f_1, \ldots, f_l$ bestimmten Ring angehören. Wir behaupten, daß das identische Verschwinden dieses Polynoms, also das Verschwinden seiner sämtlichen Koeffizienten, die notwendige und hinreichende Bedingung dafür ist, daß die Polynome (1) nicht relativ prim sind [1]).

---

[1]) Statt der Resultante (3) könnte man auch die einfachere verwenden:

$$R_x(f_1, \sum_{\lambda=2}^{l} u_\lambda f_\lambda).$$

Dann würden die Bedingungen, wenn man sie explizit hinschreiben wollte, sogar in etwas bequemerer Form herauskommen; aber für die Theorie bietet doch die Resultante (3) wegen ihrer größeren Symmetrie erhebliche Vorteile.

In der Tat, wenn die Polynome (1) einen nicht konstanten größten gemeinsamen Teiler haben, so ist das auch ein gemeinsamer Teiler der Polynome

$$\sum_{\lambda=1}^{l} u_\lambda f_\lambda(x), \quad \sum_{\lambda=1}^{l} v_\lambda f_\lambda(x), \tag{4}$$

und folglich verschwindet die Resultante (3). Umgekehrt, wenn (3) verschwindet, so haben die Polynome (4) einen nicht konstanten größten gemeinsamen Teiler

$$\delta(x) = x^m + \alpha_1 x^{m-1} + \cdots + \alpha_m, \tag{5}$$

und es ist

$$\sum_{\lambda=1}^{l} u_\lambda f_\lambda(x) = \delta(x)\, g_u(x), \tag{6}$$

$$\sum_{\lambda=1}^{l} v_\lambda f_\lambda(x) = \delta(x)\, g_v(x). \tag{7}$$

Da die u_λ, v_λ unabhängige Variable sind, liegt der Schluß nahe, daß $\delta(x)$ auch ein gemeinsamer Teiler von allen $f_\lambda(x)$ ist, womit die Behauptung bewiesen wäre. Um diesen Schluß zu rechtfertigen, sei $\mathfrak{k}$ der durch die Koeffizienten von $f_1(x), \ldots, f_l(x)$ bestimmte Körper. Die Koeffizienten von $\delta(x)$ und also auch die von $g_u(x)$, $g_v(x)$ gehören dann dem Körper

$$\mathfrak{K}(\mathfrak{k}, u_1, \ldots, u_l, v_1, \ldots, v_l) \tag{8}$$

an, sind also rationale Funktionen der Variabeln (2) mit Koeffizienten aus $\mathfrak{k}$. Nach Satz 92 gibt es aber eine mit der Zerlegung (6) äquivalente Zerlegung

$$\sum_{\lambda=1}^{l} u_\lambda f_\lambda(x) = \delta_1(x)\, g_{u1}(x), \tag{9}$$

wo die Koeffizienten von $\delta_1(x)$, $g_{u1}(x)$ sogar Polynome der Variabeln (2) mit Koeffizienten aus $\mathfrak{k}$ sind. Da aber die linke Seite von (9) in bezug auf die Variabeln $v_1, \ldots, v_l$ vom Grad 0 ist, muß nach Satz 9 auch $\delta_1(x)$ vom Grad 0, also von allen v_λ frei sein. Nun entsteht aber $\delta(x)$ aus $\delta_1(x)$, indem man durch den Koeffizienten von x^m dividiert, und daraus ergibt sich für die Koeffizienten von $\delta(x)$ eine von allen v_λ freie Darstellung. Analog läßt sich für sie aber auch eine von allen u_λ freie Darstellung nachweisen, so daß sie nach Satz 30 einfach Größen aus $\mathfrak{k}$ sind.

Nunmehr lehrt Satz 72, daß die Koeffizienten des durch (6) definierten Quotientenpolynoms $g_u(x)$ dem Ring $\mathfrak{R}(\mathfrak{k}, u_1, \ldots, u_l)$ angehören. Sie sind also Polynome von $u_1, \ldots, u_l$ mit Koeffizienten aus $\mathfrak{k}$. Daher ist $g_u(x)$ selbst ein Polynom von $x, u_1, \ldots, u_l$ mit Koeffizienten aus $\mathfrak{k}$. Dann folgt aber aus (6), indem man beide Seiten speziell als Polynome von u_λ ansieht und die Koeffizienten von u_λ links und rechts einander gleichsetzt, daß $f_\lambda(x)$ den Teiler $\delta(x)$ hat; w. z. b. w.

II. Wir wenden uns jetzt zum Fall einer Gleichung mit k Unbekannten

(10) $$f(x_1, \ldots, x_k) = 0.$$

Dabei nehmen wir natürlich an, daß das Polynom f wirklich alle k Variabeln $x_1, \ldots, x_k$ enthält; der Grad von f sei m und es sei $m > 0$. Dann ist klar, daß man $k - 1$ der Unbekannten, etwa $x_1, \ldots, x_{k-1}$, ganz willkürlich annehmen kann, und die Gleichung (10) dient dann zur Bestimmung von x_k. Indessen kann es doch gewisse Ausnahmesysteme von $k - 1$ Größen $\xi_1, \ldots, \xi_{k-1}$ geben, die für $x_1, \ldots, x_{k-1}$ nicht zulässig sind. Ein solches Ausnahmegrößensystem liegt offenbar dann und nur dann vor, wenn das Polynom von x_k

$$f(\xi_1, \ldots, \xi_{k-1}, x_k)$$

vom Grad 0 ist, weil dann die Gleichung

$$f(\xi_1, \ldots, \xi_{k-1}, x_k) = 0$$

keine Wurzel x_k hat. Beispielsweise in der Gleichung mit drei Unbekannten

$$x_1 x_3 + x_2 x_3 + 1 = 0$$

dürfen für x_1, x_2 willkürliche Größen gesetzt werden, und dann ist immer

$$x_3 = \frac{-1}{x_1 + x_2}.$$

Nur Größensysteme, für die $x_1 + x_2 = 0$ ist, sind unzulässig, weil die gegebene Gleichung dann in $1 = 0$ überginge.

Wir nennen das Polynom $f(x_1, \ldots, x_k)$ vom Grad m (> 0) **regulär**, wenn die Potenzen $x_1^m, \ldots, x_k^m$ wirklich darin vorkommen, d. h. nichtverschwindende Koeffizienten haben. Wenn f regulär ist, können Ausnahmegrößensysteme der geschilderten Art nicht vorkommen; denn wenn man für $k - 1$ Unbekannte irgendwelche Größen setzt, so ist die Gleichung $f = 0$ in bezug auf die k-te Unbekannte stets vom Grad m.

Ist das Polynom nicht regulär, so kann man es durch eine lineare Transformation

(11) $$\begin{cases} x_1 = a_{11} y_1 + \cdots + a_{1k} y_k, \\ \cdot \quad \cdot \quad \cdot \quad \cdot \quad \cdot \quad \cdot \quad \cdot \quad \cdot \\ x_k = a_{k1} y_1 + \cdots + a_{kk} y_k, \end{cases} \qquad \begin{vmatrix} a_{11} & \cdots & a_{1k} \\ \cdot & \cdot & \cdot \\ a_{k1} & \cdots & a_{kk} \end{vmatrix} \neq 0$$

in ein **reguläres** Polynom der neuen Variabeln $y_1, \ldots, y_k$ überführen:

(12) $$f(x_1, \ldots, x_k) = g(y_1, \ldots, y_k).$$

Nach Satz 95 kann das sogar mit ganzzahligen $a_{\mu\nu}$ geschehen, wobei man den Vorteil hat, daß dann die Koeffizienten von g dem durch die Koeffizienten von f bestimmten Körper angehören.

Durch die Transformation (11) geht nun die Gleichung (10) über in:

(13) $$g(y_1, \ldots, y_k) = 0,$$

und diese geht durch die inverse Transformation wieder über in (10). Die Auflösung der Gleichung (10) ist daher völlig gleichbedeutend mit der Auflösung der Gleichung (13), wo nun links ein **reguläres** Polynom steht, so daß es keine Ausnahmegrößensysteme gibt.

III. Nunmehr wenden wir uns zu dem allgemeinen Fall von l Gleichungen mit k Unbekannten:

(14) $$f_1(x_1, \ldots, x_k) = 0, \ldots, f_l(x_1, \ldots, x_k) = 0.$$

Der Grad von f_λ sei m_λ, und die größte der Zahlen m_λ sei m. Wir wollen annehmen, daß in wenigstens einem der Polynome f_λ vom Grad m die Potenz x_1^m einen von 0 verschiedenen Koeffizienten hat. Sollte das nicht von vornherein der Fall sein, so kann es nach Satz 95 durch eine Transformation (11) mit ganzzahligen $a_{\mu\nu}$ erreicht werden.

Nun wenden wir wieder den Kroneckerschen Kunstgriff an und betrachten die Resultante (Sylvestersche Determinante)

(15) $$\begin{aligned} &R_{x_1}\left(\sum_{\lambda=1}^{l} u_\lambda f_\lambda(x_1, x_2, \ldots, x_k), \sum_{\lambda=1}^{l} v_\lambda f_\lambda(x_1, x_2, \ldots, x_k)\right) \\ &= P(x_2, \ldots, x_k, u_1, \ldots, u_l, v_1, \ldots, v_l) = \sum_{\mu=1}^{L} U_\mu f_{\mu 1}(x_2, \ldots, x_k). \end{aligned}$$

Dabei bedeutet P ein Polynom der hingeschriebenen Variabeln, das, falls es nicht etwa identisch verschwindet, in bezug auf die u_λ homogen vom Grad m und in bezug auf die v_λ ebenfalls homogen vom Grad m ist. Mit U_μ sind die verschiedenen Potenzprodukte der Form

$$u_1^{\mu_1} \cdots u_l^{\mu_l} v_1^{\nu_1} \cdots v_l^{\nu_l} \qquad (\mu_1 + \cdots + \mu_l = \nu_1 + \cdots + \nu_l = m)$$

bezeichnet und mit L deren Anzahl. Wenn nun

$$x_1 = \xi_1, \ldots, x_k = \xi_k$$

in einem geeigneten Körper eine Lösung des Gleichungssystems (14) ist, so haben die beiden Polynome von x_1

(16) $$\sum_{\lambda=1}^{l} u_\lambda f_\lambda(x_1, \xi_2, \ldots, \xi_k), \quad \sum_{\lambda=1}^{l} v_\lambda f_\lambda(x_1, \xi_2, \ldots, \xi_k)$$

den gemeinsamen Faktor $x_1 - \xi_1$; sie sind also nicht relativ prim. Daher verschwindet ihre Resultante [1])

[1]) Dazu bemerke man folgendes: In der Gleichung (15) sind die $x_2, \ldots, x_k$ unabhängige Variable. Daß dann auch die Gleichung gilt:

(15a) $$R_{x_1}\left(\sum_{\lambda=1}^{l} u_\lambda f_\lambda(x_1, \xi_2, \ldots, \xi_k), \sum_{\lambda=1}^{l} v_\lambda f_\lambda(x_1, \xi_2, \ldots, \xi_k)\right) = \sum_{\mu=1}^{L} U_\mu f_{\mu 1}(\xi_2, \ldots, \xi_k),$$

wo die $\xi_2, \ldots, \xi_k$ spezielle Größen sind, kommt daher, daß in wenigstens einem der Polynome f_λ, also auch in den Summen $\sum u_\lambda f_\lambda$ und $\sum v_\lambda f_\lambda$, die Potenz x_1^m einen von 0 verschiedenen Koeffizienten hat, der auch nach der Spezialisierung von 0 verschieden bleibt. Andernfalls dürfte man aus (15) nicht unbedingt auf (15a) schließen.

Beispielsweise ist

$$R_{x_1}(x_2 x_1^2 + x_1 + 1,\ x_2 x_1^2 - x_1 + 1) = \begin{vmatrix} x_2 & 1 & 1 & 0 \\ 0 & x_2 & 1 & 1 \\ x_2 & -1 & 1 & 0 \\ 0 & x_2 & -1 & 1 \end{vmatrix} = 4x_2;$$

aber für $x_2 = 0$ ist die Resultante nicht gleich 0, sondern

$$R_{x_1}(x_1 + 1,\ -x_1 + 1) = \begin{vmatrix} 1 & 1 \\ -1 & 1 \end{vmatrix} = 2.$$

$$\sum_{\mu=1}^{L} U_\mu f_{\mu 1}(\xi_2, \ldots, \xi_k)$$

identisch, d. h. es ist

$$(17) \qquad f_{11}(\xi_2, \ldots, \xi_k) = 0, \ldots, f_{L1}(\xi_2, \ldots, \xi_k) = 0.$$

Umgekehrt, wenn die Gleichungen (17) bestehen, so haben die Polynome (16) als Polynome von x_1 einen nichtkonstanten größten gemeinsamen Teiler $d(x_1)$, und wie oben in I erkennt man, daß seine Koeffizienten von $u_1, \ldots, u_l$ und $v_1, \ldots, v_l$ frei sind und daß er ein gemeinsamer Teiler der l Polynome von x_1

$$f_1(x_1, \xi_2, \ldots, \xi_k), \ldots, f_l(x_1, \xi_2, \ldots, \xi_k)$$

ist. Diese haben also die Wurzeln der Gleichung $d(x_1) = 0$ gemein.

Will man daher alle Lösungen des Gleichungssystems (14) ausfindig machen, so braucht man nur die Lösungen des Systems

$$(18) \qquad f_{11}(x_2, \ldots, x_k) = 0, \ldots, f_{L1}(x_2, \ldots, x_k) = 0$$

zu suchen. Zu jeder solchen Lösung

$$x_2 = \xi_2, \ldots, x_k = \xi_k$$

gibt es dann endlich viele Größen $x_1 = \xi_1$, nämlich die Wurzeln der obigen Gleichung $d(x_1) = 0$, so daß

$$x_1 = \xi_1, x_2 = \xi_2, \ldots, x_k = \xi_k$$

eine Lösung des Gleichungssystems (14) ist. Auf diese Art ergeben sich alle Lösungen von (14).

Damit ist die Aufgabe auf die Lösung eines Gleichungssystems mit nur $k-1$ Unbekannten zurückgeführt; die Unbekannte x_1 ist, wie man sagt, eliminiert worden. Das neue System kann man aber ebenso behandeln und auf ein System mit nur noch $k-2$ Unbekannten zurückführen usw. Da man aber ein System mit nur einer Unbekannten nach I vollständig behandeln kann, hat dadurch auch das allgemeine Problem seine prinzipielle Erledigung gefunden.

IV. Von den L Polynomen $f_{\mu 1}(x_2, \ldots, x_k)$ können einige identisch verschwinden. Die betreffenden Gleichungen des Systems (18) lauten dann einfach $0 = 0$ und können weggelassen werden. Ein extremer Fall ist der, daß die L Polynome $f_{\mu 1}(x_2, \ldots, x_k)$ sämtlich identisch verschwinden, daß also die Resultante (15) identisch verschwindet. Nach I besagt das, daß die Polynome (14), als Polynome von x_1 allein aufgefaßt, nicht relativ prim sind. Dann sind sie aber nach Satz 112, auch als Polynome aller Variabeln $x_1, x_2, \ldots, x_k$ aufgefaßt, nicht relativ prim. Man kann jetzt die Unbekannten $x_2, \ldots, x_k$, da sich für sie keine Bedingungsgleichungen ergeben, ganz willkürlich wählen, etwa gleich $\xi_2, \ldots, \xi_k$, und stets das zugehörige x_1 aus einer einzigen Gleichung, nämlich der obigen Gleichung $d(x_1) = 0$, bestimmen. Übrigens ist zu beachten, daß $d(x_1)$ auch wesentlich von der Wahl der $\xi_2, \ldots, \xi_k$ abhängt; sogar der Grad von $d(x_1)$ kann für verschiedene Systeme $\xi_2, \ldots, \xi_k$ verschieden ausfallen.

Als Beispiel betrachten wir das System

$$(19)\qquad \begin{cases}(x_1 - x_2 - 1)(x_1 + x_2 - 2) = 0, \\ (x_1 - x_2 - 1)(x_1 - x_2 - 2) = 0.\end{cases}$$

Hier sind die Polynome nicht relativ prim; ihr größter gemeinsamer Teiler ist $x_1 - x_2 - 1$. Man kann daher $x_2 = \xi_2$ willkürlich wählen und hat dann die allgemeine Lösung

$$x_2 = \xi_2, \; x_1 = \xi_2 + 1.$$

Speziell für $\xi_2 = 0$ wird aber der größte gemeinsame Teiler vom zweiten Grad, nämlich gleich $(x_1 - 1)(x_1 - 2)$, und es ergibt sich noch die in der vorigen nicht enthaltene Lösung $x_2 = 0$, $x_1 = 2$.

V. Es kann auch vorkommen, daß unter den Polynomen $f_{\mu 1}(x_2, \ldots, x_k)$ eines vom Grad 0, also gleich einer von 0 verschiedenen Konstanten, z. B. gleich 1 ist. Dann kommt unter den Gleichungen (18) auch die Gleichung $1 = 0$ vor, die man natürlich nicht erfüllen kann. Das besagt dann, daß das gegebene Gleichungssystem überhaupt keine Lösung hat. Ein einfaches Beispiel dafür ist das System

$$(20)\qquad x_1 + x_2 + x_3 + 1 = 0, \quad x_1 + x_2 + x_3 = 0,$$

das offenbar keine Lösung hat, obwohl die Anzahl der Gleichungen sogar kleiner als die der Unbekannten ist.

Hierzu ist noch folgendes zu bemerken: Wenn *eine* Gleichung positiven Grades mit *einer* Unbekannten in einem gegebenen Körper keine Lösung hat, so läßt sich die Existenz einer Lösung doch durch Konstruktion eines geeigneten Erweiterungskörpers erzwingen. Im Gegensatz dazu handelt es sich jetzt und auch später, wenn wir die Nichtexistenz einer Lösung behaupten, nicht darum, daß nur in einem gewissen Körper keine Lösung vorhanden ist, sondern es ist dann überhaupt *in gar keinem irgendwie konstruierbaren Erweiterungskörper* eine Lösung vorhanden; schon in § 24 war es übrigens nicht anders. Die Annahme, daß es einen Körper gäbe, in dem eine Lösung existiert, würde eben zu dem Widerspruch führen, daß eine von 0 verschiedene Größe gleich 0 ist. Zum Beispiel ergibt sich aus dem System (20) einfach durch Subtraktion der beiden Gleichungen bereits der Widerspruch $1 = 0$.

Wenn von den Gleichungen (18) keine vom Grad 0 ist, so kann es doch sein, daß man bei dem weiteren Eliminationsprozeß auf eine Gleichung vom Grad 0 stößt, und dann bedeutet das immer, daß keine Lösung vorhanden ist. Wenn man aber niemals zu einer Gleichung vom Grad 0 gelangt, so sind gewiß Lösungen vorhanden, und durch den beschriebenen Eliminationsprozeß findet man sie alle. Wir sehen daher, daß ein Gleichungssystem mit beliebig vielen Gleichungen und Unbekannten sich stets durch Bildung von Sylvesterschen Determinanten und Bestimmen von größten gemeinsamen Teilern entweder als unlösbar erweist oder auf *eine* Gleichung mit *einer* Unbekannten zurückführen läßt, so daß zur vollständigen Auflösung keine anderen Körpererweiterungen nötig sind als die, welche wir in §§ 48, 49 vorgenommen haben.

§ 55. Spezielle Bedingungen für Lösbarkeit und Nichtlösbarkeit.

I. Ein theoretisch sehr einfaches und wichtiges, wenn auch praktisch meist nur schwer prüfbares Kriterium für Nichtlösbarkeit ist enthalten in

Satz 135. *Notwendig und hinreichend dafür, daß das Gleichungssystem*

$$f_1(x_1, \ldots, x_k) = 0, \ldots, f_l(x_1, \ldots, x_k) = 0$$

keine Lösung hat, ist die Existenz von l Polynomer

$$\Phi_1(x_1, \ldots, x_k), \ldots, \Phi_l(x_1, \ldots, x_k)$$

derart, daß die Identität besteht

$$\sum_{\lambda=1}^{l} f_\lambda(x_1, \ldots, x_k)\, \Phi_\lambda(x_1, \ldots, x_k) = 1;$$

und zwar lassen sich dann auch solche Polynome $\Phi_1, \ldots, \Phi_l$ angeben, deren Koeffizienten dem durch die Koeffizienten der Polynome $f_1, \ldots, f_l$ bestimmten Körper $\mathfrak{k}$ angehören.

Beweis. Der Schlußsatz ist klar. Denn wenn es überhaupt Polynome Φ_λ gibt, die der angegebenen Identität genügen, so erfüllen ihre Koeffizienten das durch diese Identität geforderte lineare Gleichungssystem mit Koeffizienten aus $\mathfrak{k}$. Dieses System hat also eine Lösung und daher nach Satz 49 auch eine Lösung in $\mathfrak{k}$; diese führt aber zu entsprechenden Polynomen Φ_λ mit Koeffizienten aus $\mathfrak{k}$.

Weiter ist klar, daß die angegebene Bedingung für die Nichtexistenz einer Lösung hinreichend ist. Denn würde es bei Bestehen der Identität $\Sigma f_\lambda \Phi_\lambda = 1$ eine Lösung $x_\varkappa = \xi_\varkappa$ geben, so würde daraus, indem man die Variabeln $x_\varkappa$ zu $\xi_\varkappa$ spezialisiert, folgen: $0 = 1$. Somit bleibt nur noch zu zeigen, daß die Bedingung auch notwendig ist.

Das gegebene Gleichungssystem $f_\lambda = 0$ habe also jetzt keine Lösung. Wir behandeln es nach dem in § 54 III entwickelten Rezept, bilden also, nachdem wir nötigenfalls eine lineare Transformation [1]) angewandt haben, die dortige Resultante (15). Diese ist nach Satz 116 in der Form darstellbar

$$\sum_{\lambda=1}^{l} u_\lambda f_\lambda \cdot \Phi + \sum_{\lambda=1}^{l} v_\lambda f_\lambda \cdot \Psi,$$

wobei Φ und Ψ Polynome von den $u_\lambda, v_\lambda, x_\varkappa$ sind. Es besteht also die Identität

$$\sum_{\mu=1}^{L} U_\mu f_{\mu 1}(x_2, \ldots, x_k) = \sum_{\lambda=1}^{l} u_\lambda f_\lambda \cdot \Phi + \sum_{\lambda=1}^{l} v_\lambda f_\lambda \cdot \Psi,$$

und wenn man links und rechts gleiche Potenzprodukte der u_λ und v_λ vergleicht, ergeben sich Identitäten der Form

$$(1)\quad f_{\mu 1}(x_2, \ldots, x_k) = \sum_{\lambda=1}^{l} f_\lambda(x_1, x_2, \ldots, x_k)\, \Omega_{\mu\lambda}(x_1, x_2, \ldots, x_k) \qquad (\mu = 1, 2, \ldots, L).$$

---

[1]) Durch eine solche wird die Aussage von Satz 135 offenbar nicht beeinflußt.

Das Gleichungssystem $f_{\mu 1}(x_2, \ldots, x_k) = 0$ hat nun gewiß keine Lösung, sonst hätte nach § 54 III auch das gegebene System $f_\lambda(x_1, \ldots, x_k) = 0$ eine Lösung, entgegen der Voraussetzung. Im Fall $k = 1$ enthalten die Polynome $f_{\mu 1}$ keine Variabeln mehr, sind also Konstanten. Darunter muß auch eine von 0 verschiedene Konstante c vorkommen, weil sonst das System $f_\lambda(x_1, \ldots, x_k) = 0$ eine Lösung hätte (§ 54 IV). Indem man dann die Formel (1), wo die linke Seite gleich c ist, durch c dividiert, erhält man eine Identität der verlangten Art. Damit ist Satz 135 zunächst für $k = 1$ bewiesen. Allgemein ergibt er sich jetzt durch den Schluß von $k - 1$ auf k. Denn wenn der Satz für $k - 1$ Unbekannte $x_2, \ldots, x_k$ bereits gilt, so gibt es, weil die Gleichungen $f_{\mu 1}(x_2, \ldots, x_k) = 0$ keine Lösung haben, eine Identität der Form

$$\sum_{\mu=1}^{L} f_{\mu 1}(x_2, \ldots, x_k)\, \Psi_\mu(x_2, \ldots, x_k) = 1.$$

Setzt man hier für $f_{\mu 1}(x_2, \ldots, x_k)$ den Ausdruck aus (1) ein, so ergibt sich

$$\sum_{\lambda=1}^{l} \sum_{\mu=1}^{L} f_\lambda(x_1, x_2, \ldots, x_k)\, \Omega_{\mu\lambda}(x_1, x_2, \ldots, x_k)\, \Psi_\mu(x_2, \ldots, x_k) = 1,$$

und das ist eine Identität von der in Satz 135 behaupteten Art.

II. Um die Nützlichkeit von Satz 135 zu zeigen, geben wir jetzt eine Anwendung. Wenn alle Wurzeln eines Polynoms $f(x)$ auch Wurzeln von $F(x)$ sind, so braucht $F(x)$ noch nicht durch $f(x)$ teilbar zu sein, weil $f(x)$ eine Wurzel in höherer Vielfachheit enthalten kann als $F(x)$. Eine Potenz $F(x)^n$ wird aber, wenn der Exponent hinreichend groß ist, jede Wurzel von $f(x)$ mindestens in der gleichen Vielfachheit enthalten, und dann ist $F(x)^n$ durch $f(x)$ teilbar, hat also die Form $f(x)\,\Phi(x)$. Dieser einfache Sachverhalt läßt sich in folgender Weise verallgemeinern:

Satz 136. *Wenn das Polynom $F(x_1, \ldots, x_k)$ für jede Lösung des Gleichungssystems*

$$f_1(x_1, \ldots, x_k) = 0, \ldots, f_l(x_1, \ldots, x_k) = 0$$

verschwindet, so läßt eine genügend hohe Potenz von F die Darstellung

$$F(x_1, \ldots, x_k)^n = \sum_{\lambda=1}^{l} f_\lambda(x_1, \ldots, x_k)\, \Phi_\lambda(x_1, \ldots, x_k)$$

zu, wo die Polynome $\Phi_1, \ldots, \Phi_l$ Koeffizienten aus dem durch die Koeffizienten der Polynome $f_1, \ldots, f_l$ und F bestimmten Körper $\mathfrak{k}$ haben.

Dieser Satz heißt der Hilbertsche Nullstellensatz, weil man die Lösungen eines Gleichungssystems auch als Nullstellen der links stehenden Polynome bezeichnen kann. Er ist zuerst von Hilbert (Math. Annal. 42) bewiesen worden; der folgende überraschend einfache Beweis stammt von Rabinowitsch (Math. Annal. 102).

Das Gleichungssystem mit $k + 1$ Unbekannten

$$f_1(x_1, \ldots, x_k) = 0, \ldots, f_l(x_1, \ldots, x_k) = 0,\ x_{k+1} F(x_1, \ldots, x_k) - 1 = 0$$

hat gewiß keine Lösung, weil ja für jede Lösung der ersten l Gleichungen nach Voraussetzung $F = 0$ ist, also die letzte Gleichung gewiß nicht erfüllt ist. Nach Satz 135 besteht also eine Identität der Form

$$(2) \qquad \sum_{\lambda=1}^{l} f_\lambda(x_1, \ldots, x_k)\, \Psi_\lambda(x_1, \ldots, x_{k+1}) + [x_{k+1} F(x_1, \ldots, x_k) - 1]\, \Psi(x_1, \ldots, x_{k+1}) = 1,$$

wo die Ψ_λ und Ψ Koeffizienten aus $\mathfrak{k}$ haben. Speziell sei etwa

$$(3) \qquad \Psi_\lambda(x_1, \ldots, x_k, x_{k+1}) = \sum_{\nu=0}^{N} \Omega_{\lambda\nu}(x_1, \ldots, x_k)\, x_{k+1}^{\nu}.$$

Wenn man jetzt in der Identität (2) die Variable x_{k+1} zu $\frac{1}{F(x_1, \ldots, x_k)}$ spezialisiert[1]) und dann für Ψ_λ den Ausdruck (3) einsetzt, erhält man

$$\sum_{\lambda=1}^{l} \sum_{\nu=0}^{N} f_\lambda(x_1, \ldots, x_k)\, \Omega_{\lambda\nu}(x_1, \ldots, x_k) \left[\frac{1}{F(x_1, \ldots, x_k)}\right]^{\nu} = 1.$$

Nach Multiplikation mit $F(x_1, \ldots, x_k)^N$ entsteht hieraus eine Identität der in Satz 136 behaupteten Art mit $n = N$.

III. Die Frage, ob $k + 1$ Gleichungen mit k Unbekannten eine Lösung haben oder nicht, ist für $k = 1$ sofort zu beantworten:

Satz 137. *Die notwendige und hinreichende Bedingung dafür, daß das System der zwei Gleichungen positiven Grades*

$$f(x) = 0, \quad g(x) = 0$$

(mindestens) eine Lösung hat, ist das Verschwinden der Resultante $R(f, g)$.

Das ist nur eine andere Formulierung von Satz 133. Für beliebiges k ist die entsprechende Bedingung wenigstens notwendig:

Satz 138. *Eine notwendige Bedingung dafür, daß die* $k + 1$ *Gleichungen positiven Grades mit* k *Unbekannten*

$$f_1(x_1, \ldots, x_k) = 0, \ldots, f_{k+1}(x_1, \ldots, x_k) = 0$$

(mindestens) eine Lösung haben, ist das Verschwinden der Resultante

$$R\begin{pmatrix} f_1, \ldots, f_k, f_{k+1} \\ x_1, \ldots, x_k, 1 \end{pmatrix}.$$

In der Tat ist ja nach Satz 122 die Resultante in der Form darstellbar:

$$R\begin{pmatrix} f_1, \ldots, f_k, f_{k+1} \\ x_1, \ldots, x_k, 1 \end{pmatrix} = \sum_{\varkappa=1}^{k+1} f_\varkappa(x_1, \ldots, x_k)\, \Phi_\varkappa(x_1, \ldots, x_k),$$

und wenn man auf der rechten Seite für die Variabeln eine Lösung des Gleichungssystems einsetzt, ergibt sich 0.

Die Bedingung von Satz 138 ist nicht hinreichend, wie das Beispiel

[1]) Man darf $F \neq 0$ annehmen. Denn für $F = 0$ ist Satz 136 trivial, indem dann einfach $\Phi_\lambda = 0$ ist.

$$x_1 + x_2 + 1 = 0, \qquad x_1 + x_2 + 2 = 0, \qquad x_1 + x_2 + 3 = 0$$

lehrt. Die Resultante ist hier (vgl. S. 222, Beispiel):

$$\begin{vmatrix} 1 & 1 & 1 \\ 1 & 1 & 2 \\ 1 & 1 & 3 \end{vmatrix} = 0,$$

und trotzdem ist offenbar keine Lösung vorhanden. Machen wir aber die linken Seiten der Gleichungen homogen, indem wir $\frac{x_1}{x_3}, \frac{x_2}{x_3}$ statt x_1, x_2 schreiben und dann mit x_3 multiplizieren, so entsteht das Gleichungssystem

$$x_1 + x_2 + x_3 = 0, \qquad x_1 + x_2 + 2x_3 = 0, \qquad x_1 + x_2 + 3x_3 = 0,$$

und dieses hat die nichttriviale Lösung:

$$x_1 = \text{beliebig}, \qquad x_2 = -x_1, \qquad x_3 = 0.$$

Daher läßt sich vermuten, daß die Bedingung von Satz 138 beim Übergang zu „homogenen Gleichungen" vielleicht hinreichend wird, und wir werden sehen, daß das wirklich zutrifft.

Eine Gleichung $f(x_1, \ldots, x_{k+1}) = 0$ heißt homogen, wenn f ein homogenes Polynom von $x_1, \ldots, x_{k+1}$ ist; ein System homogener Gleichungen wird ein homogenes System genannt. Ein System homogener Gleichungen positiven Grades mit den Unbekannten $x_1, \ldots, x_{k+1}$ hat natürlich stets die triviale Lösung: $x_1 = 0, \ldots, x_{k+1} = 0$. Jede andere etwa vorhandene Lösung heißt nichttrivial. Speziell für Systeme linearer Gleichungen ist diese Terminologie bereits in § 24 eingeführt.

Der Übergang zu einem homogenen System hat außer dem bereits erwähnten noch weitere Vorteile. Bei einem nicht homogenen System kann man nämlich die Bedingungen für Lösbarkeit nicht in der Form von Bedingungsgleichungen zwischen den Koeffizienten angeben, wie schon das Beispiel

$$a_1 x + b_1 = 0, \quad a_2 x + b_2 = 0$$

lehrt. Ließen sich hier die notwendigen und hinreichenden Bedingungen für Lösbarkeit in der Gestalt von Gleichungen

$$P_\varrho(a_1, b_1, a_2, b_2) = 0 \qquad (\varrho = 1, 2, \ldots, r)$$

angeben, so müßten die Polynome der Variabeln a_1

$$P_\varrho(a_1, 1, a_1, 1)$$

identisch verschwinden, weil ja das System

$$a_1 x + 1 = 0, \qquad a_1 x + 1 = 0,$$

solange a_1 eine Variable ist, sicher eine Lösung hat, nämlich die rationale Funktion $\frac{-1}{a_1}$. Daher wäre, indem man a_1 zu 0 spezialisiert, auch $P_\varrho(0, 1, 0, 1) = 0$. Also wären für das System

$$0 \cdot x + 1 = 0, \qquad 0 \cdot x + 1 = 0$$

ebenfalls die Lösbarkeitsbedingungen erfüllt, während doch in Wahrheit keine Lösung existiert. Macht man aber die Gleichungen homogen, indem man $\frac{x_1}{x_2}$ statt x setzt, so entsteht nach Multiplikation mit x_2 das System

$$a_1x_1 + b_1x_2 = 0, \qquad a_2x_1 + b_2x_2 = 0,$$

und die notwendige und hinreichende Bedingung für die Existenz einer nichttrivialen Lösung besteht nach Satz 45 darin, daß der Rang kleiner als 2 ist, d. h., daß $a_1b_2 - a_2b_1 = 0$ ist. Das ist eine Bedingungsgleichung zwischen den Koeffizienten. Wir werden sehen, daß etwas Ähnliches für homogene Systeme ganz allgemein gilt.

IV. Um die soeben skizzierten Fragen zu behandeln, brauchen wir den Begriff eines Resultantensystems. Er stammt von van der Waerden, der auch den ersten Existenzbeweis erbracht hat.

Definition. Die Koeffizienten der vollständigen homogenen Polynome positiven Grades

$$f_1(x_1, \ldots, x_{k+1}), \ldots, f_l(x_1, \ldots, x_{k+1})$$

seien unabhängige Variable $a_1, \ldots, a_r$ (gleichgültig in bezug auf welchen Körper). Unter einem Resultantensystem der Polynome versteht man ein System von Polynomen dieser Variabeln

$$R_1(a_1, \ldots, a_r), \ldots, R_s(a_1, \ldots, a_r)$$

von folgender Beschaffenheit: Dann und nur dann, wenn die Variabeln $a_1, \ldots, a_r$ so spezialisiert werden, daß alle Polynome R_μ gleich 0 werden, hat das Gleichungssystem

$$f_1(x_1, \ldots, x_{k+1}) = 0, \ldots, f_l(x_1, \ldots, x_{k+1}) = 0$$

(mit den spezialisierten Koeffizienten $a_1, \ldots, a_r$) eine nichttriviale Lösung.

Mit dieser Definition ist natürlich nicht gesagt, daß es ein Resultantensystem wirklich gibt; das soll aber jetzt bewiesen werden.

Satz 139. *Zu jedem System von vollständigen homogenen Polynomen positiven Grades*

$$f_1(x_1, \ldots, x_{k+1}), \ldots, f_l(x_1, \ldots, x_{k+1}),$$

deren Koeffizienten unabhängige Variable $a_1, \ldots, a_r$ sind, gibt es, falls $l \geqq k+1$ ist, ein Resultantensystem, dessen Polynome ganzzahlige Koeffizienten haben und in bezug auf die Koeffizienten jedes einzelnen Polynoms f_λ homogen (eventuell auch vom Grad null) sind[1]).

Speziell für $l = k + 1 \geqq 2$ bildet die Resultante

$$R\begin{pmatrix} f_1, \ldots, f_k, f_{k+1} \\ x_1, \ldots, x_k, x_{k+1} \end{pmatrix}$$

[1]) Selbstverständlich ist es nicht eindeutig bestimmt. Denn wenn $R_1, \ldots, R_s$ ein solches Resultantensystem ist, ist ja z. B. $R_1^{\nu_1}, \ldots, R_s^{\nu_s}$ für beliebige positive Exponenten $\nu_1, \ldots, \nu_s$ offenbar auch eines, und man kann leicht noch beliebig viele weitere angeben.

für sich allein ein solches Resultantensystem; d. h., das Gleichungssystem $f_\lambda = 0$ hat dann und nur dann eine nichttriviale Lösung, wenn die Resultante verschwindet.

Für $l \leqq k$ bildet das identisch verschwindende Polynom 0 bereits ein Resultantensystem; d. h., das Gleichungssystem $f_\lambda = 0$ hat s t e t s *eine nichttriviale Lösung.*

Beim Beweis seien die Koeffizienten der Polynome zunächst irgendwelche Größen (unabhängige Variable oder spezialisierte Größen). Den Grad von f_λ bezeichnen wir mit m_λ und wählen eine ganze Zahl m, die mindestens so groß ist wie die größte der Zahlen m_λ. Bezeichnen wir alsdann die $(k+1)l$ homogenen Polynome m-ten Grades

$$x_\varkappa^{m-m_\lambda} f_\lambda(x_1, \ldots, x_{k+1}) \qquad (\varkappa = 1, \ldots, k+1;\ \lambda = 1, \ldots, l)$$

in irgendeiner Reihenfolge mit

$$F_{\mu 0}(x_1, \ldots, x_{k+1}) \qquad (\mu = 1, 2, \ldots, (k+1)l),$$

so hat das gegebene Gleichungssystem offenbar genau die gleichen Lösungen wie das System

$$(4_0) \qquad F_{\mu 0}(x_1, \ldots, x_{k+1}) = 0 \qquad (\mu = 1, 2, \ldots, (k+1)l),$$

bei dem nun alle Gleichungen homogen vom gleichen Grad m sind. Von diesem System wollen wir jetzt untersuchen, ob eine nichttriviale Lösung existiert.

Wenn in allen Polynomen $F_{\mu 0}$ der Koeffizient von x_1^m verschwindet, so ist offenbar die nichttriviale Lösung

$$x_1 = 1,\ x_2 = 0, \ldots, x_{k+1} = 0$$

vorhanden. Wenn aber nicht in allen Polynomen $F_{\mu 0}$ der Koeffizient von x_1^m verschwindet, können wir den Eliminationsprozeß des § 54 III anwenden; wir bilden also die Resultante

$$(5_0) \qquad R_{x_1}\Bigl(\sum_\mu u_\mu F_{\mu 0},\ \sum_\mu v_\mu F_{\mu 0}\Bigr) = \sum_\mu U_\mu F_{\mu 1}(x_2, \ldots, x_{k+1}),$$

wo die U_μ Potenzprodukte der u_λ, v_λ sind. Jede Lösung des Systems (4_0) muß dann auch das System

$$(4_1) \qquad F_{\mu 1}(x_2, \ldots, x_{k+1}) = 0$$

befriedigen, und umgekehrt kann man jede Lösung von (4_1) durch Hinzufügen eines passenden Wertes für x_1 zu einer Lösung von (4_0) ergänzen.

Der Koeffizient von x_1^{m-p} in $F_{\mu 0}$ (als Polynom von x_1 allein aufgefaßt) ist ein homogenes Polynom p-ten Grades von $x_2, \ldots, x_{k+1}$. Legt man ihm das Gewicht p bei, so muß in jedem Glied der Resultante (5_0) die Summe aller Gewichte gleich m^2 sein (vgl. S. 207 f. oder Satz 121). Das besagt aber, daß die Polynome $F_{\mu 1}$ homogen vom Grad m^2 sind, soweit sie nicht identisch verschwinden.

Wenn in allen Polynomen $F_{\mu 1}$ die Potenz $x_2^{m^2}$ den Koeffizienten 0 hat, also insbesondere auch, wenn alle $F_{\mu 1}$ identisch verschwinden, so hat das Gleichungssystem (4_1) die nichttriviale Lösung

$$x_2 = 1,\ x_3 = 0, \ldots, x_{k+1} = 0,$$

und die Lösung von (4_0), zu der sie sich ergänzen läßt, ist dann ebenfalls nichttrivial.

Wenn aber nicht in allen Polynomen $F_{\mu 1}$ der Koeffizient von $x_2^{m^2}$ verschwindet, so bilden wir die Resultante

$$(5_1)\quad R_{x_2}\Big(\sum_\mu u_\mu F_{\mu 1},\ \sum_\mu v_\mu F_{\mu 1}\Big) = \sum_\mu U_\mu F_{\mu 2}(x_3, \ldots, x_{k+1}).$$

Dabei erweisen sich die $F_{\mu 2}$ als homogene Polynome vom Grad m^4, soweit sie nicht identisch verschwinden. Jede Lösung des Systems (4_1) muß dann auch das System

$$(4_2)\qquad F_{\mu 2}(x_3, \ldots, x_{k+1}) = 0$$

befriedigen, und umgekehrt kann jede Lösung des Systems (4_2) zu einer Lösung von (4_1) und dann auch von (4_0) ergänzt werden. Wenn in allen Polynomen $F_{\mu 2}$ der Koeffizient von x_3^m verschwindet, so hat das System (4_2) die nichttriviale Lösung

$$x_3 = 1,\ x_4 = 0, \ldots, x_{k+1} = 0,$$

und die Lösung von (4_0), zu der sie sich ergänzen läßt, ist dann ebenfalls nichttrivial.

Wenn aber nicht in allen $F_{\mu 2}$ der Koeffizient von $x_3^{m^4}$ verschwindet, kann man in gleicher Weise fortfahren, und so ergibt sich allgemein:

$$(5_{p-1})\quad R_{x_p}\Big(\sum_\mu u_\mu F_{\mu, p-1},\ \sum_\mu v_\mu F_{\mu, p-1}\Big) = \sum_\mu U_\mu F_{\mu p}(x_{p+1}, \ldots, x_{k+1}),$$

wo die $F_{\mu p}$ homogene Polynome vom Grad m^{2^p} sind, soweit sie nicht identisch verschwinden.

Nun kann zweierlei eintreten. Entweder man stößt bei Durchführung dieses Prozesses auf ein gewisses p derart, daß in allen $F_{\mu p}$ die (m^{2^p})-te Potenz von x_{p+1} den Koeffizienten 0 hat. Dann hat zunächst das Gleichungssystem

$$(4_p)\qquad F_{\mu p}(x_{p+1}, \ldots, x_{k+1}) = 0$$

die nichttriviale Lösung

$$x_{p+1} = 1,\quad x_\nu = 0 \ \text{ für }\ p+1 < \nu \leqq k+1,$$

und diese kann zu einer nichttrivialen Lösung von (4_{p-1}), sodann von (4_{p-2}) und schließlich von (4_0) ergänzt werden.

Oder man stößt nicht auf ein derartiges p; dann endet der Prozeß mit der Formel

$$(5_{k-1})\quad R_{x_k}\Big(\sum_\mu u_\mu F_{\mu, k-1},\ \sum_\mu v_\mu F_{\mu, k-1}\Big) = \sum_\mu U_\mu F_{\mu k}(x_{k+1}),$$

wo die $F_{\mu k}$ homogene Polynome vom Grad m^{2^k} sind, also

$$(6)\quad F_{\mu k}(x_{k+1}) = A_\mu x_{k+1}^\tau, \quad \text{wo } \tau = m^{2^k},\ A_\mu \neq 0 \text{ für wenigstens ein } \mu.$$

In diesem Fall gibt es keine nichttriviale Lösung. Denn jede Lösung des ursprünglichen Systems (4_0) muß ja auch die Systeme (4_1), (4_2), …, (4_k) befriedigen. Aber aus (4_k) folgt wegen (6): $x_{k+1} = 0$. Setzt man das in (4_{k-1}) ein, so folgt weiter

$$F_{\mu,k-1}(x_k, 0) = 0,$$

und da wenigstens in einem $F_{\mu,k-1}$ die $(m^{2^{k-1}})$-te Potenz von x_k einen von 0 verschiedenen Koeffizienten hat, ergibt sich $x_k = 0$. Setzt man das in (4_{k-2}) ein, so folgt weiter $x_{k-1} = 0$ usw. Schließlich folgt aus (4_0) auch $x_1 = 0$, so daß es nur die triviale Lösung gibt.

V. Nach diesen Vorbereitungen nehmen wir nun an, daß die Polynome f_λ vollständig und daß ihre Koeffizienten unabhängige Variable sind: $a_1, \ldots, a_r$. Ferner sei $l \geqq k+1$. Dann ist die Resultante der ersten $k+1$ Polynome

$$\mathrm{P} = R\begin{pmatrix} f_1, \ldots, f_k, f_{k+1} \\ x_1, \ldots, x_k, x_{k+1} \end{pmatrix} \tag{7}$$

ein nicht identisch verschwindendes Polynom von $a_1, \ldots, a_r$. Für jede Lösung $x_\nu = \xi_\nu$ folgt aus Satz 124, daß $\xi_\nu^M \mathrm{P} = 0$ ist für $\nu = 1, 2, \ldots, k+1$, und da P nicht verschwindet, muß $\xi_\nu = 0$ sein. Das gegebene System hat also keine nichttriviale Lösung, so daß der Eliminationsprozeß bis zur Formel (5_{k-1}) und (6) fortgeht.

Nun folgt aus (5_0), indem man die Resultante als Sylvestersche Determinante schreibt, daß die Koeffizienten von $F_{\mu 1}$ Polynome von $a_1, \ldots, a_r$ sind mit ganzzahligen Koeffizienten. Das gleiche gilt dann wegen (5_1) auch von den Koeffizienten von $F_{\mu 2}$ und schließlich auch von den Koeffizienten von $F_{\mu k}$. Das besagt aber nach (6), daß die A_μ Polynome von $a_1, \ldots, a_r$ mit ganzzahligen Koeffizienten sind:

$$A_\mu = R_\mu(a_1, \ldots, a_r). \tag{8}$$

Wir behaupten, daß diese Polynome ein Resultantensystem bilden. Zunächst ergibt sich aus (5_{p-1}) mit Rücksicht auf Satz 116 die Formel

$$\sum_\mu U_\mu F_{\mu p} = \sum_\mu u_\mu F_{\mu, p-1} \cdot \Phi + \sum_\mu v_\mu F_{\mu, p-1} \cdot \Psi,$$

wo die Φ, Ψ Polynome von $x_p, \ldots, x_{k+1}$, von den a_ϱ und den u_μ, v_μ sind. Indem man hier beiderseits die einzelnen Potenzprodukte der u_μ, v_μ vergleicht, ergibt sich:

$$F_{\mu p} = \sum_\nu F_{\nu, p-1} P_{\mu\nu p}, \tag{9}$$

wo die $P_{\mu\nu p}$ Polynome von $x_p, \ldots, x_{k+1}$ und den a_ϱ sind.

Wenn nun die $a_1, \ldots, a_r$ gar nicht oder nur so spezialisiert sind, daß nicht alle R_μ verschwinden, so läßt sich der Eliminationsprozeß bis zu den Formeln (5_{k-1}) und (6) fortführen, so daß keine nichttrivialen Lösungen existieren. Denn würde der Prozeß früher enden, indem einmal in den Polynomen $F_{\mu,p-1}$ die $(m^{2^{p-1}})$-te Potenz von x_p den Koeffizienten 0 hätte, so würden die durch (5_{p-1}) definierten Polynome $F_{\mu p}$ bei der gedachten Spezialisierung identisch verschwinden, weil die linke Seite von (5_{p-1}), als Sylvestersche Determinante geschrieben, in der ersten Spalte lauter Nullen enthielte. Aus der Formel

(9) würde dann, indem man p der Reihe nach durch $p+1, \ldots, k$ ersetzt, folgen, daß auch die $F_{\mu, p+1}, \ldots, F_{\mu k}$, also mit Rücksicht auf (6) und (8) die Polynome $R_\mu(a_1, \ldots, a_r)$ bei der jetzigen Spezialisierung sämtlich verschwänden, entgegen der Voraussetzung.

Wenn dagegen die $a_1, \ldots, a_r$ so spezialisiert werden, daß alle R_μ verschwinden, so besagt das, daß in allen $F_{\mu k}$ die (m^{2^k})-te Potenz von x_{k+1} den Koeffizienten 0 hat. Daher stößt man bei der Durchführung des Eliminationsprozesses sicher auf ein p derart, daß in allen $F_{\mu p}$ die (m^{2^p})-te Potenz von x_{p+1} den Koeffizienten 0 hat; das tritt möglicherweise erst für $p = k$, vielleicht aber auch schon früher ein. In jedem Fall gibt es dann aber, wie wir sahen, eine nichttriviale Lösung.

Die Polynome R_μ bilden hiernach wirklich ein Resultantensystem. Sie haben ganzzahlige Koeffizienten, und man könnte aus ihrer Entstehungsweise auch entnehmen, daß sie in bezug auf alle a_ϱ homogen sind. In Satz 139 wird aber darüber hinaus die Existenz eines Resultantensystems behauptet, dessen Polynome in bezug auf die Koeffizienten jedes einzelnen Polynoms f_λ homogen sind. Um ein solches zu erhalten, zerlegen wir R_μ in homogene Bestandteile:

$$R_\mu = \sum_{\nu_1 \ldots \nu_l} R_{\mu \nu_1 \ldots \nu_l},$$

wobei $R_{\mu \nu_1 \ldots \nu_l}$ in bezug auf die Koeffizienten von f_λ homogen vom Grad ν_λ ist oder, falls ein Bestandteil dieses Grades in R_μ nicht enthalten ist, identisch verschwindet. Werden nun die Koeffizienten a_ϱ so spezialisiert, daß alle R_μ verschwinden, daß also eine nichttriviale Lösung vorhanden ist, so hat auch das Gleichungssystem

$$t_1 f_1(x_1, \ldots, x_{k+1}) = 0, \ldots, t_l f_l(x_1, \ldots, x_{k+1}) = 0,$$

wobei $t_1, \ldots, t_l$ neue unabhängige Variable sind, diese Lösung; also müssen auch für dieses System die Polynome des Resultantensystems zu 0 werden, d. h. es ist

$$\sum_{\nu_1 \ldots \nu_l} t_1^{\nu_1} \ldots t_l^{\nu_l} R_{\mu \nu_1 \ldots \nu_l} = 0.$$

Das besagt aber soviel wie $R_{\mu \nu_1 \ldots \nu_l} = 0$. Daher bilden auch die Polynome $R_{\mu \nu_1 \ldots \nu_l}$ ein Resultantensystem; diese haben ebenfalls ganzzahlige Koeffizienten und sind zudem in bezug auf die Koeffizienten von jedem einzelnen f_λ homogen.

Damit ist der erste Teil von Satz 139 bewiesen. Der Rest ergibt sich nun schnell. Zunächst erhält man aus der Formel (9), indem man sie der Reihe nach für $p = 1, 2, \ldots, k$ anwendet, eine Identität der Form

$$F_{\mu k} = \sum_\nu F_{\nu 0} Q_{\mu \nu},$$

wo die $Q_{\mu\nu}$ Polynome von $x_1, \ldots, x_{k+1}$ und den a_ϱ sind. Mit Rücksicht auf (6) und die Bedeutung der $F_{\nu 0}$ besagt das aber soviel wie

$$A_\mu x_{k+1}^\tau = \sum_{\lambda=1}^{l} f_\lambda(x_1, \ldots, x_{k+1})\, \Omega_{\mu\lambda}(a_1, \ldots, a_r, x_1, \ldots, x_{k+1}).$$

Hieraus folgt speziell für $x_{k+1} = 1$, wenn man zur Abkürzung

$$f_\lambda(x_1, \ldots, x_k, 1) = f_\lambda^*(x_1, \ldots, x_k)$$

setzt und links noch (8) berücksichtigt,

$$R_\mu(a_1, \ldots, a_r) = \sum_{\lambda=1}^{l} f_\lambda^*(x_1, \ldots, x_k)\, \mathfrak{Q}_{\mu\lambda}(a_1, \ldots, a_r, x_1, \ldots, x_k, 1).$$

Speziell für $l = k + 1$ lehrt dann Satz 123, daß das Polynom $R_\mu(a_1, \ldots, a_r)$ durch die Resultante

$$\mathsf{P}^* = R\begin{pmatrix} f_1^*, \ldots, f_k^*, f_{k+1}^* \\ x_1, \ldots, x_k, 1 \end{pmatrix}$$

teilbar ist. Aber nach der Resultantendefinition S. 227 ist $\mathsf{P}^* = \mathsf{P}$; also ist

$$(10) \qquad R_\mu(a_1, \ldots, a_r) = \mathsf{P} \cdot S_\mu(a_1, \ldots, a_r).$$

Wenn nun die a_ϱ so spezialisiert werden, daß P verschwindet, so verschwinden nach (10) auch die R_μ, also ist eine nichttriviale Lösung vorhanden. Wenn die a_ϱ dagegen gar nicht oder nur so spezialisiert werden, daß P nicht verschwindet, lehrt die oben an Formel (7) angeschlossene Überlegung, daß keine nichttriviale Lösung existiert. Damit ist der zweite Teil von Satz 139 bewiesen.

Wenn schließlich $l \leqq k$ ist, fügen wir dem gegebenen System von l Gleichungen noch $k - l + 1$ Gleichungen hinzu und spezialisieren deren Koeffizienten so, daß die Resultante der $k + 1$ Gleichungen verschwindet (man kann z. B. alle Koeffizienten der hinzugefügten Gleichungen zu 0 spezialisieren). Dann hat das erweiterte System von $k + 1$ Gleichungen und um so mehr das ursprüngliche System von nur l Gleichungen eine nichttriviale Lösung, womit auch der letzte Teil von Satz 139 erledigt ist.

§ 56. Anwendung auf die Frage nach der Zerlegbarkeit eines Polynoms.

I. Ein Polynom $f(x)$, dessen Grad größer als 1 ist, kann nach Satz 127 in einem geeigneten Körper $\mathfrak{k}$ in Linearfaktoren zerlegt werden; es ist also in $\mathfrak{k}$ reduzibel. Für Polynome von mehreren Variabeln gilt aber kein entsprechender Satz. Man nennt ein Polynom positiven Grades **absolut irreduzibel**, wenn es überhaupt gar keinen Erweiterungskörper des durch seine Koeffizienten bestimmten Körpers gibt, in dem es reduzibel wird.

Hiernach ist jedes Polynom ersten Grades absolut irreduzibel, und ein absolut irreduzibles Polynom von **einer** Variabeln ist auch immer vom ersten Grad. Daß es bei mehreren Variabeln nicht so ist, lehrt das Beispiel

$$F(x_1, \ldots, x_k) = f(x_1, \ldots, x_{k-1}) + x_k.$$

Denn ein von x_k freier Faktor kann sich von F nicht abspalten lassen, weil ja der Koeffizient von x_k, also die Konstante 1, diesen Faktor enthalten müßte.

Wenn also F in irgendeinem Körper in zwei nichttriviale Teiler zerlegt werden könnte, so müßte jeder die Variable x_k enthalten, und das Produkt könnte dann nicht in bezug auf x_k vom ersten Grad sein. Daher ist F absolut irreduzibel.

In dem Beispiel beruht die absolute Irreduzibilität in der Hauptsache darauf, daß F in bezug auf die Variable x_k vom ersten Grad ist. Doch ist das keineswegs notwendig. Als weiteres Beispiel betrachten wir das Polynom

$$G(x_1, \ldots, x_k) = g_n(x_1, \ldots, x_{k-1}) + x_k^{n-1},$$

wo g_n ein homogenes Polynom vom Grad n (> 1) ist. Würde sich G in irgendeinem Körper zerlegen lassen, etwa

$$g_n(x_1, \ldots, x_{k-1}) + x_k^{n-1} = \varphi_p(x_1, \ldots, x_k)\, \psi_{n-p}(x_1, \ldots, x_k),$$

wobei φ_p, ψ_{n-p} Polynome vom Grad p bzw. $n-p$ sind, so wäre auch, wenn y eine weitere Variable bedeutet,

$$g_n\left(\frac{x_1}{y}, \ldots, \frac{x_{k-1}}{y}\right) + \left(\frac{x_k}{y}\right)^{n-1} = \varphi_p\left(\frac{x_1}{y}, \ldots, \frac{x_k}{y}\right) \psi_{n-p}\left(\frac{x_1}{y}, \ldots, \frac{x_k}{y}\right),$$

und indem man mit y^n multipliziert,

$$g_n(x_1, \ldots, x_{k-1}) + x_k^{n-1} y = \Phi_p(x_1, \ldots, x_k, y)\, \Psi_{n-p}(x_1, \ldots, x_k, y),$$

wo Φ_p, Ψ_{n-p} homogene Polynome vom Grad p bzw. $n-p$ sind. Speziell für $x_k = 1$ hätte man

$$\begin{aligned} g_n(x_1, \ldots, x_{k-1}) + y &= \Phi_p(x_1, \ldots, x_{k-1}, 1, y)\, \Psi_{n-p}(x_1, \ldots, x_{k-1}, 1, y) \\ &= \Phi_p^*(x_1, \ldots, x_{k-1}, y)\, \Psi_{n-p}^*(x_1, \ldots, x_{k-1}, y), \end{aligned}$$

wobei Φ_p^*, Ψ_{n-p}^* höchstens vom Grad p bzw. $n-p$ und, da ihr Produkt vom Grad n ist, sogar genau von diesen Graden sind. Eine solche Zerlegung gibt es aber nicht, wie das erste Beispiel lehrt. Daher ist G absolut irreduzibel.

Wir hätten den Begriff der absoluten Irreduzibilität schon viel früher einführen und dann in Satz 120 gleich die absolute Irreduzibilität der Resultante feststellen können. Dazu hätten wir lediglich in § 45 III, IV unter $\mathfrak{k}^*$ nicht den Körper der komplexen Zahlen, sondern einen beliebigen Körper verstehen müssen, dem die Größen $a_1, \ldots, a_r$ nachträglich als unabhängige Variable adjungiert werden. Wir haben davon deshalb abgesehen, weil dem Leser, solange er die im gegenwärtigen Kapitel durchgeführten Körpererweiterungen und § 54 V nicht kennt, der Sinn von „es gibt einen Erweiterungskörper oder es gibt keinen", vielleicht doch Schwierigkeiten machen würde.

II. Hiernach hat es nun einen Sinn, nach den Bedingungen zu fragen, unter denen ein Polynom sich in gewisser Weise zerlegen läßt. Hierüber wollen wir als Anwendung von Satz 139 die folgenden beiden Sätze beweisen:

Satz 140. (Satz von Emmy Noether; Math. Annal. 85). *Die notwendige und hinreichende Bedingung dafür, dass das Polynom n-ten Grades*

$$\sum a_{\nu_1 \ldots \nu_k} x_1^{\nu_1} \cdots x_k^{\nu_k} \qquad (\nu_1 + \cdots + \nu_k \leqq n)$$

in einem gewissen Körper sich in ein Produkt von zwei Polynomen der Grade p und n — p zerlegen läßt, besteht darin, daß seine Koeffizienten einem gewissen System homogener Bedingungsgleichungen

$$R_\mu(a_{00\ldots 0}, a_{10\ldots 0}, \ldots) = 0$$

mit ganzzahligen Koeffizienten genügen.

Satz 141. *Die notwendige und hinreichende Bedingung dafür, daß das Polynom n-ten Grades*

$$\sum a_{\nu_1\ldots\nu_k} x_1^{\nu_1}\cdots x_k^{\nu_k} \qquad (\nu_1+\cdots+\nu_k \leqq n)$$

in einem gewissen Körper in Linearfaktoren zerfällt, besteht darin, daß seine Koeffizienten einem gewissen System von homogenen Bedingungsgleichungen

$$R_\mu^*(a_{00\ldots 0}, a_{10\ldots 0}, \ldots) = 0$$

mit ganzzahligen Koeffizienten genügen.

Beweis von Satz 140. Machen wir den Ansatz

$$\begin{aligned}(1)\qquad \beta \sum a_{\nu_1\ldots\nu_k} x_1^{\nu_1}\cdots x_k^{\nu_k} &= \sum \gamma_{\lambda_1\ldots\lambda_k} x_1^{\lambda_1}\cdots x_k^{\lambda_k} \cdot \sum \delta_{\mu_1\ldots\mu_k} x_1^{\mu_1}\cdots x_k^{\mu_k}\\ &(\lambda_1+\cdots+\lambda_k \leqq p;\ \mu_1+\cdots+\mu_k \leqq n-p),\end{aligned}$$

so ergibt sich durch Ausmultiplizieren und Koeffizientenvergleichung

$$(2)\qquad a_{\nu_1\ldots\nu_k}\beta = \sum_{\mu_1\ldots\mu_k} \gamma_{\nu_1-\mu_1,\ldots,\nu_k-\mu_k}\, \delta_{\mu_1\ldots\mu_k}.$$

Notwendig und hinreichend für die verlangte Zerlegbarkeit wird sein, daß dieses System für die Unbekannten β, $\gamma_{\lambda_1\ldots\lambda_k}$, $\delta_{\mu_1\ldots\mu_k}$ eine Lösung hat, bei der $\beta = 1$ ist und bei der dann natürlich nicht alle $\gamma_{\lambda_1\ldots\lambda_k}$ verschwinden. Nun ist das System (2) linear homogen für die Unbekannten β, $\delta_{\mu_1\ldots\mu_k}$. Die Bedingung für eine nichttriviale Lösung ist nach Satz 45 die, daß der Rang kleiner als die Zahl der Unbekannten ist, daß also gewisse Determinanten verschwinden:

$$(3)\qquad D_1 = 0, \ldots, D_s = 0.$$

Die Determinanten D_σ haben als Elemente in der ersten Spalte die $a_{\nu_1\ldots\nu_k}$ und in den andern Spalten die $\gamma_{\lambda_1\ldots\lambda_k}$. Sie sind also homogene Polynome der $\gamma_{\lambda_1\ldots\lambda_k}$ mit den Koeffizienten 0 und $\pm a_{\nu_1\ldots\nu_k}$. Wir ergänzen sie zu vollständigen homogenen Polynomen durch Hinzufügen der fehlenden Glieder mit unabhängigen Variabeln b_ϱ als Koeffizienten. Von den ergänzten Polynomen bilden wir nach Satz 139 ein Resultantensystem und spezialisieren darin die Variabeln b_ϱ zu 0. Dadurch entsteht ein System von homogenen Polynomen

$$R_\mu(a_{00\ldots 0}, a_{10\ldots 0}, \ldots)$$

mit ganzzahligen Koeffizienten, welches wir als ein Resultantensystem der (nicht vollständigen) Polynome D_σ bezeichnen wollen. Nun ist leicht zu zeigen, daß die so gebildeten R_μ gerade die in Satz 140 behauptete Eigenschaft haben.

Damit nämlich die Gleichungen (3) eine nichttriviale Lösung $\gamma_{\lambda_1\ldots\lambda_k}$ haben, müssen nach Satz 139 die R_μ zu 0 werden. Umgekehrt, wenn die R_μ

zu 0 werden, ist nach Satz 139 auch wirklich eine nichttriviale Lösung $\gamma_{\lambda_1 \dots \lambda_k}$ vorhanden. Zu dieser läßt sich dann auch eine Lösung des Systems (2) bestimmen, bei der die Unbekannten β, $\delta_{\mu_1 \dots \mu_k}$ nicht alle verschwinden. Dann ist aber gewiß $\beta \neq 0$, so daß man $\beta = 1$ wählen kann, weil für $\beta = 0$ aus der Formel (1), die ja mit (2) gleichbedeutend ist, folgen würde, daß rechts ein Faktor identisch verschwindet, und da nicht alle $\gamma_{\lambda_1 \dots \lambda_k}$ verschwinden, würden dann außer β auch alle $\delta_{\mu_1 \dots \mu_k}$ verschwinden; aber die Unbekannten β, $\delta_{\mu_1 \dots \mu_k}$ verschwinden doch in Wahrheit nicht alle.

Beweis von Satz 141. Für $n = 2$ ist der Satz in Satz 140 enthalten. Allgemein beweisen wir ihn durch den Schluß von $n - 1$ auf n; wir nehmen also an, für Polynome vom Grad $n - 1$ sei er bereits als richtig erkannt. Dann machen wir analog zu (1) den Ansatz

$$(4) \quad \beta \sum a_{\nu_1 \dots \nu_k} x_1^{\nu_1} \dots x_k^{\nu_k} = \sum \gamma_{\lambda_1 \dots \lambda_k} x_1^{\lambda_1} \dots x_k^{\lambda_k} \cdot (\delta_1 x_1 + \dots + \delta_k x_k + \delta_{k+1})$$
$$(\lambda_1 + \dots + \lambda_k \leqq n - 1).$$

Hieraus ergibt sich wieder für die $\gamma_{\lambda_1 \dots \lambda_k}$ ein System homogener Bedingungsgleichungen mit den Koeffizienten 0 und $\pm a_{\nu_1 \dots \nu_k}$. Nun soll sich aber der erste Faktor auf der rechten Seite von (4) weiter in Linearfaktoren zerlegen lassen. Dafür ist, da der Satz für Polynome vom Grad $n - 1$ bereits gilt, notwendig und hinreichend, daß die $\gamma_{\lambda_1 \dots \lambda_k}$ einem gewissen System homogener Bedingungsgleichungen mit ganzzahligen Koeffizienten genügen. Diese kommen zu dem vorigen System hinzu. Für die Existenz einer nichttrivialen Lösung $\gamma_{\lambda_1 \dots \lambda_k}$ des Gesamtsystems ist notwendig und hinreichend, daß die Polynome eines zugehörigen Resultantensystems

$$R_\mu^*(a_{00 \dots 0}, a_{10 \dots 0}, \dots)$$

zu 0 werden, und zwar kann man die R_μ^* nach Satz 139 homogen und mit ganzzahligen Koeffizienten wählen.

Sind aber diese notwendigen Bedingungen erfüllt, dann kann man nach Bestimmung der $\gamma_{\lambda_1 \dots \lambda_k}$ genau wie vorhin auch die zugehörigen $\delta_1, \dots, \delta_{k+1}$ und β bestimmen, und zwar so, daß $\beta = 1$ ist.

§ 57. Das Bézoutsche Theorem.

1. Wenn ein homogenes Gleichungssystem

$$f_1(x_1, \dots, x_{k+1}) = 0, \dots, f_l(x_1, \dots, x_{k+1}) = 0$$

die nichttriviale Lösung

$$x_1 = \xi_1, x_2 = \xi_2, \dots, x_{k+1} = \xi_{k+1}$$

hat, so hat es, wenn ϱ eine beliebige von 0 verschiedene Größe bedeutet, offenbar auch die nichttriviale Lösung

$$x_1 = \varrho\xi_1, x_2 = \varrho\xi_2, \dots, x_{k+1} = \varrho\xi_{k+1}.$$

Diese unendlich vielen Lösungen werden wir gelegentlich in der gemeinsamen Form einer fortlaufenden Proportion

$$x_1 : x_2 : \ldots : x_{k+1} = \xi_1 : \xi_2 : \ldots : \xi_{k+1}$$

schreiben, und wir betrachten sie als nicht voneinander verschieden, während zwei nichttriviale Lösungen, die nicht in dieser Beziehung zueinander stehen, als verschieden gelten. Mit dieser Terminologie gilt der

Satz 142. *In dem homogenen Gleichungssystem*

$$f_1(x_1, \ldots, x_{k+1}) = 0, \ldots, f_{k+1}(x_1, \ldots, x_{k+1}) = 0,$$

bei dem die Polynome

$$f_\varkappa(x_1, \ldots, x_{k+1}) = \sum_{\nu_1 \ldots \nu_k} a^{(\varkappa)}_{\nu_1 \ldots \nu_k} x_1^{\nu_1} \cdots x_k^{\nu_k} x_{k+1}^{m_\varkappa - \nu_1 - \cdots - \nu_k}$$

positive Grade $m_\varkappa$ haben, seien die Koeffizienten $a^{(\varkappa)}_{\nu_1 \ldots \nu_k}$ so spezialisiert, daß die Resultante

$$\mathsf{P} = R\begin{pmatrix} f_1, \ldots, f_k, f_{k+1} \\ x_1, \ldots, x_k, x_{k+1} \end{pmatrix}$$

verschwindet, während die $k + 1$ partiellen Ableitungen [1])

$$\frac{\partial \mathsf{P}}{\partial a^{(\varkappa)}_{10\ldots 00}}, \quad \frac{\partial \mathsf{P}}{\partial a^{(\varkappa)}_{01\ldots 00}}, \quad \ldots, \quad \frac{\partial \mathsf{P}}{\partial a^{(\varkappa)}_{00\ldots 01}}, \quad \frac{\partial \mathsf{P}}{\partial a^{(\varkappa)}_{00\ldots 00}}$$

für wenigstens einen der Werte $\varkappa = 1, 2, \ldots, k + 1$ nicht sämtlich verschwinden. Dann hat das Gleichungssystem e i n e und n u r e i n e nichttriviale Lösung, und zwar ist

$$x_1 : x_2 : \ldots : x_k : x_{k+1} = \frac{\partial \mathsf{P}}{\partial a^{(\varkappa)}_{10\ldots 00}} : \frac{\partial \mathsf{P}}{\partial a^{(\varkappa)}_{01\ldots 00}} : \ldots : \frac{\partial \mathsf{P}}{\partial a^{(\varkappa)}_{00\ldots 01}} : \frac{\partial \mathsf{P}}{\partial a^{(\varkappa)}_{00\ldots 00}}$$

B e w e i s. Daß eine nichttriviale Lösung vorhanden ist, folgt aus dem zweiten Teil von Satz 139, weil ja die Resultante verschwindet. Um zu zeigen, daß es n u r e i n e gibt, nehmen wir zunächst die Polynome f_k als vollständig und ihre Koeffizienten als unabhängige Variable an, so daß P ein Polynom dieser Variabeln ist und noch nicht verschwindet. Nach Satz 124 bestehen dann Identitäten der Form

$$x_\nu^M \mathsf{P} = \sum_{\mu=1}^{k+1} f_\mu \Phi_{\nu\mu} \qquad (\nu = 1, 2, \ldots, k + 1),$$

wo die $\Phi_{\nu\mu}$ Polynome von $x_1, \ldots, x_{k+1}$ und von den Koeffizienten $a^{(\varkappa)}_{\nu_1 \ldots \nu_k}$ sind. Bildet man beiderseits die partielle Ableitung nach $a^{(\varkappa)}_{\nu_1 \ldots \nu_k}$, so ergibt sich:

---

[1]) Sind die Koeffizienten unabhängige Variable, so ist die Resultante ein Polynom dieser Variabeln, und man kann die partiellen Ableitungen $\frac{\partial \mathsf{P}}{\partial a^{(\varkappa)}_{\nu_1 \ldots \nu_k}}$ bilden, die ebenfalls Polynome dieser Variabeln sind. Für diese Polynome behalten wir der Einfachheit halber die Bezeichnung $\frac{\partial \mathsf{P}}{\partial a^{(\varkappa)}_{\nu_1 \ldots \nu_k}}$ auch dann bei, wenn darin nachträglich die Variabeln durch s p e z i e l l e Größen ersetzt werden.

$$x_\nu^M \frac{\partial P}{\partial a^{(\varkappa)}_{\nu_1 \ldots \nu_k}} = \sum_{\mu=1}^{k+1} f_\mu \frac{\partial \Phi_{\nu\mu}}{\partial a^{(\varkappa)}_{\nu_1 \ldots \nu_k}} + x_1^{\nu_1} \cdots x_k^{\nu_k} x_{k+1}^{m_\varkappa - \nu_1 - \cdots - \nu_k} \Phi_{\nu\varkappa}.$$

Spezialisiert man in dieser Identität die $a^{(\varkappa)}_{\nu_1 \ldots \nu_k}$ auf die in Satz 142 verlangte Art und spezialisiert die x_ν zu einer dann ja sicher vorhandenen nichttrivialen Lösung ξ_ν, so folgt:

$$\xi_\nu^M \frac{\partial P}{\partial a^{(\varkappa)}_{\nu_1 \ldots \nu_k}} = \xi_1^{\nu_1} \cdots \xi_k^{\nu_k} \xi_{k+1}^{m_\varkappa - \nu_1 - \cdots - \nu_k} \Phi_{\nu\varkappa},$$

also speziell

$$\xi_\nu^M \frac{\partial P}{\partial a^{(\varkappa)}_{10\ldots 0}} = \xi_1 \xi_{k+1}^{m_\varkappa - 1} \Phi_{\nu\varkappa},$$

$$\cdots\cdots\cdots\cdots$$

$$\xi_\nu^M \frac{\partial P}{\partial a^{(\varkappa)}_{00\ldots 1}} = \xi_k \xi_{k+1}^{m_\varkappa - 1} \Phi_{\nu\varkappa},$$

$$\xi_\nu^M \frac{\partial P}{\partial a^{(\varkappa)}_{00\ldots 0}} = \xi_{k+1}^{m_\varkappa} \Phi_{\nu\varkappa}.$$

Nach Voraussetzung ist bei geeigneter Wahl von $\varkappa$ wenigstens eine der linksstehenden Ableitungen von 0 verschieden, und bei geeigneter Wahl von ν ist auch $\xi_\nu \neq 0$. Daraus folgt, daß auch das rechtsstehende $\Phi_{\nu\varkappa}$ von 0 verschieden ist und daß die Proportion gilt:

$$\frac{\partial P}{\partial a^{(\varkappa)}_{10\ldots 0}} : \ldots : \frac{\partial P}{\partial a^{(\varkappa)}_{00\ldots 1}} : \frac{\partial P}{\partial a^{(\varkappa)}_{00\ldots 0}} = \xi_1 : \ldots : \xi_k : \xi_{k+1}.$$

Die Lösung ξ_ν ist also wirklich nur die in Satz 142 angegebene.

II. Wir untersuchen jetzt ein System von k homogenen Gleichungen mit $k+1$ Unbekannten:

$$(1) \qquad f_1(x_1, \ldots, x_{k+1}) = 0, \ldots, f_k(x_1, \ldots, x_{k+1}) = 0.$$

Ihre Grade $m_1, \ldots, m_k$ seien positiv, und die Koeffizienten seien unabhängige Variable[1]). Nach dem dritten Teil von Satz 139 hat das System nichttriviale Lösungen; wir wollen jetzt ihre Anzahl bestimmen. Dazu bemerken wir zunächst, daß bei jeder nichttrivialen Lösung alle Unbekannten von 0 verschieden sind. Denn setzt man in (1) eine Unbekannte gleich 0, so entsteht für die k andern ein homogenes System von k Gleichungen, deren Koeffizienten unabhängige Variable sind. Dieses hat aber nur die triviale Lösung, was für $k = 1$ evident ist und für $k > 1$ aus dem zweiten Teil von Satz 139 (wo $k+1$ durch k zu ersetzen ist) folgt, weil ja die Resultante ein nicht identisch verschwindendes Polynom ist.

[1]) Die Sache ist natürlich so gemeint, daß die linken Seiten der Gleichungen vollständige homogene Polynome mit unabhängigen Variabeln als Koeffizienten sind. Im Fall $k = 2$ würde z. B. das System

$$a_1 x_1^2 + a_2 x_2^2 + a_3 x_1 x_3 = 0, \quad b_1 x_1^2 + b_2 x_2 x_3 + b_3 x_3^2 = 0,$$

auch wenn $a_1, a_2, a_3, b_1, b_2, b_3$ unabhangige Variable sind, nicht unter den gemeinten Begriff fallen, weil die Polynome nicht vollständig sind.

Nun führen wir ein vollständiges homogenes Polynom

$$(2)\qquad f_{k+1}(x_1, \ldots, x_{k+1}) = \sum_{\nu_1 \ldots \nu_k} c_{\nu_1 \ldots \nu_k}\, x_1^{\nu_1} \cdots x_k^{\nu_k}\, x_{k+1}^{m-\nu_1-\cdots-\nu_k}$$

von dem beliebigen positiven Grad m ein, dessen Koeffizienten zunächst weitere unabhängige Variable seien. Die Resultante

$$(3)\qquad \mathsf{P} = R\begin{pmatrix} f_1, \ldots, f_k, f_{k+1} \\ x_1, \ldots, x_k, x_{k+1} \end{pmatrix}$$

kann nach der Resultantendefinition S. 227 auch als Resultante inhomogener Polynome geschrieben werden und erweist sich dann nach Satz 120 in bezug auf die Koeffizienten von f_{k+1} als ein homogenes Polynom vom Grad

$$(4)\qquad l = m_1 m_2 \cdots m_k,$$

und zwar kommt speziell die l-te Potenz von $c_{0\ldots0}$ wirklich vor (nämlich bei geeigneter Numerierung im Hauptglied nach Satz 120, wo $c_{0\ldots0}$ mit a_{k+1} bezeichnet war). Nach dem gleichen Satz ist P als Polynom aller Variabeln in $\mathfrak{K}(1)$ irreduzibel und daher gewiß zu $\dfrac{\partial \mathsf{P}}{\partial c_{0\ldots0}}$ relativ prim. Die zweite dieser Eigenschaften bleibt nach Satz 112 erhalten, wenn man P und $\dfrac{\partial \mathsf{P}}{\partial c_{0\ldots0}}$ speziell als Polynome der einen Variabeln $c_{0\ldots0}$ betrachtet, und folglich ist nach Satz 115 die Resultante

$$R_{c_{0\ldots0}}\left(\mathsf{P}, \frac{\partial \mathsf{P}}{\partial c_{0\ldots0}}\right),$$

und also auch die Diskriminante $D_{c_{0\ldots0}}(\mathsf{P})$, von 0 verschieden[1]). Die Gleichung $\mathsf{P} = 0$ hat dann, als Gleichung l-ten Grades für die Unbekannte $c_{0\ldots0}$ angesehen, nach Satz 131 lauter voneinander verschiedene Wurzeln

$$(5)\qquad c_{0\ldots0}^{(1)},\ c_{0\ldots0}^{(2)}, \ldots, c_{0\ldots0}^{(l)},$$

und nach Satz 130 ist

$$(6)\qquad \frac{\partial \mathsf{P}}{\partial c_{0\ldots0}} \neq 0 \quad \text{für } c_{0\ldots0} = c_{0\ldots0}^{(\lambda)} \qquad (\lambda = 1, 2, \ldots, l).$$

Wenn nun $\xi_1, \ldots, \xi_{k+1}$ eine nichttriviale Lösung des Systems (1) ist, so sind, wie bereits bemerkt, alle ξ_ν von 0 verschieden, so daß wir den Ausdruck

$$(7)\qquad \eta = c_{0\ldots0} - \frac{f_{k+1}(\xi_1, \ldots, \xi_{k+1})}{\xi_{k+1}^m}$$

bilden können. Dann hat auch das System der $k+1$ homogenen Gleichungen

[1]) Damit Satz 115 anwendbar ist, muß allerdings vorausgesetzt werden, daß P in bezug auf $c_{0\ldots0}$ mindestens vom zweiten Grad ist, also $l \geqq 2$. Aber für $l = 1$, wenn also das Gleichungssystem (1) linear ist, ist die fragliche Diskriminante definitionsgemäß gleich 1 (§ 44, Fl. (5)). Wir brauchen also diesen Fall, obwohl er schon in § 24 vollständig erledigt ist und jetzt weniger interessiert, im folgenden durchaus nicht auszuschließen.

$$f_1(x_1, \ldots, x_{k+1}) = 0, \ldots, f_k(x_1, \ldots, x_{k+1}) = 0,$$
$$f_{k+1}(x_1, \ldots, x_{k+1}) + (\eta - c_{0\ldots0})\, x_{k+1}^m = 0$$

eine Lösung, nämlich $\xi_1, \ldots, \xi_{k+1}$. Nach Satz 139 muß also die Resultante

$$R\begin{pmatrix} f_1, \ldots, f_k, f_{k+1} + (\eta - c_{0\ldots0})\, x_{k+1}^m \\ x_1, \ldots, x_k, \qquad x_{k+1} \end{pmatrix}$$

verschwinden. Diese geht aber aus P hervor, indem man $c_{0\ldots0}$ durch η ersetzt. Daher ist η eine der l Wurzeln (5), und wir sehen:

Wenn $\xi_1, \ldots, \xi_{k+1}$ eine nichttriviale Lösung des Gleichungssystems (1) ist, so ist der Ausdruck (7) eine der l Wurzeln (5), etwa die Wurzel $c_{0\ldots0}^{(\lambda)}$, so daß $\xi_1, \ldots, \xi_{k+1}$ sogar eine Lösung des Systems von $k + 1$ Gleichungen ist:

$$f_1(x_1, \ldots, x_{k+1}) = 0, \ldots, f_k(x_1, \ldots, x_{k+1}) = 0,$$
$$f_{k+1}(x_1, \ldots, x_{k+1}) + (c_{0\ldots0}^{(\lambda)} - c_{0\ldots0})\, x_{k+1}^m = 0.$$

Anderseits hat aber dieses System für jede der Zahlen $\lambda = 1, 2, \ldots, l$ nach Satz 142 wirklich genau eine Lösung, weil für $c_{0\ldots0} = c_{0\ldots0}^{(\lambda)}$ zwar $\mathsf{P} = 0$, aber $\dfrac{\partial \mathsf{P}}{\partial c_{0\ldots0}} \neq 0$ ist. Somit ergibt sich der

Satz 143. *Liegt ein homogenes System von k Gleichungen mit $k + 1$ Unbekannten vor von den positiven Graden $m_1, \ldots, m_k$ und sind die Koeffizienten unabhängige Variable*[1]), *so hat das Gleichungssystem genau $m_1 m_2 \cdots m_k$ nichttriviale Lösungen (die natürlich einem passenden Erweiterungskörper angehören). Bei jeder solchen Lösung sind alle Unbekannten von 0 verschieden.*

Unsere Betrachtung zeigt aber noch mehr. Wir wollen die l nichttrivialen Lösungen mit

$$\xi_{1\lambda}, \xi_{2\lambda}, \ldots, \xi_{k+1,\lambda} \qquad (\lambda = 1, 2, \ldots, l)$$

bezeichnen, wobei wir für jedes λ den willkürlichen Proportionalitätsfaktor irgendwie fixiert denken. Wenn wir nun einen Körper $\mathfrak{k}$ zugrunde legen, dem die als unabhängige Variabeln vorausgesetzten Koeffizienten der k Gleichungen und die Größen $\xi_{\varkappa\lambda}$ angehören, und wenn wir nachträglich das Polynom (2) mit neuen unabhängigen Variabeln als Koeffizienten einführen, so hat die Gleichung $\mathsf{P} = 0$, wie wir sahen, l verschiedene Wurzeln, die wir wieder mit $c_{0\ldots0}^{(\lambda)}$ bezeichnen. Nach unseren Feststellungen müssen diese mit den Ausdrücken (vgl. Fl. (7))

$$c_{0\ldots0} - \frac{f_{k+1}(\xi_{1\lambda}, \ldots, \xi_{k+1,\lambda})}{\xi_{k+1,\lambda}^m}$$

übereinstimmen; bei geeigneter Numerierung ist also

$$c_{0\ldots0}^{(\lambda)} = c_{0\ldots0} - \frac{f_{k+1}(\xi_{1\lambda}, \ldots, \xi_{k+1,\lambda})}{\xi_{k+1,\lambda}^m} \tag{8}$$

---

[1]) Vgl. die Fußnote S. 286.

Nun ist die Resultante P ein homogenes Polynom l-ten Grades aller Variabeln $c_{\nu_1\ldots\nu_k}$, und da sie speziell als Polynom von $c_{0\ldots 0}$ die l Wurzeln $c^{(\lambda)}_{0\ldots 0}$ hat, so können wir sie als Produkt schreiben:

$$(9) \qquad \mathsf{P} = A\prod_{\lambda=1}^{l}(c_{0\ldots 0} - c^{(\lambda)}_{0\ldots 0}).$$

Dabei ist A der Koeffizient von $c^l_{0\ldots 0}$, also nach Satz 120 (wo $c_{0\ldots 0}$ mit a_{k+1} bezeichnet war) ein mit ganzzahligen Koeffizienten versehenes Polynom der Koeffizienten von $f_1, \ldots, f_k$, auf das es vorläufig nicht ankommt; wir werden es aber in § 58 bestimmen. Aus (8) und (9) ergibt sich jetzt

$$(9\text{a}) \qquad \mathsf{P} = A\prod_{\lambda=1}^{l}\frac{1}{\xi^m_{k-1,\lambda}} f_{k+1}(\xi_{1\lambda}, \ldots, \xi_{k+1,\lambda}).$$

Beachtet man, daß jede Lösung $\xi_{1\lambda}, \ldots, \xi_{k+1,\lambda}$ bloß bis auf einen willkürlichen Proportionalitätsfaktor bestimmt ist, so kann man durch geeignete Wahl dieser Faktoren erreichen, daß die vorige Formel übergeht in

$$(10) \quad \mathsf{P} = \prod_{\lambda=1}^{l} f_{k+1}(\xi_{1\lambda}, \ldots, \xi_{k+1,\lambda}) = \prod_{\lambda=1}^{l}\Big(\sum c_{\nu_1\ldots\nu_k}\xi^{\nu_1}_{1\lambda}\cdots\xi^{\nu_k}_{k\lambda}\xi^{m-\nu_1-\cdots-\nu_k}_{k+1,\lambda}\Big).$$

Damit ist bewiesen

Satz 144. *Die Koeffizienten der k vollständigen homogenen Polynome*

$$f_1(x_1, \ldots, x_{k+1}), \ldots, f_k(x_1, \ldots, x_{k+1})$$

von den positiven Graden $m_1, \ldots, m_k$ seien unabhängige Variable, so daß das Gleichungssystem, das sich durch Nullsetzen der k Polynome ergibt, nach Satz 143 genau $m_1 m_2 \cdots m_k = l$ verschiedene Lösungen

$$\xi_{1\lambda}, \xi_{2\lambda}, \ldots, \xi_{k+1,\lambda} \quad (\lambda = 1, 2, \ldots, l)$$

hat. Ist dann

$$f_{k+1}(x_1, \ldots, x_{k+1}) = \sum c_{\nu_1\ldots\nu_k} x_1^{\nu_1}\cdots x_k^{\nu_k} x_{k+1}^{m-\nu_1-\cdots-\nu_k}$$

ein vollständiges homogenes Polynom vom positiven Grad m mit weiteren unabhängigen Variabeln als Koeffizienten, so ist die Resultante

$$R\begin{pmatrix} f_1, \ldots, f_k, f_{k+1} \\ x_1, \ldots, x_k, x_{k+1}\end{pmatrix}$$

in bezug auf die Variabeln $c_{\nu_1\ldots\nu_k}$ ein homogenes Polynom vom Grad $l = m_1\cdots m_k$ und zerfällt gemäß der Formel (10) in Linearfaktoren, wobei die in den Lösungen $\xi_{\varkappa\lambda}$ enthaltenen Proportionalitätsfaktoren geeignet zu wählen sind.

III. Nunmehr sind wir auch in der Lage, das Gleichungssystem (1) zu behandeln, wenn die Koeffizienten irgendwelche spezielle Größen sind. Dazu führen wir noch das lineare Polynom

$$(11) \qquad c_1 x_1 + \cdots + c_{k+1} x_{k+1}$$

ein, dessen Koeffizienten $c_\varkappa$ unabhängige Variable seien. Die Resultante

$$\mathsf{P}_1 = R\begin{pmatrix} f_1, \ldots, f_k, & c_1 x_1 + \cdots + c_{k+1} x_{k+1} \\ x_1, \ldots, x_k, & x_{k+1} \end{pmatrix} \tag{12}$$

ist dann ein Polynom dieser Variabeln:

$$\mathsf{P}_1 = \mathsf{P}_1(c_1, \ldots, c_{k+1}). \tag{13}$$

Nun behandeln wir zuerst den Fall, daß das Polynom (13) identisch verschwindet. Dann ist, wie man auch $c_1, \ldots, c_{k+1}$ spezialisieren mag, die Resultante P_1 stets gleich 0, und folglich hat das homogene System

$$f_1 = 0, \ldots, f_k = 0, \quad c_1 x_1 + \cdots + c_{k+1} x_{k+1} = 0$$

nach Satz 139 stets eine nichttriviale Lösung. Daraus läßt sich aber folgern, daß das System der ersten k Gleichungen, also das System (1), sogar unendlich viele nichttriviale Lösungen hat. Denn nimmt man an, es wären nur endlich viele, etwa s:

$$\begin{cases} x_1 = \xi_{11}, x_2 = \xi_{21}, \ldots, x_{k+1} = \xi_{k+1,1}, \\ \cdot\ \cdot\ \cdot\ \cdot\ \cdot\ \cdot\ \cdot\ \cdot\ \cdot\ \cdot\ \cdot\ \cdot\ \cdot \\ x_1 = \xi_{1s}, x_2 = \xi_{2s}, \ldots, x_{k+1} = \xi_{k+1,s}, \end{cases} \tag{14}$$

so kann man nach Satz 29 gewisse Größen $\gamma_1, \ldots, \gamma_{k+1}$ angeben (sogar als ganze Zahlen) derart, daß

$$\gamma_1 \xi_{1\sigma} + \cdots + \gamma_{k+1} \xi_{k+1,\sigma} \neq 0 \qquad (\sigma = 1, 2, \ldots, s) \tag{15}$$

ist. Nun muß aber das System

$$f_1 = 0, \ldots, f_k = 0, \quad \gamma_1 x_1 + \cdots + \gamma_{k+1} x_{k+1} = 0$$

nach dem oben Bemerkten ebenfalls eine nichttriviale Lösung haben. Das ist dann erst recht eine Lösung des Systems (1), welche aber wegen (15) von den s Lösungen (14) verschieden ist. Die Annahme, daß mit den s Lösungen (14) schon alle erschöpft sind, war also falsch.

Jetzt kommen wir zum Fall, daß das Polynom (13) nicht identisch verschwindet. Dann ist es homogen vom Grad $l = m_1 \cdots m_k$. Sind die Koeffizienten des Systems (1) unabhängige Variabeln $a_1; \ldots, a_r$, so zerfällt das Polynom (13), dessen Koeffizienten Polynome von $a_1, \ldots, a_r$ sind, nach Satz 144 in Linearfaktoren; die Koeffizienten von (13) erfüllen also die nach Satz 141 dazu erforderlichen Bedingungsgleichungen. Werden nun die $a_1, \ldots, a_r$ spezialisiert, so bleiben diese Bedingungsgleichungen erfüllt, und da sie nach Satz 141 auch hinreichend sind, zerfällt P_1 auch nach der Spezialisierung in Linearfaktoren. Es gibt also gewisse Größen $\xi_{\varkappa\lambda}$ derart, daß die Zerlegung statthat:

$$\mathsf{P}_1(c_1, \ldots, c_{k+1}) = \prod_{\lambda=1}^{l} (\xi_{1\lambda} c_1 + \cdots + \xi_{k+1,\lambda} c_{k+1}). \tag{16}$$

Nun wollen wir zeigen, daß das System (1) die nichttrivialen Lösungen

$$x_1 = \xi_{1\lambda}, \ldots, x_{k+1} = \xi_{k+1,\lambda} \qquad (\lambda = 1, 2, \ldots, l) \tag{17}$$

und keine andern hat. Ist nämlich $\xi_1, \ldots, \xi_{k+1}$ eine beliebige nichttriviale Lösung und etwa $\xi_{k+1} \neq 0$, so setzen wir

$$-\frac{\xi_1 c_1 + \cdots + \xi_k c_k}{\xi_{k+1}} = \gamma .$$

Dann hat das Gleichungssystem

$$f_1 = 0, \ldots, f_k = 0, \quad c_1 x_1 + \cdots + c_k x_k + \gamma\, x_{k+1} = 0$$

die nichttriviale Lösung $\xi_1, \ldots, \xi_{k+1}$, so daß nach Satz 139 die Resultante $\mathsf{P}_1(c_1, \ldots, c_k, \gamma)$ verschwindet. Das Polynom $\mathsf{P}_1(c_1, \ldots, c_k, c_{k+1})$ hat daher als Polynom von c_{k+1} die Wurzel γ und ist folglich durch $c_{k+1} - \gamma$, also durch

$$c_{k+1} + \frac{\xi_1 c_1 + \cdots + \xi_k c_k}{\xi_{k+1}} \tag{18}$$

teilbar. Die Koeffizienten des Quotienten sind nach Satz 72 P o l y n o m e von $c_1, \ldots, c_k$, so daß P_1 auch als Polynom aller Variabeln $c_1, \ldots, c_{k+1}$ den Teiler (18), also auch den äquivalenten Teiler

$$\xi_1 c_1 + \cdots + \xi_k c_k + \xi_{k+1} c_{k+1} \tag{19}$$

hat. Sollte $\xi_{k+1} = 0$ sein, so ist doch ein anderes $\xi_\varkappa$ von 0 verschieden und man kann ganz entsprechend schließen. Daher hat $\mathsf{P}_1(c_1, \ldots, c_{k+1})$ unter allen Umständen den Teiler (19), der demnach mit einem Faktor auf der rechten Seite von (16) äquivalent sein muß. Die Lösung $\xi_1, \ldots, \xi_{k+1}$ ist daher unter den Größensystemen (17) enthalten. Es gibt daher gewiß nur endlich viele nichttriviale Lösungen des Systems (1), und diese müssen unter den Größensystemen (17) gesucht werden.

Umgekehrt ist aber das Größensystem (17) auch für jeden der Indizes λ wirklich eine Lösung von (1). Denn angenommen, für einen gewissen Index $\lambda = \lambda_0$ sei das nicht so; dann bezeichnen wir die endlich vielen verschiedenen nichttrivialen Lösungen, deren Anzahl j sei, mit

$$\xi_1^{(\iota)}, \ldots, \xi_{k+1}^{(\iota)} \qquad (\iota = 1, 2, \ldots, j) \tag{20}$$

und spezialisieren die Variabeln $c_1, \ldots, c_{k+1}$ so, daß

$$\xi_{1\lambda_0} c_1 + \cdots + \xi_{k+1,\lambda_0} c_{k+1} = 0 \tag{21}$$

$$\xi_1^{(\iota)} c_1 + \cdots + \xi_{k+1}^{(\iota)} c_{k+1} \neq 0 \qquad \text{für } \iota = 1, 2, \ldots, j \tag{22}$$

ist. Das läßt sich machen; denn wenn man mit Hilfe von (21) eine der $k + 1$ Größen $c_\varkappa$ durch die anderen ausdrückt und in die linke Seite von (22) einsetzt, entsteht für jeden der Werte $\iota = 1, 2, \ldots, j$ ein nicht identisch verschwindendes Polynom der k andern $c_\varkappa$, die wir dann als unabhängige Variabeln lassen können. Alsdann hat das Gleichungssystem

$$f_1 = 0, \ldots, f_k = 0, \quad c_1 x_1 + \cdots + c_{k+1} x_{k+1} = 0,$$

weil seine Resultante nach (21) und (16) verschwindet, nach Satz 139 eine nichttriviale Lösung. Diese ist, da sie eine Lösung der ersten k Gleichungen ist, unter den j Lösungen (20) enthalten. Da sie aber auch eine Lösung der letzten Gleichung ist, ist sie wegen (22) nicht unter den Lösungen (20) enthalten. Die Annahme, daß $\xi_{1\lambda_0}, \ldots, \xi_{k+1,\lambda_0}$ keine Lösung sei, hat also zu einem Widerspruch geführt.

Die l Lösungen (17) brauchen nicht alle voneinander verschieden zu sein, so daß wir nur sagen können, es gibt höchstens l Lösungen. Wir wollen aber jetzt jeder Lösung eine Vielfachheit oder Multiplizität beilegen, und zwar nennen wir eine Lösung p-fach, wenn sie für p verschiedene Indizes λ in (17) enthalten ist. Nunmehr können wir unsere Resultate zusammenfassen in

Satz 145. *Ein System von k homogenen Gleichungen positiven Grades mit $k+1$ Unbekannten hat entweder unendlich viele verschiedene nichttriviale Lösungen, oder die Anzahl der nichttrivialen Lösungen ist höchstens gleich dem Produkt der Grade und, wenn jede Lösung ihrer Vielfachheit entsprechend gezählt wird, sogar genau gleich dem Produkt der Grade.*

IV. Die Sätze 143, 145 sind die präzise Fassung des sog. Bézoutschen Theorems. Bei Bézout findet sich allerdings nur der Satz, daß, wenn die Koeffizienten des Gleichungssystems nicht spezialisiert sind, eine „Endgleichung" entsteht, deren Grad gleich dem Produkt der Einzelgrade ist [1]). Da man vor Bézout durch weniger vorteilhafte Eliminationen immer Endgleichungen von viel höherem Grad erhalten hatte, die dann auch einige „falsche" Wurzeln hatten, bedeutet die Leistung von Bézout in der Tat einen entscheidenden Fortschritt. Indessen hat Bézout doch die Frage außer acht gelassen, ob nicht seine Endgleichung vielleicht auch noch von zu hohem Grad ist und „falsche" Wurzeln hat, oder ob zu jeder Wurzel seiner Endgleichung nun auch wirklich eine Lösung des ursprünglichen Gleichungssystems gehört. Diese Lücke hat Liouville bemerkt und auszufüllen versucht [2]). Einen vollständigen Beweis des Bézoutschen Theorems konnte aber erst Mertens geben mit Hilfe seiner Resultantentheorie [3]).

Bei einer Gleichung mit einer Unbekannten oder, was auf dasselbe hinausläuft, bei einer homogenen Gleichung mit zwei Unbekannten haben wir bereits in § 51 III einen Vielfachheitsbegriff eingeführt. Wir wollen noch zeigen, daß er sich mit dem jetzigen für $k=1$ deckt. Dabei handelt es sich um die Gleichung

$$x^l + a_1 x^{l-1} + \cdots + a_l = 0, \tag{23}$$

oder, indem wir sie durch die Substitution $x = \frac{x_1}{x_2}$ homogen machen,

$$x_1^l + a_1 x_1^{l-1} x_2 + \cdots + a_l x_2^l = 0. \tag{24}$$

Bezeichnen wir die Wurzeln von (23) mit $\varrho_1, \ldots, \varrho_l$, so ist die linke Seite von (23) gleich $\Pi(x-\varrho_\lambda)$ und daher die linke Seite von (24) gleich $\Pi(x_1 - \varrho_\lambda x_2)$. Wenn wir die Gleichung nach der jetzigen Methode auflösen wollen, müssen wir die Resultante

---

[1]) Bézout, Théorie générale des équations algébriques. Paris 1799. S. 32.

[2]) Journal de math. pures et appl. 6 (1841).

[3]) Sitzungsberichte der Wiener Akademie, Math-naturw. Klasse, Bd. 108, Abteil. II a (1899).

$$\mathsf{P}_1(c_1, c_2) = R\begin{pmatrix}\Pi(x_1 - \varrho_\lambda x_2), & c_1 x_1 + c_2 x_2 \\ x_1 \quad\quad , & x_2\end{pmatrix}$$

in Linearfaktoren zerlegen. Nach der Resultantendefinition S. 227 ist aber

$$\begin{aligned}\mathsf{P}_1(c_1, c_2) &= R_x\begin{pmatrix}\Pi(x - \varrho_\lambda), & c_1 x + c_2 \\ x \quad , & 1\end{pmatrix} \\ &= R_x(\Pi(x - \varrho_\lambda),\ c_1 x + c_2) \quad \text{(nach § 45 V)} \\ &= \prod_{\lambda=1}^{l}(c_1 \varrho_\lambda + c_2) \quad \text{(nach § 43 Fl. (24)).}\end{aligned}$$

Damit ist die Zerlegung in Linearfaktoren geleistet, und nach den Ausführungen im Anschluß an Fl. (16) haben wir die l Lösungen $x_1 = \varrho_\lambda$, $x_2 = 1$. Dabei heißt eine Lösung p-fach, wenn sie für p verschiedene Indizes λ zum Vorschein kommt, wenn also ϱ_λ im früheren Sinn eine p-fache Wurzel der Gleichung (23) ist. Der jetzige Vielfachheitsbegriff ist daher mit dem früheren in Übereinstimmung.

§ 58. Eigenschaften der Resultante und der Multiplizitätszahlen.

I. Wir bestimmen jetzt den in den Formeln (9) und (9a) des § 57 auftretenden Faktor A, und zwar beweisen wir den

Satz 146. *Die k vollständigen homogenen Polynome*

$$f_1(x_1, \ldots, x_k, x_{k+1}), \ldots, f_k(x_1, \ldots, x_k, x_{k+1})$$

seien von den positiven Graden $m_1, \ldots, m_k$ und ihre Koeffizienten seien unabhängige Variable, so daß das Gleichungssystem, das sich durch Nullsetzen der k Polynome ergibt, nach Satz 143 genau $m_1 m_2 \cdots m_k = l$ verschiedene Lösungen

$$\xi_{1\lambda}, \ldots, \xi_{k\lambda}, 1 \qquad (\lambda = 1, 2, \ldots, l)$$

hat[1]). *Ferner sei*

$$F(x_1, \ldots, x_k, x_{k+1})$$

ein weiteres homogenes Polynom vom positiven Grad m, dessen Koeffizienten beliebig spezialisiert sein dürfen. Setzt man dann

$$f_\varkappa(x_1, \ldots, x_k, 0) = f_\varkappa^*(x_1, \ldots, x_k) \qquad (\varkappa = 1, 2, \ldots, k),$$

$$R\begin{pmatrix}f_1, \ldots, f_k, F \\ x_1, \ldots, x_k, x_{k+1}\end{pmatrix} = \mathsf{P}, \qquad R\begin{pmatrix}f_1^*, \ldots, f_k^* \\ x_1, \ldots, x_k\end{pmatrix} = \mathsf{P}_0,$$

so gilt die Formel

$$\mathsf{P} = \mathsf{P}_0^m \prod_{\lambda=1}^{l} F(\xi_{1\lambda}, \ldots, \xi_{k\lambda}, 1).$$

Beweis. Es genügt, den Satz unter der Annahme zu beweisen, daß auch das Polynom F vollständig ist und weitere unabhängige Variabeln zu Koeffi-

---

[1]) Da die $\xi_{\varkappa\lambda}$ nach Satz 143 von 0 verschieden sind, kann man den für jedes λ darin enthaltenen Proportionalitätsfaktor natürlich so wählen, daß $\xi_{k+1,\lambda} = 1$ ist.

zienten hat; denn in der zu beweisenden Formel darf man dann nachträglich diese weiteren Variabeln beliebig spezialisieren, wodurch ja die $\xi_{\varkappa\lambda}$ und P_0 gar nicht betroffen werden. Wir machen also die besagte Annahme. Nach der Fl. (9a) des vorigen Paragraphen, wo jetzt $\xi_{k+1,\lambda} = 1$ zu setzen ist, ist dann

$$(1) \qquad \mathsf{P} = A \prod_{\lambda=1}^{l} F(\xi_{1\lambda}, \ldots, \xi_{k\lambda}, 1).$$

Dabei ist, wie dort bei (9) bemerkt, A ein Polynom der Koeffizienten von $f_1, \ldots, f_k$, das wir jetzt berechnen wollen. Spezialisieren wir das Polynom F zu x_{k+1}^m, so geht jeder Faktor des in (1) hinter A stehenden Produktes in 1 über; also geht P über in A, d. h. es ist

$$(2) \qquad R\begin{pmatrix} f_1, \ldots, f_k, x_{k+1}^m \\ x_1, \ldots, x_k, x_{k+1} \end{pmatrix} = A.$$

Wenn nun die Koeffizienten von $f_1, \ldots, f_k$ irgendwie so spezialisiert werden, daß das Polynom A den Funktionswert 0 annimmt, so hat nach Satz 139 das Gleichungssystem

$$f_1(x_1, \ldots, x_k, x_{k+1}) = 0, \ldots, f_k(x_1, \ldots, x_k, x_{k+1}) = 0, x_{k+1}^m = 0$$

eine nichttriviale Lösung. Wegen der letzten Gleichung ist dabei $x_{k+1} = 0$, und wenn man das in die ersten k Gleichungen einsetzt, gehen sie über in:

$$f_1^*(x_1, \ldots, x_k) = 0, \ldots, f_k^*(x_1, \ldots, x_k) = 0.$$

Dieses System hat also eine nichttriviale Lösung, so daß nach Satz 139 seine Resultante P_0 verschwindet. Wir sehen somit, wenn in dem Polynom A die Variabeln so spezialisiert werden, daß es zu 0 wird, dann wird immer auch das Polynom P_0 zu 0. Nach Satz 136 hat daher eine gewisse Potenz von P_0 die Form

$$(3) \qquad \mathsf{P}_0^q = A \cdot A_1,$$

wo auch A_1 ein Polynom ist. Aber die Resultante P_0 ist nach der Resultantendefinition auf S. 227 gleich der Resultante von gewissen inhomogenen Polynomen und als solche nach Satz 120 ein in $\mathfrak{K}(1)$ irreduzibles Polynom ihrer Variabeln. Die Formel (3) lehrt dann, daß die in $\mathfrak{K}(1)$ irreduzibeln Teiler von A sämtlich mit P_0 äquivalent sein müssen; daher ist

$$(4) \qquad A = \gamma \mathsf{P}_0^r,$$

wo γ eine Konstante. Zur Bestimmung des Exponenten r beachte man, daß das Polynom A, da es die Resultante (2) ist, nach Satz 120 in bezug auf die Koeffizienten von $f_\varkappa$ den Grad

$$\frac{m_1 m_2 \cdots m_k m}{m_\varkappa}$$

und daß analog P_0 nach dem gleichen Satz den Grad

$$\frac{m_1 m_2 \cdots m_k}{m_\varkappa}$$

hat. Daraus folgt, daß der Exponent r in (4) gleich m sein muß. Die Konstante γ endlich ergibt sich, indem man in A und P_0 die Hauptglieder betrachtet. Wenn man die Variabeln so wie in der Definition S. 221 numeriert, haben beide Hauptglieder den Koeffizienten 1. Daher ist auch $\gamma = 1$, und folglich $A = \mathsf{P}_0^m$, womit Satz 146 bewiesen ist.

II. Wir beweisen jetzt zwei Sätze über die Resultante, die sich auch schon früher im Anschluß an Satz 123 hätten gewinnen lassen, jetzt aber kürzer beweisbar sind. Es sind die Analoga zu den Sätzen 117 und 118.

Satz 147. *Besteht zwischen den $k+2$ homogenen Polynomen positiven Grades*

$$f_1(x_1, \ldots, x_{k+1}), \ldots, f_k(x_1, \ldots, x_{k+1}), \quad F(x_1, \ldots, x_{k+1}), \quad G(x_1, \ldots, x_{k+1}),$$

von denen die letzten beiden denselben Grad haben, eine Identität der Form

$$G = F + \sum_{\varkappa=1}^{k} f_\varkappa g_\varkappa,$$

wobei jedes einzelne $g_\varkappa = g_\varkappa(x_1, \ldots, x_{k+1})$ entweder identisch verschwindet oder ein homogenes Polynom ist, dessen Grad durch die Differenz der Grade von F und $f_\varkappa$ angegeben wird, so ist

$$R\begin{pmatrix} f_1, \ldots, f_k, F \\ x_1, \ldots, x_k, x_{k+1} \end{pmatrix} = R\begin{pmatrix} f_1, \ldots \quad G \\ x_1, \ldots, x_k, x_{k+1} \end{pmatrix}.$$

Beim Beweis dürfen die Polynome $f_\varkappa$, F als vollständig und ihre Koeffizienten als unabhängige Variable angenommen werden, während die Koeffizienten von G dann durch die Forderung $G = F + \sum f_\varkappa g_\varkappa$ bestimmt sind. Schreibt man dann die beiden Resultanten in der in Satz 146 angegebenen Gestalt und beachtet, daß

$$f_\varkappa(\xi_{1\lambda}, \ldots, \xi_{k\lambda}, 1) = 0,$$

also auch

$$\begin{aligned} G(\xi_{1\lambda}, \ldots, \xi_{k\lambda}, 1) &= F(\xi_{1\lambda}, \ldots, \xi_{k\lambda}, 1) + \sum_{\varkappa=1}^{k} f_\varkappa(\xi_{1\lambda}, \ldots, \xi_{k\lambda}, 1)\, g_\varkappa(\xi_{1\lambda}, \ldots, \xi_{k\lambda}, 1) \\ &= F(\xi_{1\lambda}, \ldots, \xi_{k\lambda}, 1) \end{aligned}$$

ist, so ergibt sich sofort die behauptete Gleichheit der Resultanten.

Satz 148. *Für $k+2$ homogene Polynome positiven Grades*

$$f_1(x_1, \ldots, x_{k+1}), \ldots, f_k(x_1, \ldots, x_{k+1}), F(x_1, \ldots, x_{k+1}), G(x_1, \ldots, x_{k+1})$$

gilt die Produktformel

$$R\begin{pmatrix} f_1, \ldots, f_k, FG \\ x_1, \ldots, x_k, x_{k+1} \end{pmatrix} = R\begin{pmatrix} f_1, \ldots, f_k, F \\ x_1, \ldots, x_k, x_{k+1} \end{pmatrix} \cdot R\begin{pmatrix} f_1, \ldots, f_k, G \\ x_1, \ldots, x_k, x_{k+1} \end{pmatrix}.$$

Beim Beweis dürfen wir natürlich die Koeffizienten der $k+2$ Polynome als unabhängige Variable ansehen. Dann ergibt sich der Satz aber unmittelbar aus Satz 146, indem man die drei Resultanten in der dort angegebenen Form anschreibt.

III. Der in § 57 III eingeführte Begriff der Vielfachheit oder Multiplizität einer Lösung hat gewisse Eigenschaften, die man ohne weiteres einem Multiplizitätsbegriff beizulegen geneigt ist. Der Umstand, daß wir sie im folgenden tatsächlich beweisen können, zeigt, daß unsere Multiplizitätsdefinition wirklich naturgemäß war[1]).

Satz 149. *Die Multiplizität einer Lösung bleibt erhalten, wenn man die Gleichungen des Systems in anderer Reihenfolge anschreibt.*

Definitionsgemäß ergibt sich nämlich die Multiplizität aus der Faktorzerlegung der Resultante

$$R\begin{pmatrix} f_1, \ldots, f_k, c_1 x_1 + \cdots + c_{k+1} x_{k+1} \\ x_1, \ldots, x_k, \qquad x_{k+1} \end{pmatrix} = \mathsf{P}_1(c_1, \ldots, c_{k+1})$$

(vgl. die Formeln (12), (13) und (16) des § 57). Wie bereits auf S. 221 Mitte bemerkt wurde, bleibt aber die Resultante bei Permutation der $f_\varkappa$ ungeändert oder sie multipliziert sich mit -1. Die Faktorzerlegung bleibt also dieselbe.

Satz 150. *Besteht zwischen den $k+1$ homogenen Polynomen positiven Grades*

$$f_1(x_1, \ldots, x_{k+1}), \ldots, f_{k-1}(x_1, \ldots, x_{k+1}),\ F(x_1, \ldots, x_{k+1}),\ G(x_1, \ldots, x_{k+1}),$$

von denen die letzten beiden denselben Grad haben, die Identität

$$G = F + \sum_{\varkappa=1}^{k-1} f_\varkappa g_\varkappa,$$

wobei jedes einzelne $g_\varkappa = g_\varkappa(x_1, \ldots, x_{k+1})$ entweder identisch verschwindet oder ein homogenes Polynom ist, dessen Grad durch die Differenz der Grade von F und $f_\varkappa$ angegeben wird, so ist eine p-fache Lösung des Gleichungssystems

$$f_1 = 0, \ldots, f_{k-1} = 0,\ F = 0$$

auch eine p-fache Lösung des Systems

$$f_1 = 0, \ldots, f_{k-1} = 0,\ G = 0.$$

Beweis. Die Multiplizitäten ergeben sich definitionsgemäß aus der Faktorzerlegung der beiden Resultanten

$$R\begin{pmatrix} f_1, \ldots, f_{k-1}, F, c_1 x_1 + \cdots + c_{k+1} x_{k+1} \\ x_1, \ldots, x_{k-1}, x_k, \qquad x_{k+1} \end{pmatrix},$$

$$R\begin{pmatrix} f_1, \ldots, f_{k-1}, G, c_1 x_1 + \cdots + c_{k+1} x_{k+1} \\ x_1, \ldots, x_{k-1}, x_k, \qquad x_{k+1} \end{pmatrix},$$

die aber, allenfalls vom Vorzeichen abgesehen, auch gleich den folgenden Resultanten sind:

$$R\begin{pmatrix} f_1, \ldots, f_{k-1}, c_1 x_1 + \cdots + c_{k+1} x_{k+1}, F \\ x_1, \ldots, x_{k-1}, \qquad x_k \qquad , x_{k+1} \end{pmatrix},$$

$$R\begin{pmatrix} f_1, \ldots, f_{k-1}\ c_1 x_1 + \cdots + c_{k+1} x_{k+1}, G \\ x_1, \ldots, x_{k-1} \qquad x_k \qquad , x_{k+1} \end{pmatrix}.$$

---

[1]) Im Fall $k = 2$, also für zwei homogene Gleichungen mit drei Unbekannten, hat Kapferer durch solche Eigenschaften den Multiplizitätsbegriff axiomatisch festgelegt und dann den Bézoutschen Satz ohne Benutzung der Resultante bewiesen (Sitzungsber. d. Heidelberger Akademie, math.-nat. Klasse 1927). Ob sich dieser Gedanke auch für $k > 2$ durchführen läßt, steht dahin.

Diese beiden sind nun nach Satz 147 einander gleich, haben also dieselbe Faktorzerlegung.

Satz 151. *Ist ein System von $k+1$ Größen $\xi_1, \ldots, \xi_{k+1}$ eine p-fache Lösung des homogenen Gleichungssystems*

$$f_1(x_1, \ldots, x_{k+1}) = 0, \ldots, f_{k-1}(x_1, \ldots, x_{k+1}) = 0, \; F(x_1, \ldots, x_{k+1}) = 0$$

und zugleich eine q-fache Lösung des homogenen Systems

$$f_1(x_1, \ldots, x_{k+1}) = 0, \ldots, f_{k-1}(x_1, \ldots, x_{k+1}) = 0, \; G(x_1, \ldots, x_{k+1}) = 0,$$

so ist es eine $(p+q)$-fache Lösung des Systems

$$f_1 = 0, \ldots, f_{k-1} = 0, \; FG = 0.$$

Beweis. Die beiden Resultanten.

$$R_F = R\begin{pmatrix} f_1, & \ldots, & f_{k-1}, & F, & c_1x_1 + \cdots + c_{k+1}x_{k+1} \\ x_1, & \ldots, & x_{k-1}, & x_k, & x_{k+1} \end{pmatrix},$$

$$R_G = R\begin{pmatrix} f_1, & \ldots, & f_{k-1}, & G, & c_1x_1 + \cdots + c_{k+1}x_{k+1} \\ x_1, & \ldots, & x_{k-1}, & x_k, & x_{k+1} \end{pmatrix}$$

enthalten den der betreffenden Lösung entsprechenden Linearfaktor p-mal bzw. q-mal. Die Resultante

$$R_{FG} = R\begin{pmatrix} f_1, & \ldots, & f_{k-1}, & FG, & c_1x_1 + \cdots + c_{k+1}x_{k+1} \\ x_1, & \ldots, & x_{k-1}, & x_k, & x_{k+1} \end{pmatrix}$$

ist aber abgesehen vom Vorzeichen gleich dem Produkt der beiden vorigen, wie man erkennt, wenn man in der ersten Zeile der drei Resultantensymbole die beiden über x_k und x_{k+1} stehenden Polynome miteinander vertauscht und dann den Satz 148 anwendet. Die Resultante R_{FG} enthält demnach den betreffenden Linearfaktor $(p+q)$-mal, womit der Satz bewiesen ist.

Sach- und Namenverzeichnis.

Verzeichnis der Sätze.

FSC
www.fsc.org
MIX
Papier | Fördert gute Waldnutzung
FSC® C083411

Zeitfracht Medien GmbH
Ferdinand-Jühlke-Straße 7
99095 Erfurt, Deutschland
produktsicherheit@kolibri360.de